土力学及基础工程实用名词词典（第二版）

龚晓南 主 编　　谢康和 副主编

ZHEJIANG UNIVERSITY PRESS
浙江大学出版社

第二版前言

《土力学及基础工程实用名词词典》(浙江大学出版社,1993)出版20多年来得到了广大读者的欢迎。20多年来我国土木工程建设快速发展,对外交流日益增多,不少设计、施工技术人员承担域外工程。近年来,不少读者希望词典能够再版。为了适应需要,在第一版的基础上组织编写了第二版。第二版对第一版收编的词条进行了修订、补充、完善,收编的汉语词条从723条扩展到1085条。

《土力学及基础工程实用名词词典》(第二版)收录了土力学及基础工程领域的常用词条和相应的英文词条。词条释文力求正确、简明、全面,并尽可能包括设计、施工所需资料。词条索引共有3种:(1)词条分类检字索引;(2)词条拼音检字索引;(3)词条英文检字索引。查阅方便。

《土力学及基础工程实用名词词典》(第二版)内容分30个部分,分别为:1. 综合类;2. 工程地质及勘查;3. 岩土分类;4. 室内试验;5. 原位测试;6. 土的物理性质;7. 渗透性和渗流;8. 应力;9. 位移和变形;10. 固结;11. 抗剪强度;12. 本构模型;13. 岩土动力性质;14. 地基承载力;15. 地基处理;16. 浅基础;17. 复合地基;18. 桩基础;19. 特种基础;20. 土坡稳定;21. 挡土结构和喷锚结构;22. 堤与坝;23. 土压力;24. 基坑工程与降水;25. 地下工程;26. 动力机器基础;27. 地基基础抗震;28. 土工合成材料;29. 环境岩土工程;30. 其他。

《土力学及基础工程实用名词词典》(第二版)主编龚晓南,副主编谢康和。罗勇博士、连峰博士、李瑛博士、王志达博士、沈扬博士、郭彪博士、吕文志博士、张杰博士、陈东霞博士、史海莹博士、张磊博士、张雪婵博士、黄大中博士等在浙江大学学习期间参与了本词典词条的遴选、编写和校对工作。本词典在编写过程中还得到了浙江大学滨海和城市岩土工程研究中心同事们的大力支持,陆水琴和王笑笑等同志为本词典的排版、校对等做了许多工作,在此表示感谢。

由于编者水平有限,本词典中难免有错误和不当之处,敬请读者批评指正。

编　者

2019 年,杭州景湖苑

1993 年第一版前言

为了适应广大从事土木工程建设人员对土力学及基础工程基本知识的需求，促进土力学及基础工程知识普及、发展和提高，并考虑到国内尚无一本可供查阅的土力学及基础工程名词词典，特组织编写《土力学及基础工程实用名词词典》以满足各方面的需要。

词典收录了土力学及基础工程领域的常用词条，以及相应英文词条。词条释文内容丰富，并包括设计、施工所需资料，实用性好。词条索引共有4种：(1)汉语拼音检字索引；(2)汉语笔画检字索引；(3)词条分类检字索引；(4)英文词条检字索引。词典查阅方便。共收录汉语词条723条、对应的英文词条738条。为了我国大陆和台湾地区的土力学及基础工程名词的统一，词典编入现在只在台湾地区通用的词条28条，在词条后带(台)以示区别。

词典编写分工情况如下：

主编　龚晓南　潘秋元　张季容

审校　冯国栋

各部分词条编写人员：综合类(龚晓南)；工程地质及勘查(卞守中，肖建宝)；土的分类(朱向荣)：土的物理性质(朱向荣)；渗透性和渗流(谢康和，谢永利)；地基应力和变形(谢康和，谢永利)；固结(谢康和，谢永利)；抗剪强度(张季容)；本构模型(龚晓南)；地基承载力(张季容)；土压力(张季容)；土坡稳定分析(龚晓南)；土的动力性质(陈龙珠，吴世明)；挡土墙(朱向荣，张季容)；板桩结构物(谢康和，潘秋元)；基坑开挖与降水(谢康和，潘秋元);浅基础(朱向荣,张季容);深基础(谢康和,潘秋元);地基处理(龚晓南,乐子炎);动力机器基础(陈云敏);地基基础抗震(陈云敏,陈龙珠);室内土工试验(李明逵,陈龙珠);原位试验(李明逵,陈龙珠)。少数词条各部分编写人员之间互有交叉。词条索引由龚晓南、胡云、蒋镇华、龚鹏和龚程编排。

词典在编写过程中得到曾国熙教授和浙江岩土工程研究所同事们的鼓励和帮助,沈国芳、邵建华和张英等同志为词典排版打字、图上贴字和描图做了许多工作,在此表示感谢。编者感谢台湾郑文隆先生赠送《大地工程名词统一译名》一书,编者得以编入部分台湾同行所用名词,利于海峡两岸交流。

由于编者水平有限,词典中难免有错误和不当之处,敬请读者批评指正。

编　者

1993 年,杭州求是村

目　录

凡　例 …………………………………………………………… 1
词条分类检字索引 ………………………………………………… 2
词条拼音检字索引 ………………………………………………… 31
词条英文检字索引 ………………………………………………… 45

词典正文

1　综合类 ………………………………………………………… 1
2　工程地质及勘查 ………………………………………………… 5
3　岩土分类 ……………………………………………………… 32
4　室内试验 ……………………………………………………… 57
5　原位测试 ……………………………………………………… 84
6　土的物理性质 ………………………………………………… 103
7　渗透性和渗流 ………………………………………………… 124
8　应　力 ………………………………………………………… 132
9　位移和变形 …………………………………………………… 144
10　固　结 ……………………………………………………… 171
11　抗剪强度 …………………………………………………… 210
12　本构模型 …………………………………………………… 224
13　岩土动力性质 ……………………………………………… 252

14　地基承载力 …… 263
15　地基处理 …… 274
16　浅基础 …… 297
17　复合地基 …… 318
18　桩基础 …… 330
19　特种基础 …… 346
20　土坡稳定 …… 355
21　挡土结构和喷锚结构 …… 375
22　堤与坝 …… 394
23　土压力 …… 403
24　基坑工程与降水 …… 407
25　地下工程 …… 412
26　动力机器基础 …… 427
27　地基基础抗震 …… 432
28　土工合成材料 …… 437
29　环境岩土工程 …… 454
30　其　他 …… 462

凡　例

1. 索引安排

本词典的词条索引共 3 种。(1)词条分类检字索引:按词条词义分类排列。(2)词条拼音检字索引:词条按汉字拼音字母顺序排列。(3)词条英文检字索引:英文词条按英文字母顺序排列。

读者可根据上述 3 种索引查到词条释文所在的页码,然后按页码查阅词条释文。

2. 词条释文

词条释文按词条分类检字索引顺序排列。

每一词条释文包括词条名、词条英文译名以及词条释文三部分。有部分词条的英文译名多于一条。

3. 词条标注

词条后附(台)的词条在我国台湾通用。编者参阅《大地工程名词统一译名》一书录用了这些词条。

词条分类检字索引

1 综合类

土 soil，earth 1
土力学 soil mechanics 1
土动力学 soil dynamics 2
临界状态土力学 critical state soil mechanics 2
数值岩土力学 numerical geomechanics 2
地基 subgrade，ground，foundation soil 2
基础工程 foundation engineering 3
岩土工程 geotechnical engineering 3
大地工程(台) geotechnical engineering 3
反分析法 back analysis method 3

2 工程地质及勘查

地质年代 geological age 5
地质图 geological map 5
地质构造 geological structure 5
断层 fault 6
褶皱 fold 6
地质点 point of observation，geologic observation point 6
踏勘 walk-over survey，site reconnaissance 6
工程地质测绘 engineering geological mapping 6
工程地质勘查 engineering geological investigation 7
选址勘查 siting investigation 7
地质适宜性 geological suitability 7
结构面 structural plane 7
层理 bedding 7
岩体基本质量(BQ) rock mass basic quality 8
岩石质量指标(RQD) rock quality designation 8
测井 well logging 8
工程地质剖面图 engineering geological section 8
综合柱状图 composite columnar section 9
工程地质分区图 engineering geological zoning map 9
水文地质参数 hydrogeological parameter 9
地下水 groundwater 9
地下水露头 outcrop of ground water 10

承压水 confined water 10
岩浆岩 magmatic rock 11
沉积岩 sedimentary rock 12
变质岩 metamorphic rock 13
浅成岩 hypabyssal rock 13
深成岩 plutonic rock 13
花岗岩 granite 14
化石 fossil 14
化学沉积岩 chemical sedimentary rock 14
断裂构造 fracture structure 14
海积层(台) marine deposit 15
海相沉积 marine deposit 15
阶地 terrace 15
节理 joint 15
解理 cleavage 15
喀斯特 karst 16
矿物硬度 hardness of minerals 16
砾岩 conglomerate 16
长石 feldspar 17
角砾岩 breccia 17
砂岩 sandstone 17
石灰岩 limestone 18
白云岩 dolomite 18
混合岩 migmatite 18
陆相沉积 continental sedimentation 19
风积土 aeolian deposit 19
残积土 eluvial soil，residual soil 19
原生矿物 primary mineral 20
次生矿物 secondary mineral 20
黏土矿物 clay minerals 20
云母 mica 20
火山灰 volcanic ash 21
冰川沉积 glacial deposit 21
冰积层(台) glacial deposit 21
地球物理勘探 geophysical prospecting 21
航空摄影 aerial photograph 22
地震反射波法 seismic reflection method 22
电阻率法 resistivity method 22
片理 schistosity 23
整合接触 conformable contact 23
不整合接触 unconformable contact 23
凝灰岩 tuff 23

潜水 phreatic water 24
含水层 aquifer 24
隔水层(不透水层) aquiclude 24
取土器 geotome 25
砂咀 spit, sand spit 25
山岩压力 rock pressure 26
石英 quartz 26
松散堆积物 rickle 26
围限地下水(台) confined ground water 26
潟湖 lagoon 26
牛轭湖 oxbow lake 27
堰塞湖 imprisoned lake 27
岩层产状 attitude of rock formation 27
岩脉 dike, dyke 28
岩石风化程度 degree of rock weathering 28
岩石构造 structure of rock 29
岩石结构 texture of rock 29
岩体 rock mass 29
页岩 shale 29
造岩矿物 rock-forming mineral 29
钻孔柱状图 bore hole columnar section 30
标准冻深 standard frost penetration 31

3 岩土分类

饱和土 saturated soil 32
超固结土 overconsolidated soil 32
冲填土 dredger fill 32
重塑土 remolded soil 33
冻土 frozen soil, tjaele 33
非饱和土 unsaturated soil 34
分散性土 dispersive soil 34
粉土 silt 35
粉质黏土 silty clay 35
过压密土(台) overconsolidated soil 35
红黏土 red clay, adamic earth 35
黄土 loess, huangtu(China) 35
高岭石 kaolinite 36
蒙脱石 montmorillonite 36
伊利石 illite 37
泥炭 peat, bog muck 38
黏土 clay 38
黏性土 cohesive soil, clayey soil 38

膨胀土 expansive soil, swelling soil 39
欠固结黏土 underconsolidated soil 39
区域性土 zonal soil 39
人工填土 fill, artificial soil 40
软黏土 soft clay, mild clay, mickle 40
砂土 sand 41
湿陷性黄土 collapsible loess, slumping loess 43
素填土 plain fill 43
塑性图 plasticity chart 43
碎石土 stone, break stone, broken stone, channery, chat, crushed stone, detritus 44
未压密土(台) underconsolidated soil 45
无黏性土 cohesionless soil, frictional soil, non-cohesive soil 45
岩石 rock 45
有机质土 organic soil 46
淤泥 muck, gyttja, mire, slush 46
淤泥质土 mucky soil 47
原状土 undistributed soil 47
杂填土 miscellaneous fill 47
正常固结土 normally consolidated soil 47
正常压密土(台) normally consolidated soil 48
自重湿陷性黄土 self weight collapse loess 48
巴顿岩体质量(Q)分类 Barton rock mass quality classification 48
中压缩性土 middle compressible soil 49
低压缩性土 low compressible soil 49
风化岩 decomposed rock 49
高压缩性土 high compressible soil 49
混合土 blende soil 50
软化系数 coefficient of softness 50
软化岩石 softening rock 50
特殊性岩石 special rock 50
污染土 polluted soil 50
盐渍土 salty soil 50
岩石质量指标(RQD)分类 rock quality designation classification 51
岩体地质力学分类(CSIR 分类) rock mass geomechanics rating 51
岩体基本质量分级 rock mass basic quality rating 53
岩体结构类型分类 rock mass structure classification 54
岩体完整性指数 rock integrity coefficient 55
岩体稳定性分级 rock stability rating 55

4 室内试验

比重试验 specific gravity test 57

变水头渗透试验 falling head permeability test 57
不固结不排水三轴试验 unconsolidated undrained triaxial test 58
常水头渗透试验 constant head permeability test 59
单剪仪 simple shear apparatus 59
单轴拉伸试验 uniaxial tension test 60
等速加荷固结试验 constant loading rate consolidation test 60
等梯度固结试验 constant gradient consolidation test 60
等应变速率固结试验 constant strain rate consolidation test 61
动三轴试验 dynamic triaxial test 61
动单剪试验 dynamic simple shear test 61
反复直剪强度试验 repeated direct shear test 62
反压饱和法 back pressure saturated method 62
高压固结试验 high pressure consolidation test 62
各向不等压固结不排水试验 consolidated anisotropically undrained test 63
各向不等压固结排水试验 consolidated anisotropically drained test 63
共振柱试验 resonant column test 63
固结不排水三轴试验 consolidated undrained triaxial test 64
固结快剪试验 consolidated quick direct shear test 64
固结排水三轴试验 consolidated drained triaxial test 64
固结试验 consolidation test 64
含水率试验 water content test 65
环剪试验 ring shear test 66
黄土湿陷试验 loess collapsibility test 66
回弹模量试验 modulus of resilience test 67
击实试验 compaction test 67
界限含水率试验 Atterberg limits test 67
卡萨格兰德法 Casagrande's method 67
颗粒分析试验 grain size analysis test 68
孔隙水压力消散试验 pore pressure dissipation test 69
空心圆柱仪 hollow cylinder apparatus 69
快剪试验 quick direct shear test 70
快速固结试验 fast consolidation test 70
离心模型试验 centrifugal model test 71
连续加荷(固结)试验 continual loading test 71
慢剪试验 consolidated drained direct shear test 72
毛细管上升高度试验 capillary rise test 72
密度试验 density test 72
扭剪仪 torsion shear apparatus 73
膨胀率试验 swelling rate test 73
平面应变仪 plane strain apparatus 74
三轴伸长试验 triaxial extension test 74
三轴压缩试验 triaxial compression test 75

筛分析 sieve analysis 75
渗透试验 permeability test 75
湿化试验 slaking test 75
收缩试验 shrinkage test 76
塑限试验 plastic limit test 76
缩限试验 shrinkage limit test 77
土工模型试验 geotechnical model test 77
土工织物试验 geotextile test 77
无侧限抗压强度试验 unconfined compression strength test 78
无黏性土天然坡角试验 angle of repose of cohesionless soils test 78
相对密度试验 relative density test 78
压密不排水三轴压缩试验(台) consolidated undrained triaxial compression test 78
压密排水三轴压缩试验(台) consolidated drained triaxial compression test 78
压密试验(台) consolidation test 78
液塑限联合测定法 liquid-plastic limit combined method 79
液限试验 liquid limit test 79
应变控制式三轴压缩仪 strain control triaxial compression apparatus 80
应力控制式三轴压缩仪 stress control triaxial compression apparatus 80
有机质含量试验 organic matter content test 80
真三轴仪 true triaxial apparatus 80
振动单剪试验 dynamic simple shear test 81
振动三轴试验 dynamic triaxial test 81
直剪仪 direct shear apparatus 81
直接剪切试验 direct shear test 82
直接单剪试验 direct simple shear test 82
自振柱试验 free vibration column test 83
K_0 固结不排水三轴试验 K_0 consolidated undrained triaxial test 83
K_0 固结排水三轴试验 K_0 consolidated drained triaxial test 83

5 原位测试

原位测试 in-situ soil test 84
标准贯入试验 standard penetration test 84
标准贯入击数 standard penetration blow count 85
表面波试验 surface wave test 85
超声波试验 ultrasonic wave test 85
承载比试验 California bearing ratio test 85
单桩横向荷载试验 lateral load test of pile 86
单桩竖向静荷载试验 static load test of pile 87
动力触探试验 dynamic penetration test 88
静力触探试验 cone penetration test 89
单桥探头 single-bridge probe 89
双桥探头 double-bridge probe 89

摩阻比 friction-resistance ratio 90
动贯入阻力 dynamic penetration resistance 90
静力触探曲线 cone penetration curve 91
动力触探曲线 dynamic penetration curve 91
孔压静力触探试验 cone penetration test(CPT) with pore pressure measurement 91
跨孔试验 cross-hole test 92
块体共振试验 block resonant test 92
载荷试验 loading test 92
平板载荷试验 plate loading test 92
承压板 bearing plate 93
螺旋板载荷试验 screw plate test 93
旁压试验 pressure meter test 93
旁压曲线 pressure meter curve 94
旁压模量 pressure meter modulus 94
旁压剪切模量 pressure meter shear modulus 95
轻便触探试验 light sounding test 95
深层沉降观测 deep settlement measurement 95
十字板剪切试验 vane shear test 96
无损检测 nondestructive testing 96
下孔法试验 down-hole test 96
波速测试 wave velocity test 96
体波 body wave 97
面波 surface wave 97
现场渗透试验 field permeability test 97
原位孔隙水压力量测 in-situ pore water pressure measurement 98
最后贯入度 final set 98
岩体原位应力测试 in-situ rock mass stress test 98
水压致裂法 hydraulic fracturing technique 99
应力解除法 stress relief method 99
应力恢复法 stress restoring method 100
岩体钻孔变形试验 rock mass deformation test by boring 100
岩体强度试验 rock mass strength test 101
岩石现场三轴试验 in-situ rock triaxial test 101
岩体声波测试 rock mass sound wave test 102
声波测井 sonic logging 102

6 土的物理性质

阿太堡界限 Atterberg limits 103
饱和度 degree of saturation 103
饱和密度 saturated density 103
饱和重度 saturated unit weight 104
比重 specific gravity 104

稠度 consistency 104
不均匀系数 coefficient of uniformity, uniformity coefficient 104
触变 thixotropy 105
单粒结构 single-grained structure 105
蜂窝结构 honeycomb structure 105
干密度 dry density 105
干重度 dry unit weight 106
含水量 water content, moisture content 106
活性指数 activity index 106
级配 gradation, grading 107
结合水 bound water, combined water, held water 107
界限含水量 Atterberg limits 107
颗粒级配 particle size distribution of soil, mechanical composition of soil 107
可塑性 plasticity 108
孔隙比 void ratio 108
孔隙率 porosity 108
粒度 granularity 109
毛细管水 capillary water 109
密度 density 109
密实度 compactness 109
黏性土的灵敏度 sensitivity of cohesive soil 110
平均粒径 mean diameter, average grain diameter 110
曲率系数 coefficient of curvature 110
三相图 block diagram, skeletal diagram, three phase diagram 111
三相土 tri-phase soil 111
湿陷起始压力 initial collapse pressure 112
湿陷系数 coefficient of collapsibility 113
塑限 plastic limit(PL), limit of plasticity 114
塑性指数 plasticity index(PI) 114
缩限 shrinkage limit(SL) 114
土的构造 soil texture 114
土的结构 soil structure 115
土粒相对密度 specific density of solid particles 115
土中气 air in soil 115
土中水 water in soil 116
团粒 aggregate, cumularspharolith 116
限定粒径 constrained diameter 116
相对密度 relative density, density index 116
相对压实度 relative compaction, compacting factor, percent compaction, coefficient of compaction 117
絮状结构 flocculent structure 117
压密系数(台) coefficient of consolidation 118

压缩性 compressibility 118
液限 liquid limit(LL), limit of liquidity 118
液性指数 liquidity index(LI) 118
游离水(台) free water 118
有效粒径 effective diameter, effective grain size, effective size 119
有效密度 effective density 119
有效重度 effective unit weight 119
重力密度 unit weight 119
自由水 free water, gravitational water, groundwater, phreatic water 119
组构 fabric 120
最大干密度 maximum dry density 120
最优含水量 optimum water content, optimum moisture content 120
粒径 particle size 120
粒组 fraction 121
电泳 electrophoresis 121
电渗 electroosmosis 121
土中有机质 organic matter in soil 122
重力水 gravity water 122
毛细水 capillary water 122
土的结构性 soil structure 122
土的压实性 compactibility 123
压实功能 compaction work 123
压实度 degree of compaction 123

7 渗透性和渗流

渗透性 permeability 124
渗透系数 coefficient of permeability 124
渗流 seepage 125
渗流量 seepage discharge 125
渗流速度 seepage velocity 125
渗透力 seepage force 126
渗透破坏 seepage failure 126
渗径 seepage path 126
稳定渗流(稳流) steady seepage 126
不稳定渗流(瞬变流) unsteady seepage 126
紊流 turbulent flow 126
达西定律 Darcy's law 127
达西流 Darcy flow 127
非达西流 non-Darcy flow 127
管涌 piping 127
浸润线 phreatic line 127
水力梯度 hydraulic gradient 128

临界水力梯度 critical hydraulic gradient 128
势函数 potential function 128
流函数 flow function 128
流土 flowing soil 128
流网 flow net 129
砂沸 sand boiling 129
层流 stratified flow 129
浮托力 buoyancy 130
雷诺数 Reynolds number(Re) 130
临界速度 critical velocity 130
流固耦合 fluid-solid coupling 130

8 应力

应力 stress 132
应力路径 stress path 132
平面与空间问题 plane and space problem 133
自重应力 self-weight stress 133
总应力 total stress 134
孔隙水压力 pore water pressure 134
有效应力 effective stress 134
布西内斯克解 Boussinesq's solution 134
明德林解 Mindlin's solution 136
附加应力 superimposed stress 137
角点法 corner-points method 138
纽马克感应图 Newmark chart 139
残余孔隙水压力 residual pore water pressure 140
负孔隙水压力 negative pore water pressure 140
孔隙气压力 pore air pressure 140
孔隙压力系数 B pore pressure parameter B 140
孔隙压力系数 A pore pressure parameter A 141
先期固结压力 preconsolidation pressure 143

9 位移和变形

变形 deformation 144
塑性变形 plastic deformation 144
弹性变形 elastic deformation 144
回弹变形 rebound deformation 145
残余变形 residual deformation 145
沉降 settlement 145
沉降比 settlement ratio 147
瞬时沉降 immediate settlement 147
固结沉降 consolidation settlement 148

次固结沉降 secondary consolidation settlement 149
地基沉降的弹性力学公式 elastic formula for settlement 150
三向变形条件下的固结沉降 three-dimensional consolidation settlement 153
分层总和法 layerwise summation method 153
规范沉降计算法 settlement computation by specification 155
考虑前期固结压力的分层总和法 consolidation settlement calculation according to preconsolidation pressure 158
应力路径法 stress path method 159
回弹模量 modulus of resilience 159
回弹曲线 rebound curve 160
回弹系数 coefficient of resilience 160
回弹指数 swelling index 161
剪胀 dilatancy 161
蠕变 creep 161
弹性平衡状态 state of elastic equilibrium 162
变形模量 modulus of deformation 162
泊松比 Poisson's ratio 163
体积变形模量 volumetric deformation modulus 164
体积压缩系数 coefficient of volume compressibility 164
压缩层 compressed layer 164
压缩模量 compression modulus 165
压缩曲线 compression curve 165
压缩系数 coefficient of compressibility 166
压缩指数 compression index 167
原始压缩曲线 virgin compression curve 167
再压缩曲线 recompression curve 168
建筑物的地基变形允许值 allowable settlement of buildings 169

10 固结

固结 consolidation 171
主固结 primary consolidation 172
次固结 secondary consolidation 172
有效应力原理 principle of effective stress 172
一维固结 one-dimensional consolidation 173
多维固结 multi-dimensional consolidation 173
固结理论 theory of consolidation 174
固结度 degree of consolidation 175
超静孔隙水压力 excess pore water pressure 176
太沙基一维固结理论 Terzaghi's one-dimensional consolidation theory 176
初始孔压非均布的一维固结解 solution of one-dimensional consolidation with non-uniform initial pore water pressure 180
变荷载下的一维固结理论 theory of one-dimensional consolidation under

time-dependent loading 187
太沙基—伦杜列克固结方程 Terzaghi-Rendulic diffusion equation 189
比奥固结理论 Biot's consolidation theory 190
曼代尔—克雷尔效应 Mandel-Cryer effect 192
固结曲线 consolidation curve 192
固结试验 consolidation test，consolidated test 193
固结速率 rate of consolidation 193
固结系数 coefficient of consolidation 194
次固结系数 coefficient of secondary consolidation 195
固结压力 consolidation pressure 195
K_0 固结 consolidation under K_0 condition 195
超固结比 over-consolidation ratio (OCR) 196
砂井地基 sand drained ground 196
井径比 drain spacing ratio 197
井阻作用 well resistance 198
涂抹作用 smear effect 199
砂井地基平均固结度 average degree of consolidation of sand drained ground 199
巴隆固结理论 Barron's consolidation theory 200
谢康和非理想砂井地基固结理论 Xie Kanghe non-ideal consolidation theory for vertical drains 201
时间对数拟合法 logarithm of time fitting method 206
时间平方根法 square root of time fitting method 207
时间因子 T_v time factor T_v 208
准固结压力 pseudo-consolidation pressure 209

11 抗剪强度

抗剪强度 shear strength 210
抗剪强度参数 shear strength parameter 211
抗剪强度有效应力法 effective stress approach of shear strength 211
抗剪强度总应力法 total stress approach of shear strength 211
库仑方程 Coulomb's equation 212
莫尔包线 Mohr's envelope 212
莫尔—库仑理论 Mohr-Coulomb theory 213
内摩擦角 angle of internal friction 214
黏聚力 cohesion 214
有效内摩擦角 effective angle of internal friction 214
有效黏聚力 effective cohesion intercept 214
有效应力破坏包线 effective stress failure envelope 214
有效应力强度参数 effective stress strength parameter 215
等效内摩擦角 equative angle of internal friction 215
真内摩擦角 true angle of internal friction 215
真黏聚力 true cohesion 216

总应力破坏包线 total stress failure envelope 216
总应力强度参数 total stress strength parameter 216
快剪强度指标 quick shear strength parameter 216
固结快剪强度指标 consolidated quick shear strength parameter 217
慢剪强度指标 slow shear strength parameter 217
不排水抗剪强度 undrained shear strength 217
十字板抗剪强度 vane strength 218
无侧限抗压强度 unconfined compression strength 218
残余内摩擦角 residual angle of internal friction 218
残余强度 residual strength 218
长期强度 long-term strength 219
单轴抗拉强度 uniaxial tensile strength 219
饱和单轴抗压强度 saturated uniaxial compressible strength 220
动强度 dynamic strength of soils 220
峰值强度 peak strength 220
伏斯列夫参数 Hvorslev parameter 220
剪切应变速率 shear strain rate 221
破裂角 angle of rupture 222
破坏准则 failure criterion 222
极限平衡条件 limited balance conditions 222
孔隙压力系数 pore pressure parameter 223

12 本构模型

本构模型 constitutive model 224
边界面模型 boundary surface model 224
横观各向同性体模型 cross anisotropic model 225
超弹性模型 hyperelastic model 225
次弹性模型 hypoelastic model 225
邓肯—张模型 Duncan-Chang model 226
非饱和土模型 unsaturated soil model 227
非线性弹性模型 nonlinear elastic model 228
盖帽模型 cap model 228
刚塑性模型 rigid plastic model 228
割线模量 secant modulus 229
德鲁克公设 Drucker postulate 229
德鲁克—普拉格屈服准则 Drucker-Prager yield criterion 230
冯·米赛斯屈服准则 von Mises yield criterion 230
广义冯·米赛斯屈服准则 extended von Mises yield criterion 230
广义切斯卡屈服准则 extended Tresca yield criterion 231
广义塑性位势理论 generalized plastic potential theory 232
加工软化 work softening 233
加工硬化 work hardening 233

加工硬化定律 strain harding law 233
剑桥模型 Cambridge model 233
柯西弹性模型 Cauchy elastic model 234
拉德—邓肯模型 Lade-Duncan model 235
拉德—邓肯准则 Lade-Duncan criterion 235
拉德双屈服面屈服准则 Lade double-yield surface criterion 236
理想弹塑性模型 ideal elastic-plastic model 237
临界状态弹塑性模型 critical elastic-plastic model 237
流变学模型 rheological model 237
流动法则 flow rule 238
洛德参数 Lode parameter 238
洛德角 Lode angle 239
莫尔—库仑屈服准则 Mohr-Coulomb criterion 239
内蕴时间塑性模型 endochronic plastic model 240
黏弹塑性模型 visco-elastic-plastic model 241
黏弹性模型 visco-elastic model 241
切斯卡屈服准则 Tresca yield criterion 242
切线模量 tangent modulus 242
清华弹塑性模型 Qinghua elastic-plastic model 243
屈服面 yield surface 243
沈珠江三重屈服面模型 Shen Zhujiang three yield surface model 243
双参数地基模型 two-parameter foundation model 244
双剪应力屈服准则 twin shear stress yield criterion 244
双曲线模型 hyperbolic model 245
松冈元—中井屈服准则 Matsuoka-Nakai yield criterion 245
塑性形变理论 plastic deformation theory 246
弹塑性模量矩阵 elastic-plastic modulus matrix 247
弹塑性模型 elastic-plastic model 247
弹塑性增量理论 incremental elastic-plastic theory 247
弹性半空间地基模型 elastic half-space foundation model 248
弹性模型 elastic model 248
魏汝龙-Khosla-Wu 模型 Wei Rulong-Khosla-Wu model 248
文克勒地基模型 Winkler foundation model 249
修正剑桥模型 modified Cambridge model 250
准弹性模型 hypoelastic model 250
伊留申塑性公设 Ильющин plastic postulate 251

13　岩土动力性质

比阻尼容量 specific damping capacity 252
波的弥散特性 dispersion of waves 252
波速法 wave velocity method 253
材料阻尼 material damping 253

初始液化 initial liquefaction 253
地基固有周期 natural period of soil site 253
动剪切模量 dynamic shear modulus 254
动弹性模量 dynamic elastic modulus 254
动力布西内斯克解 dynamic solution of Boussinesq 254
动力放大因数 dynamic magnification factor 254
动力性质 dynamic properties of soils 254
地基抗压刚度系数 vertical stiffness factor 255
地基抗弯刚度系数 rocking stiffness factor 255
地基抗剪刚度系数 horizontal stiffness factor 255
地基抗扭刚度系数 torsional stiffness factor 255
骨架波 skeleton waves 256
耗损角 loss angle 256
几何阻尼 geometric damping 256
抗液化强度 liquefaction strength 256
孔隙流体波 fluid wave in soil 256
临界标准贯入锤击数判别法 cirtical SPT blow count 257
土的动力性质参数 dynamic property parameter of soil 257
土的剪切波速 shear wave velocity of soil 258
土的滞后弹性模型 hysteretic elastic model of soil 258
土的等效滞后弹性模型 equivalent hysteretic elastic model of soil 258
土的拉姆贝尔格-奥斯古德模型 Ramberg-Osgood model of soil 258
土的滞回曲线方程 hysteretic curve of soil 259
往返活动性 reciprocating activity 259
无量纲频率 dimensionless frequency 259
液化 liquefaction 259
液化势评价 evaluation of liquefaction potential 260
液化应力比 stress ratio of liquefaction 260
应力波 stress waves 260
振陷 dynamic settlement 260
振动压密 vibrational densification 261
震陷 earthquake subsidence，seismic subsidence 261
阻尼 damping 261
阻尼比 damping ratio 261

14 地基承载力

地基承载力 bearing capacity of foundation soil 263
地基稳定性 stability of foundation soil 263
地基极限承载力 ultimate bearing capacity of foundation soil 263
地基容许承载力 allowable bearing capacity of foundation soil 264
汉森极限承载力公式 Hansen's ultimate bearing capacity formula 264
极限平衡状态 state of limit equilibrium 265

加州承载比(美国) California Bearing Ratio(CBR) 265
整体剪切破坏 general shear failure 265
局部剪切破坏 local shear failure 266
冲剪破坏 punching shear failure 266
临塑荷载 critical edge pressure 267
梅耶霍夫极限承载力公式 Meyerhof's ultimate bearing capacity formula 267
普朗特承载力理论 Prandtl bearing capacity theory 268
斯肯普顿极限承载力公式 Skempton's ultimate bearing capacity formula 269
太沙基承载力理论 Terzaghi bearing capacity theory 269
魏锡克极限承载力公式 Vesic's ultimate bearing capacity formula 270
地基承载力特征值 characteristic value of subgrade bearing capacity 272
临界荷载 $p_{1/4}$ critical pressure $p_{1/4}$ 273
临界荷载 $p_{1/3}$ critical pressure $p_{1/3}$ 273

15 地基处理

浅层处理 shallow treatment 274
排水固结法 consolidation through drainage 274
堆载预压法 preloading 274
真空预压 vacuum preloading 275
砂井 sand drain 275
袋装砂井 packed drain 276
塑料排水带 prefabricated srtip drain,geodrain 276
振密、挤密法 compacting 276
挤密桩 compaction pile, compacted column 277
挤淤法 displacement method 277
表层原位压实法 in-situ superficial compaction 277
强夯法 dynamic compaction 277
重锤夯实法 heavy tamping 278
挤密砂桩法 densification by sand pile 278
爆破挤密法 explosive compaction 279
灰土桩法 lime soil pile 279
爆破挤淤 compaction of clay by explosives 279
振冲法 vibroflotation 280
振冲密实法 vibro-compaction 280
振冲置换法 vibro-replacement 280
振冲碎石桩 vibro replacement stone column 280
换填法 earth replacing method 281
置换法 replacement method 281
褥垫法 pillow 281
强夯置换法 dynamic compaction replacement 281
石灰桩 lime pile, lime column 282
砂石桩 sand-gravel pile 282

碎石桩 gravel pile，stone pillar 282
聚苯乙烯发泡材料(EPS) expanded polystyrene 282
加筋法 reinforced method 282
加筋土 reinforced earth 283
锚固法 anchoring，bolting 283
树根桩 root pile 283
灌浆材料 injection material 284
灌浆法 grouting 284
硅化法 silicification 285
化学灌浆 chemical grouting 285
劈裂灌浆 fracture grouting 285
深层搅拌法 deep mixing method 286
高压喷射注浆法 jet grouting 286
渗入性灌浆法 seep-in grouting 286
挤密灌浆法 compaction grouting 287
电动化学灌浆法 electrochemical grouting 287
冷热处理法 freezing and heating 287
预浸水法 pre-wetting 287
容许灌浆压力 allowable grouting pressure 288
基础加宽法 widen foundation 289
托换技术 underpinning 289
基础加压纠偏法 pressure correction method for building foundation 290
坑式托换 pier underpinning 290
桩式托换 pile underpinning 291
锚杆静压桩托换 anchor and static pressure pile underpinning 291
纠偏技术 rectification 291
掏土纠偏法 rectified by digging 292
顶升纠偏法 rectified by successive launching 292
山区地基处理 foundation treatment in mountain area 292
湿陷性黄土地基处理 collapsible loess foundation treatment 293
冻土地基处理 frozen soil foundation treatment 293
膨胀土地基处理 expansive soil foundation treatment 293
旋喷 jet grouting 294
定喷 directional jet grouting 294
短桩处理 short pile treatment 295
碱液法 soda solution 295
粉体喷射深层搅拌法 dry jet mixing method 295
外掺剂 additive 296

16 浅基础

浅基础 shallow foundation 297
独立基础 individual footing 298

无筋扩展基础 non-reinforced spread foundation 299
杯形基础 cup shaped foundation 300
补偿性基础 compensated foundation 302
条形基础 strip footing 302
箱形基础 box foundation 302
柱下条形基础 strip foundation under column 303
三合土基础 tabia foundation 304
灰土基础 lime-soil footing 304
砖基础 brick footing 304
毛石基础 rubble foundation 305
毛石混凝土基础 rubble-concrete foundation 305
有筋扩展基础 reinforced spread foundation 305
墙下条形基础 strip foundation under wall 306
联合基础 combined foundation 307
连续基础 continuous foundation 307
钢筋混凝土基础 reinforced concrete foundation 308
十字交叉基础 cross strip footing 308
筏板基础 mat foundation 309
壳体基础 shell foundation 310
基础埋置深度 embeded depth of foundation 310
基床系数 coefficient of subgrade reaction 311
基底附加应力 net foundation pressure 312
接触压力 contact pressure 312
刚性角 pressure distribution angle of masonry foundation 313
持力层 bearing stratum 314
次层(台) substratum 314
下卧层 substratum 314
静定分析法(浅基础) static analysis (shallow foundation) 315
倒梁法 inverted beam method 315
弹性地基梁(板)分析 analysis of beams and slabs on elastic foundations 316
上部结构、基础和土的共同作用分析 structure-foundation-soil interaction analysis 316

17 复合地基

复合地基 composite foundation 318
竖向增强体复合地基 vertical reinforcement 319
水平向增强体复合地基 horizontal reinforcement 319
散体材料桩复合地基 composite ground with granular columns 319
黏结材料桩复合地基 composite ground with cohesive columns 319
刚性桩复合地基 rigid piles for composite foundation 319
柔性桩复合地基 flexible piles for composite foundation 320
水泥土桩复合地基 cement-soil pile composite foundation 320
桩土应力比 stress ratio of pile to soil 321

CFG 桩复合地基 CFG pile composite foundation 321
复合地基破坏模式 fail pattern of composite foundation 321
鼓胀破坏 swelling failure 322
刺入破坏 punching failure 322
桩体剪切破坏 shear failure of the pile 322
滑动剪切破坏 sliding failure 322
复合土体压缩模量 composite compression module 323
复合地基置换率 replacement ratio of composite foundation 323
荷载分担比 pile efficacy 323
改进 Geddes 法 revised Geddes method 323
压力扩散法 stress dispersion 324
等效实体法 equivalent entity method 325
复合模量法(E_c 法) composite modulus method 326
应力修正法(E_s 法) stress corrected method 326
桩身压缩量法(E_p 法) pile body compressive modulus method 327
桩体复合地基极限承载力 ultimate bearing capacity of pile composite foundation 327
复合地基加固区复合土体的抗剪强度 shear strength of composite soil 327
散体材料桩极限承载力 ultimate bearing capacity of composite foundation on discrete material pile 328

18 桩基础

木桩 timber pile 330
钢筋混凝土预制桩 precast reinforced concrete pile 330
高强度预应力混凝土管桩 pretensioned high strength spun concrete pile 330
钢桩 steel pile 331
抗拔桩 uplift pile 331
抗滑桩 anti-slide pile 331
水平受荷桩 laterally loaded pile 331
复合受荷桩 piles under horizontal and vertical loading 332
摩擦桩 friction pile 332
端承桩 end bearing pile 332
嵌岩桩 rock-socketed pile 332
现浇大直径混凝土薄壁筒桩 large-diameter cast-in-situ thin-wall tubular pile 333
钢板桩 steel sheet pile 334
型钢桩 shaped steel pile 334
钢管桩 steel pipe pile 334
灌注桩 bored pile 335
沉管灌注桩 diving casing cast-in-place pile 335
泥浆护壁法 slurry coat method 335
夯扩桩 rammed expanded pile 337
钻孔压浆成桩 high pressure bored pile 338
人工挖孔灌注桩 excavated belled piles 338

挤扩支盘桩 squeezed branch pile 338
打入桩 driven pile 339
静压桩 jacked pile 339
挤土桩 displacement pile 340
部分挤土桩 partly soil-displaced pile 340
非挤土桩 non-displacement pile 340
挤土效应 extrusion effects 340
桩底灌浆工艺 grouting at pile bottom 341
承台 pile cap 341
低桩承台 low pile cap 341
高桩承台 high-rise pile cap 342
群桩 pile group 342
群桩效应 effect of pile group 342
群桩效应系数 effect factor of pile group 342
单桩竖向抗压极限承载力 vertical ultimate carrying capacity of single pile 343
单桩竖向抗拔极限承载力 vertical ultimate uplift resistance of single pile 343
单桩横向极限承载力 lateral ultimate resistance of single pile 343
桩侧阻力 skin friction 343
桩端阻力 tip resistance 344
负摩阻力 negative skin friction of piles 344
土塞效应 plugging effect 344
桩靴 pile shoe 345

19 特种基础

沉井基础 open-end caisson foundation 346
浮运沉井 floating caisson 348
射水法 water jetting 348
泥浆套法 sludge lubricating sleeve 349
空气幕法 air curtain 349
高低刃脚沉井基础 open-end caisson foundation with high and low cutting edge 350
沉井下沉 sinking of the drilled caisson 350
封底 bottom covering 350
井壁 well wall 350
刃脚 cutting edge 351
井孔 well hole 351
内隔墙 inner partition 351
排水下沉 sinking by drainage 351
强迫下沉法 enforced settlement 352
干封底 dry bottom sealing 352
水下封底 underwater bottom sealing 352
地下连续墙 diaphragm wall 353
导墙 guide wall 353

沉箱基础 caisson foundation 354
管柱基础 tube column foundation 354

20 土坡稳定

土坡 slope 355
土坡稳定分析 slope stability analysis 355
土坡稳定极限分析法 limit analysis method of slope stability 356
土坡稳定极限平衡法 limit equilibrium method of slope stability 356
毕肖普法 Bishop method 356
边坡稳定安全系数 safety factor of slope 356
不平衡推力传递法 unbalanced thrust transmission method 357
费伦纽斯条分法 Fellenius method of slices 357
库尔曼法 Culmann method 357
库尔曼图解法 Culmann graphic method 358
摩擦圆法 friction circle method 359
摩根斯坦-普拉斯法 Morgenstern-Price method 359
瑞典圆弧滑动法 Swedish circle method 360
斯宾塞法 Spencer method 361
泰勒法 Taylor method 362
条分法 slices method 362
杨布普遍条分法 Janbu general slice method 363
圆弧分析法 circular arc analysis 364
铅直边坡的临界高度 critical height of vertical slope 365
安息角(台) angle of repose 366
休止角 angle of repose 366
边坡支护 slope retaining 366
边坡环境 slope environment 366
滑坡裂缝 slope crack 367
崩塌 collapse 367
平面破坏 plane failure 367
楔形破坏 wedge-shaped failure 367
倾倒破坏 tip failure 368
曲线形破坏 curvilinear failure 368
软弱结构面 weak structural plane 368
岩坡稳定分析 analysis of rock slope stability 368
岩坡圆弧破坏分析 circle failure analysis 368
岩坡楔体破坏分析 wedge-shaped failure analysis 369
岩坡球面投影法 spheric projection method 369
边坡反分析 back analysis of slope 370
边坡坡率允许值 allowable value of ratio of slope 370
坡率法 slope ratio method 371
草皮护坡 turfed slope 371

植树护坡 planting slope 372
砌石护坡 stone pitching 372
干砌石护坡 dry stone pitching 372
浆砌石护坡 slurry stone pitching 372
抛石护坡 rock revetment 373
喷浆护坡 gunite revetment 373
混凝土护坡 concrete slab revetment 373
喷锚网防护 shotcrete bolt mesh protection 373
钢纤维喷射 steel fiber reinforced sprayed concrete 374

21 挡土结构和喷锚结构

挡土墙 retaining wall 375
重力式挡土墙 gravity retaining wall 375
悬壁式挡土墙 cantilever retaining wall 376
衡重式挡土墙 balance weight retaining wall 376
扶壁式挡土墙 counterfort retaining wall 377
锚杆挡土墙 retaining wall with anchors 377
锚杆(索) anchored bar (rope) 377
土层锚杆 anchored bar in soil 377
岩石锚杆 anchored bar in rock 378
树脂锚杆 resin bolt 378
胀壳式锚杆 shell-expanding bolt 378
砂浆锚杆 mortar bolt 378
水胀式锚杆 Swellex bolt 379
自钻式锚杆 self drilling anchor 379
缝管锚杆 slotted bolt 379
可拆型锚杆 removable anchor rod 380
砂固结内锚头预应力锚杆 sand consolidated anchorage prestressed bolt 380
压力分散型抗浮锚杆 pressure-dispersive anti-float anchor 380
玻璃纤维增强体螺纹筋材 glass fiber reinforced plastic(GFRP) rebar 381
可重复高压灌浆土层锚杆 repeatable high pressure grouting soil anchor 381
土钉墙 soil nailing wall 382
土钉 soil nail 382
面层 soil layer 382
三维植被网 three dimension vegetation network 383
喷锚支护 anchor-plate retaining 383
复合喷锚支护 composite bolt-grouting support 383
新奥法 new Austrian tunneling method(NATM) 384
钢筋网 reinforcing steel bar mesh 385
喷射混凝土 shot concrete 385
排水系统 drainage system 385
单孔复合锚固 single bore multiple anchor 386

锚定板挡土墙 anchor slab retaining wall 386
加筋土挡土墙 reinforced soil wall 386
板桩式挡土墙 sheet-piled retaining wall 387
板桩 sheet pile 387
板桩结构 sheet pile structure 387
悬臂式板桩墙 cantilever sheet pile wall 387
锚定式板桩墙 anchored sheet pile wall 388
拉杆 tie rod 388
锚座 anchorage 388
地下连续墙(二墙合一) diaphragm wall used as two walls 389
内撑式围护结构 braced retaining structure 389
逆作法 top-down method, inverse method 389
半逆作法 semi-top-down method 390
部分逆作法 partial top-down method 390
排桩支护结构 soldier pile retaining structure 391
水泥土挡墙 cement-soil retaining wall 391
高压旋喷桩 high-pressure chemical churning pile 392
SMW 工法 soil mixing wall method 392
冠梁 top beam 392
腰梁 middle beam 392
双排桩支护结构 bracing structure with double-row piles 392

22 堤与坝

堤 levee 394
坝 dam 394
坝基抗滑稳定评价 appraisal of sliding stability of dam foundation 394
坝基渗漏 seepage through dam foundation 395
波压力 wave pressure 395
堤防设计水位 design water level for levee 396
地震荷载 earthquake load 396
防渗墙 diaphragm wall 396
防渗铺盖 impervious blanket 397
拱坝 arch dam 397
拱坝坝肩稳定 stability of arch dam abutment 398
渗透稳定评价 appraisal of seepage stability 398
水工建筑物抗震设计 seismic design of hydraulic structure 399
土坝坝坡稳定分析 slope stability analysis of earth dam 399
土坝地基处理 foundation treatment of earth dam 400
土坝分析计算 computation and analysis of earth dam 400
岩基处理 treatment of rock foundation 400
岩基排水 drainage of rock foundation 401
岩基稳定分析 stability analysis of rock foundation 401

扬压力 uplift pressure 401
重力坝 gravity dam 402

23 土压力

土压力 earth pressure 403
主动土压力 active earth pressure 403
主动土压力系数 coefficient of active earth pressure 403
被动土压力 passive earth pressure 404
被动土压力系数 coefficient of passive earth pressure 404
静止土压力 earth pressure at rest 404
静止土压力系数 coefficient of earth pressure at rest 404
库仑土压力理论 Coulomb's earth pressure theory 404
郎肯土压力理论 Rankine's earth pressure theory 405
郎肯状态 Rankine state 405
水土压力分算和合算 water and earth pressure calculating separately and together 406

24 基坑工程与降水

基坑降水 dewatering 407
基坑失稳 failure of foundation pit 407
基坑围护 bracing of foundation pit 408
基底隆起 heave of base 408
减压井 relief well 408
降低地下水位法 dewatering method，groundwater lowing 409
井点系统 well point system 409
喷射井点 eductor well point 409
板桩围护 sheet pile-braced cuts 410
电渗法 electroosmotic drainage，electroosmotic method 410
深井点 deep well point 410
真空井点 vacuum well point 410

25 地下工程

地下工程 underground engineering 412
围岩压力 surrounding rock pressure 412
衬砌 lining 412
装配式衬砌 prefabricated lining 413
半衬砌 half-lining 413
直墙拱衬砌 dome vertical wall lining 413
曲墙拱衬砌 horseshoe-shaped lining 414
超前支护 advance support 414
初期支护 primary support 414
二次支护 secondary support 414
明挖法 open surface excavation 414

浅埋暗挖法 subsurface excavation 415
盖挖法 concealed excavation 415
沉管法 immersed tube tunneling 415
沉井 open caisson 415
管片衬砌 segments lining 416
盾构法 shield method 416
盾构 shield 417
盾构壳体 shield shell 417
推进系统 thrust hydraulic system 417
拼装系统 assembly system 418
通缝拼装 sequence-jointed assembling 418
错缝拼装 stagger-jointed assembling 418
双圆盾构隧道 DOT(double O tube)shield tunnel 418
泥水加压式盾构 slurry shield 418
土压平衡式盾构 EPB (earth pressure balance)shield 419
钢拱架 steel arch frame 419
超前锚杆 forepoling bolt 419
管棚 pipe roof 419
超前小导管注浆 ahead ductile grouting method 420
矿山法 mining method 420
全断面开挖法 whole section excavation method 420
台阶开挖法 face step excavation 421
分部开挖法 partial excavation method 421
导坑 pilot tunnel 421
结构排水 structural drainage 422
盲沟 blind drainage 422
辅助坑道 access adit 422
竖井 circular shaft 423
斜井 inclined well 423
横洞 transverse hole 423
平行导坑 parallel heading ventilation 423
底鼓 floor heave 424
拱圈 arch ring 424
仰拱 invert 424
非开挖施工技术 trenchless technology 424
顶管法 pipe jacking method 425
工作井 working shaft 425
接受井 receiving shaft 425
管幕法 pipe-curtain method 425
冻结法 artificial freezing method 425
中隔壁法 CRD excavating method 426

26 动力机器基础

等效集总参数法 equivalent lumped parameter method 427
动基床反力法 danamic subgrade reaction method 427
隔振 isolation 427
积极隔振 positive vibrating isolation 428
基础振动 foundation vibration 428
基础振动弹性半空间理论 elastic half-space theory of foundation vibration 428
基础振动容许振幅 allowable amplitude of foundation vibration 428
基础自振频率 natural frequency of foundation 429
集总参数法 lumped parameter method 429
确定性振动分析 determinisitic vibration 429
随机振动分析 analysis based on random vibration theory 430
吸收系数 absorption coefficient 430
消极隔振 passive vibrating isolation 430
质量—弹簧—阻尼器系统 mass-spring-dashpot system 431
组合式隔振器 combined vibrating isolation 431

27 地基基础抗震

地基基础抗震 earthquake resistance of foundation 432
地震 earthquake,seism,temblor 432
地震波 seismic wave 433
地震持续时间 duration of earthquake 433
地震等效均匀剪应力 equivalent even shear stress of earthquake 433
地震反应谱 earthquake response spectrum 434
地震烈度 earthquake intensity 434
地震震级 earthquake magnitude 435
地震卓越周期 seismic predominant period 435
地震最大加速度 maximum acceleration of earthquake 435
动力法 dynamic analysis method 436
对数递减率 logarithmic decrement 436
静力法 static analysis method 436
抗震设防原则 principle of earthquake resistance 436

28 土工合成材料

土工聚合物 geopolymer 437
土工织物 geotextile, geofabric 438
机织物 woven fabric 438
有纺织物 woven geotextile 438
无纺织物 nonwoven geotextile 438
土工膜 geomembrane 438
土工网 geonet 439

土工网垫 geomat 439
土工格栅 geogrid 439
土工泡沫塑料 geoform 440
土工模袋 fabric form 440
土工格室 geocell 440
土工条带 geostrip 440
土工包容系统 geocontainer 440
土工管 geopipe 441
土工复合材料 geocomposite 441
合成纤维 synthetic fiber 441
锦纶 polyamide(PA) 441
涤纶 polyethylene terephthalate(PETP) 442
丙纶 polypropylene(PP) 442
聚乙烯 polyethylene(PE) 442
氧化作用 oxidation 442
抗磨损能力 wear-resistant ability 443
抗化学侵蚀能力 chemical corrosion-resistant ability 443
抗生物侵蚀能力 bioerosion-resistant ability 443
搭接 lap joint 444
缝接 sewing joint 444
黏接 cementation 444
土工合成材料的老化 aging of geosynthetics 444
单位面积质量 mass per unit area 445
等效孔径 equivalent opening size 445
单位面积重量测定试验 weight per unit area test 445
孔径试验(干筛法) aperture test 445
条样法拉伸试验 tensile test for strip sample 445
握持拉伸试验 grab tensile test 446
握持强度 grab tensile strength 447
撕裂试验 tearing test 447
梯形撕裂强度 trapezoidal tearing strength 447
胀破试验 burst test 447
胀破强度 burst strength 448
圆球顶破强度 ball burst strength 448
CBR 顶破试验 CBR puncture test 448
CBR 顶破强度 CBR puncture strength 448
刺破试验 puncture test 449
刺破强度 puncture strength 449
土工膜抗渗试验 geomembrane impermeability test 449
直剪摩擦试验 direct shear test 449
拉拔摩擦试验 drawing friction test 450
塑料排水带芯带压屈强度 crippling strength of core strip drain 450

塑料排水带通水量试验 water test of strip drain 451
蠕变试验 creep test 451
蠕变特性 creep property 452
淤堵试验 clogging test 452
淤堵 clogging 452
落锥穿透试验 drop cone test 453

29 环境岩土工程

环境岩土工程 environmental geotechnical engineering 454
沙漠化 desertification 454
泥石流 mud flow，debris flow 454
崩塌 rockfall，collapse 455
滑坡 landslide，slide 455
地面塌陷 surface collapse 455
流滑 flow slide 456
岩溶 karst 456
垃圾填埋场 landfill 456
水土流失 water and soil loss 456
台风 typhoon 457
海啸 tsunami 457
火山 volcano 457
应急避难所 emergency shelter 457
岩爆 rock burst 457
危岩 overhanging rock，hanging rock 458
山崩 avalanche 458
断裂 fracture 458
地裂 ground fracturing，ground fissuration 458
地面沉陷 land subsidence 459
开采沉陷 mining subsidence 459
海水入侵 marine invasion 459
盐水入侵 saltwater invasion 459
衬垫系统 liner system 459
渗滤液 leachate 459
城市固体废弃物 municipal solid waste (MSW) 460
人工回灌 artificial recharge 460
粉煤灰 flyash，fly ash 460
高放废物 high-level radioactive waste 460
重金属 heavy mental 461
采空区 abandoned stope 461

30 其他

极限分析法 limit analysis 462

摩擦材料 frictional materials 462
莫尔圆 Mohr's circle 463
弗拉曼解 Flamant's solution 464

词条拼音检字索引

A

阿太堡界限 103
安息角(台) 366

B

巴顿岩体质量(Q)分类 48
巴隆固结理论 200
坝 394
坝基抗滑稳定评价 394
坝基渗漏 395
白云岩 18
板桩 387
板桩结构 387
板桩式挡土墙 387
板桩围护 410
半衬砌 413
半逆作法 390
饱和单轴抗压强度 220
饱和度 103
饱和密度 103
饱和土 32
饱和重度 104
爆破挤密法 279
爆破挤淤 279
杯形基础 300
被动土压力 404
被动土压力系数 404
本构模型 224
崩塌 367,455
比奥固结理论 190
比重 104
比重试验 57
比阻尼容量 252
毕肖普法 356
边界面模型 224
边坡反分析 370
边坡环境 366
边坡坡率允许值 370
边坡稳定安全系数 356
边坡支护 366
变荷载下的一维固结理论 187
变水头渗透试验 57
变形 144
变形模量 162
变质岩 13
标准冻深 31
标准贯入击数 85
标准贯入试验 84
表层原位压实法 277
表面波试验 85
冰川沉积 21
冰积层(台) 21
丙纶 442
波的弥散特性 252
波速测试 96
波速法 253
波压力 395
玻璃纤维增强体螺纹筋材 381
泊松比 163
补偿性基础 302
不固结不排水三轴试验 58
不均匀系数 104
不排水抗剪强度 217
不平衡推力传递法 357
不稳定渗流(瞬变流) 126
不整合接触 23
布西内斯克解 134
部分挤土桩 340
部分逆作法 390

C

CBR 顶破强度 448
CBR 顶破试验 448
CFG 桩复合地基 321
材料阻尼 253
采空区 461
残积土 19
残余变形 145
残余孔隙水压力 140
残余内摩擦角 218
残余强度 218
草皮护坡 371
测井 8
层理 7
层流 129
长期强度 219
长石 17
常水头渗透试验 59
超弹性模型 225
超固结比 196
超固结土 32
超静孔隙水压力 176
超前锚杆 419
超前小导管注浆 420
超前支护 414
超声波试验 85
沉管法 415
沉管灌注桩 335
沉积岩 12
沉降 145
沉降比 147
沉井 415
沉井基础 346
沉井下沉 350
沉箱基础 354
衬垫系统 459
衬砌 412
承台 341
承压板 93
承压水 10
承载比试验 85
城市固体废弃物 460
持力层 314
冲剪破坏 266
冲填土 32
稠度 104
初期支护 414
初始孔压非均布的一维固结解 180
初始液化 253
触变 105
次层(台) 314
次弹性模型 225
次固结 172
次固结沉降 149
次固结系数 195
次生矿物 20
刺破强度 449
刺破试验 449
刺入破坏 322
错缝拼装 418

D

搭接 444
达西定律 127
达西流 127
打入桩 339
大地工程(台) 3
袋装砂井 276
单剪仪 59
单孔复合锚固 386
单粒结构 105
单桥探头 89
单位面积质量 445
单位面积重量测定试验 445
单轴抗拉强度 219
单轴拉伸试验 60
单桩横向荷载试验 86
单桩横向极限承载力 343
单桩竖向静荷载试验 87
单桩竖向抗拔极限承载力 343
单桩竖向抗压极限承载力 343
弹塑性模量矩阵 247
弹塑性模型 247

弹塑性增量理论 247
弹性半空间地基模型 248
弹性变形 144
弹性地基梁(板)分析 316
弹性模型 248
弹性平衡状态 162
挡土墙 375
导坑 421
导墙 353
倒梁法 315
德鲁克公设 229
德鲁克—普拉格屈服准则 230
等速加荷固结试验 60
等梯度固结试验 60
等效集总参数法 427
等效孔径 445
等效内摩擦角 215
等效实体法 325
等应变速率固结试验 61
邓肯—张模型 226
低压缩性土 49
低桩承台 341
堤 394
堤防设计水位 396
涤纶 442
底鼓 424
地基 2
地基沉降的弹性力学公式 150
地基承载力 263
地基承载力特征值 272
地基固有周期 253
地基基础抗震 432
地基极限承载力 263
地基抗剪刚度系数 255
地基抗扭刚度系数 255
地基抗弯刚度系数 255
地基抗压刚度系数 255
地基容许承载力 264
地基稳定性 263
地裂 458
地面沉陷 459
地面塌陷 455
地球物理勘探 21
地下工程 412
地下连续墙 353
地下连续墙(二墙合一) 389
地下水 9
地下水露头 10
地震 432
地震波 433
地震持续时间 433
地震等效均匀剪应力 433
地震反射波法 22
地震反应谱 434
地震荷载 396
地震烈度 434
地震震级 435
地震卓越周期 435
地震最大加速度 435
地质点 6
地质构造 5
地质年代 5
地质适宜性 7
地质图 5
电动化学灌浆法 287
电渗 121
电渗法 410
电泳 121
电阻率法 22
顶管法 425
顶升纠偏法 292
定喷 294
动单剪试验 61
动弹性模量 254
动贯入阻力 90
动基床反力法 427
动剪切模量 254
动力布西内斯克解 254
动力触探曲线 91
动力触探试验 88
动力法 436
动力放大因数 254
动力性质 254
动强度 220

动三轴试验 61
冻结法 425
冻土 33
冻土地基处理 293
独立基础 298
端承桩 332
短桩处理 295
断层 6
断裂 458
断裂构造 14
堆载预压法 74
对数递减率 436
盾构 417
盾构法 416
盾构壳体 417
多维固结 173

E

二次支护 414

F

筏板基础 309
反分析法 3
反复直剪强度试验 62
反压饱和法 62
防渗铺盖 397
防渗墙 396
非饱和土 34
非饱和土模型 227
非达西流 127
非挤土桩 340
非开挖施工技术 424
非线性弹性模型 228
费伦纽斯条分法 357
分部开挖法 421
分层总和法 153
分散性土 34
粉煤灰 460
粉体喷射深层搅拌法 295
粉土 35
粉质黏土 35
风化岩 49
风积土 19
封底 350
峰值强度 220
蜂窝结构 105
冯·米赛斯屈服准则 230
缝管锚杆 379
缝接 444
弗拉曼解 464
伏斯列夫参数 220
扶壁式挡土墙 377
浮托力 130
浮运沉井 348
辅助坑道 422
负孔隙水压力 140
负摩阻力 344
附加应力 137
复合地基 318
复合地基加固区复合土体的抗剪强度 327
复合地基破坏模式 321
复合地基置换率 323
复合模量法(E_c 法) 326
复合喷锚支护 383
复合受荷桩 332
复合土体压缩模量 323

G

改进 Geddes 法 323
盖帽模型 228
盖挖法 415
干封底 352
干密度 105
干砌石护坡 372
干重度 106
刚塑性模型 228
刚性角 313
刚性桩复合地基 319
钢板桩 334
钢拱架 419
钢管桩 334
钢筋混凝土基础 308
钢筋混凝土预制桩 330

钢筋网 385
钢纤维喷射 374
钢桩 331
高低刃脚沉井基础 350
高放废物 460
高岭石 36
高强度预应力混凝土管桩 330
高压固结试验 62
高压喷射注浆法 286
高压缩性土 49
高压旋喷桩 392
高桩承台 342
割线模量 229
隔水层(不透水层) 24
隔振 427
各向不等压固结不排水试验 63
各向不等压固结排水试验 63
工程地质测绘 6
工程地质分区图 9
工程地质勘查 7
工程地质剖面图 8
工作井 425
拱坝 397
拱坝坝肩稳定 398
拱圈 424
共振柱试验 63
骨架波 256
鼓胀破坏 322
固结 171
固结不排水三轴试验 64
固结沉降 148
固结度 175
固结快剪强度指标 217
固结快剪试验 64
固结理论 174
固结排水三轴试验 64
固结曲线 192
固结试验 64,193
固结速率 193
固结系数 194
固结压力 195
管幕法 425
管棚 419
管片衬砌 416
管涌 127
管柱基础 354
冠梁 392
灌浆材料 284
灌浆法 284
灌注桩 335
广义冯·米赛斯屈服准则 230
广义切斯卡屈服准则 231
广义塑性位势理论 232
规范沉降计算法 155
硅化法 285
过压密土(台) 35

H

海积层(台) 15
海水入侵 459
海相沉积 15
海啸 457
含水层 24
含水量 106
含水率试验 65
汉森极限承载力公式 264
夯扩桩 337
航空摄影 22
耗损角 256
合成纤维 441
荷载分担比 323
横洞 423
横观各向同性体模型 225
衡重式挡土墙 376
红黏土 35
花岗岩 14
滑动剪切破坏 322
滑坡 455
滑坡裂缝 367
化石 14
化学沉积岩 14
化学灌浆 285
环剪试验 66
环境岩土工程 454

换填法 281
黄土 35
黄土湿陷试验 66
灰土基础 304
灰土桩法 279
回弹变形 145
回弹模量 159
回弹模量试验 67
回弹曲线 160
回弹系数 160
回弹指数 161
混合土 50
混合岩 18
混凝土护坡 373
活性指数 106
火山 457
火山灰 21

J

击实试验 67
机织物 438
积极隔振 428
基础工程 3
基础加宽法 289
基础加压纠偏法 290
基础埋置深度 310
基础振动 428
基础振动弹性半空间理论 428
基础振动容许振幅 428
基础自振频率 429
基床系数 311
基底附加应力 312
基底隆起 408
基坑降水 407
基坑失稳 407
基坑围护 408
级配 107
极限分析法 462
极限平衡条件 222
极限平衡状态 265
集总参数法 429
几何阻尼 256
挤扩支盘桩 338
挤密灌浆法 287
挤密砂桩法 278
挤密桩 277
挤土效应 340
挤土桩 340
挤淤法 277
加工软化 233
加工硬化 233
加工硬化定律 233
加筋法 282
加筋土 283
加筋土挡土墙 386
加州承载比(美国) 265
减压井 408
剪切应变速率 221
剪胀 161
碱液法 295
建筑物的地基变形允许值 169
剑桥模型 233
浆砌石护坡 372
降低地下水位法 409
角点法 138
角砾岩 17
阶地 15
接触压力 312
接受井 425
节理 15
结构面 7
结构排水 422
结合水 107
解理 15
界限含水量 107
界限含水率试验 67
锦纶 441
浸润线 127
井壁 350
井点系统 409
井径比 197
井孔 351
井阻作用 198
静定分析法(浅基础) 315

静力触探曲线 91
静力触探试验 89
静力法 436
静压桩 339
静止土压力 404
静止土压力系数 404
纠偏技术 291
局部剪切破坏 266
聚苯乙烯发泡材料(EPS) 282
聚乙烯 442

K

K_0 固结 195
K_0 固结不排水三轴试验 83
K_0 固结排水三轴试验 83
喀斯特 16
卡萨格兰德法 67
开采沉陷 459
抗拔桩 331
抗滑桩 331
抗化学侵蚀能力 443
抗剪强度 210
抗剪强度参数 211
抗剪强度有效应力法 211
抗剪强度总应力法 211
抗磨损能力 443
抗生物侵蚀能力 443
抗液化强度 256
抗震设防原则 436
考虑前期固结压力的分层总和法 158
柯西弹性模型 234
颗粒分析试验 68
颗粒级配 107
壳体基础 310
可拆型锚杆 380
可塑性 108
可重复高压灌浆土层锚杆 381
坑式托换 290
空气幕法 349
空心圆柱仪 69
孔径试验(干筛法) 445
孔隙比 108
孔隙流体波 256
孔隙率 108
孔隙气压力 140
孔隙水压力 134
孔隙水压力消散试验 69
孔隙压力系数 223
孔隙压力系数 A 141
孔隙压力系数 B 140
孔压静力触探试验 91
库尔曼法 357
库尔曼图解法 358
库仑土压力理论 404
库伦方程 212
跨孔试验 92
块体共振试验 92
快剪强度指标 216
快剪试验 70
快速固结试验 70
矿山法 420
矿物硬度 16

L

垃圾填埋场 456
拉拔摩擦试验 450
拉德—邓肯模型 235
拉德—邓肯准则 235
拉德双屈服面屈服准则 236
拉杆 388
郎肯土压力理论 405
郎肯状态 405
雷诺数 130
冷热处理法 287
离心模型试验 71
理想弹塑性模型 237
砾岩 16
粒度 109
粒径 120
粒组 121
连续基础 307
连续加荷(固结)试验 71
联合基础 307
临界标准贯入锤击数判别法 257

临界荷载 $p_{1/3}$ 273
临界荷载 $p_{1/4}$ 273
临界水力梯度 128
临界速度 130
临界状态弹塑性模型 237
临界状态土力学 2
临塑荷载 267
流变学模型 237
流动法则 238
流固耦合 130
流函数 128
流滑 456
流土 128
流网 129
陆相沉积 19
螺旋板载荷试验 93
洛德参数 238
洛德角 239
落锥穿透试验 453

M

曼代尔—克雷尔效应 192
慢剪强度指标 217
慢剪试验 72
盲沟 422
毛石混凝土基础 305
毛石基础 305
毛细管上升高度试验 72
毛细管水 109
毛细水 122
锚定板挡土墙 386
锚定式板桩墙 388
锚杆(索) 377
锚杆挡土墙 377
锚杆静压桩托换 291
锚固法 283
锚座 388
梅耶霍夫极限承载力公式 267
蒙脱石 36
密度 109
密度试验 72
密实度 109
面波 97
面层 382
明德林解 136
明挖法 414
摩擦材料 462
摩擦圆法 359
摩擦桩 332
摩根斯坦—普拉斯法 359
摩阻比 90
莫尔包线 212
莫尔—库仑屈服准则 239
莫尔—库伦理论 213
莫尔圆 463
木桩 330

N

内撑式围护结构 389
内隔墙 351
内摩擦角 214
内蕴时间塑性模型 240
泥浆护壁法 335
泥浆套法 349
泥石流 454
泥水加压式盾构 418
泥炭 38
逆作法 389
黏接 444
黏弹塑性模型 241
黏弹性模型 241
黏结材料桩复合地基 319
黏聚力 214
黏土 38
黏土矿物 20
黏性土 38
黏性土的灵敏度 110
凝灰岩 23
牛轭湖 27
扭剪仪 73
纽马克感应图 139

P

排水固结法 274

排水系统 386
排水下沉 351
排桩支护结构 391
旁压剪切模量 95
旁压模量 94
旁压曲线 94
旁压试验 93
抛石护坡 373
喷浆护坡 373
喷锚网防护 373
喷锚支护 383
喷射混凝土 385
喷射井点 409
膨胀率试验 73
膨胀土 39
膨胀土地基处理 293
劈裂灌浆 285
片理 23
拼装系统 418
平板载荷试验 92
平行导坑 423
平均粒径 110
平面破坏 367
平面应变仪 74
平面与空间问题 133
坡率法 371
破坏准则 222
破裂角 222
普朗特承载力理论 268

Q

砌石护坡 372
铅直边坡的临界高度 365
潜水 24
浅层处理 274
浅成岩 13
浅基础 297
浅埋暗挖法 415
欠固结黏土 39
嵌岩桩 332
强夯法 277
强夯置换法 281
强迫下沉法 352
墙下条形基础 306
切斯卡屈服准则 242
切线模量 242
轻便触探试验 95
倾倒破坏 368
清华弹塑性模型 243
区域性土 39
屈服面 243
曲率系数 110
曲墙拱衬砌 414
曲线形破坏 368
取土器 25
全断面开挖法 420
确定性振动分析 429
群桩 342
群桩效应 342
群桩效应系数 342

R

人工回灌 460
人工填土 40
人工挖孔灌注桩 338
刃脚 351
容许灌浆压力 288
柔性桩复合地基 320
蠕变 161
蠕变试验 451
蠕变特性 452
褥垫法 281
软化系数 50
软化岩石 50
软黏土 40
软弱结构面 368
瑞典圆弧滑动法 360

S

SMW 工法 392
三合土基础 304
三维植被网 383
三相图 111
三相土 111

三向变形条件下的固结沉降 153
三轴伸长试验 74
三轴压缩试验 75
散体材料桩复合地基 319
散体材料桩极限承载力 328
沙漠化 454
砂沸 129
砂固结内锚头预应力锚杆 380
砂浆锚杆 378
砂井 275
砂井地基 196
砂井地基平均固结度 199
砂咀 25
砂石桩 282
砂土 41
砂岩 17
筛分析 75
山崩 458
山区地基处理 292
山岩压力 26
上部结构、基础和土的共同作用分析 316
射水法 348
深层沉降观测 95
深层搅拌法 286
深成岩 13
深井点 410
沈珠江三重屈服面模型 243
渗径 126
渗流 125
渗流量 125
渗流速度 125
渗滤液 459
渗入性灌浆法 286
渗透力 126
渗透破坏 126
渗透试验 75
渗透稳定评价 398
渗透系数 124
渗透性 124
声波测井 102
湿化试验 75
湿陷起始压力 112
湿陷系数 113
湿陷性黄土 43
湿陷性黄土地基处理 293
十字板剪切试验 96
十字板抗剪强度 218
十字交叉基础 308
石灰岩 18
石灰桩 282
石英 26
时间对数拟合法 206
时间平方根法 207
时间因子 T_v 208
势函数 128
收缩试验 76
树根桩 283
树脂锚杆 378
竖井 423
竖向增强体复合地基 319
数值岩土力学 2
双参数地基模型 244
双剪应力屈服准则 244
双排桩支护结构 393
双桥探头 89
双曲线模型 245
双圆盾构隧道 418
水工建筑物抗震设计 399
水力梯度 128
水泥土挡墙 391
水泥土桩复合地基 320
水平受荷桩 331
水平向增强体复合地基 319
水土流失 456
水土压力分算和合算 406
水文地质参数 9
水下封底 352
水压致裂法 99
水胀式锚杆 379
瞬时沉降 147
斯宾塞法 361
斯肯普敦极限承载力公式 269
撕裂试验 447

松冈元—中井屈服准则 245
松散堆积物 26
素填土 43
塑料排水带 276
塑料排水带通水量试验 451
塑料排水带芯带压屈强度 450
塑限 114
塑限试验 76
塑性变形 144
塑性图 43
塑性形变理论 246
塑性指数 114
随机振动分析 430
碎石土 44
碎石桩 282
缩限 114
缩限试验 77

T

踏勘 6
台风 457
台阶开挖法 421
太沙基承载力理论 269
太沙基—伦杜列克固结方程 189
太沙基一维固结理论 176
泰勒法 362
掏土纠偏法 292
特殊性岩石 50
梯形撕裂强度 447
体波 97
体积变形模量 164
体积压缩系数 164
条分法 362
条形基础 302
条样法拉伸试验 445
通缝拼装 418
涂抹作用 199
土 1
土坝坝坡稳定分析 399
土坝地基处理 400
土坝分析计算 400
土层锚杆 377
土的等效滞后弹性模型 258
土的动力性质参数 257
土的构造 114
土的剪切波速 258
土的结构 115
土的结构性 122
土的拉姆贝尔格—奥斯古德模型 258
土的压实性 123
土的滞后弹性模型 258
土的滞回曲线方程 259
土钉 382
土钉墙 382
土动力学 2
土工包容系统 440
土工复合材料 441
土工格室 440
土工格栅 439
土工管 441
土工合成材料的老化 444
土工聚合物 437
土工模袋 440
土工模型试验 77
土工膜 438
土工膜抗渗试验 449
土工泡沫塑料 440
土工条带 440
土工网 439
土工网垫 439
土工织物 438
土工织物试验 77
土力学 1
土粒相对密度 115
土坡 355
土坡稳定分析 355
土坡稳定极限分析法 356
土坡稳定极限平衡法 356
土塞效应 344
土压力 403
土压平衡式盾构 419
土中气 115
土中水 116
土中有机质 122

团粒 116
推进系统 417
托换技术 289

W

外掺剂 296
往返活动性 259
危岩 458
围限地下水(台) 26
围岩压力 412
未压密土(台) 45
魏汝龙—Khosla-Wu 模型 248
魏锡克极限承载力公式 270
文克勒地基模型 249
紊流 126
稳定渗流(稳流) 126
握持拉伸试验 446
握持强度 447
污染土 50
无侧限抗压强度 218
无侧限抗压强度试验 78
无纺织物 438
无筋扩展基础 299
无量纲频率 259
无黏性土 45
无黏性土天然坡角试验 78
无损检测 96

X

吸收系数 430
潟湖 26
下孔法试验 96
下卧层 314
先期固结压力 143
现场渗透试验 97
现浇大直径混凝土薄壁筒桩 333
限定粒径 116
相对密度 116
相对密度试验 78
相对压实度 117
箱形基础 302
消极隔振 430
楔形破坏 367
斜井 423
谢康和非理想砂井地基固结理论 201
新奥法 384
型钢桩 334
休止角 366
修正剑桥模型 250
絮状结构 117
悬臂式挡土墙 376
悬臂式板桩墙 387
旋喷 294
选址勘查 7

Y

压力分散型抗浮锚杆 380
压力扩散法 324
压密不排水三轴压缩试验(台) 78
压密排水三轴压缩试验(台) 78
压密试验(台) 78
压密系数(台) 118
压实度 123
压实功能 123
压缩层 164
压缩模量 165
压缩曲线 165
压缩系数 166
压缩性 118
压缩指数 167
岩爆 457
岩层产状 27
岩基处理 400
岩基排水 401
岩基稳定分析 401
岩浆岩 11
岩脉 28
岩坡球面投影法 369
岩坡稳定分析 368
岩坡楔体破坏分析 369
岩坡圆弧破坏分析 368
岩溶 456
岩石 45
岩石风化程度 28

岩石构造 29
岩石结构 29
岩石锚杆 378
岩石现场三轴试验 101
岩石质量指标(RQD) 8
岩石质量指标(RQD)分类 51
岩体 29
岩体地质力学分类(CSIR 分类) 51
岩体基本质量(BQ) 8
岩体基本质量分级 53
岩体结构类型分类 54
岩体强度试验 101
岩体声波测试 102
岩体完整性指数 55
岩体稳定性分级 55
岩体原位应力测试 98
岩体钻孔变形试验 100
岩土工程 3
盐水入侵 459
盐渍土 50
堰塞湖 27
扬压力 401
杨布普遍条分法 363
仰拱 424
氧化作用 442
腰梁 392
页岩 29
液化 259
液化势评价 260
液化应力比 260
液塑限联合测定法 79
液限 118
液限试验 79
液性指数 118
一维固结 173
伊利石 37
伊留申塑性公设 251
应变控制式三轴压缩仪 80
应急避难所 457
应力 132
应力波 260
应力恢复法 100
应力解除法 99
应力控制式三轴压缩仪 80
应力路径 132
应力路径法 159
应力修正法(E_s 法) 326
游离水(台) 118
有纺织物 438
有机质含量试验 80
有机质土 46
有筋扩展基础 305
有效粒径 119
有效密度 119
有效内摩擦角 214
有效黏聚力 214
有效应力 134
有效应力破坏包线 214
有效应力强度参数 215
有效应力原理 172
有效重度 119
淤堵 452
淤堵试验 452
淤泥 46
淤泥质土 47
预浸水法 287
原生矿物 20
原始压缩曲线 167
原位测试 84
原位孔隙水压力量测 98
原状土 47
圆弧分析法 364
圆球顶破强度 448
云母 20

Z

杂填土 47
载荷试验 92
再压缩曲线 168
造岩矿物 29
胀壳式锚杆 378
胀破强度 448
胀破试验 447
褶皱 6

真空井点 410
真空预压 275
真内摩擦角 215
真黏聚力 216
真三轴仪 80
振冲法 280
振冲密实法 280
振冲碎石桩 280
振冲置换法 280
振动单剪试验 81
振动三轴试验 81
振动压密 261
振密、挤密法 276
振陷 260
震陷 261
整合接触 23
整体剪切破坏 265
正常固结土 47
正常压密土(台) 48
直剪摩擦试验 449
直剪仪 81
直接单剪试验 82
直接剪切试验 82
直墙拱衬砌 413
植树护坡 372
质量—弹簧—阻尼器系统 431
置换法 281
中隔壁法 426
中压缩性土 49
重锤夯实法 278
重金属 461
重力坝 402
重力密度 119
重力式挡土墙 375
重力水 122
重塑土 33
主动土压力 403
主动土压力系数 403
主固结 172
柱下条形基础 303
砖基础 305
桩侧阻力 343
桩底灌浆工艺 341
桩端阻力 344
桩身压缩量法(E_p 法) 327
桩式托换 291
桩体复合地基极限承载力 327
桩体剪切破坏 322
桩土应力比 321
桩靴 345
装配式衬砌 413
准弹性模型 250
准固结压力 209
自由水 119
自振柱试验 83
自重湿陷性黄土 48
自重应力 133
自钻式锚杆 379
综合柱状图 9
总应力 134
总应力破坏包线 216
总应力强度参数 216
阻尼 261
阻尼比 261
组构 120
组合式隔振器 431
钻孔压浆成桩 338
钻孔柱状图 30
最大干密度 120
最后贯入度 98
最优含水量 120

词条英文检字索引

A

abandoned stope 461
absorption coefficient 430
access adit 422
active earth pressure 403
activity index 106
additive 296
advance support 414
aeolian deposit 19
aerial photograph 22
aggregate，cumularspharolith 116
aging of geosynthetics 444
ahead ductile grouting method 420
air curtain 349
air in soil 115
allowable amplitude of foundation vibration 428
allowable bearing capacity of foundation soil 264
allowable grouting pressure 288
allowable settlement of buildings 169
allowable value of ratio of slope 370
analysis based on random vibration theory 430
analysis of beams and slabs on elastic foundations 316
analysis of rock slope stability 368
anchor and static pressure pile underpinning 291
anchor slab retaining wall 386
anchorage 388
anchored bar (rope) 377
anchored bar in rock 378
anchored bar in soil 377
anchored sheet pile wall 388
anchoring，bolting 283
anchor-plate retaining 383
angle of internal friction 214
angle of repose 366
angle of repose of cohesionless soils test 78
angle of rupture 222
anti-slide pile 331
aperture test 445
appraisal of seepage stability 398
appraisal of sliding stability of dam foundation 394
aquiclude 24
aquifer 24
arch dam 397
arch ring 424
artificial freezing method 425
artificial recharge 460
assembly system 418
Atterberg limits 103,107
Atterberg limits test 67
attitude of rock 27
avalanche 458
average degree of consolidation of sand drained ground 199

B

back analysis method 3
back analysis of slope 370
back pressure saturated method 62
balance weight retaining wall 376
ball burst strength 448
Barron's consolidation theory 200
Barton rock mass quality classification 48
bearing capacity of foundation soil 263

bearing plate 93
bearing stratum 314
bedding 7
bioerosion-resistant ability 443
Biot's consolidation theory 190
Bishop method 356
blende soil 50
blind drainage 422
block diagram, skeletal diagram, three phase diagram 111
block resonant test 92
body wave 97
bore hole columnar section 30
bored pile 335
bottom covering 350
bound water, combined water, held water 107
boundary surface model 224
Boussinesq's solution 134
box foundation 302
braced retaining structure 389
bracing of foundation pit 408
bracing structure with double-row piles 393
breccia 17
brick footing 305
buoyancy 130
burst strength 448
burst test 447

C

caisson foundation 354
California Bearing Ratio (CBR) 265
California bearing ratio test 85
Cambridge model 233
cantilever retaining wall 376
cantilever sheet pile wall 387
cap model 228
capillary rise test 72
capillary water 109
capillary water 122
Casagrande's method 67
Cauchy elastic model 234
CBR puncture strength 448
CBR puncture test 448
cement-soil retaining wall 391
cementation 444
cement-soil pile composite foundation 320
centrifugal model test 71
CFG pile composite foundation 321
characteristic value of subgrade bearing capacity 272
chemical corrosion-resistant ability 443
chemical grouting 285
chemical sedimentary rock 14
circle failure analysis 368
circular arc analysis 364
circular shaft 423
cirtical SPT blow count 257
clay 38
clay minerals 20
cleavage 15
clogging 452
clogging test 452
coefficient of active earth pressure 403
coefficient of collapsibility 113
coefficient of compressibility 166
coefficient of consolidation 118,194
coefficient of curvature 110
coefficient of earth pressure at rest 404
coefficient of passive earth pressure 404
coefficient of permeability 124
coefficient of resilience 160
coefficient of secondary consolidation 195
coefficient of softness 50
coefficient of subgrade reaction 311
coefficient of uniformity, uniformity coefficient 104

coefficient of volume compressibility 164
cohesion 214
cohesionless soil, frictional soil, non-cohesive soil 45
cohesive soil, clayey soil 38
collapse 367
collapsible loess foundation treatment 293
collapsible loess, slumping loess 43
combined foundation 307
combined vibrating isolation 431
compactibility 123
compacting 276
compaction grouting 287
compaction of clay by explosives 279
compaction pile, compacted column 277
compaction test 67
compaction work 123
compactness 123
compensated foundation 302
composite bolt-grouting support 383
composite columnar section 9
composite compression module 323
composite foundation 318
composite ground with cohesive columns 319
composite ground with granular columns 319
composite modulus method 326
compressed layer 164
compressibility 118
compression curve 165
compression index 167
compression modulus 165
computation and analysis of earth dam 400
concealed excavation 415
concrete slab revetment 373
cone penetration curve 91
cone penetration test 89
cone penetration test(CPT) with pore pressure measurement 91
confined ground water 26
confined water 10
conformable contact 23
conglomerate 16
consistency 104
consolidated anisotropically drained test 63
consolidated anisotropically undrained test 63
consolidated drained direct shear test 72
consolidated drianed triaxial compression test 78
consolidated drained triaxial test 64
consolidated quick direct shear test 64
consolidated quick shear strength parameter 217
consolidated undrained triaxial compression test 78
consolidated undrained triaxial test 64
consolidation 171
consolidation curve 192
consolidation pressure 195
consolidation settlement 148
consolidation settlement calculation according to preconsolidation pressure 158
consolidation test 64,78
consolidation test, consolidated test 193
consolidation through drainage 274
consolidation under K_0 condition 195
constant gradient consolidation test 60
constant head permeability test 59
constant loading rate consolidation test 60
constant strain rate consolidation

test 61
constitutive model 224
constrained diameter 116
contact pressure 312
continental sedimentation 19
continual loading test 71
continuous foundation 307
corner-points method 138
Coulomb's earth pressure theory 404
Coulomb's equation 212
counterfort retaining wall 377
CRD excavating method 426
creep 161
creep property 452
creep test 451
crippling strength of core strip drain 450
critical edge pressure 267
critical elastic-plastic model 237
critical height of vertical slope 365
critical hydraulic gradient 128
critical pressure $p_{1/3}$ 273
critical pressure $p_{1/4}$ 273
critical state soil mechanics 2
critical velocity 130
cross anisotropic model cross strip footing 308
cross-hole test 92
Culmann graphic method 358
Culmann method 357
cup shaped foundation 300
curvilinear failure 368
cutting edge 351

D

dam 394
damping 261
damping ratio 261
danamic subgrade reaction method 427
Darcy flow 127
Darcy's law 127
decomposed rock 49
deep mixing method 286
deep settlement measurement 95
deep well point 410
deformation 144
degree of compaction 109
degree of consolidation 175
degree of rock weathering 28
degree of saturation 103
densification by sand pile 278
density 109
density test 72
desertification 454
design water level for levee 396
determinisitic vibration 429
dewatering 407
dewatering method, groundwater lowing 409
diaphragm wall 353,396
diaphragm wall used as two walls 389
dike, dyke 28
dilatancy 161
dimensionless frequency 259
direct shear apparatus 81
direct shear test 82,449
direct simple shear test 82
directional jet grouting 294
dispersion of waves 252
dispersive soil 34
displacement method 277
displacement pile 340
diving casing cast-in-place pile 335
dolomite 18
dome vertical wall lining 413
DOT(double O tube)shield tunnel 418
double-bridge probe 89
down-hole test 96
drain spacing ratio 197
drainage of rock foundation 401
drainage system 386
drawing friction test 450

dredger fill 32
driven pile 339
drop cone test 453
Drucker postulate 229
Drucker-Prager yield criterion 230
dry bottom sealing 352
dry density 105
dry jet mixing method 295
dry stone pitching 372
dry unit weight 106
Duncan-Chang model 226
duration of earthquake 433
dynamic analysis method 436
dynamic compaction 277
dynamic compaction replacement 281
dynamic elastic modulus 254
dynamic magnification factor 254
dynamic penetration curve 91
dynamic penetration resistance 90
dynamic penetration test 88
dynamic properties of soils 254
dynamic property parameter of soil 257
dynamic settlement 260
dynamic shear modulus 254
dynamic simple shear test 61,81
dynamic solution of Boussinesq 254
dynamic strength of soils 220
dynamic triaxial test 61,81

E

earth pressure 403
earth pressure at rest 404
earth replacing method 281
earthquake intensity 434
earthquake load 396
earthquake magnitude 435
earthquake resistance of foundation 432
earthquake response spectrum 434
earthquake subsidence, seismic subsidence 261
earthquake, seism, temblor 432
eductor well point 409
effect factor of pile group 342
effect of pile group 342
effective angle of internal friction 214
effective cohesion intercept 214
effective density 119
effective diameter, effective grain size, effective size 119
effective stress 134
effective stress approach of shear strength 211
effective stress failure envelope 214
effective stress strength parameter 215
effective unit weight 119
elastic deformation 144
elastic formula for settlement 150
elastic half-space foundation model 248
elastic half-space theory of foundation vibration 428
elastic model 248
elastic-plastic model 247
elastic-plastic modulus matrix 247
electrochemical grouting 287
electroosmosis 121
electroosmotic drainage, electro-osmotic method 410
electrophoresis 121
eluvial soil, residual soil 19
embeded depth of foundation 310
emergency shelter 457
end bearing pile 332
endochronic plastic model 240
enforced settlement 352
engineering geological investigation 7
engineering geological mapping 6
engineering geological section 8
engineering geological zoning map 9
environmental geotechnical engineering 454
EPB (earth pressure balance) shield 419

equative angle of internal friction 215
equivalent entity method 325
equivalent even shear stress of earthquake 433
equivalent hysteretic elastic model of soil 258
equivalent lumped parameter method 427
equivalent opening size 445
evaluation of liquefaction potential 260
excavated belled piles 338
excess pore water pressure 176
expanded polystyrene 282
expansive soil foundation treatment 293
expansive soil, swelling soil 39
explosive compaction 279
extended Tresca yield criterion 231
extended von Mises yield criterion 230
extrusion effects 340

F

fabric 120
fabric form 440
face step excavation 421
fail pattern of composite foundation 321
failure criterion 222
failure of foundation pit 407
falling head permeability test 57
fast consolidation test 70
fault 6
feldspar 17
Fellenius method of slices 357
field permeability test 97
fill, artificial soil 40
final set 98
Flamant's solution 464
flexible piles for composite foundation 320
floating caisson 348
flocculent structure 117
floor heave 424
flow function 128
flow net 129
flow rule 238
flow slide 456
flowing soil 128
fluid wave in soil 256
fluid-solid coupling 130
flyash, fly ash 460
fold 6
forepoling bolt 419
fossil 14
foundation engineering 3
foundation treatment of earth dam 400
foundation vibration 428
fraction 121
fracture 458
fracture grouting 285
fracture structure 14
free vibration column test 83
free water 118
free water, gravitational water, groundwater, phreatic water 119
freezing and heating 287
friction circle method 359
friction pile 332
frictional materials 462
friction-resistance ratio 90
frozen soil foundation treatment 293
frozen soil, tjaele 33

G

general shear failure 265
generalized palstic potential theory 232
geocell 440
geocomposite 441
geocontainer 440
geoform 440
geogrid 439
geological age 5
geological map 5
geological structure 5
geological suitability 7
geomat 439

geomembrane 438
geomembrane impermeability test 449
geometric damping 256
geonet 439
geophysical prospecting 21
geopipe 441
geopolymer 437
geostrip 440
geotechnical engineering 3
geotechnical model test 77
geotextile test 77
geotextile, geofabric 438
geotome 25
glacial deposit 21
glass fiber reinforced plastic (GFRP) rebar 381
grab tensile strength 447
grab tensile test 446
gradation, grading 107
grain size analysis test 68
granite 14
granularity 109
gravel pile, stone pillar 282
gravity dam 402
gravity retaining wall 375
gravity water 122
ground fracturing ,ground fissuration 458
groundwater 9
grouting 284
grouting at pile bottom 341
guide wall 353
gunite revetment 373

H

half-lining 413
Hansen's ultimate bearing capacity formula 264
hardness of minerals 16
heave of base 408
heavy mental 461
heavy tamping 278
high compressible soil 49
high pressure bored pile 338
high pressure consolidation test 62
high-level radioactive waste 460
high-pressure chemical churning pile 392
high-rise pile cap 342
hollow cylinder apparatus 69
honeycomb structure 105
horizontal reinforcement 319
horizontal stiffness factor 255
horseshoe-shaped lining 414
Hvorslev parameter 220
hydraulic fracturing technique 99
hydraulic gradient 128
hydrogeological parameter 9
hypabyssal rock 13
hyperbolic model 245
hyperelastic model 225
hypoelastic model 225
hypoelastic model 250
hysteretic curve of soil 259
hysteretic elastic model of soil 258
ideal elastic-plastic model 237

I

illite 37
immediate settlement 147
immersed tube tunneling 415
impervious blanket 397
imprisoned lake 27
inclined well 423
incremental elastic-plastic theory 247
individual footing 298
initial collapse pressure 112
initial liquefaction 253
injection material 284
inner 351
in-situ pore water pressure measurement 98
in-situ rock mass stress test 98
in-situ rock triaxial test 101

in-situ soil test 84
in-situ superficial compaction 277
invert 424
inverted beam method 315
isolation 427

J

jacked pile 339
Janbu general slice method 363
jet grouting 286,294
joint 15

K

K_0 consolidated drained triaxial test 83
K_0 consolidated undrained triaxial test 83
kaolinite 36
karst 16,456

L

Lade double-yield surface criterion 236
Lade-Duncan criterion 235
Lade-Duncan model 235
lagoon 26
land subsidence 459
landfill 456
landslide, slide 455
lap joint 444
large-diameter cast-in-situ thin-wall tubular pile 333
lateral load test of pile 86
lateral ultimate resistance of single pile 343
laterally loaded pile 331
layerwise summation method 153
leachate 459
levee 394
light sounding test 95
lime pile, lime column 282
lime soil pile 279
lime-soil footing 304
limestone 18
limit analysis 462
limit analysis method of slope stability 356
limit equilibrium method of slope stability 356
limited balance conditions 222
liner system 459
lining 412
liquefaction 259
liquefaction strength 256
liquid limit test 79
liquid limit(LL), limit of liquidity 118
liquidity index(LI) 118
liquid-plastic limit combined method 79
loading test 92
local shear failure 266
Lode angle 239
Lode parameter 238
loess collapsibility test 66
loess, huangtu(China) 35
logarithm of time fitting method 206
logarithmic decrement 436
long-term strength 219
loss angle 256
low compressible soil 49
low pile cap 341
lumped parameter method 429

M

magmatic rock 11
Mandel-Cryer effect 192
marine deposit 15
marine invasion 459
mass per unit area 445
mass-spring-dashpot system 431
mat foundation 309
material damping 253
Matsuoka-Nakai yield criterion 245
maximum acceleration of earthquake 435
maximum dry density 120

mean diameter, average grain diameter 110
metamorphic rock 13
Meyerhof's ultimate bearing capacity formula 267
mica 20
middle beam 392
middle compressible soil 49
migmatite 18
Mindlin's solution 136
mining method 420
mining subsidence 459
miscellaneous fill 47
modified Cambridge model 250
modulus of deformation 162
modulus of resilience 159
modulus of resilience test 67
Mohr's circle 463
Mohr's envelope 212
Mohr-Coulomb criterion 239
Mohr-Coulomb theory 213
montmorillonite 36
Morgenstern-Price method 359
mortar bolt 378
muck, gyttja, mire, slush 46
mucky soil 47
mud flow, debris flow 454
multi-dimensional consolidation 173
municipal solid waste (MSW) 460

N

natural frequency of foundation 429
natural period of soil site 253
negative pore water pressure 140
negative skin friction of piles 344
net foundation pressure 312
new Austrian tunneling method (NATM) 384
Newmark chart 139
non-Darcy flow 127
nondestructive testing 96
non-displacement pile 340
nonlinear elastic model 228
non-reinforced spread foundation 299
nonwoven geotextile 438
normally consolidated soil 47,48
numerical geomechanics 2

O

one-dimensional consolidation 173
open caisson 415
open surface excavation 414
open-end caisson foundation 346
open-end caisson foundation with high and low cutting edge 350
optimum water content, optimum moisture content 120
organic matter content test 80
organic matter in soil 122
organic soil 46
oundation treatment in mountain area 292
outcrop of ground water 10
overconsolidated soil 32,35
over-consolidation ratio (OCR) 196
overhanging rock ,hanging rock 458
oxbow lake 27
oxidation 442

P

packed drain 276
parallel heading ventilation 423
partial excavation method 421
partial top-down method 390
particle size 120
particle size distribution of soil, mechanical composition of soil 107
partly soil-displaced pile 340
passive earth pressure 404
passive vibrating isolation 430
peak strength 220
peat, bog muck 38
permeability 124
permeability test 75

phreatic line 127
phreatic water 24
pier underpinning 290
pile body compressive modulus method 327
pile cap 341
pile efficacy 323
pile group 342
pile shoe 345
pile underpinning 291
piles under horizontal and vertical loading 332
pillow 281
pilot tunnel 421
pipe jacking method 425
pipe roof 419
pipe-curtain method 425
piping 127
plain fill 43
plane and space problem 133
plane failure 367
plane strain apparatus 74
planting slope 372
plastic deformation 144
plastic deformation theory 246
plastic limit test 76
plastic limit(PL), limit of plasticity 114
plasticity 108
plasticity chart 43
plasticity index(PI) 114
plate loading test 92
plugging effect 344
plutonic rock 13
point of observation ,geologic observation point 6
Poisson's ratio 163
polluted soil 50
polyamide(PA) 441
polyethylene terephthalate(PETP) 442
polyethylene(PE) 442
polypropylene(PP) 442
pore air pressure 140
pore pressure dissipation test 69
pore pressure parameter 223
pore pressure parameter A 141
pore pressure parameter B 140
pore water pressure 134
porosity 108
positive vibrating isolation 428
potential function 128
Prandtl bearing capacity theory 268
precast reinforced concrete pile 330
preconsolidation pressure 143
prefabricated lining 413
prefabricated srtip drain,geodrain 276
preloading 274
pressure correction method for building foundation 290
pressure distribution angle of masonry foundation 313
pressure meter curve 94
pressure meter modulus 94
pressure meter shear modulus 95
pressure meter test 93
pressure-dispersive anti-float anchor 380
pretensioned high strength spun concrete pile 330
pre-wetting 287
primary consolidation 172
primary mineral 20
primary support 414
principle of earthquake resistance 436
principle of effective stress 172
pseudo-consolidation pressure 209
punching failure 322
punching shear failure 266
puncture strength 449
puncture test 449

Q

Qinghua elastic-plastic model 243
quartz 26

quick direct shear test 70
quick shear strength parameter 216

R

Ramberg-Osgood model of soil 258
rammed expanded pile 337
Rankine state 405
Rankine's earth pressure theory 405
rate of consolidation 193
rebound curve 160
rebound deformation 145
receiving shaft 425
reciprocating activity 259
recompression curve 168
rectification 291
rectified by digging 292
rectified by successive launching 292
red clay, adamic earth 35
reinforced concrete foundation 308
reinforced earth 283
reinforced method 282
reinforced soil wall 386
reinforced spread foundation 305
reinforcing steel bar mesh 385
relative compaction, compacting factor, percent compaction, coefficient of compaction 117
relative density test 78
relative density, density index 116
relief well 408
remolded soil 33
removable anchor rod 380
repeatable high pressure grouting soil anchor 381
repeated direct shear test 62
replacement method 281
replacement ratio of composite foundation 323
residual angle of internal friction 218
residual deformation 145
residual pore water pressure 140
residual strength 218
resin bolt 378
resistivity method 22
resonant column test 63
retaining wall 375
retaining wall with anchors 377
revised Geddes method 323
Reynolds number(*Re*) 130
rheological model 237
rickle 26
rigid piles for composite foundation 319
rigid plastic model 228
ring shear test 66
rock 45
rock burst 457
rock integrity coefficient 55
rock mass 29
rock mass basic quality 8
rock mass basic quality rating 53
rock mass deformation test by boring 100
rock mass geomechanics rating 51
rock mass sound wave test 102
rock mass strength test 101
rock mass structure classification 54
rock pressure 26
rock quality designation 8
rock quality designation classification 51
rock revetment 373
rock stability rating 55
rockfall, collapse 455
rock-forming mineral 29
rocking stiffness factor 255
rock-socketed pile 332
root pile 283
rubble foundation 305
rubble-concrete foundation 305

S

safety factor of slope 356
saltwater invasion 459
salty soil 50

sand 41
sand boiling 129
sand consolidated anchorage prestressed bolt 380
sand drain 275
sand drained ground 196
sand-gravel pile 282
sandstone 17
saturated density 103
saturated soil 32
saturated uniaxial compressible strength 220
saturated unit weight 104
schistosity 23
screw plate test 93
secant modulus 229
secondary consolidation 172
secondary consolidation settlement 149
secondary mineral 20
secondary support 414
sedimentary rock 12
seepage 125
seepage discharge 125
seepage failure 126
seepage force 126
seepage path 126
seepage through dam foundation 395
seepage velocity 125
seep-in grouting 286
segments lining 416
seismic design of hydraulic structure 399
seismic predominant period 435
seismic reflection method 22
seismic wave 433
self drilling anchor 379
self weight collapse loess 48
self-weight stress 133
semi-top-down method 390
sensitivity of cohesive soil 110
sequence-jointed assembling 418
settlement 145
settlement computation by specification 155
settlement ratio 147
sewing joint 444
shale 29
shallow foundation 297
shallow treatment 274
shaped steel pile 334
shear failure of the pile 322
shear strain rate 221
shear strength 210
shear strength of composite soil 327
shear strength parameter 211
shear wave velocity of soil 258
sheet pile 387
sheet pile structure 387
sheet pile-braced cuts 410
sheet-piled retaining wall 387
shell foundation 310
shell-expanding bolt 378
Shen Zhujiang three yield surface model 243
shield 417
shield method 416
shield shell 417
short pile treatment 295
shortcrete bolt mesh protection 373
shot concrete 385
shrinkage limit test 77
shrinkage limit(SL) 114
shrinkage test 76
sieve analysis 75
silicification 285
silt 35
silty clay 35
simple shear apparatus 59
single bore multiple anchor 386
single-bridge probe 89
single-grained structure 105
sinking by drainage 351
sinking of the drilled caisson 350
siting investigation 7

skeleton waves 256
Skempton's ultimate bearing capacity 269
skin friction 343
slaking test 75
slices method 362
sliding failure 322
slope 355
slope crack 367
slope environment 366
slope ratio method 371
slope retaining 366
slope stability analysis 355
slope stability analysis of earth dam 399
slotted bolt 379
slow shear strength parameter 217
sludge lubricating sleeve 349
slurry coat method 335
slurry shield 418
slurry stone pitching 372
smear effect 199
soda solution 295
soft clay, mild clay, mickle 40
softening rock 50
soil ,earth 1
soil dynamics 2
soil layer 382
soil mechanics 1
soil mixing wall method 392
soil nail 382
soil nailing wall 382
soil structure 115,122
soil texture 114
soldier pile retaining structure 391
solution of one-dimensional consolidation with non-uniform initial pore water pressure 180
sonic logging 102
special rock 50
specific damping capacity 252
specific density of solid particles 115
specific gravity 104
specific gravity test 57
Spencer method 361
spheric projection method 369
spit, sand spit 25
square root of time fitting method 207
squeezed branch pile 338
stability analysis of rock foundation 401
stability of arch dam abutment 398
stability of foundation soil 263
stagger-jointed assembling 418
standard frost penetration 31
standard penetration blow count 85
standard penetration test 84
state of elastic equilibrium 162
state of limit equilibrium 265
static analysis (shallow foundation) 315
static analysis method 436
static load test of pile 87
steady seepage 126
steel arch frame 419
steel fiber reinforced sprayed concrete 374
steel pile 331
steel pipe pile 334
steel sheet pile 334
stone pitching 372
stone, break stone, broken stone, channery, chat, crushed stone, detritus 44
strain control triaxial compression apparatus 80
strain harding law 233
stratified flow 129
stress 132
stress control triaxial compression apparatus 80
stress corrected method 326
stress dispersion 324
stress path 132
stress path method 159
stress ratio of liquefaction 260

stress ratio of pile to soil 321
stress relief method 99
stress restoring method 100
stress waves 260
strip footing 302
strip foundation under column 303
strip foundation under wall 306
structural drainage 422
structural plane 7
structure of rock 29
structure-foundation-soil interaction analysis 316
subgrade, ground, foundation soil 2
substratum 314
subsurface excavation 415
superimposed stress 137
surface collapse 455
surface wave 97
surface wave test 85
surrounding rock pressure 412
Swedish circle method 360
Swellex bolt 379
swelling failure 322
swelling index 161
swelling rate test 73
synthetic fiber 441

T

tabia foundation 304
tangent modulus 242
Taylor method 362
tearing test 447
tensile test for strip sample 445
terrace 15
Terzaghi bearing capacity theory 269
Terzaghi's one-dimensional consolidation theory 176
Terzaghi-Rendulic diffusion equation 189
texture of rock 29
theory of consolidation 174
theory of one-dimensional consolidation under time-dependent loading 187
thixotropy 105
three dimension vegetation network 383
three-dimensional consolidation settlement 153
thrust hydraulic system 417
tie rod 388
timber pile 330
time factor T_v 208
tip failure 368
tip resistance 344
top beam 392
top-down method, inverse method 389
torsion shear apparatus 73
torsional stiffness factor 255
total stress 134
total stress approach of shear strength 211
total stress failure envelope 216
total stress strength parameter 216
transverse hole 423
trapezoidal tearing strength 447
treatment of rock foundation 400
trenchless technology 424
Tresca yield criterion 242
triaxial compression test 75
triaxial extension test 74
tri-phase soil 111
true angle of internal friction 215
true cohesion 216
true triaxial apparatus 80
tsunami 457
tube column foundation 354
tuff 23
turbulent flow 126
turfed slope 371
twin shear stress yield criterion 244
two-parameter foundation model 244
typhoon 457

U

ultimate bearing capacity of composite foundation on discrete material pile 328
ultimate bearing capacity of foundation soil 263
ultimate bearing capacity of pile composite foundation 327
ultrasonic wave test 85
unbalanced thrust transmission method 357
unconfined compression strength 218
unconfined compression strength test 78
unconformable contact 23
unconsolidated undrained triaxial test 58
underconsolidated soil 39,45
underground engineering 412
underpinning 289
underwater bottom sealing 352
undistributed soil 47
undrained shear strength 217
uniaxial tensile strength 219
uniaxial tension test 60
unit weight 119
unsaturated soil 34
unsaturated soil model 227
unsteady seepage 126
uplift pile 331
uplift pressure 401

V

vacuum preloading 275
vacuum well point 410
vane shear test 96
vane strength 218
vertical reinforcement 319
vertical stiffness factor 255
vertical ultimate carrying capacity of single pile 343
vertical ultimate uplift resistance of single pile 343
Vesic's ultimate bearing capacity formula 270
vibrational densification 261
vibro replacement stone column 280
vibro-compaction 280
vibroflotation 280
vibro-replacement 280
virgin compression curve 167
visco-elastic model 241
visco-elastic-plastic model 241
void ratio 108
volcanic ash 21
volcano 457
volumetric deformation modulus 164
von Mises yield criterion 230

W

walk-over survey, site reconnaissance 6
water and earth pressure calculating separately and together 406
water and soil loss 456
water content test 65
water content, moisture content 106
water in soil 116
water jetting 348
water test of strip drain 451
wave pressure 395
wave velocity method 253
wave velocity test 96
weak structural plane 368
wear-resistant ability 443
wedge-shaped failure 367
wedge-shaped failure analysis 369
Wei Rulong-Khosla-Wu model 248
weight per unit area test 445
well hole 351
well logging 8
well point system 409
well resistance 198
well wall 350

whole section excavation method 420
widen foundation 289
Winkler foundation model 249
work hardening 233
work softening 233
working shaft 425
woven fabric 438
woven geotextile 438

X

Xie Kanghe non-ideal consolidation theory for vertical drains 201

Y

yield surface 243

Z

zonal soil 39

其他

Илъющин plastic postulate 251

1 综合类

土
soil, earth

土是由岩石经历物理、化学、生物风化作用以及剥蚀、搬运、沉积作用在交错复杂的自然环境中所生成的各类沉积物。它是土力学的研究对象，由固体颗粒、液体和气体三相组成。

土力学
soil mechanics

土力学是研究土体的一门力学，它是研究土体的应力、变形、强度、渗流及长期稳定性的一门学科。广义的土力学是包括土的生成、组成、物理化学性质、物理生物性质及分类在内的土质学。

土力学是一门年轻的技术学科，一般认为它诞生于1925年，以土力学奠基人太沙基(K. Terzaghi)出版的专著《土力学》为标志。在该书中，太沙基总结了前人的有关论著中的观点，如库仑的抗剪强度与土压力理论、朗肯的土压力理论、达西的渗流理论和布西内斯克的应力计算理论等，以及他在1921年由黏土试样试验发现的饱和土的有效应力原理、1923年发表的黏土的一维固结微分方程，从而构成了现代土力学的基本骨架。1943年他又发表了《理论土力学》，1948年与佩克(R.B. Peck)合著了《工程实用土力学》，皆是土力学的经典著作。1936年国际土力学与基础工程协会(ISSMFE)成立，同年在太沙基主持下于美国哈佛大学召开了第一届国际学术讨论会。目前土力学已衍生出许多分支,如土动力学、海洋土力学、临界状态土力学、计算土力学等。中国于 1962 年在天津召开了第一届土力学与基础工程学术讨论会,并于 1979 年开始发行土力学的专业性期刊《岩土工程学报》。

土动力学
soil dynamics

土动力学是土力学的一个分支,是研究土在诸如地震、爆炸、海浪、动力机械振动或冲击等荷载作用下的变形、强度和稳定性的一门学科。其研究内容主要包括以下几部分:动荷载在地基中引起的振动和波动的规律;土在动荷载下的变形、强度、液化特性和动应力—应变关系及其室内外测试方法;土体的动力稳定性等。

临界状态土力学
critical state soil mechanics

临界状态土力学是土力学衍生出来的一个分支,以 1958 年罗斯科(K.H. Roscoe)提交的论文《关于土体的屈服》为基础。罗斯科等根据正常固结土和超固结土压缩试验和三轴试验的结果提出,在 p',q,v 空间存在一完全的状态边界面,在荷载作用下土中的应力状态在 p',q,v 空间对应的点均在状态边界面上或状态边界面内,状态边界面外是不可能状态,并在此基础上建立了剑桥模型,发展了以土的应力—应变—强度关系为基础的土力学系统。

数值岩土力学
numerical geomechanics

数值岩土力学是随着本构理论、数值分析技术和电子计算机的发展而形成的新分支学科。数值岩土力学求解岩土力学问题的基本思路为:通过试验研究建立土的本构模型,测定和合理选用模型参数,采用数值解法求解具体的工程问题。

地基
subgrade, ground, foundation soil

地基指承担结构传来荷载的土体,即基础以下的土体。当基础以下的土体为软土时称为软土地基。根据土体名称的异同可相应地称为黄土地基、冻土地基、膨胀土地基等。地基设计的基本内容是地基变形分析、地基承载力分析和稳定分析。地基工程是工程建设的重要工作之一。

基础工程
foundation engineering

基础工程是对建造工程结构物地面以下部分结构构件基础的科学技术的总称。它包括各类基础的勘察、设计计算和施工技术，是土木工程的一个组成部分。

基础是工程结构物的重要组成部分，它将上部结构荷载传递给下部地基。按埋置深度，基础可分为浅埋基础（条形基础、柱基础、片筏基础等）、深埋基础（桩基础、沉井、沉箱基础等）和明置基础；按变形特性，它可分为柔性基础和刚性基础；按形式，它可分为独立基础、联合基础、条形基础、片筏基础、箱型基础、柱基础、管柱基础、沉井基础和沉箱基础等。

岩土工程
geotechnical engineering

土木工程中涉及岩石、土、地下水的部分称为岩土工程。在台湾称为大地工程。岩土工程以土力学、工程地质学和岩体力学理论为基础，通过各种室内外测试技术，研究岩土材料的基本性状，运用现代分析技术，结合具体工程要求，指导工程的设计和施工，是20世纪60年代末至70年代初形成的一门新学科。其主要内容有：岩土材料基本性状，包括岩土材料的强度和变形特性、渗透性及渗透理论、岩土材料本构模型；地基性状，包括地基承载力、沉降等；基础工程、路堤工程、开挖工程、地基处理技术以及岩土体的各种加固和支护工程等。

大地工程（台）
geotechnical engineering

台湾用语，参见“岩土工程”词条。

反分析法
back analysis method

反分析是正分析的逆过程，通过监测数据来获得想要却难以直接测到的数据。

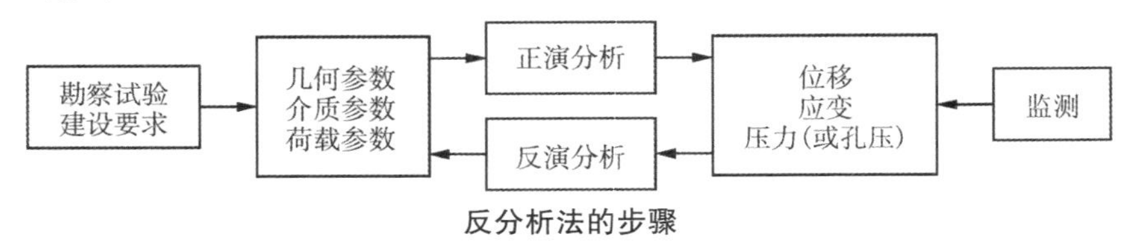

反分析法的步骤

在工程问题中,通常是通过荷载、材料本构模型及参数、工程问题的几何尺寸等已知条件,利用解析法、半解析法或数值解法来求解物体中的应力、位移、孔隙水压力等。这一求解过程称为正分析过程。

反分析法是以工程中实测的某些值,如位移、应力、孔隙水压力等为基础,通过数值计算来确定参数,进而使分析结果尽可能地接近工程实际。

土工问题的反分析法主要有逆反分析法、直接分析法和概率统计法等三种。

2 工程地质及勘查

地质年代
geological age

地质年代指地壳上不同时期的岩石和地层，在形成过程中的时间（年龄）和顺序。地质年代可分为相对年代和绝对年龄（或同位素年龄）两种。相对年代是指岩石和地层之间的相对新老关系和它们的时代顺序。绝对年龄是根据岩石中某种放射性元素及其蜕变产物的含量而计算出的岩石生成后距今的实际年数。

地质图
geological map

按一定的图例和比例尺将一定区域内的地层和各类岩石的时代、产状及分布等地质信息标绘在地形图上所形成的图件称为地质图。广义的地质图包括为特定目的编制的各种专业地质图，如矿产分布图、成矿规律图、地质构造图、古地理图、岩浆岩分布图、水文地质图、工程地质图、地球化学图、第四纪地质图、地震地质图、旅游地质图等。中、大比例尺的地质图常附有剖面图和综合地层柱状图，以反映地质构造的三维形象和发展过程。

地质构造
geological structure

原来呈连续而水平产出的岩层经内、外动力地质作用发生变形和变位的产物称为地质构造。最基本的地质构造是褶皱和断裂,常见的地质构造还有节理、劈理以及其他各种面状和线状构造。地质构造的规模有大有小,大到成百上千平方千米乃至全球规模,小的则表现在一定范围的露头或手标本上,更小的甚至需借助显微镜才能观察。

断层
fault

岩石受力到一定强度破裂,岩层或岩体沿着破裂面发生明显的相对滑移者称为断层。根据两盘的相对运动关系,断层可以分为正断层、逆断层和平移断层;按其力学成因可以分为压性断层、张性断层、扭性断层等。

褶皱
fold

褶皱又称褶曲,是岩层受力发生弯曲变形。它是一种常见的地质构造。其中向上凸曲者称背形,向下凹曲者称向形。如果组成褶皱的多层间的时代顺序清楚,则核心为较老岩层向两侧依次渐新的褶皱称背斜,核心为较新岩层向两侧依次渐老的褶皱称向斜。

地质点
point of observation, geologic observation point

地质点指野外地质勘探或填图时的地质特征点。这些点可以是地下水露头、岩层分界点、地质构造点、产状采集点以及水文地质点等。

踏勘
walk-over survey, site reconnaissance

踏勘是在工程的初步方案拟定之后,地质技术人员在工程现场进行的全范围的初步调查。踏勘的目的是调查有无重大不良地质地段或预测施工后是否会出现难以治理的地质病害。踏勘反馈的信息可用来评估初步方案的可行性或者比选几个初步方案。

工程地质测绘
engineering geological mapping

工程地质测绘以标准的地形或地质图作为底图,在勘察场地及其外围观察、量测和描绘与工程直接或间接有关的各种地质要素，为综合绘制工程地质图、初步判定测绘场地的工程地质环境及合理布置勘探和测试工作提供依据。

工程地质勘查
engineering geological investigation

工程地质勘查是指为工程建设的规划、设计、施工提供必要的依据及参数而对建设场地的工程地质条件所进行的地质测绘、勘探、室内实验、原位测试等工作的统称。工程地质条件通常是指建设场地的地形、地貌、地质构造、地层岩性、不良地质现象以及水文地质条件等。工程地质勘查的内容和方式随设计阶段，建筑物类型、等级以及建筑场地的地质条件和复杂程度而有所不同。

选址勘查
siting investigation

选址勘察是指在初步选出的工程场址上进行等精度的岩土工程勘察，对场区的区域稳定性、场地稳定性、环境工程地质效应、地基条件和施工条件进行评价，为规划设计单位结合其他技术经济条件进行比选，最终确定场址提供地质资料的活动。

地质适宜性
geological suitability

地质适宜性是指场地的地质条件对拟建工程地质要求的满足程度。

结构面
structural plane

结构面又称不连续面，是指在地质历史发展过程中，在岩体内部形成的具有一定延伸方向和长度、厚度相对较小的地质界面或带。结构面包括物质分异面和不连续面。

层理
bedding

层理是沉积岩最常见的一种原生构造。它是通过岩石成分、结构和颜色在剖面上的突变或渐变所显现出来的一种成层构造。一般厚几厘米至几米,其横向延伸可以是几厘米至数千米。层理按其形态的不同可分为平行层理、波状层理和斜层理。

岩体基本质量(BQ)
rock mass basic quality

岩体基本质量是岩体分级的一个指标,它主要考虑了岩体岩石的坚硬程度和岩体完整性。其计算公式为

$$BQ=90+3R_c+250K_v$$

式中,BQ——岩体基本质量指标;R_c——岩体单轴饱和抗压强度的 MPa 数值;K_v——岩体完整性指数值。工程中按 BQ 值和岩体质量定性特征将岩体划分为 5 级。分级的具体步骤和标准请查阅《工程岩体分级标准》(GB/T 50218—2014)。

岩石质量指标(RQD)
rock quality designation

用直径为 75mm 的金刚石钻头和双层岩芯管在岩石中钻进,连续取芯,回次钻进所取岩芯中,长度大于 10cm 的岩芯段长度之和与该回次进尺的比值称为岩石质量指标,以百分比表示。

测井
well logging

测井通常指地球物理测井。把利用电、磁、声、热、核等物理原理制造的各种测井仪器,由测井电缆下入井内,使地面电测仪可沿着井筒连续记录随深度变化的各种参数。通过表示这类参数的曲线,来识别地下的岩层,如油、气、水层、煤层、金属矿床等。一般按所探测的岩石物理性质或探测目的可分为电法测井、声波测井、放射性测井、地层倾角测井、气测井、地层测试测井、钻气测井等。

工程地质剖面图
engineering geological section

工程地质剖面图是指依据勘探点、测试点、岩石试验和土工试验等获得的成果,将场地垂直和水平两个方向上一定范围内地基岩土的工程地质

条件按一定比例绘制成的图件。它用来反映若干条剖面线上工程地质条件的变化情况。

综合柱状图
composite columnar section

综合柱状图是将勘探的地层绘成综合的柱状，用来表示勘察地区地层的剖面。绘制时，按各地层的新老次序由上而下的绘成柱状，然后注明岩土性质、厚度及地质时代等，即是综合柱状图。比例尺可采用 1∶50～1∶200。

工程地质分区图
engineering geological zoning map

工程地质分区图是对建筑场地进行工程地质条件分区的图件，是以综合工程地质图为基础绘制的。绘制时，可根据场地的稳定性、适宜性及地层的工程地质条件，并综合地形地貌、地质构造、不良地质现象、岩土性质及地下水等因素进行工程地质区（段）的划分。

水文地质参数
hydrogeological parameter

水文地质参数主要有含水层的渗透系数和导水系数、潜水含水层的给水度、承压含水层的贮水系数、弱透水层的越流系数及含水介质的水动力弥散系数等。水文地质参数是表征岩土水文地质性能大小的数量指标，是地下水资源评价的重要基础资料。确定水文地质参数的方法可以概括为两类：一类是水文地质试验法（如现场抽水试验、注水试验、渗水试验及室内渗压试验、达西试验、弥散试验等），该法可以在较短的时间内求出含水层参数，因而得到了广泛应用；另一类是根据地下水动态观测资料来确定，这是一种比较经济的测定方法，且测定参数的范围比前者广泛，可以求出一些用抽水试验不能求得的参数。

地下水
groundwater

地下水指存在于地表以下岩土的孔隙、裂隙和洞穴中的水。地表以下含水的岩土可分两个带。上部为包气带，也称非饱和带，岩土的空隙中除水以外还包含空气。下部为饱水带,也称饱和带,岩土的空隙被水充满。狭义的地下水指饱水带中的水。饱水带中的水能从地下汲出为人类所利用。此外,根据埋藏条件,地下水可以分为包气带水、潜水和承压水。

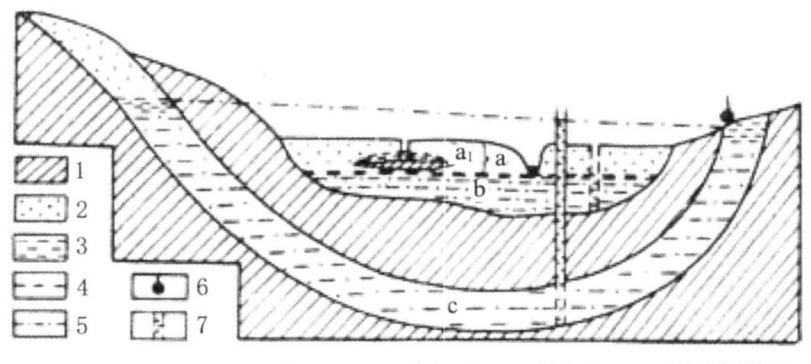

1—隔水层;2—透水层;3—饱水部分;4—潜水位;5—承压水测压水位;6—泉(上升泉);7—水井,实线表示井壁不进水;a—包气带水;a_1—上层滞水;b—潜水;c—承压水

包气带水、潜水和承压水示意

地下水露头
outcrop of ground water

地下水露头指地下水在地表显露的地点。通过对露头的水文观测,可以获得地下水的资料。泉是地下水的天然露头。

承压水
confined water

承压水指位于上下两个稳定隔水层之间的含水层中的水。承压水因被围限在两个隔水层之间,承受了静水压力,具有向上运动的能力。向斜盆地或单斜盆地是形成承压水的有利地质构造。承压含水层一般分为补给区、分布区(承压区)和排泄区三部分。补给区的上部没有隔水层,这里的地下水具有自由水面,实际上是潜水,它直接接受降水及地表水的补给。分布区地下水具有承压性,当水井或钻孔穿过隔水顶板打到承压含水层时,水即上涌到一定高度。当地面低于此高度时,水便从井中自行流出。由于承压水有时能够自流,故也称自流水。

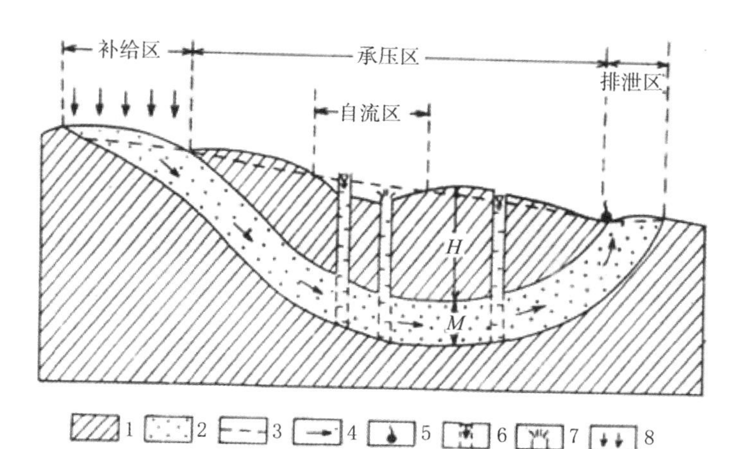

1—隔水层;2—含水层;3—地下水位;4—地下水流向;5—泉(上升泉);6—钻孔,虚线为进水部分;7—自喷钻孔;8—大气降水补给;*H*—压力水头高度;*M*—含水层厚度

自流盆地中的承压水

岩浆岩
magmatic rock

岩浆岩又称"火成岩"(igneous rock),是由岩浆冷凝而成的岩石。根据冷凝成岩的地质环境的不同,岩浆岩分为侵入岩和喷出岩。侵入岩是指岩浆在地下不同深处冷凝固结形成的岩石。根据深度的不同,侵入岩可细分为深成岩(plutonic rocks)和浅成岩(hypabyssal rocks)。喷出岩是指岩浆及其他岩石、晶屑等沿火山通道喷出到地表形成的岩石,又称火山岩(volcanic rocks)。主要的岩浆岩分类简表如下所示。

岩浆岩分类简表

岩石大类	超基性岩	基性岩	中性岩	酸性岩
SiO_2 含量	<45%	45%~52%	53%~65%	>65%
颜色	深色(黑绿、深灰)⟶浅色(红、浅灰、黄)			

续表

产状		构造	结构 \ 矿物成分	主要矿物	次要矿物	主要矿物	次要矿物	主要矿物	次要矿物	主要矿物	次要矿物
				橄榄石 辉石	斜长石	斜长石 辉石	角闪石 橄榄石	斜长石 角闪石	黑云母 辉石	钾长石 斜长石 石英	黑云母 角闪石
喷出	火山堆 岩熔流 岩熔被	致密块状 气孔状 杏仁状 流纹状	玻璃质	火山玻璃（黑曜岩、浮岩等）							
			隐晶质 斑状 细粒状	科马提岩		玄武岩		安山岩		流纹岩	
侵入	岩床 岩盘 岩脉	块状	巨粒状 细粒状 斑状	伟晶岩　细晶岩　煌斑岩							
			斑状 细粒状	苦橄玢岩 （少见）		辉绿岩 辉绿玢岩		闪长玢岩		花岗斑岩	
	岩基 岩株	块状	粒状	橄榄岩 辉石岩		辉长岩		闪长岩		花岗岩	

沉积岩
sedimentary rock

沉积岩通常是在常温、常压环境下，由形成岩石的风化物质、火山喷出的碎屑物质、生物遗体及少量宇宙尘埃，经搬运、沉积和成岩等地质作用而形成的。层理是沉积岩最显著的特征。此外，沉积岩中常含古代生物化石，有的具有干裂、孔隙、结核等构造。主要沉积岩分类见下表。

主要沉积岩分类

岩类	结构	主要矿物成分	主要岩石	
			松散的	胶结的
碎屑岩	砾状结构>2mm	岩石碎屑或岩块	角砾、碎石、块石	角砾石
			卵石、砾石	砾岩
	砂质结构 2～0.05mm	石英、长石、云母、角闪石、辉石（磁铁矿等）	砂土	石英砂岩、长石砂岩
	粉质结构 0.05～0.005mm	石英、长石、黏土矿物、碳酸盐矿物	粉砂土	粉砂岩

续表

岩类	结构		主要矿物成分	主要岩石	
				松散的	胶结的
黏土岩	泥质结构<0.005mm		以黏土矿物为主，含少量石英、云母等	黏土	泥岩、页岩
化学岩及生物化学岩	化学结构及生物结构	致密状、粒状、鱼鲕状	以方解石为主，含有白云石		泥灰岩、石灰岩
			白云石、方解石		白云质灰岩、白云岩
		结核状、鱼鲕状、块状、纤维状、致密状	石英、蛋白石、硅胶	硅藻土	燧石岩、硅藻岩
			钾、钠、镁的硫酸盐及氧化物		石膏、岩盐、钾盐
			碳、碳氢化合物、有机质	泥炭	煤、油页岩

变质岩
metamorphic rock

地壳中已存在的岩石（火成岩、沉积岩、变质岩）受到温度、压力和溶液及其他因素的影响，使它们原来的成分、结构和构造发生一系列变化后形成的新的岩石即变质岩。变质岩的物质组分受原岩控制，有一定的继承性；大多数为结晶质，并具有定向性的结构构造（如片理、片麻理等）；具有典型的变质矿物。变质岩一般分为由岩浆岩形成的正变质岩和沉积岩生成的副变质岩。

浅成岩
hypabyssal rock

浅成岩指具深成岩和喷出岩中间结构的岩浆岩，多具细粒、隐晶质及斑状结构。在成因上常与深成岩有密切的关系，也可以和喷出岩有密切的关系。

深成岩
plutonic rock

深成岩指岩浆在地下深处（>3km）缓慢冷却凝固而生成的全晶质粗

粒岩石,如花岗岩、闪长岩、辉长岩等。

花岗岩
granite

花岗岩俗称花岗石,是一种分布很广的深成酸性火成岩。二氧化硅含量多在70%以上。颜色较浅,以灰白色、肉红色者较常见。主要由石英、长石和少量黑云母等暗色矿物组成。石英含量为20%~40%,碱性长石多于斜长石,约占长石总量的2/3以上。花岗岩可以由地壳深处的花岗岩浆经冷凝结晶或由玄武岩浆结晶分异而成,也可以是深度变质和交代作用所引起的花岗岩化作用的结果。花岗岩结构均匀、质地坚硬、颜色美观,是优质建筑石料,其极限抗压强度为150~210MPa,弹性模量为33~39MPa,比重为2.30~2.80。花岗岩岩体在我国约占国土面积的9%,达80多万平方千米,尤其是东南地区,大面积裸露各类花岗岩体。

化石
fossil

保存在地层中的地质历史时期的生物遗体或遗迹统称为化石。根据其保存特点不同可分为实体化石、模铸化石、遗迹化石和化学化石。化石是自然产物,它的出现及保存状态以及种类等都不是人的力量所能左右的,其时代下限为1万年左右,上限近40亿年。通过化石可以确定地质年代。

化学沉积岩
chemical sedimentary rock

沉积岩按成因可分为碎屑岩、黏土岩、化学沉积岩。化学沉积岩是由岩石风化后溶于水而形成的溶液、胶体经搬迁沉淀而成的,如常用的石膏、菱镁矿、某些石灰岩等。

断裂构造
fracture structure

作用在岩石上的应力强度超过了岩石本身的强度时,岩石发生裂缝或错断,岩体的完整性遭到破坏而形成的构造称为断裂构造。根据有无明显滑动,断裂分为断层和节理。

海积层(台)
marine deposit

台湾用语,参见“海相沉积”词条。

海相沉积
marine deposit

海相沉积是相对陆相沉积而言的。海相沉积就是在浅海里面、海洋的环境里面的沉积作用。海相沉积的规模很大,土层的层位比较稳定,沉积物成分以水云母黏土、高岭石黏土、单成分砾石和石英砂为主。滨海相沉积是海相沉积的一种,其位置在高潮线和低潮线之间,沉积物以砂、淤泥、淤泥质土为主。位置在退潮线至200m海深的浅海相沉积主要是较细的砂、粉砂、黏土等。

阶地
terrace

在河谷发育过程中,由于地壳上升或气候变化等因素的影响,河流不断下切,河床不断加深,而原先的河床或河漫滩不断抬升,高出一般洪水位,形成了顺河谷呈带状分布的阶梯状地形,称为河流阶地。

节理
joint

岩石中的裂隙,若其两侧岩石没有明显的(眼睛能看清楚的)位移,称为节理。节理是一种很常见的构造地质现象,按力学成因分为剪节理和张节理。

解理
cleavage

解理又称劈开,是指矿物晶体在受力后常沿一定方向破裂形成光滑平面的性质。一般在标本上看到的闪光的断裂面即解理面。解理面一般平行于晶体格架中质点最紧密,联结力最强的面。因为垂直这种面的联结力较弱,晶粒易于平行此面破裂。不论矿物自形程度高低,解理的特征不变,是鉴定矿物的重要特征依据。一般可将解理的完善程度分为五级:(1)极完全解理,解理面很平滑,裂成层片很薄,极不容易发生断口,例如云母;(2)完全解理,解理面常平滑,往往可沿解理而裂开成外形与原来晶形相像的小块,不容易发生断口,例如方解石;(3)中等解理,在碎块上可看到解理面和不定方向的断口,例如正长石;(4)不完全解理,碎块中可看到解理面,但比较困难,断口常是不平整的表面,例如磷灰石;(5)极不完全解理,碎块表现出断口,实际上没有解理,只在偶然的场合才能发现解理,例如石英。

喀斯特
karst

喀斯特即岩溶。参见“岩溶”词条。

矿物硬度
hardness of minerals

矿物抵抗某种外来机械作用(如刻划、压入、研磨)的能力称矿物硬度。硬度分为相对硬度和绝对硬度。虽然相对硬度分布很不均匀,但使用方便,故在野外工作或肉眼鉴定中多采用摩氏硬度来表示矿物的相对硬度。1822年,莫斯(F. Mohs)提出用10种矿物来衡量世界上最硬的和最软的物体,这是所谓的摩氏硬度计。各级之间硬度的差异不是均等的,等级之间只表示硬度的相对大小。利用摩氏硬度计测定矿物硬度的方法很简单。将预测矿物和硬度计中某一矿物相互刻划,如某一矿物能划动方解石,说明其硬度大于方解石,但又能被萤石所划动,说明其硬度小于萤石,则该矿物的硬度为3到4之间,可写成3～4。摩氏硬度如下表所示。在实际工作中还可以手指甲(2.5)、小刀(5.5)和石英(7)把矿物的硬度粗略地划分为<2.5,2.5～5.5,5.5～7.5,>7.5四个等级。

摩氏硬度

指标	滑石	石膏	方解石	萤石	磷灰石	正长石	石英	黄玉	刚玉	金刚石
摩氏硬度	1	2	3	4	5	6	7	8	9	10

砾岩
conglomerate

砾岩是沉积碎屑岩的一种,由粒径大于2mm的圆状、次圆状砾石经胶结而成。胶结物成分和胶结类型对砾岩的物理力学性质有很大的影响。

地层中常见的砾岩有两种：一种叫底砾岩，它往往代表沉积间断，是判断构造运动和区域不整合存在的重要标志，故在不整合面或假整合面上时有所见；还有一种是层间砾岩，它大多数是由沉积过程中局部环境发生变化，比如水流的冲刷、波浪的冲击、暂时的干涸、岸坡的滑动、地壳的微弱升降等导致的，利用它可以判断古海、湖岸的位置及古河流的流向。

长石
feldspar

长石是对长石族矿物的总称，它是一族含钙、钠和钾的铝硅酸盐类矿物。长石为地壳中最常见的矿物，是大多数火成岩、变质岩以及某些沉积岩的主要或重要造岩矿物，其对于岩石的分类具有重要意义。根据成分的不同，长石可以分为正长石（碱性长石）和斜长石两个亚族。长石含量高的岩石易风化，性质软弱。高岭土和方解石是正长石风化的次生矿物。长石用途很广，如富含钾或钠的长石主要用于陶瓷工业、玻璃工业及搪瓷工业；含有铷和铯等稀有元素的长石可作为提取这些元素的矿物原料；色泽美丽的长石可作为装饰石料和次等宝石。

角砾岩
breccia

角砾岩是沉积碎屑岩的一种，它是由大于 2mm 的棱角状的砾石胶结而成的，其中棱角状和次棱角状的砾石含量大于 50%。组成角砾岩的碎屑物质磨圆度极低、分选很差、形状各异、棱角分明，这一般是因为这些物质是原地堆积或搬运距离很短形成的。按形成原因角砾岩可分为岩溶角砾岩、火山角砾岩、山麓堆积角砾岩、冰川角砾岩、断层角砾岩（亦称构造角砾岩）、成岩角砾岩以及陨石撞击角砾岩等。角砾岩的研究有助于恢复古地理环境，推断构造变动，此外有些矿产也与角砾岩有关。

砂岩
sandstone

砂岩是由粒径 0.0625～2mm 的砂粒胶结而成的一种中碎屑岩，其中砂粒含量应占 50%以上。砂粒的成分主要是石英，其次是长石及各种岩屑，有时含云母、绿泥石及少量重矿物。砂岩按粒度大小可分为巨粒、粗粒、中粒、细粒和微粒砂岩；按成分可分为石英砂岩、长石砂岩、岩屑砂岩和杂砂岩。砂岩的胶结类型影响其抗压强度,硅质砂岩的抗压强度为80～200MPa,泥质砂岩的抗压强度为40～50MPa或更小。砂岩中各种层理和层面构造发育,是研究沉积环境的重要标志。某些砂和砂岩本身就是建筑材料,也是石油、矿产、水文和工程地质的主要研究对象。

石灰岩
limestone

石灰岩是主要成分为方解石,有时含少量白云石,常混入石英、长石、云母和黏土矿物等的一种沉积碳酸岩。它呈灰色或灰白色,性脆,硬度较小,用铁器易划出擦痕,遇稀盐酸剧烈起泡。石灰岩的主要类型有内碎屑灰岩、生物碎屑灰岩、鲕状灰岩、球状灰岩、团块灰岩、隐藻碳酸盐岩、藻灰岩和微晶灰岩、泥晶灰岩等。白垩是一种特殊的生物质泥晶灰岩。石灰岩易溶蚀,故在石灰岩地区多形成石林和溶洞,称为喀斯特地形。石灰岩用途广泛,它是烧制石灰和水泥的主要原料,也是制化肥和电石的原料,还被用于冶炼钢铁、制糖、陶瓷、玻璃、印刷等工业。

白云岩
dolomite

白云岩是主要由白云石组成,常混入石英、长石、方解石和黏土矿物的一种沉积碳酸岩。它呈灰白色,性脆,硬度小,用铁器易划出擦痕,遇稀盐酸缓慢起泡或不起泡,外貌与石灰岩很相似。白云岩和石灰岩比较类似,它们的主要区别是方解石和白云石的含量不同,通常石灰岩中方解石占50%以上,白云岩中白云石占50%以上。根据结构类型的不同,白云岩主要有泥晶白云岩、微—细晶白云岩、藻白云岩、生物白云岩及生物碎屑白云岩、内碎屑白云岩、鲕状白云岩。鲕状白云岩孔隙度较大,常为石油或地下水的理想储藏层。

混合岩
migmatite

混合岩是由混合岩化作用(变质作用向岩浆作用过渡的类型)形成的以基体和脉体为两个基本组成部分的岩石。基体是角闪岩相或麻粒岩相变质岩,代表混合原岩,或多或少受到改造,又称古成体;脉体为长英质或花岗质物质,代表混合岩中的新生部分,又称新成体。依混合岩化程度,混合岩分为混合质变质岩类、混合岩类和混合花岗岩类;按结构构造特点分角砾状混合岩、条带状混合岩、眼球状混合岩、均质混合岩等。混合岩的成因有岩浆注入、交代作用、深熔作用和变质分异四种。

陆相沉积
continental sedimentation

陆相沉积因沉积环境与介质动力多变,成分复杂,一般以碎屑为主,颗粒大小不定,类型多样,相变大。一般认为,陆相沉积主要包括残积、坡积或重力堆积、洪积、河流沉积、湖泊沉积、沼泽沉积、冰川沉积、风积或沙漠相沉积、地下水沉积(含洞穴沉积)。其中以河流沉积最为普遍。河流沉积物的特点是:(1)具二元结构,砂层中常见透镜体;(2)呈半韵律结构;(3)常含淡水生物;(4)常见泥裂等外露大气的遗迹;(5)有冲刷面、大型槽状交错层理、板状交错层理、平行层理、逆行沙波层理等水力与单向水流构造。

风积土
aeolian deposit

风积土是风将碎屑物从风力强的地方搬运到风力弱的地方堆积而成的土。风积土的生成不受地形的控制,它主要有两种类型即风成砂和风成黄土。风成砂是在干旱地区,风力将砂粒(包括粗、中、细粒的砂)吹起,吹过一定距离后,风力减弱,砂粒坠落堆积而成的。其矿物成分主要为石英及长石,颗粒浑圆,结构多比较疏松,受震动时,能发生很大的沉降,因此,作为建筑物地基时必须事先进行处理。风成黄土是指在干旱气候条件下,随着风的停息,沉积而成的黄色粉土沉积物,简称黄土。黄土在我国分布较广,达 64 万多平方千米,黄河中游地区最为发育,几乎遍及西北、华北各省区。风成黄土的结构疏松,含水量小,浸水后具有湿陷性,因此作为建筑物地基时,首先要判别它是不是湿陷性的。如果是湿陷性的,还要进一步判别它是自重湿陷性的,还是非自重湿陷性的。在湿陷性黄土地区进行建筑施工时,必须注意做好防水。

残积土
eluvial soil, residual soil

岩石风化形成土后,一部分被搬运走,一部分残留在原地,留存在原地的土称为残积土。残积土的特性在很大程度上取决于母岩的性质。它与基岩之间没有明显的界线，通常经过强风化层、弱风化层过渡到新鲜岩石。由于未经搬运，残积土颗粒未经磨圆和分选，无层理构造，土体孔隙较大，均匀性也较差，但强度一般较高。

原生矿物
primary mineral

原生矿物指在内生条件下的成岩作用或成矿作用过程中，与所形成的岩石或矿石同时期形成的矿物。如橄榄岩中的橄榄石，花岗岩中的长石、石英。

次生矿物
secondary mineral

次生矿物指岩石或矿石在形成之后，其中的原生矿物经化学变化而形成的新矿物。如正长石经分解作用形成的高岭石，黑云母经风化分解形成的蒙脱石。

黏土矿物
clay minerals

黏土矿物属于次生矿物，是指黏土和黏土岩中晶体一般小于 2μm，主要是含水的铝、铁和镁的层状结构硅酸盐矿物。除海泡石、山软木具链状结构外，其余的黏土矿物均具有层状结构。黏土矿物颗粒极细，一般小于 0.01mm，主要包括高岭石族、伊利石族、蒙脱石族、蛭石族以及海泡石族矿物。其中高岭土主要用作陶瓷原料、造纸的填料和涂层；主要由蒙脱石构成的膨润土用作钻井泥浆、精炼石油的催化剂和漂白剂，铁矿球团的黏结剂和铸形砂黏合剂；凹凸棒石黏土和海泡石黏土是制造抗盐泥浆、油脂的脱色剂和吸收剂的优质原料。

云母
mica

云母是钾、铝、镁、铁、锂等层状结构铝硅酸盐的总称。云母以单斜晶系为主，其次为三方晶系，其余少见。云母族矿物中最常见的矿物有黑云母、白云母、金云母、锂云母等。云母通常呈假六方或菱形的板状、片状、柱状晶形，颜色主要随铁含量的增多而变深。白云母无色透明或呈浅色；黑云母为黑色至深褐色、暗绿色等色；金云母呈黄色、棕色、绿色或无色；锂云母呈淡紫色、玫瑰红色至灰色。云母呈玻璃光泽，解理面上呈珍珠光泽，其摩氏硬度一般为2.0～3.5，比重为2.7～3.5，平行底面的解理极完全。白云母和金云母具有良好的电绝缘性和不导热、抗酸、抗碱和耐压性能，因而被广泛用来制作电子、电气工业上的绝缘材料。云母碎片和粉末可用作填料等。锂云母还是提取锂的主要矿物原料。

火山灰
volcanic ash

粒径小于2mm的细小火山碎屑物称作火山灰。火山灰不同于烟灰，它坚硬、不溶于水，可用作建筑材料。

冰川沉积
glacial deposit

当冰川融化时，它所携带的碎屑物质沉积下来形成冰碛物；待冰川融化成水后，冰水又将碎屑物搬运一定距离沉积形成冰水沉积物。冰碛物，过去常称为泥砾层，它经常是巨大的石块和细微的泥质物的混合物，大小混杂，分选性和磨圆性都很差。而冰水沉积物堆积在冰川末端，随着冰川末端距离变远，粒径变小，依次为砾、小砾石、砂、亚黏土和黏土。

冰积层(台)
glacial deposit

台湾用语，参见“冰川沉积”词条。

地球物理勘探
geophysical prospecting

地球物理勘探简称“物探”，它是以各种岩石和矿石的密度、磁性、电性、弹性、放射性等物理性质的差异为研究基础，用不同的物理方法和物探仪器，探测天然的或人工的地球物理场的变化，通过分析、研究获得物探资料，从而推断、解释地质构造和矿产分布情况。目前主要的物探方法有重力勘探、磁法勘探、电法勘探、地震勘探、放射性勘探等。依据工作空间的不同，又可分为地面物探、航空物探、海洋物探、井中物探等。由于同地质体有关的地球物理场存在的空间范围比地质体本身大得多，故可在远离地质体的地面、水面、坑道或空中来探测,因而物探能够提高地质勘探的工作效率和经济成效。但它毕竟是一种间接的勘探方法,不能完全取代钻探等直接的地质勘探手段。

航空摄影
aerial photograph

航空摄影是指在飞机或其他航空飞行器上利用航空摄影机摄取地面景物相片的技术。航空摄影具有减少野外作业,减轻劳动强度,不受地理条件限制以及快速、精确、经济等优点。因而广泛用于国民经济的各个方面,如:测绘国家基本比例尺地形图和各类专业用图;地质、水文、矿藏和森林资源调查;农业产量预估;大型厂矿和城镇的规划建设;铁路、公路、高压输电线路的勘查选线;气象预报和环境监测等。航空摄影取得的照片要经过判读处理才能绘制出所需要的地图或获得其他有用的资料。

地震反射波法
seismic reflection method

地震反射波法指在地表附近用人工方法激发地震波,地震波向地下传播时,如遇到介质性质不同的岩层分界面,一部分能量反射,另一部分能量透过界面,根据地表直接传播的波和各界面的反射波到达检测点的关系来详细探明地下岩层的分层结构。反射波的到达时间同反射面的深度有关,故据此可以查明地层的埋藏深度及其起伏。随着炮检距(检波点到震源的距离)的增加,同一界面的反射波走势按双曲线关系变化,据此可以确定反射面以上介质的平均速度。反射波的振幅同反射系数有关,据此可以推算地层中波阻抗的变化,从而对地层的岩性做出推断。

电阻率法
resistivity method

电阻率法是利用岩石、矿石电阻率的差异,通过观测地面上人工电流场的分布规律来探查地质构造和寻找有用矿产。电阻率法按电极排列和工作方法的不同,又可分为中间梯度法、电测剖面法、电测深法、充电法和激发极化法等。

片理
schistosity

片理是变质岩中的一种构造，它是岩石中的板状矿物、片状矿物和柱状矿物在定向压力作用下发生连续而平行的排列而形成的平行、密集而不甚平坦的纹理。岩石沿片理方向易于劈开。如果岩石的矿物颗粒细小且在片理上出现丝绢光泽与细小皱纹者称为千枚状构造；若矿物颗粒较粗，肉眼能清楚识别者称为片状构造。

整合接触
conformable contact

上、下地层在沉积层序上没有间断，岩性与所含化石都是连续渐变的，其产状基本一致，这种上、下地层之间的接触关系叫作整合接触。

不整合接触
unconformable contact

上、下地层的沉积层序有间断，缺失了一部分地层，这种上、下接触关系叫作不整合接触。沉积间断的时期可能代表没有沉积作用的时期，也可能代表以前沉积的岩石似被侵蚀的时期。上、下地层之间的沉积间断面叫作不整合面，它在地面的出露线叫作不整合线，是重要的地质界线。根据上、下地层产状的关系，不整合接触分为相邻新老地层产状一致的平行不整合接触(disconformity)，也称假整合接触，和产状不一致的角度不整合接触(angular unconformity contact)。

凝灰岩
tuff

凝灰岩是火山碎屑岩的一种。凝灰岩中，0.05～2.00mm 的细火山碎屑物占 50%以上，其外貌疏松多孔有粗糙感，可有层理，具典型的凝灰构造。颜色有灰白色、紫色、红色、白色、黑色等。干燥状态下凝灰岩的抗压强度为 60～170MPa。

潜水
phreatic water

潜水是指地面以下第一个稳定隔水层之上并且具有自由水面的水。故潜水面以上一般没有隔水层,而是通过包气带与大气相通。潜水的自由表面即潜水面;潜水面和下伏隔水层顶板之间的距离称为潜水层厚度;潜水面到地面的距离称为潜水的埋藏深度。潜水受当地气候变化的影响较大。潜水在重力作用影响下,从潜水位高处向潜水位较低的地段流动,静水压力表现不突出,故常称为无压水。潜水埋藏浅,较易开发,被人们广泛应用。一般民用井多挖到潜水含水层。潜水容易被污染,应十分注意卫生防护。开发时应适量抽取,过量持续抽取会造成潜水面区域性持续下降,从而引起潜水资源枯竭。

含水层
aquifer

能储存一定量地下水的透水层称为含水层。它是地下水的贮存和运动的场所。渗透系数较大的砂层、砾石层、多裂隙的石英岩层、岩溶发育的石灰岩层等,当位于地下水面以下时,都能成为含水层。

隔水层(不透水层)
aquiclude

隔水层是指那些既不能给出又不能透过水的岩层,或者它给出或透过的水量都极少。通常可分为两类:一类是致密岩石,其中没有或很少有空隙,很少含水也不能透水,如某些致密的结晶岩石(花岗岩、闪长岩、石英岩等);另一类是颗粒细小,孔隙度很大,但孔隙直径小,岩层中含水,但存在的水绝大多数是结合水,在常压下不能排出,也不能透水。含水层与隔水层的划分是相对的,它们之间并没有绝对的界线,在一定条件下两者可以相互转化。如黏土层,在一般条件下,由于孔隙细小,饱含结合水,不能透水与给水,起隔水层作用。但在较大的水头压力作用下,部分结合水发生运动,从而转化为含水层。从广义上讲,自然界没有绝对不含水的岩层。

取土器
geotome

为确定岩土的工程性质，从探井或钻孔中采集保持天然结构与稠度状态的岩土试样的工具叫取土器。不同的地层性质和技术要求需要采用不同的取土方法和取土器。取土器的种类很多，根据其结构及封闭形式可按下图分类。

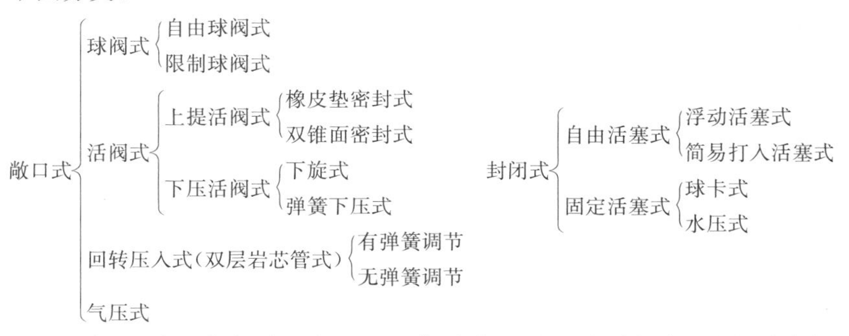

根据壁厚可分为厚壁取土器和薄壁取土器。壁厚越大，对所采取的土样扰动就越大。为测定重度、强度参数和变形参数而取样时，宜采用薄壁取土器以保证取土质量。薄壁取土器的主要技术参数如下表所示。

薄壁取土器的主要技术参数

指标	数值	指标	数值
面积比	≤10%	内间隙比	0.5～1.0
外间隙比	0	刃口角度	5°～10°
长度/mm	10～15 倍内径	外径/mm	75～100
内壁光洁度	Δ5～Δ6		

砂咀
spit，sand spit

砂咀指根部同陆地相连、尾部伸入海或湖中的狭长堤坝状地貌，常形成于岬角和河口处。其成因是沿岸流携带砂屑物沿岸搬运，遇到海湾或海岸线弯曲的地方，流速变小，搬运物逐渐沉积下来而形成的。

山岩压力
rock pressure

地下洞室开挖后,为了防止围岩的松弛变形和破坏,需要及时进行支护,作用在支撑或衬砌上的压力称山岩压力,亦称围岩压力、地压或岩石压力。

石英
quartz

石英是硅的一种氧化物,化学式为 SiO_2,主要指分布广泛的三方晶系的低温石英(α-石英)。石英纯者无色,含杂质时呈烟色、紫色等,玻璃光泽、透明,硬度为 7,化学性质稳定,不溶于水,抗风化和抗腐蚀能力强。α-石英有显晶质者和隐晶质者两个亚种。显晶质者可根据颜色的不同分为紫水晶、烟水晶、墨晶、蔷薇石英等;隐晶质者可分为碧玉、玉髓(石髓)、玛瑙、燧石等。石英可用作玻璃、耐火材料和建筑材料等。

松散堆积物
rickle

松散堆积物广泛分布于地表,多呈疏松状态,一般孔隙率大、不紧密,透气性和含水量均较大,抗风化程度低。根据颗粒组成,它可以分为碎石土、砂土、粉土和黏性土等。

围限地下水(台)
confined ground water

台湾用语,参见“承压水”词条。

潟湖
lagoon

由沙坝、沙嘴或滨海堤将近陆的一部分水域与外海隔离开来而转变成的湖泊,通常称为潟湖,如宁波的东钱湖和杭州的西湖。

牛轭湖
oxbow lake

牛轭湖也称弓形湖，在平原地区流淌的河流、河曲发育，随着流水对河面的冲刷与侵蚀，河流愈来愈曲，河弯颈部越来越细，最后在遇到较大洪水时，河湾颈被冲开，河道取直，而原来弯曲的河道被废弃，并形成湖泊，因这种湖泊的形状恰似牛轭，故称为牛轭湖。我国著名的牛轭湖有湖北的尺八口和原有的白露湖及排湖，内蒙古的乌梁素海。

堰塞湖
imprisoned lake

地震、山崩、滑坡、泥石流、冰碛或火山喷发的熔岩和碎屑物堵塞河流而形成的湖泊称为堰塞湖。东北的五大连池和镜泊湖都是由玄武岩浆流堵塞河道形成的，我国最新的堰塞湖是由 2000 年 4 月发生的西藏易贡藏布大滑坡引起的。必须注意，突然堆积形成的堰塞坝往往使河流上游涌水，致使上游城镇、土地遭到淹埋；当堵塞堤坝溃决后，河水将使下游的村镇、土地荡然无存。

岩层产状
attitude of rock formation

岩层产状是产出地点的岩层面在三维空间的状态和方位的总称。除水平岩层成水平状态产出外，一切倾斜岩层的产状均以其走向(strike)、倾向(dip)和倾角(angle of dip)表示，称为岩层产状三要素。岩层面与水平面的交线或岩层面上的水平线即该岩层的走向线，其两端所指的方向为岩层的走向，可由两个相差 180°的方位角来表示，如 NE30°与 SW210°；垂直于走向线并沿倾斜层面向下所引直线为岩层倾斜线，倾斜线在水平面上的投影线所指的层面倾斜方向就是岩层的倾向。走向与倾向相差 90°。岩层的倾斜线与其水平投影线之间的夹角即岩层的(真)倾角。所以，岩层的倾角就是垂直岩层走向的剖面上层面(迹线)与水平面(迹线)之间的夹角。岩层产状有两种表示方法：(1)方位角表示法，一般记录倾向和倾角，如 SW205°∠65°，即倾向为南西 205°，倾角 65°，其走向则为 NW295°或 SE115°；(2)象限角表示法，一般测记走向、倾向和倾角，如 N65°W/25°SW，即走向为北偏西 65°，倾角为 25°，向南西倾斜。

岩脉
dike, dyke

岩脉也称岩墙,为充填在围岩裂缝中的板状岩体,横切岩层,与层理斜交,是一种不协调(不整合)侵入岩体。岩脉是岩浆岩体,其规模变化大,宽可由数厘米到数十米,长由数米到数千米或数十千米。有人将近于直立、平行层理的板状岩体称为岩墙,而将与层理斜交、形状不规则的板状岩体称为岩脉。

岩石风化程度
degree of rock weathering

岩石长期暴露在地表之后,在太阳辐射、大气、水和生物等作用下出现破碎、疏松及矿物成分次生变化的现象,称为风化。岩石风化程度是指岩石风化后其物理力学性质、结构构造、矿物成分以及裂隙发育程度等变化的情况,通常可定性地分为全风化、强风化、弱风化和微风化四个级别,与之对应的是四个岩石风化带。岩石风化程度分带见下表。

岩石风化程度分带

分带名称	颜色光泽	岩体组织结构的变化及破碎情况	矿物成分的变化情况	物理力学特性的变化	锤击声
全风化	颜色已全改变,光泽消失	组织结构已完全破坏,呈松散状或仅外观保持原岩状态,用手可折断、捏碎	除石英晶粒外,其余矿物大部分风化变质,形成风化次生矿物	浸水崩解,与松软土体的特性近似	哑声
强风化	颜色改变,唯岩块的断口中心尚保持原有颜色	外观具原岩组织结构,但裂隙发育,岩体呈干砌块石状,岩块上裂纹密布,疏松易碎	易风化矿物均已风化,形成风化次生矿物。其他矿物仍部分保持原矿物特征	物理力学性质显著减弱,具有某些半坚硬岩石的特征,变形模量小,承载强度低	哑声
弱风化	表面和沿裂隙面大部变色,但断口仍保持新鲜岩石特点	组织结构大部分完好,但风化裂隙发育,裂隙面风化剧烈	沿节理裂隙面出现次生风化矿物	物理力学性质减弱,岩体的软化系数与承载强度变小	发声不够清脆
微风化	沿节理面略有变色	组织结构未变,除构造节理外,一般风化裂隙不易觉察	矿物组织未变,仅沿节理面有时有铁锰质渲染	物理性质几乎不变,力学强度略有减弱	发声清脆

岩石构造
structure of rock

岩石中不同矿物集合体之间、矿物集合体与岩石其他组分之间以及岩石各个组成部分之间的排列组合方式叫作岩石构造。如岩浆岩中的流纹构造、气孔构造，沉积岩中的微层状构造，变质岩中的片状构造、千枚状构造等。

岩石结构
texture of rock

岩石结构是指岩石内矿物颗粒的大小、形状、结晶程度、颗粒排列方式、颗粒间连接方式以及微结构面发育情况等反映在岩块构成上的特征。岩石结构对岩块的力学性质影响很大，它也是研究岩石形成条件和分类命名的重要依据。

岩体
rock mass

岩体指在地质作用过程中经受过变形和破坏的，由岩块和结构面网络组成的，具有一定结构的并赋存于一定地质环境（天然应力状态、地下水等）中的地质体。岩石类型、岩体中结构面以及由此形成的岩体结构控制着岩体的力学性质和力学作用。

页岩
shale

页岩是一种黏土岩，由松散的黏土物质经压实作用、脱水作用、重结晶作用后形成。它成分复杂，除黏土矿物外，还含有石英、长石、云母、碳酸盐岩等；具有页状或薄片状层理，用硬物击打易裂成碎片；按混入物的成分或岩石颜色，页岩可以分为黑色页岩、碳质页岩、油页岩、硅质页岩、铁质页岩等。

造岩矿物
rock-forming mineral

组成岩石的矿物称为造岩矿物，它们绝大部分是结晶质，以硅酸盐及碳酸盐矿物居多。自然界里只有少数岩石由一种矿物组成,而大多数岩石则由几种矿物组成,故岩石并无确定的化学成分和物理性质;同种岩石,产地不同,其矿物组成和结构均有差异,岩石的颜色、强度等性能也均不相同。几种主要造岩矿物的组成与特征见下表。

几种主要造岩矿物的组成与特征

矿物	组成	密度/$g \cdot cm^{-3}$	摩氏硬度	颜色	其他特性
石英	结晶 SiO_2	2.65	7	无色透明至乳白等色	坚硬、耐久,具有贝状断口,玻璃光泽
长石	铝硅酸盐	2.5～2.7	6	白、灰红、青等色	耐久性不如石英,在大气中长期风化后成为高岭土,质脆
云母	含水的钾镁铁铝硅酸盐	2.7～3.1	2～3	无色透明至黑色	易分裂成薄片,影响岩石的耐久性和磨光性
辉石、橄榄石	铁镁硅酸盐	3.0～4.0	5～7	色暗,统称暗色矿物	坚硬,强度高,韧性大,耐久
方解石	结晶 $CaCO_3$	2.7	3	通常呈白色	硬度不大,强度高,遇酸分解,晶形呈菱面体
白云石	$CaCO_3 \cdot MgCO_3$	2.9	4	通常呈白至灰色	与方解石相似,遇热酸分解
高岭石	$Al_2O_3 \cdot 2SiO_2 \cdot 2H_2O$	2.6	2.0～2.5	白至灰、黄色	呈致密块状或土状,质软,塑性高,不耐水

钻孔柱状图
bore hole columnar section

钻孔柱状图是根据对钻孔岩芯或岩屑(粉)的观察鉴定、取样分析及在钻孔内进行的各种测试所获取的资料的基础上编制成的一种原始图件,用来形象地表示钻孔通过的岩层、矿体及其相互关系,它是编制有关综合图件和计算矿产储量的主要依据。钻孔柱状图的主要内容有回次进尺,岩芯采取率,岩层或矿体的层位、厚度,岩芯特征(如物质成分、结构构造、岩层或矿层的接触关系及层面倾角等)描述,以及取样化验、孔内简单水文地质观测和地球物理测井的成果等。钻孔柱状图的制法与综合柱状图同。图上应注明钻孔编号,岩土名称、特点、厚度及埋藏深度,地下水位和取样深度等。

标准冻深
standard frost penetration

地表无积雪和草皮等覆盖条件下多年实测最大冻深的平均值，称为标准冻深，单位为 m。实际工程中无实测资料时，除山区之外，可按现行有关规范所附的标准冻深线图查取。标准冻深可用于计算冻胀地区的基础最小埋深。

3 岩土分类

饱和土
saturated soil

饱和土为土孔隙中完全充满水的土。对于地下水位以下的土，工程上可以认为其是饱和的。当饱和度大于80%时，也可认为该土是饱和的。

超固结土
overconsolidated soil

历史上所经受的前期固结压力大于现有上覆荷重的土层称为超固结土，在台湾称为过压密土。这类土的上覆土层在历史上本是相当厚的沉积层，在土的自重作用下也已达到了固结稳定状态，但后来由于流水或冰川等的剥蚀作用而形成现在的地表，因此其前期固结压力 p_c 超过了现有上覆土层自重应力 $p_1=\gamma h$（γ 为均质土的天然重度，h 为现在地面下的计算深度），故这类土称为超固结土。

冲填土
dredger fill

冲填土又称吹填土，是用水力冲填法疏浚江河、湖泊、海滨时所形成的填土，主要由黏粒、粉粒组成。冲填土性质取决于其黏粒含量。冲填砂粒形成的冲填土同砂土地基。黏粒含量高的冲填土易出现触变现象。有一定厚度的黏粒含量多的冲填土经一定时间曝晒后表层易成硬壳，成为一种橡皮土。一般来说，该土土质松软且具有不均匀性，天然情况下不宜用作地基。

重塑土
remolded soil

破坏土体的天然结构重新制备的土称为重塑土，其力学特性常因此而变差。

冻土
frozen soil, tjaele

冻土又称寒土，其孔隙中存有冻结晶，由土固体颗粒、冰包裹体、水和空气四相组成。根据含冰量可分为富冰冻土、微含冰冻土和含冰冻土；根据物理状态可分为坚硬冻土和塑性冻土；根据存在的时间又分为永久冻土、多年冻土、季节冻土和短暂冻土，其中季节冻土在我国分布范围很广。冻胀和融陷是影响冻土工程特性的两个方面。冻胀是指土体冻胀时产生的体积膨胀，融陷是指解冻时产生的收缩变形。按我国《建筑地基基础设计规范》(GB 50007—2011)，地基土的冻胀程度分为不冻胀、弱冻胀、冻胀和强冻胀，冻胀性分类见下表。在冻胀性土地区确定基础埋置深度时应考虑地基土冻胀和融陷的影响，具体考虑方法参见“基础埋置深度”词条。在有冻胀性土地区建设时，应采取防冻害措施。

地基土的冻胀性分类

<table>
<tr><th>土的名称</th><th>天然含水量
w/%</th><th>冻结期间地下水位低于
冻深的最小距离/m</th><th>冻胀性类别</th></tr>
<tr><td>岩石、碎石土、砾砂、
粗砂、中砂、细砂</td><td>不考虑</td><td>不考虑</td><td>不冻胀</td></tr>
<tr><td rowspan="6">粉砂</td><td rowspan="2">$w<14$</td><td>>1.5</td><td>不冻胀</td></tr>
<tr><td>$\leqslant 1.5$</td><td rowspan="2">弱冻胀</td></tr>
<tr><td rowspan="2">$14\leqslant w<19$</td><td>>1.5</td></tr>
<tr><td>$\leqslant 1.5$</td><td rowspan="2">冻胀</td></tr>
<tr><td rowspan="2">$w\geqslant 19$</td><td>>1.5</td></tr>
<tr><td>$\leqslant 1.5$</td><td>强冻胀</td></tr>
</table>

续表

土的名称	天然含水量 w/%	冻结期间地下水位低于冻深的最小距离/m	冻胀性类别
粉土	$w<19$	>2.0	不冻胀
		$\leqslant 2.0$	弱冻胀
	$19\leqslant w<22$	>2.0	
		$\leqslant 2.0$	冻胀
	$22\leqslant w<26$	>2.0	
		$\leqslant 2.0$	强冻胀
	$w\geqslant 26$	不考虑	
黏性土	$w\leqslant w_p+2$	>2.0	不冻胀
		$\leqslant 2.0$	弱冻胀
	$w_p+2<w\leqslant w_p+5$	>2.0	
		$\leqslant 2.0$	冻胀
	$w_p+5<w\leqslant w_p+9$	>2.0	
		$\leqslant 2.0$	强冻胀
	$w>w_p+9$	不考虑	

注:1. 表中碎石土仅指充填物为砂土或硬塑、坚硬状态的黏性土,如充填物为粉土或其他状态的黏性土时,其冻胀性应按粉土或黏性土确定。

2. 表中细砂仅指粒径大于 0.075mm 的颗粒超过全重 90%的细砂,其他细砂的冻胀性应按粉砂确定。

3. w_p 为土的塑限含水量。

非饱和土
unsaturated soil

非饱和土指土中孔隙没有完全充满水而有水和空气的土,即三相土。

分散性土
dispersive soil

在净水中能够大部分或全部自行分散成原级颗粒的黏性土称分散性土。其含较多的可交换的钠离子。常用双比重计分析、土块崩解试验、孔隙水阳离子化学分析和针孔冲蚀试验进行鉴别。该土出现于我国黑龙江等省(区),其土质特殊,抵抗净水冲刷的能力极低,给某些工程造成危害。在土中掺杂一定的 CaO 或 $Ca(OH)_2$ 可改善土体的分散性。

粉土
silt

粉土指塑性指数小于或等于 10,粒径大于 0.075mm 的颗粒含量不超过全重 50%的土。其性质介于砂土与黏性土之间。粉土的特性随所处环境变化较大,值得注意。

粉质黏土
silty clay

粉质黏土旧称亚黏土。其塑性指数 I_p 大于 10,但小于或等于 17。

过压密土(台)
overconsolidated soil

台湾用语,参见“超固结土”词条。

红黏土
red clay, adamic earth

红黏土指热带、亚热带温湿地区碳酸盐岩系经红土化作用形成,含有大量氧化铁的棕红、褐黄色的高塑性黏土。残积和坡积的红黏土的液限一般大于 50%,上硬下软,具有明显的收缩性,裂隙发育。经再搬运后仍保留其基本特征,液限大于 45%的称为次生红黏土。红黏土的矿物骨架活动性差,由铁铝氧化物胶结成团粒,虽密度较小,含水量高,但力学性质仍良好。主要分布在我国长江以南地区。其一般物理力学性质指标参考值见下表。

红黏土的一般物理力学性质指标参考值

孔隙比 e	液性指数 I_L	含水量 w/%	液限 w_L/%	塑性指数 I_P	承载力基本值/kPa
1.0～1.9	0～0.4	30～50	50～90	>17	100～380

黄土
loess, huangtu(China)

黄土指第四纪时期形成的黄色或褐黄色的土。其组成以粉粒为主,具有肉眼可见的大孔隙,垂直节理发育,能保持在很高的直立陡壁上。由风力搬运形成的称为原生黄土。经过流水冲刷、搬运和重新沉积而形成的原生黄土称为次生黄土或黄土状土。据形成年代可分为老黄土和新黄土。老黄土一般无湿陷性,新黄土有湿陷性。黄土主要分布在我国西北和华北地区。

高岭石
kaolinite

高岭石指在地面常温、常压及热液影响下,由长石类及云母类矿物转变形成的黏土矿物。其结构单元是由一层铝氢氧晶片和一层硅氧晶片组成的晶胞。该矿物由若干重叠的晶胞构成,晶胞之间通过氢键相互联结,由于联结力强,晶格不能自由活动,该矿物是遇水较稳定的黏土矿物。

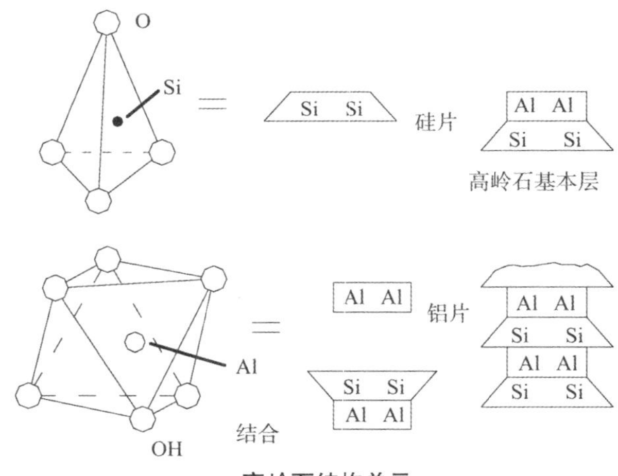

高岭石结构单元

蒙脱石
montmorillonite

蒙脱石指由火山灰转变,或由富含 Fe 和 Mg 的火山灰形成的黏土矿物。其结构单元是两层硅氧晶片之间夹一层铝氢氧晶片组成的晶胞,晶胞之间有数层水分子。其特点是晶胞之间的联结力很弱,晶体格架有很大的活动性,遇水不稳定,具有较大的膨胀性和收缩性。

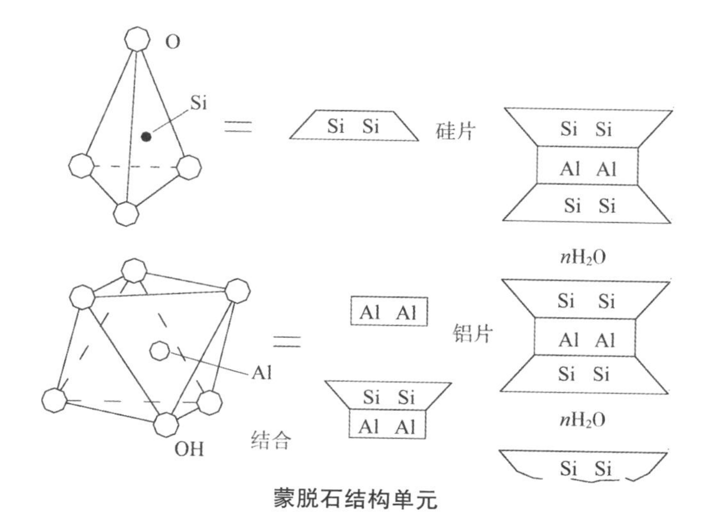

蒙脱石结构单元

伊利石
illite

伊利石又称水云母，系主要由云母在碱性介质中风化而形成的黏土矿物。其结构单元是两层硅氧晶片之间夹一层铝氢氧晶片组成的晶胞，晶胞之间由 K^+ 或 Na^+ 离子联结，具有一定的与水相互作用的能力。

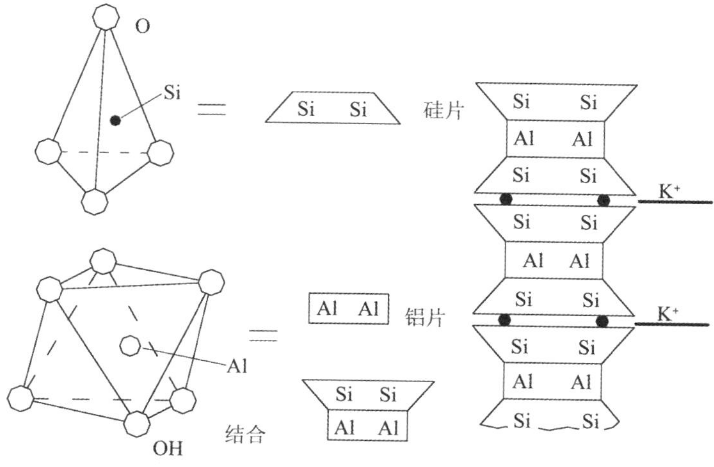

伊利石结构单元

泥炭
peat，bog muck

泥炭指在潮湿和缺氧环境中由未充分分解的植物遗体堆积而形成的黏性土。其有机质含量超过25%。一般以夹层构造存在于黏性土层中，常见埋深为1～10m。呈深褐色至黑色，并具有动植物腐败的臭味。其含水量极高(50%～2000%，为矿物质土的10～100倍)，孔隙比大(一般为5～15，高者可达25)，压缩性很大，承载力低，并具有腐蚀性，故工程性质极差，是典型的软黏土，一般不宜用作地基。

黏土
clay

黏土指在一定含水量范围内具有塑性和晾干时具有相当大强度的细粒土。按我国《建筑地基基础设计规范》(GB 50007—2011)，指塑性指数 I_p 大于17的土。

黏性土
cohesive soil，clayey soil

黏性土为经空气干燥后有相当大强度和浸在水中时有明显黏结力的土。按我国《建筑地基基础设计规范》(GB 50007—2011)，指塑性指数 I_p 大于10的土。根据塑性指数 I_p 黏性土可分为黏土、粉质黏土(见表1)。黏性土的稠度状态根据液性指数可分为坚硬、硬塑、可塑、软塑和流塑(见表2)。黏性土的一般物理力学性质指标的参考值见表3。

表1　黏性土的分类

塑性指数 I_p	土的名称
$I_p>17$	黏土
$10<I_p\leqslant 17$	粉质黏土

注：塑性指数由相应于76g圆锥体沉入土样中深度为10mm时测定的液限计算而得。

表 2　黏性土的稠度状态

液性指数 I_L	状态
$I_L \leqslant 0$	坚硬
$0 < I_L \leqslant 0.25$	硬塑
$0.25 < I_L \leqslant 0.75$	可塑
$0.75 < I_L \leqslant 1$	软塑
$I_L > 1$	流塑

表 3　黏性土的一般物理力学性质指标的参考值

孔隙比 e	液性指数 I_L	含水量 w/%	液限 w_L/%	塑性指数 I_p	承载力基本值/kPa
0.5～1.1	0～1.2	15～36	25～45	10～20	105～475

膨胀土
expansive soil, swelling soil

膨胀土指具有较大的吸水膨胀和失水收缩变形特征的高塑性黏土，其黏粒的主要成分为强亲水性矿物。其在我国分布范围很广，黏粒含量很高，液限大于 40%，塑性指数大于 17，天然含水量接近或略小于塑限，液性指数常小于零。土的压缩性小，但自由膨胀率一般不超过 49%，会对建筑物有危害，应引起足够的重视。

欠固结黏土
underconsolidated soil

欠固结黏土指前期固结压力小于现有上覆荷重的土层，在台湾称为未压密土。这类土的上覆土层虽然与正常固结土一样也是逐渐沉积到地面的，但不同的是还没有达到固结稳定状态。如新近沉积的黏性土、人工填土等，由于沉积时间不长，在自重作用下尚未固结，因此其前期固结压力 p_c 还小于现有上覆土层自重应力 $p_1=\gamma h$（γ 为均质土的天然重度，h 为现在地面下的计算深度），故这类土称为欠固结黏土。

区域性土
zonal soil

区域性土又称特殊土，指具有特殊工程性质的土类。其形成与地理环境、气候条件、地质成因、历史过程、物质成分和次生变化等有关。包括软黏土、湿陷性黄土、膨胀土、红黏土、冻土、分散性土、盐渍土等。在区域性土地区进行工程建设时应对地方经验给予足够的重视。

人工填土
fill, artificial soil

人工填土指由于人类活动堆积而形成的土。根据其组成和成因可分为素填土、杂填土和冲填土。其厚度取决于人类活动的频繁程度。城区范围内一般都有一层填土。人工填土的成分复杂,具有不均匀性。除经过人工压实的填土外,一般填土的工程性质较差,要经过适当的处理才能作为建筑物的地基。

软黏土
soft clay, mild clay, mickle

软黏土简称软土,为天然含水量高、孔隙比大的软弱黏性土,主要包括淤泥、淤泥质土与泥炭等。其抗剪强度低、压缩性高、透水性低,工程性质差,工程上一般需经处理才能用作地基。软黏土在我国主要分布在东南沿海。全国各地软土的一般物理力学性质指标参考值如下表所示。

全国各地软土的一般物理力学性质指标参考值

地区	含水量 w/%	密度 ρ/g·cm^{-3}	孔隙比 e	液限 w_L/%	塑限 w_P/%	塑性指数 I_p	渗透系数 k_0/cm·s^{-1}	压缩系数 a_{1-2}/MPa
天津	71 46	1.59 1.76	1.98 1.30	58 42	31 21	27 21	10^{-8}	1.53
连云港	72 45	1.57 1.74	2.03 1.29	53 47	25 23	28 24	10^{-8}	1.83
上海	50 37	1.72 1.79	1.37 1.05	43 34	23 21	20 13	6×10^{-7} 2×10^{-6}	1.24 0.72
杭州	47 35	1.73 1.84	1.34 1.02	41 33	22 18	19 15		1.17
宁波	50 38	1.70 1.86	1.42 1.08	39 36	22 21	17 15	3×10^{-8} 7×10^{-8}	0.95 0.72
舟山	45 36	1.75 1.80	1.32 1.03	37 34	20 19	18 14	7×10^{-6} 3×10^{-7}	1.10 0.63

续表

地区	含水量 $w/\%$	密度 $\rho/g\cdot cm^{-3}$	孔隙比 e	液限 $w_L/\%$	塑限 $w_P/\%$	塑性指数 I_p	渗透系数 $k_0/$ cm $\cdot$ s^{-1}	压缩系数 $a_{1-2}/$ MPa
温州	63	1.62	1.79	53	23	30		1.93
福州	68 42	1.50 1.71	1.87 1.17	54 41	25 20	29 21	8×10^{-8} 5×10^{-7}	2.03 0.70
厦门	87	1.48	2.42	60	32	28		1.90
广州	73	1.60	1.82	46	27	19	3×10^{-8}	1.18
湛江	88 51	1.49 1.72	2.37 1.34	55 51	28 26	27 25	4×10^{-8}	2.09
深圳	83	1.52	2.23	54	30	24	4×10^{-8}	2.19
昆明 淤泥	41～270	1.20～1.80	1.10～5.80			<7	1×10^{-4}	1.2～4.2
昆明 泥炭	68～299	1.10～1.50	1.90～7.00			27～62	1×10^{-8}	
贵州 淤泥	54～127	1.30～1.70	1.70～2.80			15～34	1×10^{-4}	1.2～4.2
贵州 泥炭	140～264	1.20～1.50	1.60～5.90			26～73	1×10^{-8}	1.7～7.3
南京（南湖地区）	43	1.71	1.27			16		0.94
武汉	73 37	1.53 1.73	2.10 1.23			36 24		

砂土
sand

粒径大于2mm的颗粒含量不超过全重50%、粒径大于0.075mm的颗粒含量超过全重50%的土称为砂土。根据粒组含量砂土可分为砾砂、粗砂、中砂、细砂和粉砂（见表1）。饱和松散的细砂、粉砂在地震或其他动力荷载作用下易产生液化。砂土的密实度根据标准贯入试验锤击数可分为松散、稍密、中密和密实（见表2）。

表 1　砂土的分类

土的名称	粒组含量
砾砂	粒径大于 2mm 的颗粒占全重 25%～50%
粗砂	粒径大于 0.5mm 的颗粒超过全重 50%
中砂	粒径大于 0.25mm 的颗粒超过全重 50%
细砂	粒径大于 0.075mm 的颗粒超过全重 85%
粉砂	粒径大于 0.075mm 的颗粒超过全重 50%

注:分类时应根据粒组含量由大到小以最先符合者确定。

表 2　砂土的密实度

标准贯入试验锤击数 N	密实度
$N\leqslant 10$	松散
$10<N\leqslant 15$	稍密
$15<N\leqslant 30$	中密
$N>30$	密实

根据土的相对密实度(D_r)试验砂土可分为密实($1\geqslant D_r>0.67$)、中密($0.67\geqslant D_r>0.33$)和松散($0.33\geqslant D_r>0$)。一般来说,工程中常见的砾砂、粗砂和中砂大都是良好的地基。

砂土的有关物理力学性质指标的参考值见表 3。

表 3　砂土的有关物理力学性质指标

土类	孔隙比 e	天然含水量 w/%	密度 ρ/g·cm^{-3}	内摩擦角 φ	变形模量 E_0/MPa
粗砂	0.4～0.5 0.5～0.6 0.6～0.7	15～18 19～22 23～25	2.05 1.95 1.90	42° 40° 38°	46.0 40.0 33.0
中砂	0.4～0.5 0.5～0.6 0.6～0.7	15～18 19～22 23～25	2.05 1.95 1.90	40° 38° 35°	46.0 40.0 33.0
细砂	0.4～0.5 0.5～0.6 0.6～0.7	15～18 19～22 23～25	2.05 1.95 1.90	38° 36° 32°	37.0 28.0 24.0
粉砂	0.5～0.6 0.6～0.7 0.7～0.8	15～18 19～22 23～25	2.05 1.95 1.90	36° 34° 28°	14.0 12.0 10.0

在岩土工程中,中砂、粗砂和砾砂常被用于垫层、透水层、反滤层和排

水体等。

湿陷性黄土
collapsible loess, slumping loess

湿陷性黄土为在土自重压力或土自重压力和附加压力作用下，受水浸湿后结构迅速破坏而发生显著附加下沉的黄土。分自重湿陷性黄土和非自重湿陷性黄土两种。该土在我国主要分布在黄河流域及其以北各省，以黄河中游地区的黄土最为发育。这种土用作地基时，宜先设法消除其湿陷性。

素填土
plain fill

素填土为由碎石土、砂土、粉土、黏性土等组成的填土。经分层压实者统称为压实填土，广泛使用于公路、铁路等建筑中。

塑性图
plasticity chart

塑性图是由塑性指数和液限确定的细粒土分类图，最初由卡萨格兰德(A. Casagrande)于 1948 年提出。该图以塑性指数 I_p 为纵坐标，液限 w_L 为横坐标，由斜线 A 和竖线 B、C 将图分割为 6 个区，每个土样按其 I_p 和 w_L 可在图中找到一个坐标点，该点所在区域的名称即为该土样的定名。塑性图法是一种比较完善的分类方法。目前世界上一些国家已将细粒土按塑性图分类法列入规范。我国水利部土工试验规程(SL 237—1999)也结合我国情况采用塑性图分类。其中无机土的类别如下表所示。对有机质土，按液限分为两类：当 $w_L>42\%$时为高液限有机质黏土(OH)，当 $w_L\leq42\%$时为低液限有机质粉土(OL)。

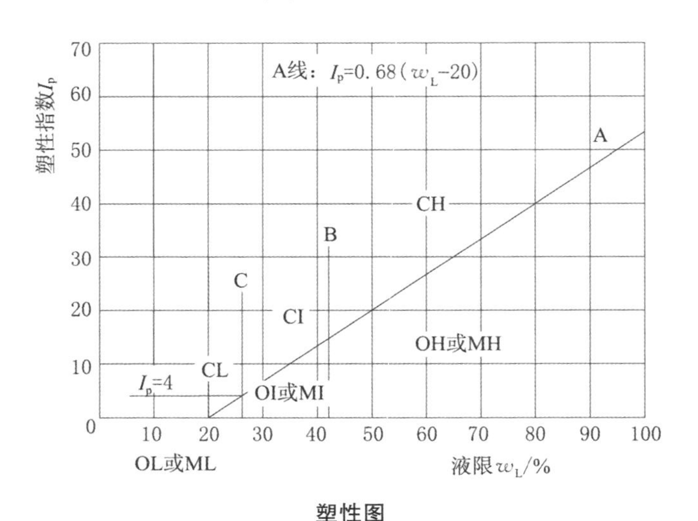

塑性图

无机土的类别

液限 w_L/%	土类符号及名称	典型土名称
>42	CH 黏质土(高液限) MH 粉质土(高液限)	黏土等 黏质粉土等
42～26	CI 黏质土(中液限) MI 粉质土(中液限)	粉质黏土等 粉土等
<26	CL 黏质土(低液限) ML 粉质土(低液限)	砂质黏土等 砂质粉土等

碎石土
stone, break stone, broken stone, channery, chat, crushed stone, detritus

碎石土指粒径大于2mm的颗粒含量超过全重50%的土。根据粒组含量及颗粒形状碎石土可分为漂石、块石、卵石、碎石、圆砾和角砾(见表1)。碎石土密实度根据野外鉴别结果可分为密实、中密和稍密(见表2)。密实的碎石土地基承载力高,压缩性低,是良好的地基。在岩土工程中碎石土还被用于垫层、某些桩体、透水层、反滤层等。

表 1　碎石土的分类

土的名称	颗粒形状	粒组含量
漂石 块石	圆形及亚圆形为主 棱角形为主	粒径大于 200mm 的颗粒超过全重 50%
卵石 碎石	圆形及亚圆形为主 棱角形为主	粒径大于 20mm 的颗粒超过全重 50%
圆砾 角砾	圆形及亚圆形为主 棱角形为主	粒径大于 2mm 的颗粒超过全重 50%

注:定名时应根据粒组含量由大到小以最先符合者确定。

表 2　碎石土密实度野外鉴别方法

密实度	骨架颗粒含量和排列	可挖性	可钻性
密实	骨架颗粒含量大于总重的 70%,呈交错排列,连续接触	锹镐挖掘困难,用撬棍方能松动;井壁一般较稳定	钻进极困难,冲击钻探时,钻杆、吊锤跳动剧烈;孔壁较稳定
中密	骨架颗粒含量等于总重的 60%～70%,呈交错排列,大部分接触	锹镐可挖掘;井壁有掉块现象,从井壁取出大颗粒处,能保持颗粒凹面形状	钻进困难,冲击钻探时,钻杆、吊锤跳动不剧烈;孔壁有坍塌现象
稍密	骨架颗粒含量小于总重的 60%,排列混乱,大部分不接触	锹镐可以挖掘;井壁易坍塌,从井壁取出大颗粒后,砂土立即坍落	钻进较容易,冲击钻探时,钻杆稍有跳动;孔壁易坍塌

未压密土(台)
underconsolidated soil

台湾用语,参见“欠固结黏土”词条。

无黏性土
cohesionless soil, frictional soil, non-cohesive soil

无黏性土为无侧限时,经空气干燥或浸入水中后几乎无强度、无黏性的土。一般指碎石(类)土和砂(类)土。这两大类土中一般黏粒含量甚少,呈单粒结构,不具有可塑性。

岩石
rock

岩石指颗粒间牢固联结,呈整体或具有节理、裂隙的岩体。岩石按坚固性可分为硬质岩石和软质岩石(见表 1);按风化程度可分为微风化、中等风化和强风化(见表2);按成因可分为岩浆岩(火成岩)、沉积岩和变质岩。岩石的主要特征一般指岩石的矿物成分、岩石结构和岩石构造。一般来说,除强风化岩外,岩石是良好的建筑地基材料。

表1　岩石坚固性的划分

岩石类别	代表性岩石
硬质岩石	花岗岩、花岗片麻岩、闪长岩、玄武岩、石灰岩、石英砂岩、石英岩、硅质砾岩等
软质岩石	页岩、黏土岩、绿泥石片岩、云母片岩等

表2　岩石风化程度的划分

风化程度	特　　征
微风化	岩质新鲜,表面稍有风化迹象
中等风化	结构和构造层理清晰; 岩体被节理、裂隙分割成块状(20～50cm),裂隙中填充少量风化物; 锤击声脆,且不易击碎; 用锹镐难挖掘,岩芯钻方可钻进
强风化	结构和构造层理不甚清晰,矿物成分已显著变化; 岩体被节理、裂隙分割成碎石状(2～20cm),碎石用手可以折断; 用锹镐可以挖掘,手摇钻不易钻进

有机质土
organic soil

有机质土俗称沼泽土,简称有机土,是在多水环境下由不同被分解的植被植物所组成的土,是一种水成土,其中混有矿物颗粒(此为与泥炭的区别)。在多水环境下,植被植物有较高分解作用所形成的土称软泥。广义的有机质土包括泥炭、软泥和沼泽土。

该种土有机质含量超过25%,含水量高,孔隙比大,故强度低,压缩性高,且具腐蚀性,工程性质差,一般不宜用作地基。

淤泥
muck, gyttja, mire, slush

淤泥为在静水或缓慢的流水环境中沉积,又经生物化学作用形成的黏性土。它的天然含水量大于液限,天然孔隙比大于或等于1.5,有机质含量一般超过5%,但小于25%,是软黏土的一种。淤泥或淤泥质土的一般物理力学性质指标参考值见下表。

淤泥的工程性质差，天然情况下一般不宜用作地基。

淤泥或淤泥质土的一般物理力学性质指标参考值

孔隙比 e	液性指数 I_L	含水量 w/%	液限 w_L/%	塑性指数 I_p	承载力基本值/kPa
1.0～2.0	>1.0	36～75	30～65	10～25	40～100

淤泥质土
mucky soil

淤泥质土为在静水或缓慢的流水环境中沉积，又经生物化学作用形成的黏性土。它的天然含水量大于液限，天然孔隙比小于1.5，但大于或等于1.0，有机质含量一般超过5%，但小于25%。淤泥质土的一般物理力学性质指标参考值见“淤泥”词条。

淤泥质土的工程性质差，天然情况下一般不宜用作地基。

原状土
undistributed soil

原状土为土体保持天然状态，即其结构、含水量、应力状态等均保持原来状态的土。本意上的原状土指天然地基土。在工程实践中，原状土指的是采用取土器或其他方法从天然地基中取出且结构尽可能少被扰动的土样。

杂填土
miscellaneous fill

杂填土为含有建筑垃圾、工业废料、生活垃圾等杂物的填土。未经处理一般不宜用作地基。

正常固结土
normally consolidated soil

历史上所经受的前期固结压力等于现有上覆荷重的土层称为正常固结土，在台湾称为正常压密土。这类土的上覆土层是逐渐沉积到现在地面的，在土的自重作用下已经达到了固结稳定状态，其前期固结压力 p_c 等于现有上覆土层自重应力 $p_1=\gamma h$（γ 为均质土的天然重度，h 为现在地面下的计算深度),故这类土称为正常固结土。

正常压密土(台)
normally consolidated soil

台湾用语,参见“正常固结土”词条。

自重湿陷性黄土
self weight collapse loess

参见“湿陷性黄土”词条。

巴顿岩体质量(Q)分类
Barton rock mass quality classification

挪威岩土工程研究所(Norwegian Geotechnical Institute)的巴顿(N. Barton)等人于1974年提出了NGI岩体的隧道开挖质量分类法,其分类指标值Q由$Q=\frac{RQD}{J_n}\cdot\frac{J_r}{J_a}\cdot\frac{J_w}{SRF}$确定。式中,RQD为岩体质量指标;$J_n$为节理组数;$J_r$为节理粗糙系数;$J_a$为节理蚀变系数;$J_w$为节理水折减系数;SRF为应力折减系数。式中6个参数的组合,反映了岩体质量的三个方面:$\frac{RQD}{J_n}$为岩体的完整性;$\frac{J_r}{J_a}$表示结构面(节理)的形态、充填物特征及其次生变化程度;$\frac{J_w}{SRF}$表示水与其他应力存在时对岩体质量的影响。以Q值为依据将岩体分为9类,各类岩体的Q值与地下开挖当量尺寸D_r间存在一定关系。

Q分类法考虑的地质因素较全面,而且把定性分析和定量评价结合起来,是目前比较好的岩体分类方法,且软硬岩体均适用,在处理极其软弱的岩层时推荐采用此类方法。

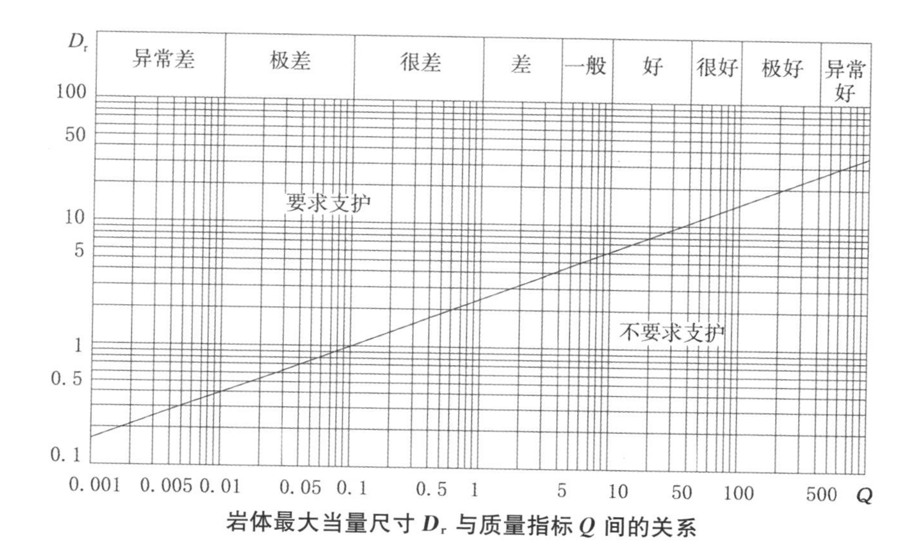

岩体最大当量尺寸 D_r 与质量指标 Q 间的关系

中压缩性土
middle compressible soil

当土的压缩系数 a_{1-2} 满足 $0.1\text{MPa}^{-1} \leqslant a_{1-2} < 0.5\text{MPa}^{-1}$ 时，土为中压缩性土。

低压缩性土
low compressible soil

当土的压缩系数 a_{1-2} 满足 $a_{1-2} < 0.1\text{MPa}^{-1}$ 时，土为低压缩性土。

风化岩
decomposed rock

岩石在风化营力作用下，其结构、成分和性质已产生不同程度的变异，定名为风化岩。

高压缩性土
high compressible soil

当土的压缩系数 a_{1-2} 满足 $a_{1-2} \geqslant 0.5\text{MPa}^{-1}$ 时，土为高压缩性土。

混合土
blende soil

由细粒土和粗粒土混杂且缺乏中间粒径的土定名为混合土。当碎石土中粒径小于0.075mm的细粒土质量超过总质量的25%时,定名为粗粒混合土;当粉土或黏性土中粒径大于2mm的粗粒土质量超过总质量的25%时,定名为细粒混合土。

软化系数
coefficient of softness

岩石在吸水饱和状态下的抗压强度和干燥状态下的抗压强度的比值称为软化系数。一般岩石的软化系数小于1,即在饱和水的长时间作用下强度会降低。

软化岩石
softening rock

当岩石的软化系数等于或小于0.75时,该岩石称为软化岩石。

特殊性岩石
special rock

当岩石具有特殊成分、特殊结构或特殊性质时,定义为特殊性岩石,如易溶性岩石、膨胀性岩石、崩解性岩石、盐渍化岩石等。

污染土
polluted soil

由于致污物质侵入而被改变了物理力学性状的土为污染土。污染土的定名可在原分类名称前冠以“污染”二字。

盐渍土
salty soil

当土中的含盐(易溶盐)量大于0.5%时,该土称为盐渍土,其具有吸湿松涨或膨胀性质,对工程材料的侵蚀作用明显。盐渍岩按主要含盐矿物成分可分为石膏盐渍岩、芒硝盐渍岩等。

岩石质量指标(RQD)分类
rock quality designation classification

岩石质量指标分类由笛尔(D.U. Deere)于 1964 年提出。用直径为 75mm 的金刚石钻头和双层岩芯管在岩石中钻进，连续取芯，回次钻进所取岩芯中，长度大于 10cm 的岩芯段长度之和与该回次进尺的比值，称为岩石质量指标(RQD)，以百分数表示。根据岩石质量指标 RQD 的大小，岩石可分为五类(见下表)。

岩石按质量指标分类

标准	很差	差	一般	好	很好
RQD/%	<25	25～50	<50～75	<75～90	>90

岩体地质力学分类(CSIR 分类)
rock mass geomechanics rating

CSIR 分类是由南非科学和工业研究委员会(Council for Scientific and Industrial Research，CSIR)提出的分类指标(rock mass rating，RMR)，由完整岩石强度、RQD、节理间距、节理条件及地下水五种指标组成。分类时，根据各种指标的数值按表 1 的标准评分，求和得总分 RMR 值，然后按表 2 和表 3 的规定对总分做适当的修正。最后用修正的总分对照表 4 求得所研究岩体的类别及相应的无支护地下工程的自稳时间和岩体强度指标(c、φ)值。

表 1　分类参数及其评分值

<table>
<tr><td colspan="3">分类参数</td><td colspan="7">数值范围</td></tr>
<tr><td rowspan="3">1</td><td rowspan="2">完整岩石强度/MPa</td><td>点荷载强度指标</td><td>>10</td><td>4～10</td><td>2～4</td><td>1～2</td><td colspan="3">对强度较低的岩石宜用单轴抗压强度</td></tr>
<tr><td>单轴抗压强度</td><td>>250</td><td>100～250</td><td>50～100</td><td>25～50</td><td>5～25</td><td>1～5</td><td><1</td></tr>
<tr><td colspan="2">评分值</td><td>15</td><td>12</td><td>7</td><td>4</td><td>2</td><td>1</td><td>0</td></tr>
<tr><td rowspan="2">2</td><td colspan="2">岩芯质量指标 RQD/%</td><td>90～100</td><td>75～90</td><td>50～75</td><td>25～50</td><td colspan="3"><25</td></tr>
<tr><td colspan="2">评分值</td><td>20</td><td>17</td><td>13</td><td>8</td><td colspan="3">3</td></tr>
<tr><td rowspan="2">3</td><td colspan="2">节理间距/cm</td><td>>200</td><td>60～200</td><td>20～60</td><td>6～20</td><td colspan="3"><6</td></tr>
<tr><td colspan="2">评分值</td><td>20</td><td>15</td><td>10</td><td>8</td><td colspan="3">5</td></tr>
</table>

续表

分类参数			数值范围				
4	节理条件		节理面很粗糙，节理不连续，节理宽度为零，节理面岩石坚硬	节理面稍粗糙，宽度小于1mm，节理面岩石坚硬	节理面稍粗糙，宽度小于1mm，节理面岩石较弱	节理面光滑或含厚度小于5mm的软弱夹层，张开度1～5mm，节理连续	含厚度大于5mm的软弱夹层，张开度大于5mm，节理连续
	评分值		30	25	20	10	0
5	地下水条件	每10m长的隧道涌水量/L·min^{-1}	0	<10	10～25	25～125	>125
		比值	0	0.1	0.1～0.2	0.2～0.5	>0.5
		一般条件	完全干燥	潮湿	只有湿气（有裂隙水）	中等水压	水的问题严重
	评分值		15	10	7	4	0

表2　按节理方向修正评分值

应用场景	非常有利	有利	一般	不利	非常不利
隧道	0	−2	−5	−10	−12
地基	0	−2	−7	−15	−25
边坡	0	−5	−25	−50	−60

表3　节理走向和倾角对隧道开挖的影响

指标	走向与隧道垂直				走向与隧道平行		与走向无关
	沿倾向掘进		反倾向掘进				
倾角	45°～90°	20°～45°	45°～90°	20°～45°	20°～45°	45°～90°	0°～20°
有利程度	非常有利	有利	一般	不利	一般	非常不利	非常不利

表 4　按总分评值确定的岩体级别及岩体质量评价

指标	100～81	80～61	60～41	40～21	＜20
分级	Ⅰ	Ⅱ	Ⅲ	Ⅳ	Ⅴ
质量描述	非常好的岩体	好岩体	一般岩体	差岩体	非常差的岩体
平均稳定时间	(15m 跨度) 20a	(10m 跨度) 1a	(5m 跨度) 7d	(2.5m 跨度) 10h	(1m 跨度) 30min
岩体内聚力 c/kPa	＞400	300～400	200～300	100～200	＜100
岩体内摩擦角 φ	＞45°	35°～45°	25°～35°	15°～25°	＜15°

岩体基本质量分级
rock mass basic quality rating

国家《工程岩体分级标准》(GB/T 50218—2014)认为，由岩石的坚硬程度和岩体的完整程度决定的岩体基本质量，是岩体固有的属性，是有别于工程因素的共性。岩体基本质量好，则稳定性好，反之稳定性差。

岩体基本质量指标 BQ 值是以 103 个典型工程为抽样总体，采用多元逐步回归和判别分析法建立的岩体基本质量指标表达式：

$$\mathrm{BQ}=100+3R_c+250K_v$$

式中，R_c 为岩石饱和单轴抗压强度；K_v 为岩体完整性指数。

当 $R_c>90K_v+30$ 时，以 $R_c=90K_v+30$ 代入该式，求 BQ 值。

当 $K_v>0.04R_c+0.4$ 时，以 $K_v=0.04R_c+0.4$ 代入该式，求 BQ 值。

按 BQ 值和岩体质量的定性特征将岩体划分为 5 级，如下表所示。

岩体基本质量分级

基本质量级别	岩体质量的定性特征	岩体基本质量指标 BQ
Ⅰ	坚硬岩，岩体完整	＞550
Ⅱ	坚硬岩，岩体较完整； 较坚硬岩，岩体完整	550～451
Ⅲ	坚硬岩，岩体较破碎； 较坚硬岩，岩体较完整； 较软岩，岩体完整	450～351
Ⅳ	坚硬岩，岩体破碎； 较坚硬岩，岩体较破碎～破碎； 较软岩，岩体较完整～较破碎； 软岩，岩体完整～较完整	350～251
Ⅴ	较软岩，岩体破碎； 软岩，岩体较破碎～破碎； 全部极软岩及全部极碎岩	≤250

岩体结构类型分类
rock mass structure classification

岩体结构类型分类是中国科学院地质研究所谷德振教授等根据岩体结构划分的岩体类别。这种分类法的特点是考虑到各种结构的地质成因，突出了岩体的工程地质特性。这种分类方法把岩体结构分为四类，即整体块状结构、层状结构、碎裂结构和散体结构，在前三类中每类又分 2～3 亚类，详见下表。按岩体结构类型的岩体分类方法，对重大的岩体工程性质评价来说，是一种较好的分类方法，国内外颇为重视。

中国科学院地质研究所岩体分类

<table>
<tr><th colspan="4">岩体结构类型</th><th colspan="2">岩体完整性</th><th colspan="3">主要结构面及其抗剪特性</th><th rowspan="3">岩块湿抗压强度/10Pa</th></tr>
<tr><th colspan="2">类</th><th colspan="2">亚类</th><th rowspan="2">结构面间距/cm</th><th rowspan="2">完整性系数 I</th><th rowspan="2">级别</th><th rowspan="2">类型</th><th rowspan="2">主要结构面摩擦系数 f</th></tr>
<tr><th>代号</th><th>名称</th><th>代号</th><th>名称</th></tr>
<tr><td rowspan="2">Ⅰ</td><td rowspan="2">整体块状结构</td><td>$Ⅰ_1$</td><td>整体结构</td><td>＞100</td><td>＞0.75</td><td>存在Ⅳ、Ⅴ级</td><td>刚性结构面</td><td>＞0.60</td><td>＞600</td></tr>
<tr><td>$Ⅰ_2$</td><td>块状结构</td><td>100～50</td><td>0.75～0.35</td><td>以Ⅳ、Ⅴ级为主</td><td>刚性结构面、局部为破碎结构面</td><td>0.40～0.60</td><td>＞300，一般大于 600</td></tr>
<tr><td rowspan="2">Ⅱ</td><td rowspan="2">层状结构</td><td>$Ⅱ_1$</td><td>层状结构</td><td>50～30</td><td>0.6～0.3</td><td>以Ⅲ、Ⅳ级为主</td><td>刚性结构面、柔性结构面</td><td>0.30～0.50</td><td>＞300</td></tr>
<tr><td>$Ⅱ_2$</td><td>薄层状结构</td><td>＜30</td><td>＜0.40</td><td>以Ⅲ、Ⅳ级显著</td><td>柔软结构面</td><td>0.30～0.40</td><td>300～100</td></tr>
<tr><td rowspan="3">Ⅲ</td><td rowspan="3">碎裂结构</td><td>$Ⅲ_1$</td><td>镶嵌结构</td><td>＜50</td><td>＜0.36</td><td>Ⅳ、Ⅴ级密集</td><td>刚性结构面、破碎结构面</td><td>0.40～0.60</td><td>＞600</td></tr>
<tr><td>$Ⅲ_2$</td><td>层状碎裂结构</td><td>＜50（骨架岩层中较大）</td><td>＜0.40</td><td>Ⅱ、Ⅲ、Ⅳ级均发育</td><td>泥化结构面</td><td>0.20～0.40</td><td>＜300，骨架岩层在 300 上下</td></tr>
<tr><td>$Ⅲ_3$</td><td>碎裂结构</td><td>＜50</td><td>＜0.30</td><td></td><td>破碎结构面</td><td>0.16～0.40</td><td>＜300</td></tr>
<tr><td>Ⅳ</td><td colspan="3">散体结构</td><td></td><td>＜0.20</td><td></td><td>节理密集呈无序状分布，表现为泥包块或块夹泥</td><td>＜0.20</td><td></td></tr>
</table>

注：I 为岩体完整性系数，$I=\left[\frac{V_{ml}}{V_{cl}}\right]^2$，$V_{ml}$ 为岩体纵波速度，V_{cl} 为岩石纵波速度。

岩体完整性指数
rock integrity coefficient

岩体压缩波速度与岩块压缩波速度之比的平方，称为岩体完整性指数。选定岩体和岩块测定波速时应注意其代表性。岩体按其完整性指数大小可分为五类，见下表。

岩石完整程度划分

指标	完整	较完整	较破碎	破碎	极破碎
岩体完整性指数	>0.75	0.75～0.55	0.55～0.35	0.35～0.15	<0.15

岩体稳定性分级
rock stability rating

工程岩体的稳定性，除与岩体基本质量的好坏有关外，还受地下水、主要软弱结构面、天然应力的影响。应结合工程特点，考虑各影响因素来修正岩体基本质量指标，作为不同工程岩体分级的定量依据。主要软弱结构面产状影响修正系数 K_1、地下水影响修正系数 K_2、天然应力影响修正系数 K_3 按表 1～3 确定。

表 1　主要软弱结构面产状影响修正系数(K_1)

参数	结构面走向与洞轴线夹角 $\alpha\leqslant30°$，倾角 $\beta=30°\sim75°$	结构面走向与洞轴线夹角 $\alpha>60°$，倾角 $\beta>75°$	其他组合
K_1	0.4～0.6	0～0.2	0.2～0.4

表 2　地下水影响修正系数(K_2)

地下水状态	BQ			
	450	450～350	350～250	<250
潮湿或点滴状出水	0	0.1	0.2～0.3	0.4～0.6
淋雨状或涌流状出水，水压≤0.1MPa 或单位出水量≤10L/min	0.1	0.2～0.3	0.4～0.6	0.7～0.9
淋雨状或涌流状出水，水压>0.1MPa 或单位出水量>10L/min	0.2	0.4～0.6	0.7～0.9	1.0

表 3 天然应力影响修正系数(K_3)

天然应力状态	BQ				
	>550	550~450	450~350	350~250	<250
极高应力区	1.0	1.0	1.0~1.5	1.0~1.5	1.0
高应力区	0.5	0.5	0.5	0.5~1.0	0.5~1.0

注:极高应力区指$\frac{\sigma_{cw}}{\sigma_{max}}<4$,高应力区指$\frac{\sigma_{cw}}{\sigma_{max}}=4\sim7$。$\sigma_{max}$为垂直洞轴线方向平面内的最大天然应力。

对地下工程修正值[BQ]按下式计算:

$$[BQ]=BQ-100(K_1+K_2+K_3)$$

根据修正值[BQ]的工程岩体分级表参见“岩体基本质量分级”词条。

各级岩体的物理力学参数和围岩自稳能力按表 4 确定。

表 4 各级岩体的物理力学参数和围岩自稳能力

级别	密度 ρ/g·cm^{-3}	抗剪强度		变形模量	泊松比	围岩自稳能力
		φ	c/MPa			
Ⅰ	>2.65	>60°	>2.1	>33	0.2	跨度≤20m,可长期稳定,偶有掉块,无塌方
Ⅱ	>2.65	60°~50°	2.1~1.5	33~20	0.2~0.25	跨度 10~20m,可基本稳定,局部可掉块或小塌方; 跨度<10m,可长期稳定,偶有掉块
Ⅲ	2.65~2.45	50°~39°	1.5~0.7	20~6	0.25~0.3	跨度 10~20m,可稳定数日至 1 个月,可发生小至中塌方; 跨度 5~10m,可稳定数月,可发生局部块体移动及小至中塌方; 跨度<5m,可基本稳定
Ⅳ	2.45~2.25	39°~27°	0.7~0.2	6~1.3	0.3~0.35	跨度>5m,一般无自稳能力,数日至数月内可发生松动、小塌方,进而发展为中至大塌方,埋深小时,以拱部松动为主,埋深大时,有明显塑性流动和挤压破坏; 跨度≤5m,可稳定数日至 1 个月
Ⅴ	<2.25	<27°	<0.2	<1.3	<0.35	无自稳能力

注:小塌方:塌方高度<3m,或塌方体积<30m^3。中塌方:塌方高度 3~6m,或塌方体积 30~100m^3。大塌方:塌方高度>6m,或塌方体积>100m^3。

4 室内试验

比重试验
specific gravity test

比重试验指用于测定土在105～110℃下烘至恒定量时的质量与相同体积4℃纯水的质量比值的试验。当土的粒径小于5mm时，采用比重瓶法进行测定试验（比重瓶法的基本原理就是利用称好质量的干土放入盛满水的比重瓶的前后质量差异，来计算土粒体积，从而进一步换算土粒比重）；对粒径大于5mm的土，其中含粒径大于20mm颗粒小于10%时，用浮称法进行比重测定（浮称法的基本原理是利用阿基米德原理，根据测定土体的浮力，来计算土粒体积，从而换算土粒比重）；含粒径大于20mm颗粒大于10%时，用虹吸筒法进行比重测定（虹吸筒法的基本原理是通过测定土粒排水体积，来测定土粒体积，进而计算土粒比重）；当土颗粒中粒径小于、大于5mm的土并存时，分别测定两种含量的比重，再取其加权平均值作为土粒比重。

变水头渗透试验
falling head permeability test

变水头渗透试验指，将无气水注入变水头管，使水通过试样，记下起始水位h_1和起始时刻t_1，按照预定的时间间隔，测记该时段终了水位h_2和时刻t_2，按下式计算出试验水温T时的渗透系数k_T：

$$k_T = 2.3\frac{aL}{A(t_2 - t_1)}\lg\frac{h_1}{h_2}$$

式中,a 为变水头管的截面面积;L 为渗流路径长度,等于试样高度;A 为试样截面积。再将 k_T 校正到标准温度 20℃时的渗透系数。

变水头渗透试验用于细粒土(粉土和黏土)的渗透系数测定,而对于渗透系数很小的黏土,还可以采用增加渗透压力的加荷渗透法测定土的渗透系数,从而加快试验过程。

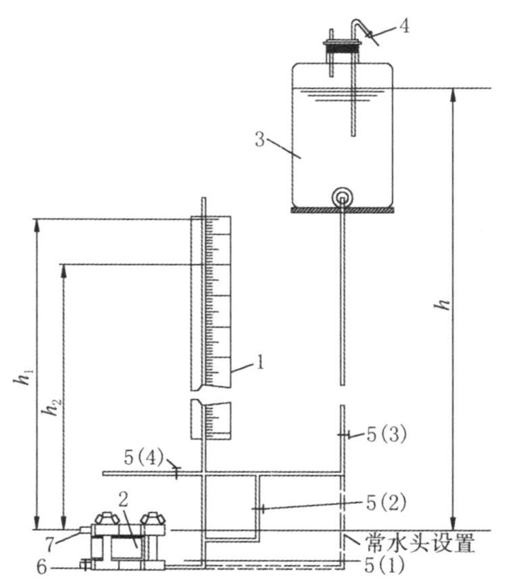

1—变水头管;2—渗透容器;3—供水瓶;4—接水源管;5—进水管夹;6—排气管;7—出水管

变水头渗透装置

不固结不排水三轴试验
unconsolidated undrained triaxial test

不固结不排水三轴试验指在试样施加周围压力以及随后施加偏应力直至剪坏的整个过程中,都不允许排水的三轴压缩试验。该类试验中,土体的含水量始终保持不变,孔隙水压力无法消散,可以测得总应力抗剪强度指标 c_u,φ_u。

常水头渗透试验
constant head permeability test

常水头渗透试验指在恒定的水位差条件下，测定砂性土的渗透系数的试验。试验用无气水在恒定的水位差 H 的水流下，量测在规定时间 t 内流过长度为 L，横截面为 A 的试样渗出水量 Q，按达西公式 $k_T=\frac{QL}{HAt}$ 计算。式中，k_T 为试验时水温为 T 时的渗透系数，再校正到标准温度 20℃时的渗透系数。

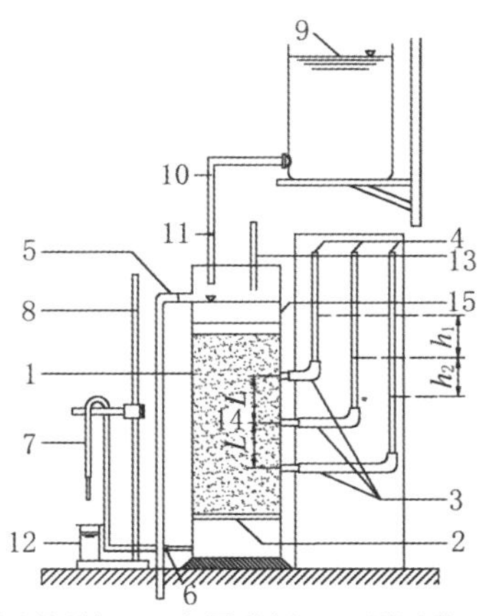

1—封底金属圆筒；2—金属孔板；3—测压孔；4—玻璃测压管；5—溢水孔；6—渗水孔；7—调节管；8—滑动支架；9—容量为 500ml 的供水瓶；10—供水管；11—止水夹；12—容量为 500ml 的量筒；13—温度计；14—试样；15—砾石层

常水头渗透装置

单剪仪
simple shear apparatus

单剪仪为针对直剪仪中试样在受剪时破坏面固定单一、应力应变不均匀、边界面上存在应力集中等缺点，所改进的设备。按照剪切容器结构，单剪仪又可以分为叠环式(试样用橡皮膜套着)，绕有钢丝的加筋模式和刚性板式，用以限制试样受压后侧向膨胀和控制试样排水。试样在单剪仪中的形状通常为圆饼状，环形的结构使得试样在周边不会产生明显的应力应变不均匀，加载过程中竖直应力 σ_v 和水平应力 σ_h 保持常数，剪应力不断增加。与直剪仪中试样的破坏形状不同，单剪仪中试样水平面与竖直面都不一定是破坏面。单剪仪可以进行动静的不排水、排水或固结不排水试验，测定抗剪强度和剪切模量。可以用来模拟土体受水平剪切的情况。

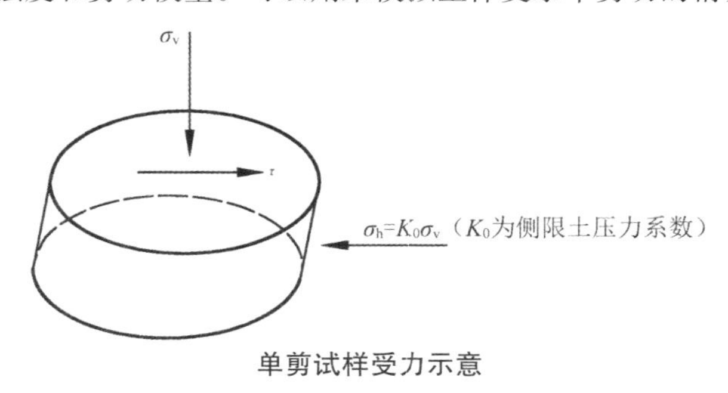

单剪试样受力示意

单轴拉伸试验
uniaxial tension test

采用三轴压缩试验设备，在圆柱形黏性土试样两端逐步施加轴向拉力直到断裂来测定抗拉强度的试验称为单轴拉伸试验，也有将试样水平放在平板上，在试样两端施加水平拉力直至破坏，这两种都属于直接测定法。此外还有间接测定法，如土梁弯曲试验，圆柱形试样的径向压裂和轴向压裂试验等。主要用于研究土坝裂缝问题。

等速加荷固结试验
constant loading rate consolidation test

等速加荷固结试验又称 CRL 试验，其为试验原理与等应变速率固结试验相同，只是加载时控制试样上的荷重增长速率为常量的固结试验。试验仪器和程序与等应变速率固结试验基本相同。

等梯度固结试验
constant gradient consolidation test

等梯度固结试验又称为 CGC 试验，其为在整个加荷期间，当饱和黏土试样底部不排水面的孔隙水压力达到预定值后，靠自动装置调节加荷速率，以保持孔隙水压力始终不变的固结试验。在整个试验过程中，任何时刻均可读取并记录所加荷重与相应的试样变形量，此外还可以进行当试验到某时刻时，停止继续加荷，让孔隙压力消散，以研究某级荷重下的次固结效应的试验。仪器主要由固结仪、孔隙水压力测定系统、控制系统和加荷系统组成。

等应变速率固结试验
constant strain rate consolidation test

等应变速率固结试验又称 CRS 试验，其为将试样置于底部密封，利用传感器量测试样底部孔隙水压力，对试样连续加载，控制试样的变形速率为常量的固结试验。试验期间可定期测记试样变形，底部孔隙水压力与相应总荷载，从而计算试样的孔隙比与有效垂直压力及孔隙比与试样底部孔隙水压力的关系，并可计算不同孔隙比时的固结系数。应变控制固结仪由固结仪、孔隙水压力测定系统、控制系统和加载系统等组装而成。

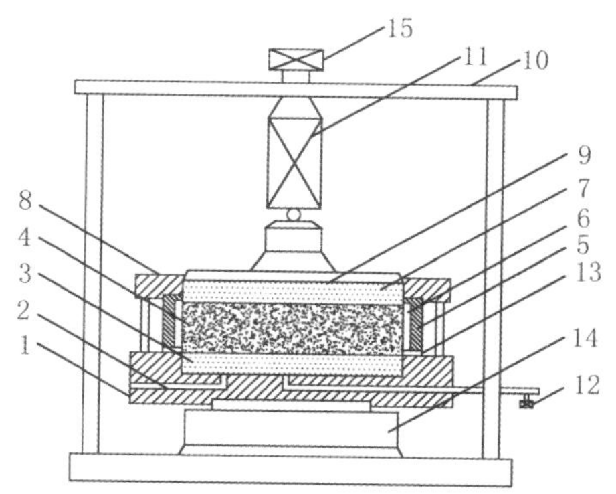

1—底座；2—排气孔；3—下透水板；4—试样；5—护环；6—环刀；7—上透水板；8—上盖；9—加压盖板；10—加荷架；11—负荷传感器；12—孔压传感器；13—密封圈；14—加压基座；15—位移传感器

应变控制固结仪组装示意

动三轴试验
dynamic triaxial test

参见“振动三轴试验”词条。

动单剪试验
dynamic simple shear test

参见“振动单剪试验”词条。

反复直剪强度试验
repeated direct shear test

反复直剪强度试验指用应变控制式直剪仪在慢速(排水)条件下对土样反复剪切至剪应力达到稳定值,以测定土的残余强度的试验。将试样装在直剪仪的剪切盒内,加垂直压力固结后,以一定的剪切速度(对黏性土或有泥炭土夹层为0.02mm/min,对一般粉土和粉质黏土为0.06mm/min)进行剪切,直到最大位移达8～10mm时,停止剪切,将剪切盒推回原位,做第二次剪切,如此反复剪切数次,直至剪应力达到稳定值为止,画出剪应力与剪切位移关系曲线图,图中第一次剪切峰值为慢剪强度,最后稳定值为残余强度。

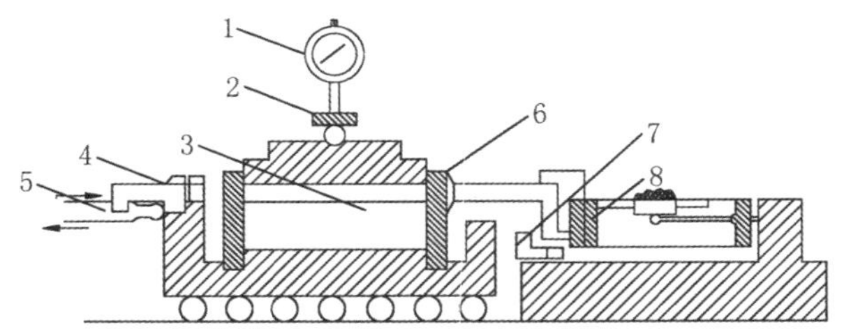

1—垂直变形百分表;2—加压框架;3—试样;4—连接件;5—推动轴;6—剪切盒;7—限制连接杆;8—测力计

应变控制式直剪仪示意

反压饱和法
back pressure saturated method

反压饱和法通常为针对三轴压缩黏性土试样进行的一种使其饱和的方式。通常对试样的围压和孔隙水压力同步增加等量压力,利用孔隙水的压力来溶解试样中残留的空气,从而达到试样饱和的目的。此法广泛用于剪切、固结、孔隙压力消散以及渗透试验。

高压固结试验
high pressure consolidation test

高压固结试验指试样上的压力可加至3200kPa以上的固结试验。试验原理和步骤同常规固结试验。用于研究高坝等大型工程的土料压缩特性。

各向不等压固结不排水试验
consolidated anisotropically undrained test

各向不等压固结不排水试验又称 CAU 试验。在三轴压缩仪压力室中，先让试样在轴向压力和周围压力不等的条件下排水固结，然后在不排水的条件下增加轴向压力直至破坏的试验。

各向不等压固结排水试验
consolidated anisotropically drained test

各向不等压固结排水试验又称 CAD 试验。在三轴压缩仪压力室中，试样先在周围压力和轴向压力不等的条件下排水固结，然后在排水条件下增加轴向压力直至破坏的试验。

共振柱试验
resonant column test

共振柱试验为利用共振原理，在室内测定土的动弹性模量和动剪切模量，以及阻尼比等参数的试验。试验中在圆柱形试样上施加扭转或轴向振动并逐步增大激振频率至试样发生共振，根据振动理论公式求动模量；激振突然中止，从试样自由振动的振幅与振次关系曲线上确定土的对数递减率等阻尼系数。

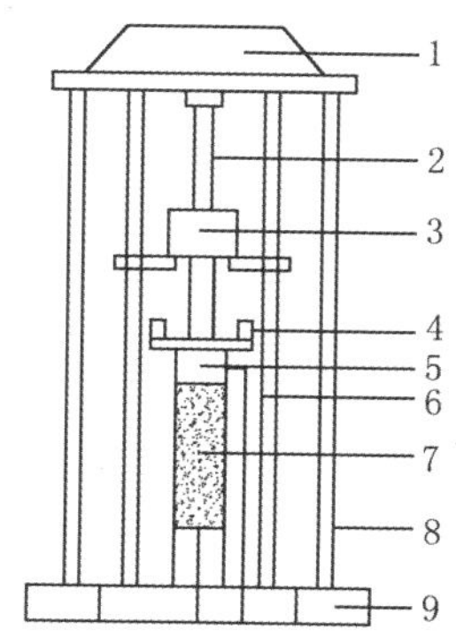

1—上固定盖；2—常力弹簧；3—纵向激振器；4—支架；5—扭力激振器；6—上压盖；7—土样；8—有机玻璃罩；9—底座

我国第一台自行研制的 GZ-1 型共振柱试验机结构示意

固结不排水三轴试验
consolidated undrained triaxial test

固结不排水三轴试验指试样在施加周围压力过程中允许排水固结,而在随后施加偏应力直至剪坏的过程中不允许排水的三轴压缩试验。该类试验可以测得土的总应力强度参数、有效应力强度参数以及孔隙水压力系数等。

固结快剪试验
consolidated quick direct shear test

固结快剪试验指对应变控制式直剪仪中的黏性土试样,先施加垂直压力使试样充分排水固结,再以较快速率施加水平剪力,使试样在3～5min内以近似不排水条件实现剪损的试验。剪切速度及适用土类同快剪试验。测得的强度指标用于分析土体在施加的荷载下已完全固结,但在后来加载过程中来不及排水固结的情况,例如土体在结构自重和正常荷载下已固结,后来在使用期受到突加荷载时的地基稳定分析。

固结排水三轴试验
consolidated drained triaxial test

固结排水三轴试验亦称排水剪试验,为先将试样放入三轴压缩仪压力室中,试样在围压下排水固结,再在排水条件下增加轴向压力直至试样破坏的试验。施加轴向压力过程中必须保持试样内的孔隙水压力始终保持零。该试样可测定土的排水剪强度参数,它近似等于有效应力强度参数,也可测定土的应力、应变以及试样体积变化间的关系,从而计算土的切线模量、割线模量和切线泊松比等参数。

固结试验
consolidation test

在侧限和轴向排水条件下对试样施加垂直压力的压缩试验称为固结试验,以太沙基单向固结理论为基础。将试样置于有侧限和容许轴向排水的容器中,分级施加轴向压力,一般为12.5、25、50、100、200、400、800、1600、3200kPa,试样上最后一级的压力应大于上覆土层的计算压力100～200kPa。当不需要测定沉降速率时,一般施加每级压力后24h测记试样高度的变化，若需测定沉降速率，应测记每级压力下各不同时间试样的高度变化，若需进行回弹试验，可以在大于上覆压力的某级压力下固结稳定后退压，直至退到第一级压力，每次退压至24h后测定试样的回弹量。最后计算和绘制出各级压力(包括退压)下试样变形稳定后的孔隙比关系曲线，或某级压力下试样的变形与时间平方根或时间对数的关系曲线，从而可得出土的压缩性指标、先期固结压力、固结系数、回弹指数等。完成一个试验往往需要一周或十天以上，当不研究固结过程而只研究土的压缩变形时，容许用非饱和土试样。

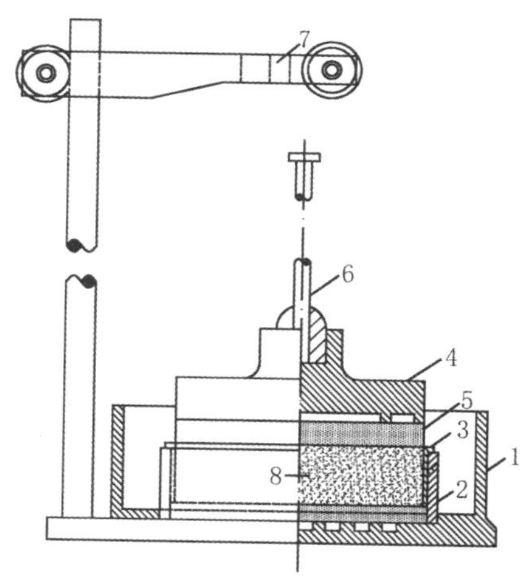

1—水槽；2—护环；3—环刀；4—加压上盖；5—透水石；6—量表导杆；7—量表架；8—试样

固结容器示意

含水率试验
water content test

测定土样在105～110℃下烘到恒定质量时所失去水分质量与达到恒定质量之干土质量的比值(即含水率)的试验称为含水率试验。其以烘干法作为室内试验的标准方法。在野外如无烘箱设备或要求快速测定含水率时，可依土的性质和工程情况采用酒精燃烧法和比重法来分别测定细粒土和砂土的含水率。此外还有碳化钙气压法用于公路上快速测定路基土和稳定土的含水率。

环剪试验
ring shear test

将制成环状的试样置于上下分开的侧限环内,通过扭轮承压板对试样施加不变的法向压力,旋转底盘,借助齿板与试样的摩阻力在上下环之间产生一相对的旋转面(剪切面),测定一系列旋转力矩和角位移,从而换算出试样抗剪强度和剪切变形的试验称为环剪试验。此试验尤其适用于土体在大剪切变形下残余强度的量测,此外也被用于研究不同材料接触面的剪切特性,用以确定有关强度和变形参数。

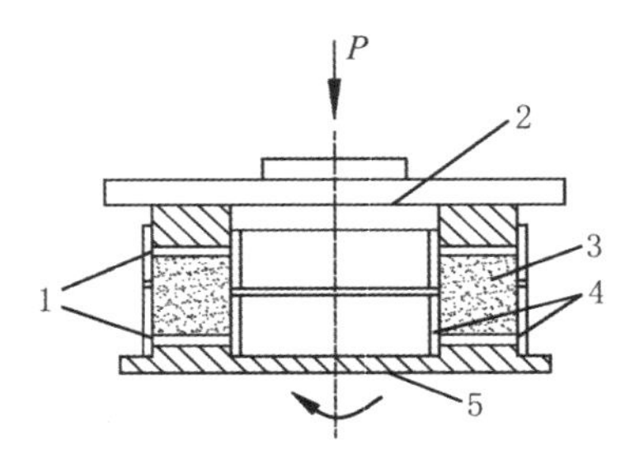

1—齿板;2—扭轮承压板;3—土样;4—侧限环;5—底座

环剪仪示意

黄土湿陷试验
loess collapsibility test

黄土湿陷试验指测定黄土类土变形和压力的关系,进而计算压缩系数、湿陷系数、溶滤变形系数和自重湿陷系数等黄土压缩性指标的试验。仪器同常规固结试验仪。用单线法测定湿陷系数,用环刀切取原状试样数个,对每个试样在天然湿度下分级加压至不同规定压力,并应根据工程需要及土的沉积条件确定浸水压力,待试样变形稳定后浸水,记下浸水稳定后试样高度,浸水前后试样高度差与其原始高度之比即为湿陷系数。可绘制不同压力与湿陷系数的关系曲线。测定自重湿陷系数时,试样在天然温度下,逐级加压至试样上覆土的饱和自重压力,待变形稳定后浸水,计算试样浸水前后高度差与其原始高度之比即得。需测定溶滤变形时,将测定湿陷系数后的试样继续用水浸透,直到长期渗透而引起的溶滤变形稳定为止,溶滤前后试样高度差与其原始高度之比即为溶滤系数。

回弹模量试验
modulus of resilience test

通过对试样进行规定压力下的加载和卸载，测定土的回弹变形量，以确定土的回弹模量值的试验称为回弹模量试验。对含水率较大、硬度较小的试样采用杠杆压力仪法；而对含水率较低、硬度较大的试样采用强度仪法。

击实试验
compaction test

在一定尺寸的击实筒中，以规定的土的单位体积击实功击实数个不同含水量的试样，测出最大干密度与相应的最优含水率的试验称为击实试验。分轻型和重型两种击实试验，其单位体积击实功分别为 592.2kJ/m^3 和 2684.9kJ/m^3，前者适用于粒径小于 5mm 的土，后者适用于粒径不大于 20mm 的土。试验时取代表性土样，制备五种不同含水量的试样，每个试样分几次放入击实筒内，分别按一定的锤重、落高和击数击实，测定筒内土的含水量，并求出干密度，以含水量为横坐标，干密度为纵坐标，绘制含水量与干密度关系曲线。相应于曲线上的峰值点的密度为最大干密度，其相应的含水量为最优含水量，它们是控制填土质量的重要指标。

界限含水率试验
Atterberg limits test

测定黏性土由流动状态转到可塑状态或由半固体状态过渡到固体状态时的分界含水率试验称为界限含水率试验，分为液限试验、塑限试验和缩限试验等。

卡萨格兰德法
Casagrande's method

卡萨格兰德法是用以确定先期固结压力 p_c 的最常用方法，是美国学者卡萨格兰德（A. Casagrande）于 1936 年提出的经验作图法。其步骤如下。

（1）在 e-lg$p$ 曲线拐弯处找出曲率半径最小的点 O，过 O 点作水平线 OA 和切线 OB。

(2) 作$\angle AOB$的角平分线OD,与e-lg$p$曲线直线段的延长线交于点E。

(3) 点E所对应的有效应力即为原状土试样的先期固结压力p_c。

此法简单易行,但是其准确性在很大程度上取决于土样原状结构受扰动的情况。此外作图所依据的e-lg$p$曲线需要用能施加较高压力的压缩仪试验获得,同时绘制曲线时还应注意选用合适的比例,否则,很难找到曲率半径最小的点O。

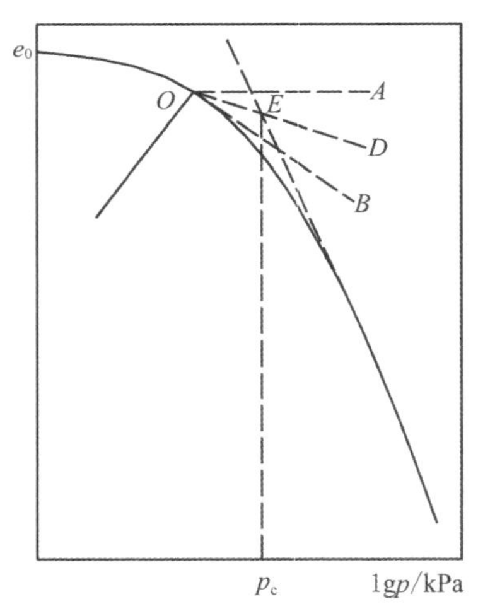

卡萨格兰德经验作图法

颗粒分析试验
grain size analysis test

颗粒分析试验是测定土中各种粒组的相对含量(各粒组占土粒总质量的百分数)的试验。对粒径小于等于60mm,大于0.075mm的土用筛析法,即将一定质量的土烘干碾散后,用顺序叠好的不同孔径的筛组过筛,称留在各筛上土的质量,即可求得各个粒组的相对含量。对粒径小于0.075mm的土,不能筛分,可根据土粒在水中匀速下沉时速度与粒径的理论关系,用密度计法或移液管法测定粒径小于0.075mm各粒组的相对含量。若土中粗细颗粒兼有时,先用筛分法,再用密度计法或移液管法联合分析,最后绘制颗粒粒径分布曲线。

孔隙水压力消散试验
pore pressure dissipation test

孔隙水压力消散试验是测定三轴压缩仪压力室中的试样，在各向等压或无侧向变形条件下受轴向压力时的孔隙水压力消散系数、消散百分数以及孔隙水压力系数的试验。适用于饱和度大于85%的原状黏土及含水率等于或大于最优含水率的击实黏土。

空心圆柱仪
hollow cylinder apparatus

空心圆柱仪是以空心圆柱试样为试验对象的室内土工仪器。该设备通过同时、独立地对空心圆柱试样施加轴力 W 和扭矩 M_T 以及内、外围压 p_i、p_o 变载，从而使得空心圆柱试样薄壁单元体上所受应力状态在主应力幅值改变的同时还发生大主应力 σ_1（小主应力 σ_3）方向在垂直于中主应力 σ_2 的固定平面中连续旋转的复杂应力路径。空心圆柱仪是目前国际上研究主应力轴旋转应力路径对土体性状影响以及土的各向异性较为理想的试验设备，但目前大多数设备在中高频的循环变载过程中，内、外围压只能固定为恒定值。

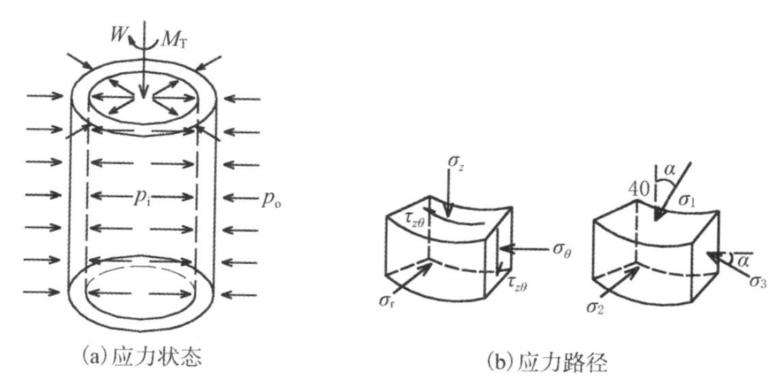

(a)应力状态　　(b)应力路径

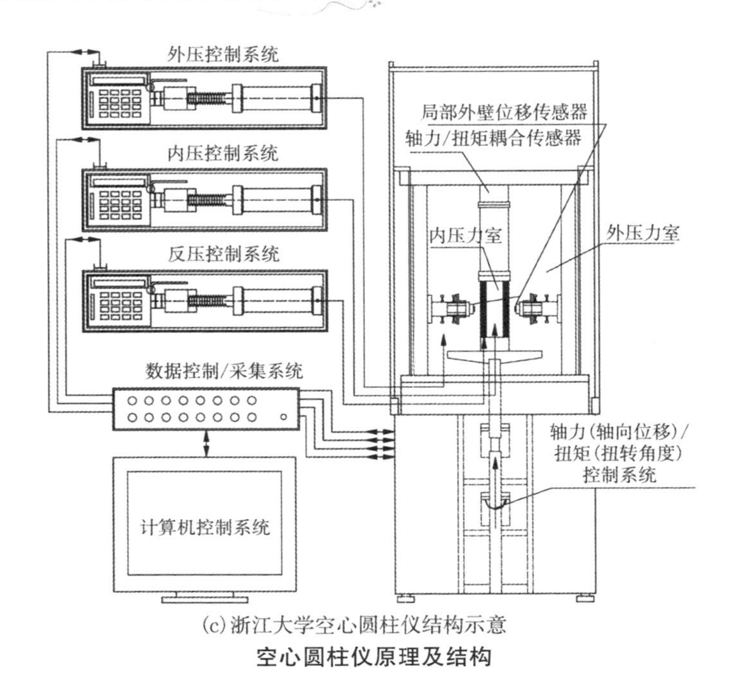

(c)浙江大学空心圆柱仪结构示意

空心圆柱仪原理及结构

快剪试验
quick direct shear test

快剪试验是直接剪切试验的一种,对应变控制式直剪仪中的黏性土试样,施加垂直压力后,随即施加水平剪力,使试样在3～5min内近似不排水条件下迅速剪切破坏。我国土工试验规定剪切速率为0.8～1.2mm/min。测得的抗剪强度参数用于分析土体上施加荷载较快,来不及排水固结的情况,例如土层较厚,渗透性又较小,工程施工速度较快的施工期或竣工期的地基稳定分析。本法不适用于软黏土和渗透系数大于10^{-6}cm/s的土。

快速固结试验
fast consolidation test

快速固结试验是为了缩短常规固结试验历时而采用的一种快速测定土的压缩性指标的固结试验。仪器和操作方法与常规固结试验相同,只是每级压力下固结为1h(有时为2h),仅在最后一级压力下,除测记1h试样变形量外,还应测读24h的变形量,以两者之比作为校正系数校正试样在各级压力下的变形量,对扰动土可以不校正。对沉降计算要求精度不高,而渗透性又较大的黏性土，且不需要求固结系数时可采用此法。本法由于试验理论依据不足，故未列入我国土工试验方法标准(GB/T 50123—1999)中。

离心模型试验
centrifugal model test

离心模型试验是土工模型试验中 ng 模型试验的一种，指把用实际土料制作的小比例尺土工构筑物或地基模型装在土工离心机内，利用离心机旋转时产生的离心力场来模拟重力场的试验。根据相似定律，若重力加速度增大 n 倍，则模型尺寸可缩小为原型的 $1/n$，固结时间可缩短为原型固结时间的 $1/n^2$。通常 n 为 50～200。这种试验不仅能满足模型相似律的绝大部分要求，而且有与原型相同的应力—应变—强度关系和破坏机理，可用于预测原型性状，验证土工理论和计算方法，是土工设计中很受重视的新的研究途径。

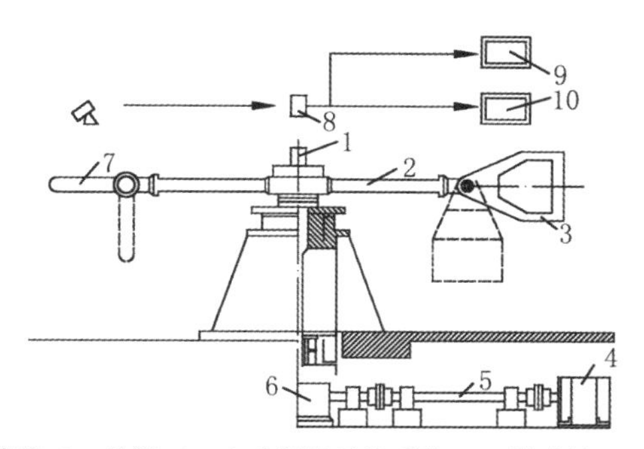

1—转轴；2—转臂；3—吊篮；4—电动机及整流系统；5—转动轴；6—变速齿轮；7—平衡重；8—滑环；9—闭路电视；10—计算机数据采集系统

土工离心机结构示意

连续加荷(固结)试验
continual loading test

连续加荷(固结)试验是为模拟实际工程加载方式和了解加载速率对土的压缩性的影响，研究饱和黏土试样在连续加载下一维压缩特性的固结试验，以太沙基单向固结理论为基础。在试样连续加载过程中，可随时测定试样的变形及试样底部的孔隙水压力。按照试样上加载的控制方式不同，有等应变速率固结试验、等孔隙水压力梯度固结试验和等加荷率连续加荷固结试验等。与常规固结试验相比，这类试验可大大缩短试验历时，在几小时内即可结束。有的还可自动记录数据、整理数据、绘出成果图表。

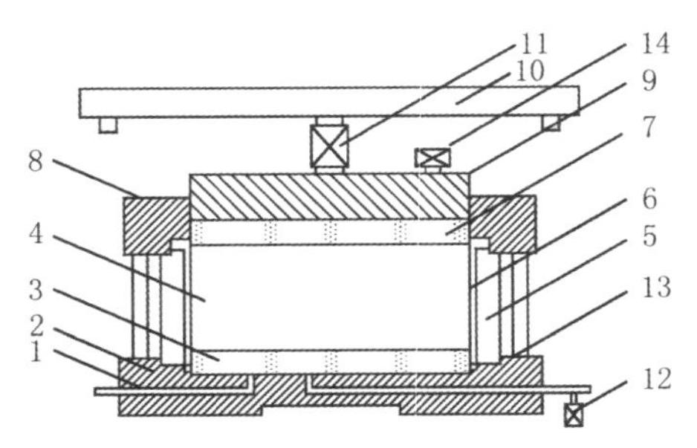

1—底座;2—排气孔;3—下透水板;4—试样;5—护环;6—环刀;7—上透水板;8—上盖;9—加压上盖;10—加荷梁;11—负荷传感器;12—孔压传感器;13—密封圈;14—位移传感器

连续加荷固结容器示意

慢剪试验
consolidated drained direct shear test

对应变控制式直剪仪中的黏性土试样,在施加垂直压力以及之后施加水平剪力过程中,均使试样排水固结,直至剪切破坏的试验称为慢剪试验,适用于测定细粒土的抗剪强度参数 c 和 φ 以及粒径小于 2mm 砂土的抗剪强度参数 φ。我国土工试验方法标准(GB/T 50123—1999)规定剪切速度小于 0.02mm/min。剪切历时一般在 1~4h。其强度参数用于分析土体在荷载作用下已排水固结,而在后来加载过程中孔隙水压力和含水量的变化能与土体剪应变的变化相适应的情况,实践中较少直接采用,但其测得的强度参数可用于有效应力分析。

毛细管上升高度试验
capillary rise test

毛细管上升高度试验指用以测定土孔隙中的水因毛细管作用而上升的最大高度的试验。根据不同土质,有直接观测法和土样管法。前者适用于粗砂、中砂,后者适用于细砂、粉土和黏土。

密度试验
density test

密度试验指用以测定土体密度(即土的单位体积质量)的试验。对黏性土采用环刀法，对易碎散土和形状不规则的坚硬土用蜡封法，对现场测定原状砂和砾质土用灌水法或灌砂法。

扭剪仪
torsion shear apparatus

扭剪仪是对圆柱形或空心圆柱形试样的端面施加扭转力矩做扭转剪切试验的仪器。将试样装入侧限或无侧限的容器中，加轴向荷载后，在试样上下端面施加扭力来测定土的抗剪强度和应力应变关系。扭剪仪用于研究土的蠕变，以及大应变条件下的强度。另外有一种将三轴压缩仪压力室改进的三轴扭剪仪。它将圆柱状试样用橡皮膜封闭在压力室底座上，施加周围压力和轴向压力，同时对试样帽施加扭矩做扭转剪切。为改善试样中应变的不均匀，更有以空心圆柱试样为试验对象的空心圆柱仪，可对试样同时施加内外围压以及轴力和扭矩，具体介绍见“空心圆柱仪”词条。

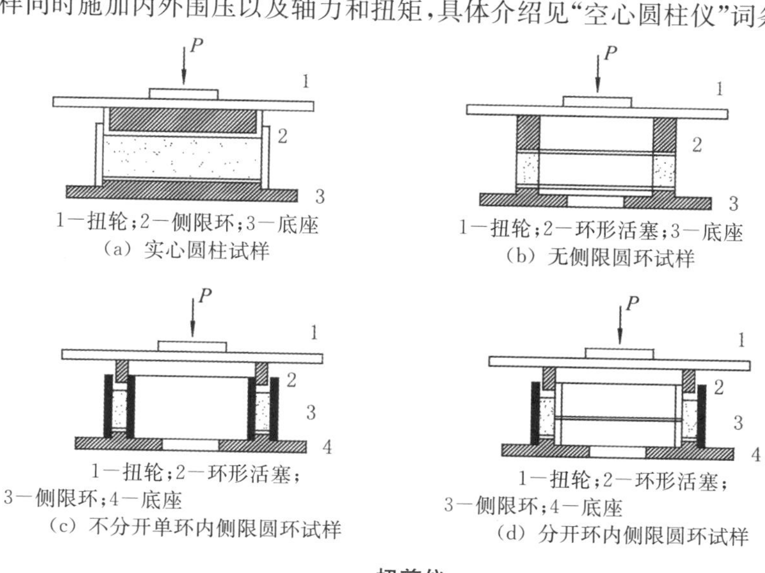

扭剪仪

膨胀率试验
swelling rate test

膨胀率试验是测定膨胀土试样在侧限条件下浸水的膨胀量与初始高度比值的试验，分有荷载和无荷载膨胀率两种试验。前者将试样装在固结仪器中施加所要求荷载后，记下变形稳定后高度，然后浸水，测定浸水膨胀稳定后的高度,两者之差与试样原始高度之比即为某特定荷载下膨胀率。后者试样在固定仪器中安装后,在无荷载情况下浸水膨胀直至变形稳定,测定不同时间试样浸水膨胀量与其原始高度之比,即可得不同时间的无荷载膨胀率,可绘制膨胀率与时间关系曲线。

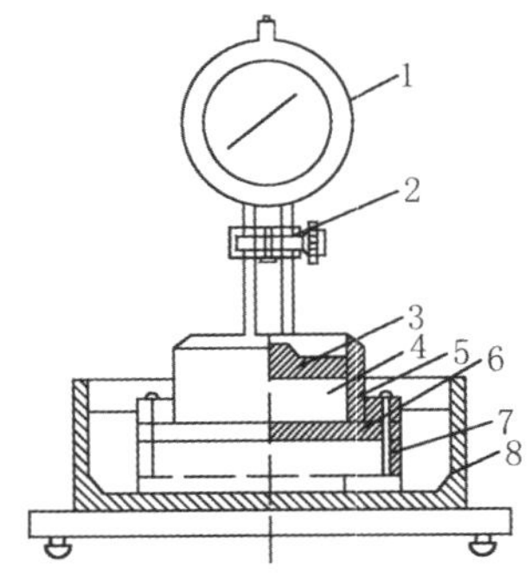

1—量表;2—表架;3—有孔板;4—试样;5—环刀;6—透水板;7—压板;8—水盒

膨胀仪示意

平面应变仪
plane strain apparatus

平面应变仪为能模拟试样平面应变受力条件的试验仪器。在长方体试样的两个方向施加主应力,第三个方向用固定的刚性板限制该方向的变形。刚性板中间可镶压力盒,以测量该方向压力的变化。这是真三轴仪的一种简化形式,用于研究平面应变条件下土的强度和变形特性。

三轴伸长试验
triaxial extension test

三轴伸长试验指使圆柱体试样轴向伸长的三轴压缩试验。对三轴压力室中的试样,施加周围压力,然后使轴向压力逐渐减小,或保持轴向压力不变,逐步增加周围压力,同时测定试样伸长过程中的变形和孔隙水压力。用于研究主应力方向突变条件下的强度、应力应变关系及孔隙水压力变化等,例如研究圆形基础开挖中心线下土体受力性状。

三轴压缩试验
triaxial compression test

三轴压缩试验亦称三轴剪切试验，其为用橡皮膜套住圆柱体试样，在压力室中施加恒定周围压力，然后施加轴向压力直至试样破坏的试验。通常用3～4个试样，分别在不同的周围压力下施加轴向压力直至破坏。画出各个试样破坏时的极限应力圆，并作它们的公切线，即可得抗剪强度参数。试验时，按照控制试样不同排水条件，有不固结不排水试验、固结不排水试验和固结排水试验三种。可测定相应抗剪强度参数和应力与应变关系。而从加载方式而言，有三种：(1)普通三轴试验(CTC)，试验中围压作为小主应力保持不变，增加作为大主应力的轴向压力直至试样破坏；(2)减压三轴压缩剪切试验(RTC)，试验中作为大主应力的轴向压力保持不变，减小作为小主应力的周围压力，直至试样破坏；(3)球应力 p 恒定的三轴压缩试验(PCT)，保证围压和球应力同步增加和减小直至试样剪破。

筛分析
sieve analysis

参见“颗粒分析试验”词条。

渗透试验
permeability test

渗透试验指用以测定土的渗透系数的试验，分室内与现场试验两大类。室内试验分常水头和变水头渗透试验，分别适用于砂性土和黏性土、粉质土，而现场试验有抽水试验、注水试验和压水试验等，一般现场渗透试验结果比室内试验结果准确可靠，对于重要工程常需进行现场试验。

湿化试验
slaking test

湿化试验指测定具有结构性的黏质土体在水中崩解速度的试验，是湿法筑坝选择土料的标准之一。将边长为5cm的立方体试样，置于浮筒下的网板上，迅速浸入水槽中，测记不同时刻浮筒齐水面处的读数，直到

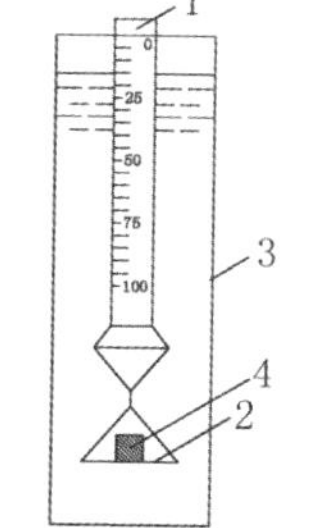

1—浮筒；2—网板；3—玻璃水筒；4—试样

湿化仪示意

试样完全崩解成细块通过网格落下后，试验即告结束，按下式计算不同时刻的崩解量：

$$A_t=(R_t-R_0)/(100-R_0)\times 100$$

式中，A_t 为试样在时间 t 时的崩解量，单位为%；R_t 为 t 时刻浮筒齐水面处的刻度读数；R_0 为试验开始时刻浮筒齐水面处刻度的瞬间稳定读数。

收缩试验
shrinkage test

收缩试验指测定原状土或击实黏质土试样在自然风干条件下的线缩率、体缩率、缩限及收缩系数等收缩特性指标的试验。将环刀中试样推出，置于多孔板上，测记试样在不同时间的高度及质量变化，直至变形稳定，用蜡封法测定烘干试样体积并称烘干土质量，计算出体缩率及不同时刻线缩率，绘制线缩率与含水率关系曲线，延长该曲线开始的直线段与最后水平直线段相交，交点的横坐标即为土的缩限。

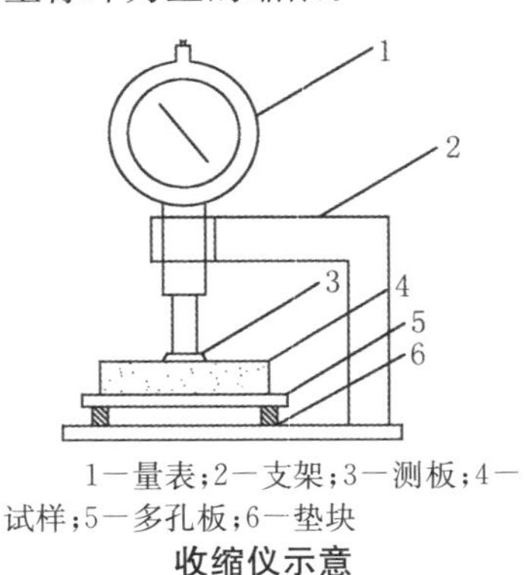

1—量表；2—支架；3—测板；4—试样；5—多孔板；6—垫块

收缩仪示意

塑限试验
plastic limit test

塑限试验指测定粒径小于0.5mm的土由半固态转到可塑态时的界限含水率试验。我国土工试验方法标准(GB/T 50123—1999)利用圆锥仪，采用液塑限联合测定法测定塑限(参见“液塑限联合测定法”词条)；利用碟式仪时，采用滚搓法测定塑限。滚搓法是将接近塑限含水量的试样8～10g，用手搓成椭圆形，放在毛玻璃板上用手掌滚搓成直径3mm土条时产生裂缝，并开始断裂，此时土条的含水量即为塑限。

缩限试验
shrinkage limit test

缩限试验指测定粒径小于0.5mm及有机质含量不大于5%的土由半固体状态继续蒸发水分过渡到固体状态，体积不再收缩时的界限含水率(缩限)的试验。取代表性试样调制成含水量约为液限的试样，填入收缩皿中，填满后刮平试样表面，称出试样的质量后，在通风处晾干，再放入烘箱烘干，称干试样质量，用蜡封法测定干试样体积，求出干缩含水量，并与试验前试样的含水量相减即得缩限。

土工模型试验
geotechnical model test

土工模型试验指模拟岩土工程实体的物理力学条件的试验。在需要预测土工构筑物和地基的主要物理现象和性状，验证某种新的理论和计算方法时，常进行土工模型试验。通常分为1g(g为重力加速度)模型试验和ng模型试验。其中1g模型试验，是在通常的重力场中，按照一定的边界条件，根据原型的尺寸和荷载等量纲来设计模型，并把模型试验所测得的各项物理量按模型率算出与原型的相应指标。其又分为小比尺试验和足尺试验。其中小比尺试验不能满足模型相似律的基本要求，因而有时不能反映原型发生的物理现象，而足尺试验基本上按原型尺度模拟进行试验，可信程度高，但造价高昂。ng模型试验则是将原型尺寸缩小到$1/n$，同时重力加速度增大为ng，主要有土工离心机试验和渗水力模型试验两种。ng模型试验在保证了与原型几何尺寸相似的前提下，力学特性也尽可能保持了相似。

土工织物试验
geotextile test

土工织物试验指测定用于岩土工程中土工织物(或称土工合成材料)的工程特性的试验。试验内容有物理、力学性质试验，包括厚度、单位面积质量、孔隙大小、抗拉、撕裂、顶破等试验；水力特性试验，包括渗透性、淤堵特性等试验；以及土与织物相互作用的试验，包括摩擦、拉拔试验等。

无侧限抗压强度试验
unconfined compression strength test

无侧限抗压强度试验指测定圆柱体试样在侧向不受约束的条件下，抵抗轴向压力的极限强度的试验。此时试样的侧向小主应力为零，而轴向大主应力的极值即为无侧限抗压强度。此试验也是周围压力为零的三轴不固结不排水试验的一个特例，也用来测定黏性土的灵敏度。

无黏性土天然坡角试验
angle of repose of cohesionless soils test

无黏性土天然坡角试验指测定无黏性土在完全风干状态下堆积和在水下状态堆积时，其堆积坡面与水平面的最大倾角的试验。

相对密度试验
relative density test

相对密度试验指在测得无黏性土的天然孔隙比后，分别测定其最大和最小孔隙比，用以计算相对密度的试验。最大孔隙比试验宜用漏斗法或量筒法，最小孔隙比试验用振动锤击法，这两种试验适用于粒径小于 5mm 而能自由排水的砂砾土。

压密不排水三轴压缩试验(台)
consolidated undrained triaxial compression test

台湾用语，参见“固结不排水试验”词条。

压密排水三轴压缩试验(台)
consolidated drained triaxial compression test

台湾用语，参见“固结排水试验”词条。

压密试验(台)
consolidation test

台湾用语，参见“固结试验”词条。

液塑限联合测定法
liquid-plastic limit combined method

液塑限联合测定法指用质量为76kg、锥角为30°的圆锥，在液塑限联合测定仪上测定黏性土的液限和塑限，用于粒径小于0.5mm及有机质含量不超过试样总质量5%的土。取代表性试样，加不同数量的纯水，调成三种不同稠度的试样，用电磁落锤法分别测定圆锥在自重下沉入试样5s时的下沉深度。以含水量为横坐标，圆锥下沉深度为纵坐标，在双对数坐标纸上绘制关系曲线，我国土工试验法（GB/T 50123—1999）规定以下沉深度17mm所对应的含水量为17mm液限，以10mm所对应的含水量为10mm液限，以2mm所对应的含水量为塑限。

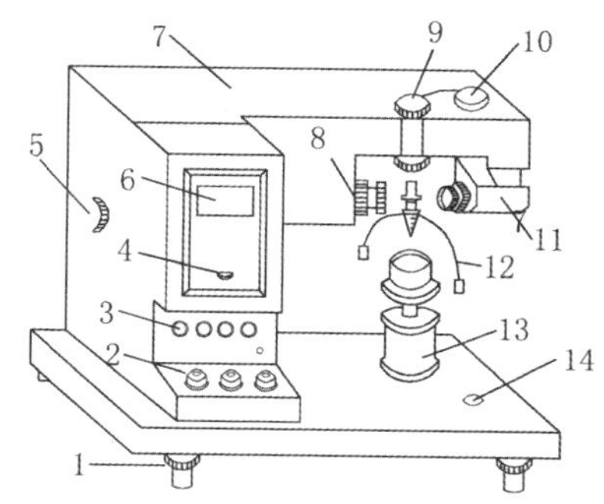

1—水平调节螺丝；2—控制开关；3—指示灯；4—零线调节螺丝；5—反光镜调节螺丝；6—屏幕；7—机壳；8—物镜调节螺丝；9—电磁装置；10—光源调节螺丝；11—光源；12—圆锥仪；13—升降台；14—水平泡

光电式液塑限联合测定仪示意

液限试验
liquid limit test

液限试验为测定粒径小于0.5mm及有机质含量不大于5%的土，由可塑状态转到流动态时的界限含水率的试验。以液塑限联合测定法和碟式法为我国土工试验标准（GB/T 50123—1999）中的方法，此外还有圆锥仪法。当采用碟式仪测定液限时，将配成一定含水率的土膏用划刀分成两半放入土碟中，以每秒2次的速率将土碟由10mm高度下落，记录当两半土膏在碟底的合拢长度刚好达到13mm时土碟下落的击数。试验共分两次进行，每次配置土膏的含水率不同，使得目标击数分别高于和低于25次，然后绘制含水率与击数关系曲线，连接两次试验对应数据点，取直线上对应 25 次击数时所对应的含水率为液限。

应变控制式三轴压缩仪
strain control triaxial compression apparatus

应变控制式三轴压缩仪为以等轴向方式对试样施加轴向压力直至破坏的三轴压缩仪。轴向变形速率可按土类及试验要求调节。主要设备由压力室、轴向加压系统、施加周围压力系统、孔隙水压力量测系统及测定试样体积变化系统等组成。

应力控制式三轴压缩仪
stress control triaxial compression apparatus

应力控制式三轴压缩仪为以分级施加荷载方式对试样施加轴向压力直至破坏的三轴压缩仪。为减少加压活塞与轴套间摩擦力，新式的加载装置已改用滚动隔膜方式加荷。除施加轴向压力设备不同外，其余与应变控制式三轴压缩仪同。

有机质含量试验
organic matter content test

有机质含量试验为用以测定土中以碳、氮、氢、氧为主体的有机化合物含量的试验。有质量法、重铬酸钾容量法、比色法、过氧化氢氧化法、烧灼减量法等，其中以重铬酸钾容量法最为常用。此法在试验时用过量的强氧化剂重铬酸钾—硫酸溶液，在加热条件下氧化土中有机质，剩余的重铬酸钾则用硫酸亚铁或硫酸亚铁铵的标准溶液滴定，从而得到氧化有机质的重铬酸钾的消耗量，乘上换算系数，便可计算出土中有机质含量，以烘干土的质量百分比表示。由于重铬酸钾的氧化能力有一定限度，故本法适用于有机质含量不超过 15%的土。当土中含有大量粗有机质时，也可采用烧灼减量法估计土中有机质的含量，但该法不适用于含碳酸盐剂结晶水过多的土。

真三轴仪
true triaxial apparatus

真三轴仪为能模拟试样在地基中的真实三向应力条件并能独立地改变试样上三个主应力大小的仪器。通常的三轴压缩仪只能模拟轴对称应力条件。至今已有数种不同形式的真三轴仪，试样都是立方体的，按其加荷方式可分为刚性板式、柔性橡皮囊式和混合式三种。而从设备结构来看可以分为改造的真三轴仪和盒式的真三轴仪。真三轴仪的构造与使用都较复杂，目前多用于研究性试验。

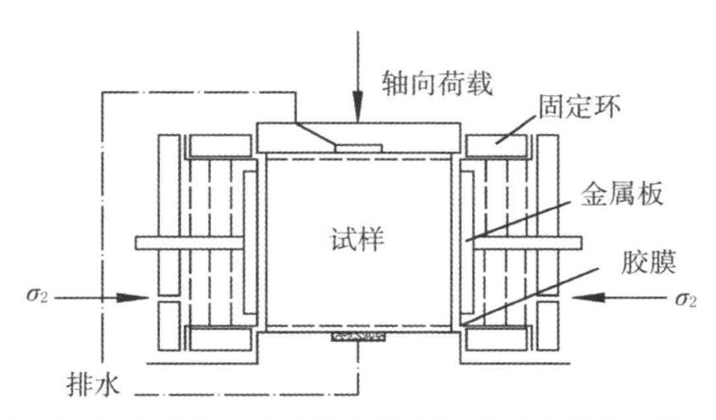

澳大利亚新南威尔士大学柔性橡皮囊式真三轴仪结构示意

振动单剪试验
dynamic simple shear test

振动单剪试验简称动单剪试验，是用来测定土的动剪模量、动强度和阻尼系数等动力参数的一种室内试验。试验时，土样在竖向应力作用下进行 K_0 固结，随后施加水平动荷载，同时测定土样变形和孔隙水压力的变化，据此计算土的有关动力参数。由于受力状态不同，实测土的性质参数与动三轴试验的结果会有所差异。

振动三轴试验
dynamic triaxial test

振动三轴试验又称动三轴试验，用来室内测定饱和土在动应力作用下的应力、应变和孔隙水压力的变化过程，从而确定其在动力作用下的破坏强度（包括液化）、应变大于 10～4 时的动弹性模量和阻尼比等动力特性指标。试验一般为对圆柱形试样进行的固结不排水试验，动力加载时围压不变，而轴向荷载进行周期或随机振动。

直剪仪
direct shear apparatus

直剪仪是由固定的上盒和滑动的下盒组成的剪切容器，直接施加水平推力推动下盒,试样可沿上下盒交接面发生剪切。按施加水平推力的方式,有应力控制式和应变控制式,前者对试样分级施加水平推力,后者等速推动下盒,使试样受等速剪切而位移。目前国内外广泛使用后者。应变控制式直剪仪主要由剪切盒、垂直加荷设备、剪切传动装置、测力计、位移量测系统组成。该仪器虽有剪切面固定,不能控制排水和受剪时试样剪应变不均匀等缺点,但由于构造简单,操作方便,至今广泛采用。

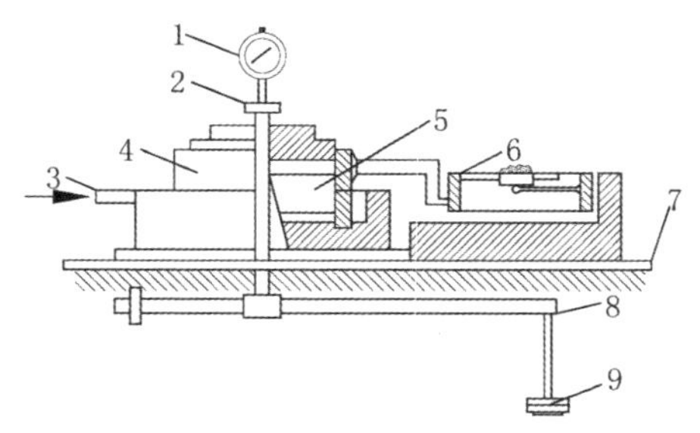

1—垂直变形百分表;2—垂直加压框架;3—推动座;4—剪切盒;
5—试样;6—测力计;7—台板;8—杠杆;9—砝码

应变控制式直剪仪结构示意

直接剪切试验
direct shear test

直接剪切试验是测定土体抗剪强度的一种常用试验。通常用 4 个试样,分别在不同的垂直压力下,施加水平推力进行剪切,求得试样剪破时的剪应力,再按库仑强度定律确定土的抗剪强度参数。试验时对放在直剪仪剪切容器中的试样施加垂直压力,再施加水平推力于下盒,使试样沿上下盒交接面做平行错动的剪切直至试样剪损。根据在试样上施加垂直压力后是否固结或在剪切过程中是否容许排水,可分快剪试验、固结快剪试验和慢剪试验。由于仪器构造限制,无法控制试样的排水条件,故我国土工试验方法标准(GB/T 50123—1999)规定,仅对渗透系数小于 10^{-6} cm/s 的细粒土才使用快剪或固结快剪试验。

直接单剪试验
direct simple shear test

直接单剪试验为直接在试样的上下面施加剪应力直至剪损的一种强度试验。试样置于有侧限容器中,加法向压力后,在试样顶部和底部借透水石表面摩阻力施加剪应力直至剪损。与直剪试验相比,剪切面不固定,可沿最软弱面剪损，剪切过程中试样所受剪应力均匀分布，而变形亦均匀，可保持试样有效面积不变，能控制排水，测定试样排水量和量测孔隙水压力等，比直剪试验有更多的优点，成果整理和计算方法与直剪试验基本相同。

自振柱试验
free vibration column test

自振柱试验为测定土动剪切模量和阻尼比的一种室内试验方法。共振柱试验由于必须对试样进行逐级激振，从而会对试验土样的模量造成影响，而自振柱试验则避免了逐级激振的影响。试验时对土样施加力而产生一定初始变形，再突然将力释放掉，土样即开始自由振动；根据记录土样的自由振动过程曲线的基本周期和振幅衰减特征来按照理论公式求出土的动模量和阻尼比。自振柱试验与共振柱试验基本原理相同，但前者操作简单，稳定性好，成果可靠性更高。

K_0 固结不排水三轴试验
K_0 consolidated undrained triaxial test

K_0 固结不排水三轴试验又称 CK_0U 试验。试验时，将试样安置于三轴压缩仪压力室中，在施加周围压力的同时，不断调整轴向压力，使试样在排水固结过程中始终保持侧向不变形，然后在不排水条件下增加轴向压力直至破坏。用以模拟天然土层在自重下固结后迅速加载的情况，是各向不等压固结不排水试验的特例。

K_0 固结排水三轴试验
K_0 consolidated drained triaxial test

K_0 固结排水三轴试验又称 CK_0D 试验。试验时，将试样安置于三轴压缩仪压力室中，在施加周围压力的同时，不断调整轴向压力，使试样在排水固结过程中始终保持侧向不变形，然后在排水条件下增加轴向压力直至破坏。用以模拟天然土层在自重下固结后缓慢加载的情况，是各向不等压固结排水试验的特例。

5 原位测试

原位测试
in-situ soil test

原位测试为在现场原位基本保持土的天然结构、天然含水量及天然应力状态下测定土的力学性能的试验。主要有静力荷载试验、十字板剪切试验、旁压试验、静力触探试验、动力触探试验、现场渗透性试验、块体共振试验、跨孔试验等。

标准贯入试验
standard penetration test

标准贯入试验简称 SPT 试验。其为在现场用 63.5kg 的穿心锤，以 0.76m 的落距自由下落，将一定规格带有小型取土筒的标准贯入器先打入土中 0.15m，然后记录再打入 0.3m 的锤击数的试验。测试结果为锤击数与土层深度关系图。根据锤击数可以判断砂土密度或黏性土稠度，评定地基土的承载力，评定砂土的振动液化及估计单桩承载力，并可确定土层剖面和取扰动土样进行物理性试验。其适用于砂性土和黏性土。自 1927 年马特(Mart)创制这种装置以来，莫尔(1941)、太沙基和佩克(1948)等在仪器设备、标准化及试验成果应用方面不断进行完善和改进。目前，在美国和日本广泛使用，我国自 1954 年起开始试制和应用，并已陆续反映在有关规范中。在国际技术合作交流项目中，一般都要求有 SPT 测试结果，将其作为评价地基土的主要指标之一。

标准贯入击数
standard penetration blow count

标准贯入击数又称标准贯入试验锤击数。贯入器打入土中 15cm 后，开始记录每打入 10cm 的锤击数，累计打入 30cm 的锤击数作为标准贯入试验锤击数 N。当锤击数已达 50 击，而贯入深度未达 30cm 时，可记录 50 击的实际贯入深度，按下式换算成相当于 30cm 的标准贯入试验锤击数 N，并终止试验：

$$N=30\times\frac{50}{\Delta S}$$

式中，ΔS——50 击时的贯入度，单位为 cm。

表面波试验
surface wave test

表面波试验通常指利用瑞利波弥散曲线测定土层剪切波速的现场试验方法。按激振方式可将其分为稳态振动法和表面波频谱分析法（SASW 法）。前者利用谐式激振器产生稳态振动瑞利波，由改变激振频率的方式得出土层瑞利波波速与波长的关系；后者利用冲击激振，对两检波器信号做交叉功率谱分析而得出瑞利波波速与波长的关系。两者由同一理论反算方法得出土层剪切波速与深度的关系。

超声波试验
ultrasonic wave test

超声波试验指用来测定土中弹性压缩波和剪切波传播速度的室内试验。采用压电晶体换能器激振和接收波信号，主频率一般为 $10^2\sim10^3$kHz 量级，波长可小于试样最小尺寸的几分之一，使得所测波速与无限土体中波速相一致而无边界效应。

承载比试验
California bearing ratio test

承载比试验又称加州承载比试验，简称 CBR 试验。其是测定用规定尺寸贯入杆，以一定速度匀速贯入土体一定深度所需单位面积的力与标准材料在相同贯入深度时单位面积的力之比的试验。取代表性试样，按重型击实试验方法击实,然后在试样表面放荷载块达到路面材料所要求的压力,然后置于水槽中浸泡四个昼夜,测定浸水膨胀量,最后用直径为 50mm 的贯入杆在试样表面以 1～1.25mm/min 的速度匀速压入,同时测记不同贯入量时的贯入阻力,绘出两者关系曲线,通常以贯入量为 2.5mm 所需单位面积的力与标准材料在相应贯入量时单位面积的力之比作为承载比。CBR 试验适用于粒径小于 40mm 的土,这一方法也用于现场以测定路基的承载比。它是美国加利福尼亚州公路局于 20 世纪 30 年代提出的用以检验路基承载力的一种试验,可测定路基土和路面材料的强度指标,它是柔性路面设计的主要参数之一。

单桩横向荷载试验
lateral load test of pile

单桩横向荷载试验指确定单桩横向承载力和地基土的横向抗力系数的现场试验。若桩身埋设有量测元件,则可测出桩身截面的内力和位移。

1. 试验设备与仪表装置

(1) 采用千斤顶施加横向力,横向力作用线应通过地面标高处(地面标高应与实际工程桩基承台底面标高一致)。在千斤顶与试桩接触处安置一球形铰座,以保证千斤顶作用力能水平通过桩身轴线。

(2) 桩的横向位移采用大量程百分表测量。固定百分表的基准桩打设在试桩侧面靠位移的反方向,与试桩保持不小于 1 倍试桩直径的距离。

2. 加载方法

一般采用单向多循环加卸载法。对受长期横向荷载的桩基也可采用慢速连续加载法(稳定标准可参考竖向静载试验)进行试验。

3. 多循环加卸载法

(1) 荷载分级:每级荷载的加载量取预估横向极限承载力的 1/10～1/15。对于直径 300～1000mm 的桩,每级荷载增量可取 2.5～20kN。

(2) 加载程序与位移观测:每级荷载增量恒载 4min 测读横向位移,然后卸载至零,停 2min 测读残余横向位移,至此完成一个加卸载循环,如此循环 5 次便完成一级荷载的试验观测。承受长期横向荷载的桩基,可采用分级连续的加载方式,各级荷载的增量同上,每级荷载维持 10min 并测读位移后即施加下一级荷载。若观测到 10min 时的横向位移还未稳定,则应延长该级荷载的维持时间,直至稳定为止。

(3) 终止加载条件:当桩身折断或横向位移超过 30～40mm(软土取

40mm)时，可终止试验。

4．试验资料的整理

由试验记录可绘制桩顶横向力—时间—位移（H_0-t-x_0）曲线，横向力—位移梯度$\left(H_0\text{-}\dfrac{\Delta x_0}{\Delta H_0}\right)$曲线或横向力—位移双对数（$\lg H_0$-$\lg x_0$）曲线及横向力—位移（$H_0$-$x_0$）曲线，当测量桩身应力时，尚可绘制桩身应力分布图以及横向力与最大弯矩截面钢筋应力（H_0-σ_g）曲线。

5．单桩横向临界荷载（H_{cr}）

H_{cr}（相当于桩身开裂，受拉区混凝土不参加工作时的横向力）按下列方式综合确定。

（1）取 H_0-t-x_0 曲线出现突变（在相同荷载增量条件下，出现比前一级明显增大的位移增量）点的前一级荷载。

（2）取 $H_0\text{-}\dfrac{\Delta x_0}{\Delta H_0}$曲线第一直线段的终点或 $\lg H_0$-$\lg x_0$ 曲线拐点所对应的荷载。

（3）取 H_0-x_0 曲线的第一直线段的终点所对应的荷载。

（4）取 H_0-σ_g 曲线第一突变点所对应的荷载。

6．单桩横向极限荷载（H_u）

H_u 可按下列方法综合确定。

（1）取 H_0-t-x_0 曲线明显陡降的前一级荷载。

（2）取 $H_0\text{-}\dfrac{\Delta x_0}{\Delta H_0}$曲线第二直线段的终点对应的荷载。

（3）取桩身折断或钢筋应力达到流塑的前一级荷载。

由横向极限荷载 H_u 确定容许横向承载力时应除以安全系数 2.0。

单桩竖向静荷载试验
static load test of pile

单桩竖向静荷载试验为确定单桩竖向承载力的现场试验。静荷载试验装置包括加载装置和量测装置。加载装置通常采用锚桩反力架或荷载平台通过千斤顶加载。量测项目中最基本的是桩顶沉降，通常用百分表测量。为了探讨单桩的荷载传递机理，可沿桩长量测不同截面的应变、位移、桩底压力等。试验时，荷载应分级施加，每级荷载值为单桩承载力设计值的 1/5～1/8。每级荷载下以桩的沉降量在每小时内小于 0.1mm 作为稳定标准。当出现下列情况之一时,即可终止加载。

(1) 当荷载—沉降(Q-S)曲线上有可判定极限承载力的陡降段,且桩顶总沉降量超过 40mm 时。

(2) 桩顶总沉降量达到 40mm,继续增加两级或两级以上荷载仍无陡降段。桩底支承在坚硬岩土层上,桩的沉降量很小时,最大加荷量不应小于设计荷载的两倍。

根据荷载—沉降(Q-S)曲线,按以下规定确定单桩极限承载力。

(1) 当陡降段明显时,取相应于陡降段起点的荷载值。

(2) 对于直径或桩宽在 550mm 以下的预制桩,在某级荷载 Q_{i+1} 作用下,其沉降增量与相应的荷载增量的比值 $\frac{\Delta S_{i+1}}{\Delta Q_{i+1}} > 0.1\text{mm/kN}$ 时,取前一级荷载 Q_i 之值。

(3) 当符合终止加载条件第二点时,在 Q-S 曲线上取桩顶总沉降量为 40mm 时的相应荷载值。

(4) 对桩基沉降有特殊要求者,应根据具体情况选取。

参加统计的试桩,当满足其极差不超过平均值的 30%时,可取其平均值为单桩竖向极限承载力。

开始试验的时间做如下规定:预制桩在砂土中入土 7d 后,如为黏性土,一般不得少于 15d,对于饱和软黏土不得少于 25d。灌注桩应在桩身混凝土达到设计强度后,才能进行。

动力触探试验
dynamic penetration test

动力触探试验简称 DPT 试验。其为在现场用一定的锤击动能,将连接在触探杆上的一定规格的实心探头打入土层并测定土的动贯入阻力的一种原位测试方法,通常以打入土中一定深度所需锤击数来表示。它的原理和标准贯入试验基本相同,具有设备简单、操作简易、功效高、适应性广的特点,对难以取样的无黏性土,对静力触探难以贯入的土层,是十分有效的勘测手段,应用极为广泛,种类也很多,我国按锤击动能不同将其分为轻型、重型和特重型三种。根据锤击数来评估砂土的相对密度、孔隙比、黏性土稠度、地基承载力、变形模量,确定桩段持力层和单桩承载力等。

静力触探试验
cone penetration test

静力触探试验简称 CPT 试验，为在现场借静压力将圆锥形探头按一定速率压入土中，同时量测其贯入阻力（锥尖阻力和侧壁阻力）来判定土的力学性质的试验。根据探头功能不同，有单桥式和双桥式两种，前者量测探头总阻力，后者则分别量测探头侧壁摩阻力和锥尖阻力。测试结果为贯入阻力与土层深度关系图。能快速、连续地探测土层及其性质的变化，用于天然地基与桩基的承载力测定、砂土液化判断等。此法对难于贯入的坚硬土层不适用。

单桥探头
single-bridge probe

单桥探头是静力触探探头的一种。其由带外套筒的锥头、弹性元件（传感器）、顶柱和电阻应变片组成，锥底的截面积规格不一，常用单桥探头型号及规格见下表。

单桥探头在结构上的关键是传感器的设计和加工精度，顶柱与传感器的接触必须良好，否则就会使读数不稳定，影响测量精度。

常用单桥探头型号及规格

型号	锥底直径∅/mm	锥底面积 A/cm²	有效侧壁长度 L/mm	锥角 α
Ⅰ—1	35.7	10	57	60°
Ⅰ—2	43.7	15	70	60°
Ⅰ—3	50.4	20	81	60°

双桥探头
double-bridge probe

双桥探头是静力触探探头的一种。双桥探头与单桥探头不同的是双桥探头除锥头传感器外，还有侧壁摩擦传感器及摩擦套筒。常用双桥探头型号及规格见下表。

常用双桥探头型号及规格

型号	锥底直径∅/mm	锥底面积 A/cm²	有效侧壁长度 L/mm	锥角 α
Ⅱ—1	35.7	10	200	60°
Ⅱ—2	43.7	15	300	60°
Ⅱ—3	50.4	20	300	60°

摩阻比
friction-resistance ratio

摩阻比是各对应深度的侧壁摩擦力与锥头阻力的比值,以百分率表示:

$$R_f = \frac{f_s}{q_c} \times 100\%$$

式中,R_f——摩阻比;f_s——侧壁摩擦力;q_c——锥头阻力。

动贯入阻力
dynamic penetration resistance

动贯入阻力是一个动力触探指标。以动贯入阻力代替锤击数作为动力触探指标的意义在于:采用单位面积上的动贯入阻力为计量指标,有明确的力学量纲,便于与其他物理量进行对比;为逐步走向读数量测自动化创造相应条件;便于对不同的触探参数(落锤能量、探头尺寸)的成果资料进行对比分析。

荷兰公式是目前国内外应用最广泛的动贯入阻力计算公式,该公式是建立在古典牛顿碰撞理论基础上的,它假定:绝对非弹性碰撞,完全不考虑弹性变形能量的消耗。其公式为

$$q_d = \frac{M}{M+M'} \cdot \frac{MgH}{Ae}$$

式中,q_d——动贯入阻力,MPa;

M——落锤质量,kg;

M'——触探器(包括探头、触探杆、锤座和导向杆)的质量,kg;

g——重力加速度,m/s²;

H——落距,m;

A——圆锥探头截面积,cm²;

e——贯入度,cm,等于 D/N,D 为规定贯入深度,N 为规定贯入深度

的击数。

在应用该公式时应考虑下列限制条件：(1)每击贯入度在 0.2～5.0cm；(2)触探深度一般不超过 12cm；(3)触探器质量与落锤质量之比不大于 2。

静力触探曲线
cone penetration curve

静力触探曲线为静力触探试验中各测试指标与土层深度的关系曲线。单桥探头有比贯入阻力—深度(p_s-z)曲线；双桥探头有锥尖阻力—深度(q_c-z)曲线，侧摩阻力—深度(f_s-z)曲线和摩阻比—深度(R_f-z)曲线；孔压探头有孔压—深度(u_i-z)曲线，锥尖阻力—深度(q_t-z)曲线，侧摩阻力—深度(f_t-z)曲线，静探孔压系数—深度(B_q-z)曲线和孔压消散(u_t-lg$t$)曲线。

动力触探曲线
dynamic penetration curve

动力触探曲线为动力触探锤击数(或动贯入阻力)与深度的关系曲线。

孔压静力触探试验
cone penetration test (CPT) with pore pressure measurement

最早的电测式孔压静力触探是由挪威土工研究所(NGI)的 N. Janbu 和 K. Senneset(1974)研制成功的，与此同时，瑞典的 B. A. Torstensson (1975)和美国的 A. E. Z. Wissa 等(1975)也研制出了能测孔压的 CPT。1980 年以后，出现了不少同时测孔压和侧阻力的研究成果，并在工程实践中应用。1989 年，国际土力学和岩土工程学会(ISSMFE)推荐采用透水石位于锥尖后的孔压 u_2，此后，CPT 关于孔压的测试位置主要以此为准。

孔压静力触探试验除能测出锥尖阻力 q_t(与双桥探头所测的 q_c 稍有区别)和侧壁摩阻力 f_s，还能测孔压 u，因而划分土层土类的分辨率又比双桥静力触探有很大提高。特别是在区分砂层和黏性土层时，分辨率极高。在求取土的工程性质指标方面，单桥和双桥静力触探所能做得到的，孔压静力触探都可以做到，如求地基承载力、压缩模量、软土不排水抗剪强度等，此外，孔压静力触探还可以求取土层的固结系数和渗透系数，这是其他静力触探方法做不到的。土层固结系数，是估算沉降与时间关系的重要参数，是软土地基处理方案设计与计算中不可缺少的土的工程性质参数指标。由于难以取得高质量的非扰动软土样以及受其他许多因素的影响,用室内试验测固结系数,难以取得满意成果。而孔压静力触探法则可很好地解决这一问题,为快速准确有效地在原位测定土层的固结系数提供了一种切实可行的方法。

跨孔试验
cross-hole test

跨孔试验是一种现场测定土层压缩波和剪切波速度的试验。先在地层中相距一定距离 L 垂直钻两孔,将振源和检波器放在两孔内同一深度,测定波从振源孔传至检波器孔的历时 t,则波速为 L/t。有时也采用一孔激振和另两孔接收的方案,以消除时间滞后所引起的误差。对于孔深较大者,宜对孔的垂直度进行测试,以得到可靠的振源—检波器间距。

块体共振试验
block resonant test

块体共振试验指现场测定土层动模量和阻尼的试验。试验时在地表或试坑内浇筑块体,沿竖直或水平方向激振,测量该系统的振幅与频率关系曲线,由此计算土层的动模量和阻尼系数等参数。

载荷试验
loading test

载荷试验是一种地基土的原位测试方法,可用于测定承压板下应力主要影响范围内岩土的承载力和变形特征。载荷试验可分为浅层平板载荷试验、深层平板载荷试验和螺旋板载荷试验三种。浅层平板载荷试验适用于浅层地基土;深层平板载荷试验适用于埋深大于 3m 和地下水位以上的地基土;螺旋板载荷试验适用于深层地基土或地下水位以下的地基土。

平板载荷试验
plate loading test

平板载荷试验(PLT)是在一定面积的刚性承压板上加荷,通过承压板向地基土逐级加荷,测定地基土的压力与变形特征的原位测试方法。它反映承压板下 1.5～2.0 倍承压板直径或宽度范围内地基土强度、变形的综合性状。平板载荷试验可用于以下目的。

(1) 确定地基土承载力的特征值，为评定地基土的承载力提供依据。

(2) 确定地基土的变形模量。

(3) 估算地基土的不排水抗剪强度。

(4) 确定地基土基床反力系数。

(5) 估算地基土的固结系数。

平板载荷试验分为浅层载荷试验和深层载荷试验，适用于各种地基土，特别适用于各种填土及含碎石的土。

承压板
bearing plate

承压板为在载荷试验中向地基土传递荷载的刚性板。承压板尺寸对评定承载力影响一般不大。对于含碎石的土，承压板宽度应为最大碎石直径的10～20倍；对于不均匀的土层，承压板面积不宜小于$0.5m^2$。一般情况下，宜用面积为$0.25～0.50m^2$的承压板。

螺旋板载荷试验
screw plate test

螺旋板载荷试验指用螺旋板作承压板的一种静力载荷试验。由N. Janbu(1973)提出。试验时，将螺旋板(直径一般为16cm)旋入地下欲测深度，用千斤顶通过传力杆向螺旋板逐级施加压力，同时在地面上观测传力杆相应的沉降。根据压力和沉降关系曲线可计算出土的变形模量，根据各级荷载下沉降与时间平方根曲线可计算径向排水固结系数。在一个深度做完试验后，可将螺旋板旋入下一个深度继续试验，最大深度可达30m。其比静力载荷试验节省时间和费用，主要用于难以取样的砂土地基中，近年也用于黏土地基中。

旁压试验
pressure meter test

旁压试验是利用一个可以膨胀的管子组成的旁压仪探头，对钻孔壁施加径向压力，使孔壁向外膨胀直至破坏，得到压力与钻孔体积增量关系，据此推求地基土的力学指标所进行的一种原位试验。实质是利用钻孔做的原位横向载荷试验。根据成孔方法不同，分预钻式和自钻式两大类。预钻式旁压试验最早由德国的科格勒(F. Kögler)提出，直到1956年法国的梅纳德(L. Ménard)创制三腔式旁压仪后,这种原位测试技术才开始用于工程,目前在各国得到广泛应用,可认为是预钻式旁压仪的代表。这种试验操作方便迅速,仪器结构简单,试验结果可用于浅基础的承载力和沉降计算、桩基分析等,其最大缺点是要预先钻好孔,使孔壁土受到不同程度扰动。为此,英法等国从 1967 年起先后创制了不同形式的自钻旁压仪,它在旁压器下端有特殊水冲钻头,可在保持土层天然结构及应力状态下自钻成孔并就位于试验深度上。目前则趋向于可同时兼作孔隙水压力、侧壁摩阻力测量,触探或十字板剪切等多功能测试手段。

旁压曲线
pressure meter curve

旁压曲线是旁压试验中压力与钻孔体积增量的关系曲线。曲线可分为三段:AB 段为初始段,反映孔壁扰动土的压缩;BC 段为似弹性阶段,压力与体积变化为直线关系;CD 段为塑性阶段,压力与体积变化成曲线关系。随着压力的增大,体积变化越来越大,最后急剧增大,达到破坏极限。

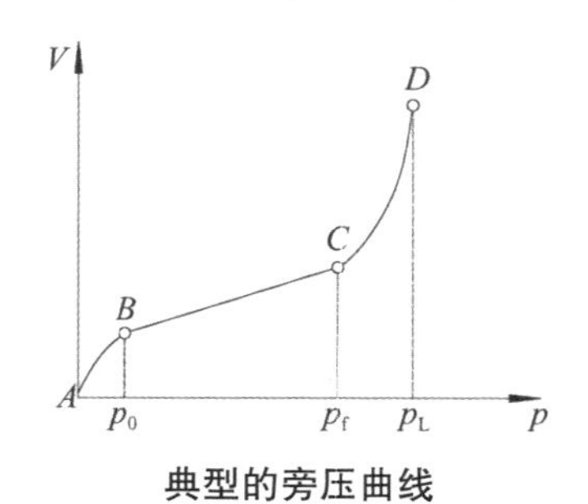

典型的旁压曲线

旁压模量
pressure meter modulus

用圆柱扩张轴对称平面应变问题的弹性理论解,可得旁压模量 E_M:

$$E_M = 2(1+\upsilon)\left(V_c + \frac{V_0 + V_f}{2}\right)\frac{\Delta p}{\Delta V} \times 10^{-3}$$

式中,E_M——旁压模量,cm^3;

υ——土的泊松比;

V_c——旁压器的固有体积,cm^3;

V_0——与初始压力对应的体积变形量,cm^3;

V_f——与临塑压力对应的体积变形量，cm^3；

$\frac{\Delta p}{\Delta V}$——旁压曲线似弹性直线的斜率。

旁压剪切模量
pressure meter shear modulus

用圆柱扩张轴对称平面应变问题的弹性理论解，可得旁压剪切模量 G_M：

$$G_M = \left(V_c + \frac{V_0 + V_f}{2}\right)\frac{\Delta p}{\Delta V} \times 10^{-3}$$

式中，G_M——旁压剪切模量，cm^3；

V_c——旁压器的固有体积，cm^3；

V_0——与初始压力对应的体积变形量，cm^3；

V_f——与临塑压力对应的体积变形量，cm^3；

$\frac{\Delta p}{\Delta V}$——旁压曲线似弹性直线的斜率。

轻便触探试验
light sounding test

轻便触探实验是《建筑地基基础设计规范》(GB 50007—2011)推荐的一种轻便动力触探试验。试验时，先用轻便钻具(如手摇麻花钻)开孔至欲测深度，然后将 10kg 质量的穿心锤提高到 50cm 自由下落，把带有探头的触探杆垂直打入土层 30cm，记下锤击数 N_{10}。以此来确定黏性土和素填土的承载力，判定地基持力层土的均匀程度。设备简单，操作方便，触探深度在 4m 以内。

深层沉降观测
deep settlement measurement

深层沉降观测是以确定地基土的有效压缩层厚度及各成层土的变形特征为目的的观测。观测方法有多种，有一种是利用钻孔，将带有测杆的深层沉降标埋设在欲测深度，测杆顶端即为测点。还有一种磁环式分层沉降仪，可在同一孔内分层多点测定沉降，它包括磁环、导管及探测头三部分，先将柔性导管(管内每隔一定距离预先固定一磁环)利用钻孔插入土层到所需测定深度,再将系有标尺的探测头放入导管中,当探测头接近磁环处时,由于电磁感应发生信号,就可以从标尺上测出磁环位置,从而可测出各层土在不同时间内沉降的变化,其精度可达1～2mm。若要测量填土底面沉降时,可用预埋式沉降板或螺旋式钻头的标杆,再进行标杆端部水准测量来测定填土底面的沉降。

十字板剪切试验
vane shear test

十字板剪切试验指在钻孔底插入规定形状和尺寸的十字板头到指定位置,施加扭矩使板头等速扭转,在土中形成圆柱破坏面,测定此时最大扭矩,计算出土的不排水抗剪强度的试验,通常用于软土中。这一试验可以用来估算地基承载力及测定土的残余强度等。最早由1928年瑞士的奥尔森(J. Olsson)提出,我国于1954年起在沿海软土地区广泛使用。经过半个多世纪的工程实践与发展,试验方法和仪器本身都已经标准化,但目前尚存在一些问题需分析和研究,例如对测试过程中土的扰动、各向异性、排水条件和逐渐破坏等影响因素不能做合理的修正。

无损检测
nondestructive testing

无损检测又称非破损检测,是指为了了解材料或结构物性质、状态和内部构造等所进行的,不使受检体受伤、分离和破坏的各种检测。如桩基无损动测、地基表面波测试、超声波探伤等。

下孔法试验
down-hole test

下孔法试验又称速度检层法试验,用于现场测定土层波速。先在土层中钻一垂直孔,在孔口附近激振,孔内某深度z处检波器测得波传播历时t,则波速为$\mathrm{d}z/\mathrm{d}t$。为便于压缩波和剪切波波型识别,可分别用垂直激振和水平激振。

波速测试
wave velocity test

弹性波在土中传播的速度反映了土的弹性性质,这种性质对于工程抗震、动力机器基础设计都是有实际意义的。在自然界中，大多数岩石可以看作弹性体，但对于土来说，只有在小应变的情况下才被视作弹性体，尤其对于饱和土，其空隙中充满了水，水在封闭的孔隙中承受压缩时，表现了一种不可压缩性，因此可以传播压缩波。水的压缩波波速还远大于土骨架传递的压缩波波速，因此在饱和土中的压缩波波速并不反映土骨架的性质，而是水的性质。因此，测量土中压缩波波速是没有意义的。对于非饱和土，若含水量不同，土的压缩波波速也呈现出一种不确定性，因此也不同。但土中的孔隙水不能承受剪切变形，剪切波在土中传播时，只受土骨架的剪切变形的控制。因此，土的弹性波波速测试，主要是测试剪切波波速。

在地表的剪切波测试中，剪切波会受到压缩波的干扰，故常用瑞利波波速的测试来代替剪切波波速测试，避免了检测剪切波波速的困难，提高了波速测试的精度。

体波
body wave

体波是在弹性介质内部传播的波，如质点振动方向与波的传播方向一致，称为压缩波，如质点振动方向与波的传播方向垂直，称为剪切波。

面波
surface wave

面波为在弹性介质表面或不同弹性介质交界面上传播的波。在弹性介质表面，其以瑞利波的形式出现，其质点振动轨迹呈椭圆状，在介质表面附近，瑞利波按逆时针方向运动；在不同弹性介质的交界面上，还存在勒夫波的形式。

现场渗透试验
field permeability test

现场渗透试验为现场测定土的渗透系数的试验，测定方法有注水试验、抽水试验及压水试验，按试验时的水头分变水头和常水头试验。对不饱和土层，由于变水头试验过程中土的饱和度有变化，故变水头法限于饱和土层和渗透性较大的土层。对地下水位以上的土层，可用注水试验，常用的有试坑注水和钻孔注水试验，注水时保持坑底或孔底水层厚度始终为常数，测定单位时间注水量，即可算出渗透系数。抽水试验可分为非稳定流和稳定流抽水，前者要求流量或水位之一保持常量，测定另一数据随时间的变化，比较符合实际，准确性高，得到广泛使用，后者则要求流量及水位同时相对稳定，具有一定局限性。在坚硬及半坚硬岩层中，当地下水位距地表很深时，难以进行抽水试验，可用压水试验评价岩层透水性。此外还有利用渗压计测定渗透系数的试验，限用于粉砂及细砂。

原位孔隙水压力量测
in-situ pore water pressure measurement

原位孔隙水压力量测指测定原位土体中孔隙水压力随时间的增长和消散的一种量测。一般用于分析软基加固过程中地基强度和稳定性的变化，以控制堆载速率、判断加固效果等。若土的渗透性好，可用敞开式测压管或观测井，若土的透水性差则用封闭式测压计，常用的是双管式和钢弦式孔隙水压力计。

最后贯入度
final set

最后贯入度为桩在停止贯入以前一次锤击的沉入量，通常以最后每阵的平均贯入量表示。锤击沉桩可用 10 次锤击为一阵，振动沉桩可用 1min 为一阵。最后贯入度是预制桩和沉管灌注桩施工时沉桩深度的一种控制指标。另一种方法是根据地质勘测资料确定设计的桩端标高。桩端位于一般土层时，以控制桩端设计标高为主，贯入度可作为参考；桩端达到坚硬、硬塑的黏性土，中密以上粉土、砂土、碎石类土、风化基岩时，以贯入度控制为主，桩端标高作为参考。

岩体原位应力测试
in-situ rock mass stress test

岩体原位应力测试是在不改变岩体原始应力条件的情况下，在岩体原始的位置进行应力量测的方法，适用于无水、完整或较完整的均质岩体，分为表面、孔壁和孔底应力测试。一般是先测出岩体的应变值，再根据应力与应变的关系计算出应力值。测试的方法有水压致裂法、应力解除法和应力恢复法。

水压致裂法
hydraulic fracturing technique

水压致裂法是一种简单易行，不需要复杂的井下仪器，就可直接测得岩体应力的测试方法。在钻孔内用两个可膨胀的橡胶封隔器将钻孔的试验段隔离开来，施加水压，通过测量在试验水平面岩石的裂隙产生传播、保持和重新开裂所需的水压力，在不需要预先知道岩石的弹性模量的情况下就可确定出垂直于钻孔平面的最大、最小主应力。该方法对岩体做了下列假定：岩石是均质的各向同性线弹性体；当岩石为多孔介质时，注入的流体依据达西定律在岩体孔隙中流动；钻孔方向是其中一个主应力方向，垂直应力一般是根据上覆岩层的重量来估算的。其他两个主应力的方向，一般是通过观测和测量由水压力导致钻孔壁破裂面的方位获得的。如果钻孔方向偏离主应力方向甚大，该方法得出的结果误差就会很大。水压致裂法不受地下水条件的限制，在完整和较完整的岩体中均可使用，能确定深孔（几千米以上）内的岩体应力。

应力解除法
stress relief method

应力解除法的基本原理是：岩体在应力作用下产生应变，当需测定岩体中某点的应力时，可将该点的单元岩体与其分离，使该点岩体上所受的应力解除，同时量测该单元岩体在应力解除过程中产生的应变，由于这一过程是可逆的，因此可以认为，单元岩体在应力解除过程中产生的应变，也就是原位岩体应力使该单位岩体所产生的应变。利用岩体的应力应变关系即可计算得到岩体的原位应力。根据量测元件安放在岩体内的深浅又可分为岩体表面应力解除法、浅孔应力解除法和深孔应力解除法三种，后两种又可分别细分为孔壁应变法、孔径变形法、孔底应变法。

孔壁应变法的基本过程是：先用大孔径钻头在待测岩体上钻孔至预定深度并将孔底打磨平整，再改用小孔径钻头钻测试孔，深度大约为 50cm，要求测试孔与大钻孔同轴且内壁光滑，然后采用安装器按一定的方位将应变计安装于测试孔壁上，待应变计读数稳定后读取初读数。最后采用直径比测试孔径稍大一些的套钻进行分级钻进，逐步解除测试孔壁的应力，钻入深度为测试孔壁应变计读数不再发生变化为止。

孔径变形法与孔壁应变法在钻孔方面要求类似，差别在于孔径变形法测量的是应力解除前后测试孔径的变化情况,根据孔径的变化推求得到岩体的原位应力。

孔底应变法的基本过程是:先用大孔径钻头在待测岩体上钻孔至预定深度并将孔底打磨平整和进行干燥处理,然后用安装器将孔底应变计安装在经打磨、烘干处理的钻孔底部,待应变计稳定后读取初读数,然后仍用原来的大孔径钻头继续钻进,进行应力解除,钻至一定深度后,待孔底应变计读数不再改变时,读取应力完全解除后的应变计读数值,最后通过应力应变关系换算成原位岩体应力。

应力恢复法
stress restoring method

应力恢复法的基本原理是:当测点岩体的应力由于切槽而被解除后,应变也随之恢复到原来不受力的状态。反过来,当在切槽中埋入压力枕(扁千斤顶)对岩体施加压力到应力释放前的状态,则岩体的应变也会回到应力释放前的状态。因此,在通过压力枕加压的过程中,只要对切槽周围岩体的应变进行测量,当应变恢复到切槽前的状态时,压力枕所施加的应力就可以认为是岩体的原位应力。

岩体钻孔变形试验
rock mass deformation test by boring

钻孔变形试验法(钻孔膨胀计法、钻孔压力计法等方法的统称)是运用钻孔压力计(或膨胀计)求得岩体深部变形特性的一种试验方法。在进行试验时,先在岩体中打钻孔,并将孔壁修整光滑,然后将压力计(或膨胀计)放入孔内,通过它的橡皮外套对孔壁加压,同时测记各级压力下孔壁的径向变形,利用厚壁圆筒的理论计算岩体的变形常数。具有下列优点:扰动岩体小;不需专门开挖试洞,费用较少;设备简单、轻便,可以装拆供多次使用和进行大面积范围测定使用,适用于软岩和中坚硬岩体的变形测量,特别是可以在岩体的深部和有地下水的地方进行试验。但是也存在一些缺点,如钻孔直径较小,一般只有几厘米至几十厘米,因此压力作用在岩体上的影响范围较小,测试结果的代表性差。

岩体强度试验
rock mass strength test

岩体强度是指岩体抵抗外力破坏的能力，和岩块一样，岩体也有抗压强度、抗拉强度和剪切强度之分，但对于裂隙岩体来说，其抗拉强度很小，工程设计上一般不允许岩体中拉应力的出现。所以通常所讲的岩体强度是指岩体的抗剪强度，即岩体抵抗剪切破坏的能力。也就是说，岩体在任一法向应力作用下，剪切破坏时所能抵抗的最大剪应力值，称作该剪切面在此法向应力下的抗剪强度。目前，岩体强度试验通常包括以下四种类型。

（1）岩体本身剪切试验。是为测定在外力作用下，岩体本身的抗剪强度和变形的试验。为验算坝基、坝肩、岩质边坡及地下洞室围岩等岩体本身可能发生的剪切失稳时，可采用本试验方法。

（2）岩体现场荷载试验。是为确定地基破坏时的极限荷载所做的试验。它可以为工程设计提供岩体地基的允许承载力数据，通常只有半坚硬及软弱岩体才做此项试验。该试验原理及方法与土体荷载试验基本相同，一般与岩体变形试验结合在一起进行。

（3）岩体沿结构面直剪试验。是测定岩体沿结构面的抗剪强度和变形的试验，是为评价坝基、坝肩、岩质边坡及洞室围岩可能沿结构面产生的滑动失稳时所采用的试验方法。岩体中结构面的抗剪强度，是指在外力作用下，结构面抵抗剪切的能力。

（4）混凝土与岩体直剪试验。是为测定现场混凝土与岩体之间（胶结面）的抗剪强度和变形特性所进行的试验。为评价建筑物沿基岩接触面可能发生的剪切破坏，校核其抗滑稳定性时可采用此项试验。

岩石现场三轴试验
in-situ rock triaxial test

岩石现场三轴试验是岩石在三个互相正交的压应力，即轴向压应力和两个侧向压应力作用下，测定其强度和变形性质的试验，其为研究岩石力学性质和破坏机理提供资料。

岩体声波测试
rock mass sound wave test

声波测试技术应用于岩体测试是从20世纪60年代开始的,该技术70年代有了较大发展,近年来发展更快,更普及。国外对声波测试技术相当重视,认为它是工程地质学与岩体力学间的纽带,是不可缺少的测试手段之一。岩体声波测试与传统的静载测试相比,具有独特的优点,测试设备轻便简易,快速经济,测试精度易于控制和提高,且可做多种项目的测试等。

声波测井
sonic logging

声波测井的理论根据是不同岩性和结构特征的岩体具有不同的声速,它和其他声测方法一样,是通过发射探头向岩体发射弹性波,接收探头把岩体中传播的弹性波接收下来,获得弹性波的传播时间及频谱特征,然后结合被测钻孔的地质特点,对岩体进行工程地质评价。

在进行声波测井时,把所选用的探头放入钻孔中的测试位置,钻孔中注满水或泥浆,以此作为耦合介质。由发射换能器发出的声波,一部分直接沿钻孔轴线经水传播至接收换能器,称为直达波;另一部分经井壁反射到达接收换能器的波,称为反射波;第三部分声波自发射换能器发出后,斜射入岩壁,发生折射后在岩体中传播,当折射角为90°时,则声波沿孔壁传播,称为滑行波,滑行波再入射至井内水中,然后进入接收换能器,这种波就是测井中所要接收的波。因为滑行波是沿着岩体传播而来的,它的速度与岩体的地质因素有关,因而根据滑行波速度的变化,可以相应了解岩体的地质特征和其物理力学性质。按换能器的组合方式,声波测井可分为一发一收式、一发二收式、二发二收式及全波列单孔声波测井,目前应用最广泛的是前两种。

声波测井在岩体声波探测中占有重要位置,通过声波测井,可以查明钻孔所通过的各地层的层位、断层破裂带、岩体的破碎程度和分布范围。波速对岩体的风化程度也有较明显的反应,所以常以此来进行风化带的划分。此外,声波测井还能对岩体风化及裂隙发育程度做出定量评价。在一定条件下,声波测井还可以准确地测出软弱夹层的埋深和厚度。

6 土的物理性质

阿太堡界限
Atterberg limits

参见“界限含水量”词条。

饱和度
degree of saturation

饱和度为土孔隙中被水充满的体积与孔隙总体积之比，记为 S_r，用百分数表示。其可从土的含水量 w、孔隙比 e 和土粒相对密度 d_s 换算得到，即

$$S_r = \frac{w d_s}{e}$$

根据其值，砂土可分为稍湿（$S_r \leqslant 50\%$）、很湿（$50\% < S_r \leqslant 80\%$）和饱和（$S_r > 80\%$）三种湿度状态。

饱和密度
saturated density

饱和密度为土孔隙中充满水时的单位体积质量，记为 ρ_{sat}，单位为 g/cm^3，即

$$\rho_{sat} = \frac{m_s + v_v \rho_w}{v}$$

式中,m_s 为固体颗粒质量;v_v 为土孔隙体积;ρ_w 为水的密度;v 为土的体积。对一般土,常见变化范围为 1.8～2.3g/cm³。

饱和重度
saturated unit weight

饱和重度旧称土的饱和容重,指土孔隙中充满水时的单位体积重量,记为 γ_{sat},单位为 kN/m³,是土的饱和密度与重力加速度的乘积。对一般土,其常见变化范围为 18.0～23.0kN/m³。

比重
specific gravity

参见"土粒相对密度"词条。

稠度
consistency

稠度指液限 w_L 与天然含水量 w 之差与塑性指数 I_p 的比值,记为 I_c,即

$$I_c=\frac{w_L-w}{I_p}$$

稠度与液性指数 I_L 的关系为 $I_c=1-I_L$,反映了黏性土的稠稀程度,根据其值大小黏性土状态可分为坚硬、硬塑、可塑、软塑和流塑(见下表)。

黏性土状态分类

稠度 I_c	状态
$I_c\leqslant 0$	流塑
$0<I_c\leqslant 0.25$	软塑
$0.25<I_c\leqslant 0.75$	可塑
$0.75<I_c\leqslant 1$	硬塑
$I_c>1$	坚硬

不均匀系数
coefficient of uniformity, uniformity coefficient

不均匀系数为限定粒径 d_{60} 与有效粒径 d_{10} 的比值,记为 K_u,即 $K_u=$

d_{60}/d_{10}。它反映了颗粒级配的不均匀程度,K_u 越大,土的级配越不均匀。

触变
thixotropy

触变为黏性土在外部因素(如振动、搓揉)干扰下变更其原有的结构,强度明显降低,甚至发生流动,而当静置后,强度又随时间逐渐恢复的现象。它主要与土体中吸附水的特性有关,可由土的灵敏度这一指标加以反映。

单粒结构
single-grained structure

单粒结构是粗土粒在水或空气中下沉而形成的土的结构,颗粒间几乎无联结。根据密实程度分为密实和疏松。常见于无黏性土中。

蜂窝结构
honeycomb structure

细土粒(粒径 0.005~0.050mm)在水中下沉而形成的土的结构称为蜂窝结构。其粒间引力对自重而言足够大,沉积过程中土粒停留在最初的接触点上,形成很大孔隙的蜂窝状结构,其孔隙一般远大于土粒本身的尺寸,常见于粉土及黏性土中。具有这种结构的黏性土,其土粒之间的联结强度会由于长期的压密作用与胶结作用而加强。

干密度
dry density

干密度为土的单位体积中固体颗粒的质量,以 ρ_d 表示,单位为 g/cm^3。工程上常用其来评定土的密实程度。ρ_d 的变化范围一般为 $1.3\sim2.0g/cm^3$。一般 $\rho_d>1.6g/cm^3$ 时,土就比较密实。天然状态下某些土的孔隙比、含水量和干密度的一些典型数值如下表所示。

土的孔隙比、含水量和干密度

土的类别	孔隙比 e	饱和状态的天然含水量 $w/\%$	土的干密度 ρ_d
松砂	0.80	30	1.45
密砂	0.45	16	1.80
角粒状松散粉砂	0.65	25	1.60
角粒状密实粉砂	0.40	15	1.90
硬黏土	0.60	21	1.70
淤泥质土	1.00～1.40	30～50	1.15～1.45
黄土	0.90	25	1.35
有机质软黏土	2.50～3.20	90～120	0.60～0.80
冰渍土	0.30	10	2.10

干重度
dry unit weight

干重度旧称土的干容重，为土的单位体积中固体颗粒的重量，记为 γ_d，单位为 kN/m^3。其是土的干密度与重力加速度的乘积。γ_d 的变化范围一般为 $13.0 \sim 20.0 kN/m^3$。

含水量
water content, moisture content

含水量指土在100～105℃下烘干到恒重时所失去的水分质量和达恒重后干土质量的比值，用百分比表示，可在试验室或野外测定，是标志土湿度的重要指标，土物理性质的基本指标之一。天然状态下其值与土的种类、埋藏条件及所处的自然地理环境有关。一般干的粗砂土，其值接近于零，而饱和砂土，可达40%；硬的黏性土含水量约小于30%，而饱和状态的软黏土，则可达60%，甚至更大。一般来说，同一类土，当含水量增大时，力学特性会变差。

活性指数
activity index

活性指数为塑性指数 I_p 与细黏粒(粒径<0.005mm的颗粒)含量百分数 m 之比，记为 A，即

$$A = \frac{I_p}{m}$$

活性指数反映了黏土矿物的活动程度。根据其值大小，黏土可分为不活性黏土($A<0.75$)、正常黏土($0.75\leqslant A\leqslant 1.25$)和活性黏土($A>1.25$)。

级配
gradation，grading

级配指土体按一定的粒径大小分布的比例。

结合水
bound water，combined water，held water

结合水指受电分子吸引力吸附于土粒表面的水。水分子成定向排列，且离土表面越近排列得越紧密与整齐，活动也越小。其含量与土的颗粒组成、土粒的矿物成分以及土中水的离子成分和浓度有关。根据活动程度可以分为强结合水和弱结合水。紧靠土粒表面的为强结合水，其性质接近于固体，对土的工程性质影响小。强结合水外围的结合水膜为弱结合水，它不能传递静水压力，但能向邻近较薄的水膜缓慢移动，对土的工程性质影响较大。

界限含水量
Atterberg limits

界限含水量又称阿太堡界限，为黏性土由一种状态过渡到另一种状态的界限含水量，包括缩限、塑限和液限。1911 年瑞典农业土壤学家阿太堡提出界限含水量的概念，并在农业土壤学中应用，后来经太沙基等的研究与改进被广泛地应用于土木工程中。它反映了土的颗粒级配、颗粒形状、矿物成分及土的胶体化学性质，表征了土的黏性和塑性大小，是土的重要物理性质指标之一。

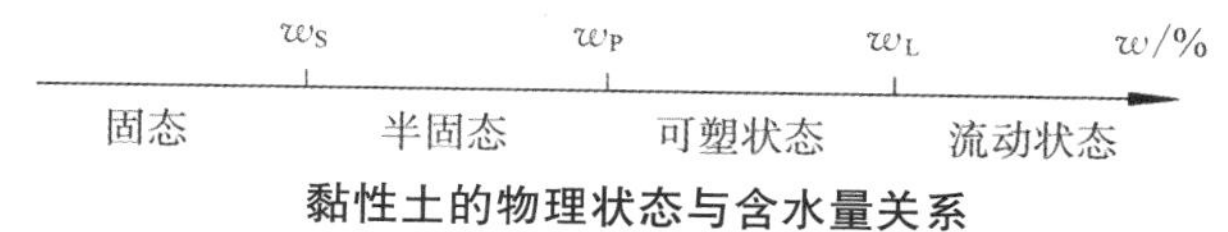

黏性土的物理状态与含水量关系

颗粒级配
particle size distribution of soil，mechanical composition of soil

颗粒级配指土中各粒组的相对含量，以土中各粒组质量占土粒总质量的百分数表示,可通过土的颗粒分析试验测定。根据试验结果绘制成的颗粒级配曲线描述了土中所含多种颗粒的粒径尺寸及分布。工程上可根据不均匀系数和曲率系数判别级配良好或级配不良。当不均匀系数大于或等于5,且曲率系数等于1～3时为级配良好,当不均匀系数小于5或曲率系数不等于1～3时为级配不良。级配不良又称级配均匀。土的颗粒级配可在一定程度上反映土的某些性质,如透水性等。

可塑性
plasticity

可塑性指在体积不变的情况下,土在外力作用下可塑成任何形状而不发生裂纹,并当外力移去后仍能保持既得形状的性能。土的含水量大于塑限小于液限时表现出可塑性。塑性指数表示土具有可塑性时,其含水量的变化幅度。

孔隙比
void ratio

孔隙比指土中孔隙体积与固体颗粒体积之比,由土的含水量 w、密度 ρ 和土粒相对密度 d_s 换算得到,记为 e,即 $e=\frac{d_s(1+w)}{\rho}-1$,是土的重要物理指标之一。其变化范围一般为:黏性土0.4～1.2,砂土0.3～0.9,软黏土大于1.0。有时候,孔隙比是判断无黏性土密实程度和粉土、黏性土压缩性的压缩性参考指标。对同一种无黏性土,一般来说,当其孔隙比小时,处于密实状态,随着孔隙比的增大,则处于中密、稍密直至松散状态。对同一种粉土或黏性土,一般来说,随着孔隙比的增大其压缩性增大。

孔隙率
porosity

孔隙率指土中孔隙体积与总体积之比,记为 n,用百分数表示,可从孔隙比 e 换算得到:

$$n=\frac{e}{1+e}$$

对一般黏性土和粉土,其常见值为30%～60%。对砂土,其常见值为25%～40%。

粒度
granularity

粒度为对土固体颗粒大小的定性描述。根据粒径从大到小分为漂石或块石、卵石或碎石、砾、砂粒、粉粒、黏粒，据此将土体划分成碎石粒组、粗粒组和细粒组。

毛细管水
capillary water

毛细管水指存在潜水位以上透水层中的水。相对结合水而言，这也是一种自由水，故有时也被称为自由水。受到水与空气交界面处表面张力作用，使土粒间具有微弱黏聚力。其冰点低于0℃，不能像重力水那样流动，其他性质大体与重力水相近。在真空中不存在毛细管水。对建筑物的防潮，地基土的浸湿、冻胀和盐渍有重要影响。

密度
density

密度为土单位体积的质量，以 ρ 表示，单位为 g/cm^3，可用环刀法、蜡封法、灌水法或灌砂法测定，是土的物理性质基本指标之一。天然状态下其值变化范围较大：黏性土 $1.8\sim2.1g/cm^3$、砂土 $1.6\sim2.0g/cm^3$、腐殖土 $1.5\sim1.7g/cm^3$。一般来说，$\rho>2.0g/cm^3$ 的土多是比较密实的土，而 $\rho<1.8g/cm^3$ 的土多是较松软的土。

密实度
compactness

密实度为天然状态无黏性土的密实程度。它与无黏性土的工程性质有密切关系，是无黏性土的一个重要物理状态指标。按照我国《建筑地基基础设计规范》(GB 50007—2011)的规定，碎石土的密实度采用野外鉴别方法确定，砂土的密实度采用标准贯入试验锤击数进行划分，具体的确定方法与划分方法分别参见“碎石土”和“砂土”两个词条。对砂土，在没有标准贯入试验锤击数的情况下，可参考下表按孔隙比确定其密实度。该方法因不能反映级配因素对密实度的影响，故有缺陷，也限制了它的应用。

砂土密实度

土的名称	密实度			
	密实	中密	稍密	松散
砾砂、粗砂、中砂	$e<0.60$	$0.60\leqslant e\leqslant 0.75$	$0.75<e\leqslant 0.85$	$e>0.85$
细砂、粉砂	$e<0.70$	$0.70\leqslant e\leqslant 0.85$	$0.85<e\leqslant 0.95$	$e>0.95$

黏性土的灵敏度
sensitivity of cohesive soil

黏性土的灵敏度为在密度和含水量不变的条件下，原状土无侧限抗压强度 q_u 与重塑土无侧限抗压强度 q_0 的比值，记为 S_t：

$$S_t=\frac{q_u}{q_0}$$

它反映由于重塑破坏了土的原始结构而使强度损失的程度。黏性土的灵敏度分类见下表。

黏性土的灵敏度分类

S_t	灵敏度
1	不灵敏
1～2	低灵敏
2～4	中等灵敏
4～8	灵敏
8～16	很灵敏
>16	流敏

平均粒径
mean diameter, average grain diameter

平均粒径为相当于土的颗粒级配曲线上土粒相对含量为50%的粒径。

曲率系数
coefficient of curvature

曲率系数为粒径 d_{30} 的平方与有效粒径 d_{10} 和限制粒径 d_{60} 乘积之比，记为 C_c：

$$C_c=\frac{d_{30}^2}{d_{60}\times d_{10}}$$

其可用来反映土的颗粒级配曲线的形状。

三相图
block diagram，skeletal diagram，three phase diagram

三相图为描述土固体颗粒、水、气这三相比例关系的图。

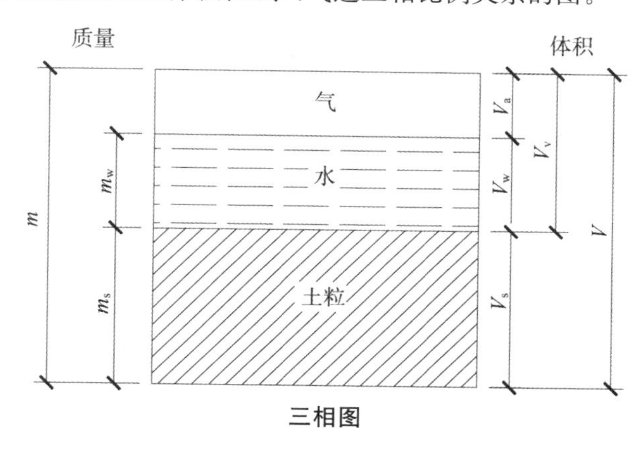

三相图

三相土
tri-phase soil

由土固体颗粒(固相)、土中水(液相)和土中气(气相)三相组成的土称为三相土。各相的性质、相对含量及相互作用是决定土体物理力学性质的主要因素。为计算方便,常用三相图以表示三相土的三相组成。各相比例指标的换算公式列于下表中。

三相土各相比例指标的换算公式

名称	符号	三相比例表达式	常用换算公式	单位
土粒相对密度	d_s	$d_s=\frac{m_s}{V_s\rho_w}$	$d_s=\frac{S_r e}{w}$	1
含水量	w	$w=\frac{m_w}{m_s}\times 100\%$	$w=\frac{S_r e}{d_s}$ $w=\frac{\rho}{\rho_d}-1$	%
密度	ρ	$\rho=\frac{m}{V}$	$\rho=\rho_d(1+w)$ $\rho=\frac{d_s+S_r e}{1+e}\rho_w$	g/cm³

续表

名称	符号	三相比例表达式	常用换算公式	单位
干密度	ρ_d	$\rho_d=\frac{m_s}{V}$	$\rho_d=\frac{\rho}{1+w}$ $\rho_d=\frac{d_s}{1+e}\rho_w$	g/cm^3
饱和密度	ρ_{sat}	$\rho_{sat}=\frac{m_s+v_v\rho_w}{V}$	$\rho_{sat}=\frac{d_s+e}{1+e}\rho_w$	g/cm^3
有效密度	ρ'	$\rho'=\frac{m_s-V_s\rho_w}{V}$	$\rho'=\rho_{sat}-1$ $\rho'=\frac{d_s-1}{1+e}\rho_w$	g/cm^3
孔隙比	e	$e=\frac{V_v}{V_s}$	$e=\frac{d_s}{\rho_d}-1$ $e=\frac{d_s(1+w)}{\rho}-1$	1
孔隙率	n	$n=\frac{V_v}{V}\times100\%$	$n=\frac{e}{1+e}$ $n=1-\frac{\rho_d}{d_s}$	1
饱和度	S_r	$S_r=\frac{V_w}{V_v}\times100\%$	$S_r=\frac{wd_s}{e}$ $S_r=\frac{w\rho_d}{n}$	1

湿陷起始压力
initial collapse pressure

湿陷起始压力为黄土开始产生湿陷的压力界限值 p_{sh}。若压力低于这个数值,即使浸水黄土也只产生压缩变形,而不会出现湿陷现象。

湿陷起始压力可用室内压缩试验或野外荷载试验来确定。不论室内或野外试验,都有双线法和单线法两种。

当按压缩试验确定时,方法如下。采用双线法应在同一取土点切取 2 个试样。一个在天然含水量状态下分级加荷,另一个在天然含水量状态下加第一级荷载,下沉稳定后浸水,等湿陷稳定后再分级加荷。分别测定这两个试样在各级压力下,下沉稳定后的试样高度 h_p'和浸水下沉稳定后的试样高度 h'就可给出不浸水试样的p-h_p曲线和浸水试样的 p-h'_p 曲线,然后计算各级荷载下的湿陷系数 δ_s，从而绘出 p-δ_s 曲线。在 p-δ_s 曲线上取 δ_s 为 0.01～0.02 之间的某一数值(一般取 0.015)所对应的压力作为湿陷起始压力 p_{sh}。

采用单线法应在同一取土点切取 5 个试样，各试样均分别在天然含水量状态下分级加荷至不同的规定压力，待下沉稳定测得土高度 h'_p后浸水，并测定湿陷稳定后的土样高度 h'，给出 p-δ_s 曲线，可按与双线法同样的办法确定湿陷起始压力 p_{sh}值。

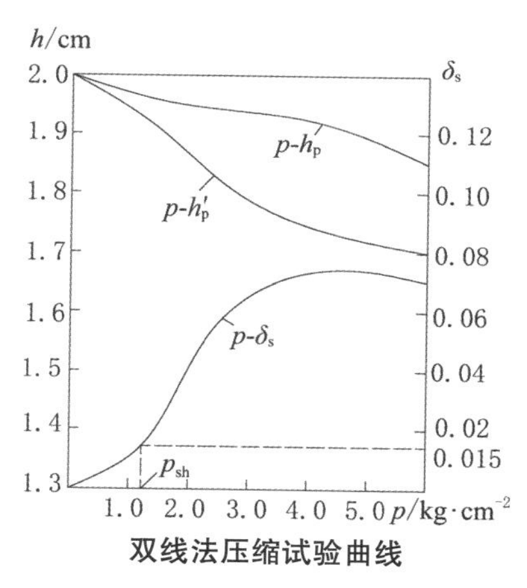

双线法压缩试验曲线

湿陷系数
coefficient of collapsibility

湿陷系数为评价黄土湿陷性强弱的指标，包括湿陷系数 δ_s(其评价见下表)和自重湿陷系数 δ_{zs}，其值由室内压缩试验确定。在压缩仪中将原状试样逐级加压到规定的压力 p，变形稳定后测得试样高度 h_p，然后加水浸湿，测得下沉稳定后的高度 h'_p。设土样的原始高度为 h_0，则按下式计算土的湿陷系数 δ_s：

$$\delta_s=\frac{h_p-h'_p}{h_0}$$

关于试验时压力 p 的取值，《湿陷性黄土地区建筑规范》(GB 50025—2004)规定：对新近堆积的黄土，基底以下 5m 以内的，取 150kPa，10m 以内的，取 200kPa，10m 以下的，取 300kPa；对一般黄土，基底以下 10m 以内的，取 200kPa，10m 以下的，取 300kPa。

自重湿陷系数 δ_{zs}，取 $S_r=85\%$时的重度，当 σ_{zs}值大于 300kPa 时，仍取

300kPa。当 $\delta_{zs}<0.015$ 时,定为非自重湿陷性黄土,$\delta_{zs}\geqslant0.015$ 时,定为自重湿陷性黄土。

黄土湿陷系数评价表

湿陷系数	湿陷性
$\delta_s<0.015$	非湿陷性黄土
$0.015\leqslant\delta_s\leqslant0.03$	弱湿陷性黄土
$0.03<\delta_s\leqslant0.07$	中湿陷性黄土
$0.07<\delta_s$	强湿陷性黄土

塑限
plastic limit (PL), limit of plasticity

塑限指土由半固态过渡到可塑状态的界限含水量,以百分数表示,可用液、塑限联合测定法或塑限试验(滚搓法)测定。

塑性指数
plasticity index (PI)

塑性指数指液限 w_L 和塑限 w_p 的差值,记为 I_p,习惯上略去%号:

$$I_p=w_L-w_p$$

其表示土在可塑状态的含水量变化范围,数值主要取决于土颗粒吸附结合水的能力,是黏性土的重要物理性指标之一。根据其值可把土划分为黏土和粉质黏土。

缩限
shrinkage limit (SL)

缩限为土在进一步干燥时其体积不再收缩的界限含水量,用百分数表示,是土由固态过渡到半固态的分界含水量,可用缩限试验(收缩皿法)测定。

土的构造
soil texture

土的构造又称土的组织,表示土体中各结构单元之间的关系,如层状土体、互层土体、软弱夹层、透水层与不透水层等。其主要特征是土的成层性和裂隙性，二者都造成了土的不均匀性。

土的结构
soil structure

土的结构为土在沉积过程中所形成的土粒空间排列及其联结形式，与组成土的颗粒大小、颗粒形状、矿物成分和沉积条件有关，一般有单粒结构、蜂窝结构和絮状结构三种基本类型。天然情况下，任一土类的结构常呈各种结构混合起来的综合形式，它对土的物理性质有较大影响。

土粒相对密度
specific density of solid particles

土粒相对密度又称土粒比重，表示土粒在 105～110℃下烘至恒重时的质量与同体积 4℃时纯水质量之比，一般记为 d_s 或 G，是土的物理性质基本指标之一。其数值大小取决于土的矿物成分，同一类土相差不大，一般为 2.6～2.8，有机质土为 2.4～2.5，泥炭为 1.5～1.8。常用土的土粒相对密度经验值见下表。土粒相对密度用比重瓶法测定。

土粒相对密度经验值

指标	砂土	粉土	粉质黏土	黏土
土粒相对密度	2.65～2.69	2.70～2.71	2.72～2.73	2.74～2.76

土中气
air in soil

土中气为存在于土中的气体，包括溶解气体、结合（表面吸附）气体、自由与密闭气体三种。溶解气体存在于土的液相部分，对土的形状的影响为：改变水的结构及溶液的性质；当温度、压力增高时，可从溶液中释放出小气泡；可加强土体的化学潜蚀过程。溶解气体的存在是土体的压缩性随季节有所变化的重要原因。结合气体是受分子引力作用吸附于土粒表面的气体。土能吸附 0.3～1.5 倍于自身体积的气体。土的结合气体含量与土的矿物化学成分、分散程度、土的湿度、气体成分等有关。当湿度超过最大吸着含水量时，气体的吸附已微不足道。当温度高于 40℃时，吸附根本就不发生。自由与密闭气体充填于颗粒之间的大孔隙中，是土中的主要气体。其含量受孔隙度、湿度和物理环境特点（压力、温度及空气湿度）的影响。自由气体与大气连通,对一般土的工程性质影响不大。自由气体的含量对黄土湿陷性有影响,当干土中自由气体含量低于20%时,土不湿陷;当其含量为21%~23%时,土的湿陷可有可无;当其含量大于24%时,土常具有湿陷性。对同一成因类型和矿物组成的土,其渗透性与自由气体含量有定量依存关系。密闭气体与大气隔绝,会使土在外力作用下的弹性变形增加,透水性减小,对土的工程性质有一定影响。

土中水
water in soil

土中水为存在于土中的水。其有四种存在形式:固态、冰结晶体、液态和气态。存在于土粒矿物的晶体格架内部或是参与矿物构造中的水为矿物内部结合水,以土的工程性质而言,可把它当作矿物颗粒的一部分。当温度降至0℃以下时,土中水结晶成冰,土被称为冻土。存在于土中的液态水分为结合水和自由水。土粒径越小,水对土的性质影响越大。用含水量表示土中水的相对含量。

团粒
aggregate, cumularspharolith

团粒为有机质、腐殖质或铁铝氧化物等胶体将几个或多个土颗粒联结成的集合体,是土体的基本结构要素。

限定粒径
constrained diameter

限定粒径为相应于土的颗粒级配曲线上土粒相对含量为60%的粒径。

相对密度
relative density, density index

相对密度又称土的相对密实度,表示无黏性土的相对密实程度,记为D_r:

$$D_r=\frac{e_{max}-e}{e_{max}-e_{min}}$$

式中,e_{max}和e_{min}分别是土的最大孔隙比和最小孔隙比;e为天然孔隙比。根据D_r值的大小,砂土可分为密实、中密和松散三类。在理论上D_r能反映颗粒级配、颗粒形状等因素对砂土密实程度的影响，常在砂土的填方中作为密实度的控制标准(具体划分见下表)。

按相对密实度确定的砂土的密实度

指标	松散	中密	密实
D_r	<0.33	$0.33\sim0.67$	>0.67

相对压实度
relative compaction, compacting factor, percent compaction, coefficient of compaction

相对压实度又称压实系数，表示含水量不变时压实填土在现场达到的干密度与试验室测定的干密度的比值，记为 R，以百分数表示：

$$R(\%)=\frac{\rho_{d现场}}{\rho_{d室内}}$$

相对压实度与土的相对密度 D_r 有如下关系：

$$R(\%)=\frac{R_0}{1-D_r(1-R_0)}$$

式中，$R_0=\frac{(\rho_d)_{min}}{(\rho_d)_{max}}$，$(\rho_d)_{min}$和$(\rho_d)_{max}$分别为试验实际测定的最小干密度和最大干密度。

相对压实度与土的相对密度在工程上有以下经验关系可供参考：

$$R=80+0.2D_r$$

在大多数土石方工程中，一般都要求达到 90%～95%以上的相对压实度。相对压实度是衡量填方质量的一个重要指标。

絮状结构
flocculent structure

絮状结构又称絮凝结构，为细微的黏粒(粒径小于 0.005mm)在含电解质的悬液中成团下沉而形成的土的结构。粒间以面—角、面—边或面—面的方式结合，粒间具有联结强度。具有这种结构的黏性土孔隙比大，含水量高，压缩性高，抗剪强度低，渗透性低。土粒间的联结强度会由于压密和胶结作用而得到加强。

压密系数(台)
coefficient of consolidation

台湾用语,参见“固结系数”词条。

压缩性
compressibility

压缩性为土体在压力作用下其体积缩小的特性。试验研究表明,在一般压力(100～600kPa)的作用下,土粒和水的压缩与土的总压缩量之比是很微小的,可忽略不计,因此把土的压缩看作只是土中孔隙体积的减小,此时土粒调整位置,重新排列,互相挤紧。土的压缩性可用土的压缩系数或压缩指数、体积压缩系数、压缩模量、变形模量等指标来评价。

液限
liquid limit (LL), limit of liquidity

液限又称流限,表示土由可塑状态过渡到流动状态的界限含水量,以百分数表示,可用液、塑限联合测定法或液限试验(碟式仪法)测定。

液性指数
liquidity index (LI)

液性指数为土的天然含水量 w 与塑限 w_{p} 之差与塑性指数 I_{p} 之比,记为 I_{L}:

$$I_{\mathrm{L}}=\frac{w-w_{\mathrm{p}}}{I_{\mathrm{p}}}$$

其是黏性土的稠度状态指标。根据其值,黏性土可分为坚硬、硬塑、可塑、软塑、流塑等五种。

游离水(台)
free water

台湾用语,参见“自由水”词条。

有效粒径
effective diameter，effective grain size，effective size

有效粒径相应于土的颗粒级配曲线上土粒相对含量为10%的粒径。常用其反映砂土的渗透性。

有效密度
effective density

有效密度为土的单位体积中固体颗粒的有效质量，常用ρ'表示，单位为g/cm³：

$$\rho'=\frac{m_s-V_s\rho_w}{V}$$

式中，m_s为固体颗粒质量，V_s为固体颗粒体积，ρ_w为水的密度，V为土的体积。对一般土，其常见变化范围为0.8～1.3g/cm³。

有效重度
effective unit weight

有效重度旧称土的有效容重或土的浸水容重或土的浮容重，表示土的单位体积中固体颗粒的有效重量，记为γ'，单位为kN/m³，是土的有效密度与重力加速度的乘积。对一般土，常见变化范围为8.0～13.0kN/m³。常用于计算地下水位以下土自重应力和土压力等。

重力密度
unit weight

重力密度简称土的重度，旧称土的容重。其指土单位体积的重量，是土的密度与重力加速度的乘积，记为γ，单位为kN/m³。天然状态下其值变化范围较大：黏性土18.0～22.0kN/m³、砂土16.0～20.0kN/m³、腐殖土15.0～17.0kN/m³。用于计算土自重应力、土压力等。

自由水
free water，gravitational water，groundwater，phreatic water

自由水指在地下水位以下的透水土层中，存在于土粒表面电场影响范围以外的水，包括重力水和毛细水。重力水在重力或压力差作用下运动，对土粒有浮力作用,在台湾称为游离水。对土中应力状态、地下工程的排水和防水有影响。在某些条件下,自由水还可能在土中形成封存水。封存水排水受阻,经外荷作用后将出现附加的孔隙水压力。

组构
fabric

组构指土在沉积过程中形成的土颗粒、胶膜和孔隙的大小、形状与排列关系。是微观意义上胶体缔合的土的结构,可用扫描电子显微镜进行观察描述。

最大干密度
maximum dry density

最大干密度为压实曲线峰值对应的干密度,记为$(\rho_d)_{max}$,单位为 g/cm^3。其值与土的种类、压实能量等有关。是控制填方密实度的重要指标。塑性指数小于 22 的土的最大干密度的经验值见“最优含水量”词条。

最优含水量
optimum water content, optimum moisture content

最优含水量为相应于最大干密度时土的含水量,记为 w_{op},用百分数表示。其值与土的种类、压实能量等有关。下表给出了塑性指数小于 22 的土的最优含水量经验值。最优含水量是控制填方密实度的重要指标。

最优含水量经验值

塑性指数 I_p	最大干密度 ρ_d/g·cm^{-3}	最优含水量 w_{op}/%
<10	>1.85	<13
10~14	1.75~1.85	13~15
14~17	1.00~1.75	15~17
17~20	1.65~1.70	17~19
20~22	1.60~1.65	19~21

粒径
particle size

土颗粒大小通常以其直径大小表示,简称粒径,单位为 mm。

粒组
fraction

粒径在一定范围内的土粒，称为粒组。可以将土中不同粒径的土粒，按适当的粒径范围，分为若干粒组，各个粒组随着分界尺寸的不同而呈现出一定质的变化。目前土的粒组划分方法并不完全一致，下表提供的是一种常用的土粒粒组的划分方法。

土粒粒组的划分

粒组名称			粒径 d/mm	分析方法	主要特征
巨粒	漂石(块石)颗粒		$d>200$	直接测定	透水性很大，压缩性极小，颗粒间无黏结，无毛细性
	卵石(碎石)颗粒		$60<d\leqslant 200$	筛分法	
粗粒	砾粒	粗砾	$20<d\leqslant 60$		
		细砾	$2<d\leqslant 20$		
	砂粒	粗砂	$0.5<d\leqslant 2$		透水性大，压缩性小，无黏性，有一定毛细性
		中砂	$0.25<d\leqslant 0.5$		
		细砂	$0.075<d\leqslant 0.25$		
细粒	粉粒		$0.005<d\leqslant 0.075$	静水沉降原理	透水性小，压缩性中等，毛细上升高度大，微黏性
	黏粒		$d\leqslant 0.005$		透水性极弱，压缩性变化大，具黏性和可塑性

电泳
electrophoresis

黏土颗粒的带电现象早在1809年被莫斯科大学的列依斯发现，黏土颗粒本身带有一定量的负电荷，在电场作用下向阳极移动，这种现象称为电泳。

电渗
electroosmosis

土中的水中含有一定量的阳离子(K^+、Na^+等)，在电场作用下水随这些水化了的阳离子一起向负极移动，这种现象称为电渗。

土中有机质
organic matter in soil

土中有机质一般是混合物,与组成土粒的其他成分稳固地结合在一起,按其分界程度可分为未分解的动植物残体、半分解的泥炭和完全分解的腐殖质,并以腐殖质为主。腐殖质的主要成分是腐殖酸,它具有多孔的海绵状结构,致使其具有比黏土矿物更强的亲水性和吸附性,所以有机质比黏土矿物对土性质的影响更剧烈。

重力水
gravity water

重力水是存在于地下水位以下的透水土层中的地下水,它是在重力或压力差作用下运动的自由水,对土粒有浮力作用。重力水对土中的应力状态和开挖基槽、基坑以及修筑地下构筑物时所应采取的排水、防水措施有重要的影响。

毛细水
capillary water

毛细水是受到水与空气交界面处表面张力作用的自由水,毛细水存在于地下水位以上的透水土层中。土中存在着许多大小不同的相互连通的弯曲孔道,由于水分子与土粒分子之间的附着力和水、气界面上的表面张力,地下水将沿着这些孔道被吸引上来,而在地下水位以上形成一定高度的毛细水带,这一高度称为毛细水上升高度,它与土中孔隙的大小和性状,土粒矿物组成以及水的性质有关。毛细水带内,由于水、气界面上弯液面和表面张力的存在,水内的压力小于大气压力,即水压力为负值。

土的结构性
soil structure

土的性质受结构扰动影响而改变的特性称为土的结构性。很多试验资料表明,同一种土,原状土样和重塑土样的力学性质有很大区别,甚至用不同的方法制备的重塑土样,尽管组成一样,密度控制也一样,性质也有所区别。这就是说,土的组成和物理状态不是决定土性质的全部因素,土的结构对土的性质也有很大影响。天然土的结构性是普遍存在的,它是土形成与存在条件的反映，与成因类型密切相关。

土的压实性
compactibility

压实性就是指土体在外部压实能量作用下，土颗粒克服粒间阻力，产生位移，使土中的孔隙减小，密度增加，强度提高的特性。

压实功能
compaction work

压实功能指压实每单位体积土所消耗的能量，击实试验中的压实功能用下式表示：

$$E=\frac{WdNn}{V}$$

式中，W——击锤质量，kg，在标准击实试验中击锤质量为 2.5kg；

d——落距，m，击实试验中定位 0.30m；

N——每层土的击实次数，标准试验为 27 击；

n——铺土层数，试验中分 3 层；

V——击实筒的体积，为 $1\times10^{-3}\text{m}^3$。

压实度
degree of compaction

压实度为压实质量的控制指标，其定义是

$$D_c=\frac{\rho d_s}{\rho_{\text{dmax}}}$$

式中，D_c 值越接近于 1，表示对压实质量要求越高。如对高速公路主要受力层一般要求 D_c 值达到 0.95，Ⅰ、Ⅱ级土石坝，D_c 值应达到 0.95～0.98 等。

7 渗透性和渗流

渗透性
permeability

渗透性为土体被水透过的性能，是土的主要力学性质之一。这一性能的强弱主要取决于土体中颗粒和孔隙的大小、形状及分布。其定量指标为渗透系数。由于土具有这一特性，在水力梯度下，土中会发生渗流。

渗透系数
coefficient of permeability

渗透系数为单位水力梯度下土中的渗流速度，其是反映土的渗透性的一个综合指标，为土的重要物理力学性质指标之一。其值越大，土的渗透性越强。一般通过室内渗透试验或现场抽水或压水试验测定。各类土的渗透系数变化范围参见下表。

各类土的渗透系数变化范围

土的种类	渗透系数/cm·s^{-1}
卵石、碎石、砾石	$>1\times10^{-1}$
砂	$1\times10^{-1}\sim1\times10^{-3}$
粉土	$1\times10^{-3}\sim1\times10^{-4}$
粉质黏土	$1\times10^{-5}\sim1\times10^{-6}$
黏土	$\leqslant1\times10^{-7}$

渗流
seepage

渗流为水在土体中的流动。土中渗流一般服从达西定律，即 $v=ki$。但对于高塑性致密黏土，只有当水力梯度 i 超过某起始水力梯度 i' 时，渗流才会发生并服从修正后的达西定律，即 $v=k(i-i')$，式中，v 为渗流速度，m/s；k 为渗透系数，m/s；i，i' 分别为水力梯度及起始水力梯度。

在渗流过程中，若土的孔隙比和饱和度以及水流情况不随时间而变，流入任一土单元体的水量恒等于该单元体中流出的水量，则称为稳定渗流。对于二维各向同性的情况，土中的稳定渗流可用拉普拉斯(Laplace)方程描述，即 $\frac{\partial^2 h}{\partial x^2}+\frac{\partial^2 h}{\partial y^2}=0$

引入两个函数 $\varphi(x,y)$，$\psi(x,y)$，分别称为势函数和流函数，使其满足上述方程，即令

$$\begin{cases}\dfrac{\partial \varphi}{\partial x}=\dfrac{\partial \psi}{\partial y}=-k\dfrac{\partial h}{\partial x}=v_x\\[2ex]\dfrac{\partial \varphi}{\partial y}=-\dfrac{\partial \psi}{\partial x}=-k\dfrac{\partial h}{\partial y}=v_y\end{cases}$$

式中，v_x，v_y 分别为两个方向的渗流速度，m/s；h 为土中的压力水头，m。

在简单边界条件下，可以求出这两个函数的解析解，给出一组等势线和一组流线，称为流网。对于较复杂的边界条件，工程上常采用图试法或数值法确定流网。

渗流量
seepage discharge

渗流量为单位时间内流过土中某横断面的水量。其计算公式为 $q=vA$，式中，q 为渗流量，m^3/s；v 为渗流速度，m/s；A 为断面面积，m^2。

渗流速度
seepage velocity

渗流速度为单位时间内流过土中单位横断面积的水量，系假想的土中的平均流速，并非孔隙中渗流的实际流速，一般与土的渗透系数和水力梯度成正比。

渗透力
seepage force

单位体积土内土骨架上所受到的渗透水流的拖曳力称为渗透力,其作用方向与渗流方向一致,系体积力。计算式为 $j=\gamma_w i$。式中,j 为渗透力,kN/m^3;γ_w 为水的重度,kN/m^3;i 为水力梯度。

渗透破坏
seepage failure

渗透破坏为由土中渗流引起的土体失稳现象,一般指管涌和流砂。工程中,常用临界水力梯度来判别土是否发生渗透破坏。为保证不发生渗透破坏,必须将土体中水力梯度限制在临界水力梯度以下。

渗径
seepage path

渗径为渗透水通过土体的流动路径。

稳定渗流(稳流)
steady seepage

在渗流过程中,土体内各点的水头不随时间变化的渗流称为稳定渗流(稳流)。

不稳定渗流(瞬变流)
unsteady seepage

在渗流过程中水头和流量边界条件随时间变化,因此渗流状态是时间的函数,这种渗流称为不稳定渗流。

紊流
turbulent flow

紊流为液体的流束(流层)相互混杂而无规律的流动。紊流情况下,质点流动途径是不规则的,其流线可任意相交和再相交,并发生漩涡。

达西定律
Darcy's law

达西定律又称线性渗流定律。法国学者达西于 1852 年至 1855 年间通过大量的实验研究，总结得到渗流速度与渗流能量损失之间的基本关系，即渗流速度 v 与水力梯度 i 的一次方成正比，其表达式为 $v=ki$，式中，v 为渗流速度，m/s；k 为渗透系数，m/s；i 为水力梯度。

达西定律只适用于层流。

达西流
Darcy flow

达西流为服从达西定律的渗流，又称线性渗流，其渗流速度 v 与水力梯度 i 成直线关系，即 $v=ki$。

非达西流
non-Darcy flow

非达西流为不服从达西定律的渗流，又称非线性渗流，其渗流速度与水力梯度成非线性或折线关系。典型的非达西流包括：指数渗流，即 $v=ki^n$（式中，n 为渗流指数）；存在起始水力梯度 i' 的黏土中的折线型渗流，即 $v=k(i-i')$ 等。

管涌
piping

在渗流作用下土体中的细颗粒被水从粗颗粒之间带走，土体发生变形破坏的现象称为管涌。土按其颗粒级配特点可区分为管涌土和非管涌土。不均匀系数大、级配不连续、细颗粒含量高的土较容易发生管涌。其判别指标为管涌土的临界水力梯度。

浸润线
phreatic line

浸润线为无压渗流的水面曲线。

水力梯度
hydraulic gradient

水力梯度为单位流动距离的水头差或水头损失，又称水力坡度、渗透坡降和水力坡降。当土的渗透性一定时，土中的水力梯度越大，其渗流速度越快，渗流量越大。

临界水力梯度
critical hydraulic gradient

临界水力梯度又称临界水力坡降、临界渗透坡降、临界水力坡度，指导致土体发生渗透破坏时的水力梯度，是表征土体抵抗渗透破坏能力的重要指标。其值越大，土的抗渗透能力越强。土的管涌临界水力梯度与土的不均匀系数、细粒含量、渗透系数等有关。流土的临界水力梯度一般在0.8～1.2之间，计算式为

$$i_{cr}=\frac{G-1}{1+e}=\frac{\gamma_{sat}-\gamma_w}{\gamma_w}$$

式中，G、e 分别为土粒比重及土的孔隙比；γ_{sat} 为土的饱和重度，kN/m^3；γ_w 为水的重度，kN/m^3。

势函数
potential function

势函数是描述土中稳定渗流的一个函数，它满足拉普拉斯(Laplace)方程，其梯度即为渗透速度场。该函数的等值线称为等势线，是构成流网的基本线簇之一，物理意义即为过水断面线(参见“渗流”词条)。

流函数
flow function

流函数是描述土中稳定渗流的两个函数之一，满足拉普拉斯方程。该函数的等值线即为流线。任何两条流线间的渗流量等于该两条流线的流函数值之差。流线与等势线共同构成流网(参见“渗流”词条)。

流土
flowing soil

在渗流作用下，表面土体局部隆起，或颗粒群同时浮动而流失的现象

称为流土。其发生处土体的有效应力为零，判别指标为流土的临界水力梯度。无黏性土中较易发生流土现象。砂沸为它的一种常见形式。

流网
flow net

流网是由一组流线和一组等势线构成的网格图，它实际上是拉普拉斯(Laplace)方程在一定边界条件下的图解，常用来描述土中的稳定渗流。流网具有如下基本特征：(1)组成流网的两簇线(流线和等势线)保持正交；(2)流网中每一网格的边长之比等于流函数与势函数增值之比；(3)各网格的两对角线或两对边的平分线长度的比例相等。

实际工程中试绘流网时，常取各流线间的势函数增值和流线间流函数增值相等。即所有网格呈正方形，各网格中的流量相等，网格愈密处，流速愈大。

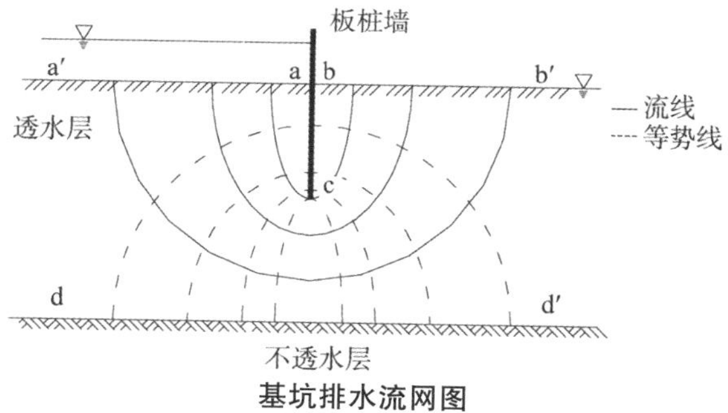

基坑排水流网图

砂沸
sand boiling

砂沸又称流砂，指砂土在渗流作用下，当水力梯度大于流土的临界水力梯度时，土粒间的压力消失，在水流逸出时，土颗粒随水流发生跳跃、浮动的现象。它是流土在砂土中的表现形式。

层流
stratified flow

层流为液体的流束(流层)互不混杂的流动。层流情况下，每一质点沿一固定途径流动，其流线互不相交。

浮托力
buoyancy

浮托力指地下建筑物受静水位或下游水位作用,在其地面所受的均布向上的静水压力。

雷诺数
Reynolds number(*Re*)

雷诺(O. Reynolds)根据管道中水流的试验研究,提出用一个无量纲参数来反映水流结构,以后被广泛应用,并被称为雷诺数,其定义为 $Re=vd\rho/\mu$。式中,Re——雷诺数;v——圆管中液体的断面平均流速;d——圆管的直径;ρ——流体密度;μ——水的运动黏滞系数,cm^2/s。用实验方法可求得临界条件下的雷诺数(从多数资料看极限雷诺数 $Re=1\sim10$)。如果实际流动时的雷诺数小于该值时,达西定律是适用的,大于该值时则会转变为紊流运动。

临界速度
critical velocity

临界速度为由层流转变为紊流时管内的水流速度。实验表明,临界速度不仅和液体的黏滞性有关,而且和管子的直径大小有关。

流固耦合
fluid-solid coupling

流固耦合研究变形固体在流场作用下的各种行为以及固体位形对流场的影响。流固耦合的重要特征是两相介质之间的相互作用,变形固体在流体载荷作用下会产生变形或运动,变形或运动又反过来影响流体,从而改变流体载荷的分布和大小,正是这种相互作用将在不同条件下产生形形色色的流固耦合现象。

流固耦合问题可由其耦合方程定义,这组方程的定义域同时有流体域与固体域。而未知变量含有描述流体现象的变量和含有描述固体现象的变量,一般而言具有以下两点特征。

(1) 流体域与固体域均不可单独地求解。

(2) 无法显式地削去描述流体运动的独立变量及描述固体现象的独

立变量。

从总体上来看，流固耦合问题按其耦合机理可分为两大类。

第一类问题的特征是耦合作用仅仅发生在两相交界面上，在方程上的耦合是由两相耦合面上的平衡及协调来引入的，如气动弹性、水动弹性等。

第二类问题的特征是两域部分或全部重叠在一起，难以明显地分开，使描述物理现象的方程，特别是本构方程需要针对具体的物理现象来建立，其耦合效应通过描述问题的微分方程来体现。

流固耦合的数值计算问题，早期是从航空领域的气动弹性问题开始的，这也就是通过界面耦合的情况，只要满足耦合界面力平衡，界面相容就可以。软黏土的固结问题也属于流固耦合问题。

8 应　力

应力
stress

在外载荷和土自重的作用下，土单元中会产生应力。土有许多区别于其他材料的特性，其中最重要的特性之一就是土只能传递压应力，而不能传递拉应力。相对于压应力，剪力也只有在很小的情况下才能在土中传递。

应力路径
stress path

应力路径又称应力路线、应力途径。土体中某点的应力状态可以用应力空间的一个点来表示，该点称为该应力状态对应的应力点，该点应力状态的变化可以用应力点的运动来表示，应力点的运动轨迹称为应力路径。简言之，应力路径是指在外力作用下土中某一点的应力变化过程在应力空间中的移动轨迹。它是描述土体在外力作用下应力变化情况或过程的一种方法。

对于同一种土，当采用不同的试验手段和不同的加荷方法使之剪切破坏时，其应力变化的过程是不同的，相应的土的变形与强度特性也将出现很大的差异。通过土的应力路径可以模拟土体实际的应力历史，对全面研究应力变化过程对土的力学性质的影响，进而在土体的变形和强度分析中反映土的应力历史条件等具有十分重要的意义。由于土中应力有总应力和有效应力之分，故应力路径分为总应力路径（total stress path，TSP）和有效应力路径（effective stress path，ESP）。

平面与空间问题
plane and space problem

当受力物体中任一点的应力和变形是三个坐标值的函数，即 $\sigma,\varepsilon=f(x,y,z)$ 时，问题为空间问题或三维问题；若应力和变形只是两个坐标值的函数，即 $\sigma,\varepsilon=f(x,z)$ 时，问题为平面或二维问题；如果它们只随一个坐标值而变化，即 $\sigma,\varepsilon=f(z)$ 时，问题变为一维问题。

另外，土力学中应力的符号也有相应的规定。由于土是散粒体，一般不能承受拉应力作用，在土中出现拉应力的情况很少，因此，在土力学中对土中应力的正负符号常做如下规定。

在应用弹性理论进行土中应力计算时，应力符号的规定法则与弹性力学相同，但正负与弹性力学相反。即当某一个截面上的外法线方向是沿着坐标轴的正方向时，这个截面就称为正面，正面上的应力分量以沿坐标轴正方向为负，沿坐标轴的负方向为正。在用莫尔圆进行土中应力状态分析时，法向应力仍以压为正，剪应力方向的符号规定则与材料力学相反。土力学中规定剪应力以逆时针方向为正，与材料力学中规定的剪应力方向正好相反。

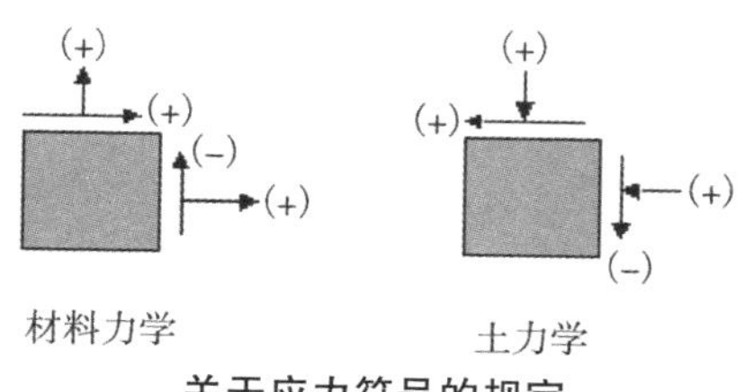

关于应力符号的规定

自重应力
self-weight stress

在计算地基中的应力时，一般假定地基为均质的线性变形半无限空间，应用弹性力学公式来求解其中的应力。由于地基是半无限空间弹性变形体，因而在土体自重应力作用下，任一竖直平面均为对称面。因此，在地基中任意竖直平面上，土的自重不会产生剪应力。根据剪应力互等定理，在任意水平面上的剪应力也应为零。因此竖直和水平面上只有主应力存在,竖直和水平面为主平面。也即土体自重应力计算问题属于一维问题。地基中任一点的土自重应力只需用竖向应力 σ_v 和水平向应力 σ_h 表示,且均与深度呈线性关系。成层地基第 n 层土底面的自重应力计算式为

$$\sigma_v = \sum_{i=1}^{n} \gamma_i h_i$$

$$\sigma_h = K_0 \sigma_v$$

式中,γ_i、h_i 分别为第 i 层土的厚度和天然重度(地下水位以下的取浮重度);K_0 为第 n 层土的静止土压力系数。

总应力
total stress

总应力为作用在土体单位面积上的总力,即将土体视为固体来分析所得到的应力。对饱和土而言,它等于孔隙水压力与有效应力之和。

孔隙水压力
pore water pressure

孔隙水压力为土体中由土骨架中孔隙内的水所承担或传递的压力,又称孔隙压力、中性压力。一般认为其变化不直接影响土的力学性质。孔隙水压力又可以分为静止水压力和超静孔隙水压力两种。静水压力由地基中的地下水引起,即为静止水位以下单位面积上水柱重量所产生的压力;而超静孔隙水压力是由外荷载所引起的,随着土的固结和时间的推移,它会逐渐减小,直至消散为零。

有效应力
effective stress

有效应力又称粒间应力,表示土体中由土骨架(矿物颗粒)所承担的应力,它支配着土的变形和抗剪强度的性质。对于饱和土,其有效应力可按照太沙基有效应力原理计算,而对于非饱和土,其有效应力可按照毕肖普提出的公式计算。详见“有效应力原理”词条。

布西内斯克解
Boussinesq's solution

布西内斯克解是布西内斯克(J. Boussinesq,1885)对各向同性弹性半

空间体表面上受竖向集中力作用课题所给出的半空间体内任意一点应力和位移的弹性力学解答。

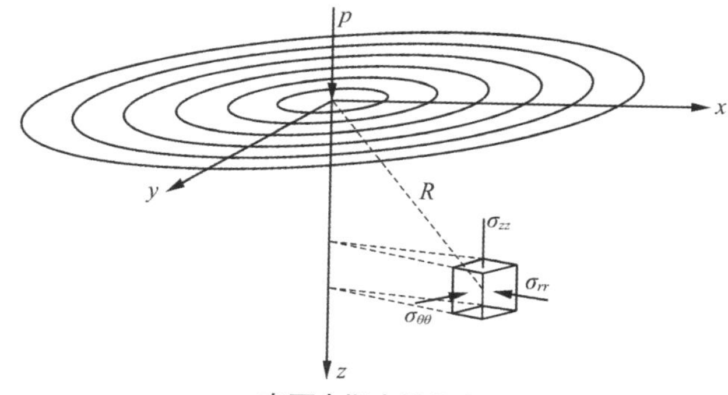

布西内斯克解示意

$$\sigma_z=\frac{3p\cdot z^3}{2\pi R^5}=\frac{3p}{2\pi z^2}\cdot\frac{1}{\left[1+\left(\frac{r}{z}\right)^2\right]^{5/2}}$$

$$\sigma_r=\frac{p}{2\pi}\left[\frac{3zr^2}{R^5}-\frac{1-2\mu}{R(R+z)}\right]$$

$$\sigma_\theta=\frac{p}{2\pi}(1-2\mu)\left[\frac{1}{R(R+z)}-\frac{z}{R^3}\right]$$

$$\tau_{rz}=\frac{3p}{2\pi}\cdot\frac{z^2r}{R^5}$$

$$\tau_{\theta z}=\tau_{r\theta}=0$$

在集中荷载 p 的作用下，其径向位移和竖向位移分别按下列公式计算：

$$u_r=\frac{p(1+\mu)}{2\pi ER}\left[\frac{r^2z}{R^3}-(1-2\mu)\left(1-\frac{r}{R}\right)\right]$$

$$u_\theta=0$$

$$u_z=\frac{p(1+\mu)}{2\pi ER}\left[\frac{z^2}{R^2}+2(1-\mu)\right]$$

式中，p——作用在坐标原点 O 的竖向集中荷载；

z——M 点的深度；

r——M 点与集中荷载作用线之间的距离，$r=\sqrt{x^2+y^2}$；

R——M 点与坐标原点的距离，$R=\sqrt{x^2+y^2+z^2}$；

μ——土的泊松比。

可知竖向附加应力 σ_z 与地基土的性质(E,μ)无关。为了计算方便,可令

$$\alpha=\frac{3}{2\pi\left[1+\left(\frac{r}{z}\right)^2\right]^{5/2}}$$

则 σ_z 变成 $\sigma_z=\alpha\frac{p}{z^2}$。式中,$\alpha$ 称为集中荷载作用下的地基竖向附加应力系数,其数值可按 r/z 值由相关表格查得。

当地基表面作用有几个集中力时,可以分别算出各集中力在地基中引起的附加应力,然后根据弹性体应力叠加原理求出地基的附加应力的总和。

在实际工程应用中,当基础底面形状不规则或荷载分布较复杂时,可将基底划分为若干个小面积,把小面积上的荷载当成集中力,然后利用上述公式计算附加应力。如果小面积的最大边长小于计算应力点深度的1/3,用此法所得的应力值与正确应力值相比,误差不会超过5%。

明德林解
Mindlin's solution

明德林解是明德林(R.D. Mindlin)于1936年给出的弹性半空间体内一点受竖向集中力作用时,该弹性体内任一点应力和位移的解析解。

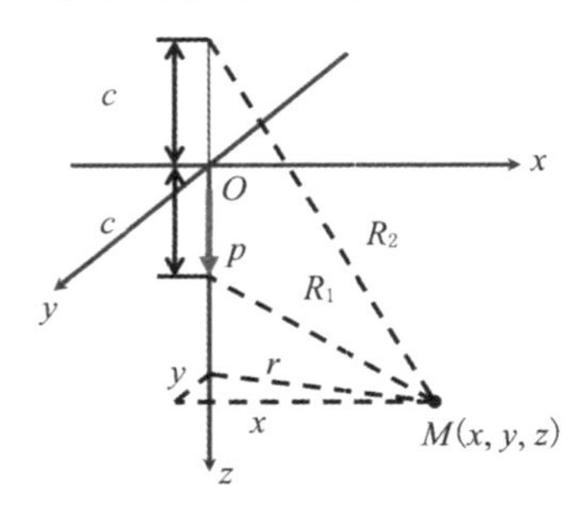

明德林解示意

设置坐标系,于表面距离 c 处作用一个集中力 P,明德林给出的弹性半空间体内任一点 M 处的附加应力表达式为

$$\sigma_x=\frac{P}{8\pi(1-\mu)}\left\{-\frac{(1-2\mu)(z-c)}{R_1^3}+\frac{3x^2(z-c)}{R_1^5}-\frac{(1-2\mu)[3(z-c)-4\mu(z+c)]}{R_2^3}\right.$$

$$+\frac{3(3-4\mu)x^2(z-c)-6c(z+c)[(1-2\mu)z-2\mu c]}{R_2^5}+\frac{30cx^2z(z+c)}{R_2^7}$$

$$+\frac{4(1-\mu)(1-2\mu)}{R_2(R_2+z+c)}\left(1-\frac{y_2}{R_2(R_2+z+c)}-\frac{y^2}{R_2^2}\right)\Bigg\}$$

$$\sigma_y=\frac{P}{8\pi(1-\mu)}\Bigg\{-\frac{(1-2\mu)(z-c)}{R_1^3}+\frac{3y^2(z-c)}{R_1^5}-\frac{(1-2\mu)[3(z-c)-4\mu(z+c)]}{R_2^3}$$

$$+\frac{3(3-4\mu)y^2(z-c)-6c(z+c)[(1-2\mu)z-2\mu c]}{R_2^5}+\frac{30cy^2z(z+c)}{R_2^7}$$

$$+\frac{4(1-\mu)(1-2\mu)}{R_2(R_2+z+c)}\left(1-\frac{y_2}{R_2(R_2+z+c)}-\frac{y^2}{R_2^2}\right)\Bigg\}$$

$$\sigma_z=\frac{P}{8\pi(1-\mu)}\Bigg\{\frac{(1-2\mu)(z-c)}{R_1^3}-\frac{(1-2\mu)(z-c)}{R_2^3}+\frac{3(z-c)^3}{R_1^5}$$

$$+\frac{3(3-4\mu)z(z+c)^2-3c(z+c)(5z-c)}{R_2^5}+\frac{30cz(z+c)^3}{R_2^7}\Bigg\}$$

$$\tau_{xy}=\frac{Pxy}{8\pi(1-\mu)}\Bigg\{\frac{3(z-c)}{R_1^5}+\frac{3(3-4\mu)(z-c)}{R_2^5}-\frac{4(1-\mu)(1-2\mu)}{R_2^2(R_2+z+c)}$$

$$\left(\frac{1}{R_2+z+c}+\frac{1}{R_2}\right)+\frac{30cz(z+c)}{R_2^7}\Bigg\}$$

$$\tau_{yz}=\frac{Py}{8\pi(1-\mu)}\Bigg\{\frac{1-2\mu}{R_1^3}-\frac{1-2\mu}{R_2^3}+\frac{3(z-c)^2}{R_1^5}$$

$$+\frac{3(3-4\mu)z(z+c)-3c(3z+c)}{R_2^5}+\frac{30cz(z+c)^2}{R_2^7}\Bigg\}$$

$$\tau_{xz}=\frac{Px}{8\pi(1-\mu)}\Bigg\{\frac{1-2\mu}{R_1^3}-\frac{1-2\mu}{R_2^3}+\frac{3(z-c)^2}{R_1^5}$$

$$+\frac{3(3-4\mu)z(z+c)-3c(3z+c)}{R_2^5}+\frac{30cz(z+c)^2}{R_2^7}\Bigg\}$$

式中，c 为集中力作用点的深度，m；μ 为土的泊松比；$R_1=\sqrt{x^2+y^2+(z-c)^2}$，$R_2=\sqrt{x^2+y^2+(z+c)^2}$。

当 $c=0$ 时，明德林解即退化为布西内斯克解。

明德林解常被用于桩基的弹性分析和计算中。

附加应力
superimposed stress

由建筑物的荷载或其他外荷载(如车辆、堆放在地面的材料重量等)在地基内所产生的应力称为附加应力。因地震而引起的惯性力也属于外荷载的范围。对于形成年代比较久远的土,在自重应力的长期作用下,其变形已经稳定,因此,除了新填土外,一般来说,土的自重不再会引起地基土的变形。而附加应力则不同,因为它是地基中新增加的应力,将引起地基土的变形。地基土的变形导致基础沉降、倾斜和相邻基础出现沉降差。所以,附加应力是引起地基土变形的主要原因。

计算附加应力时一般不考虑基础刚度,并假定地基土是均匀、连续、各向同性的半无限空间线弹性体,然后用弹性半空间的理论解答。当竖向集中力荷载作用在地基表面时可采用布西内斯克(Boussinesq,1885)解,当竖向集中力荷载作用在地基内时可采用明德林(Mindlin)解,当在地基表面作用水平向集中力荷载时可采用西罗提(Serota)解,当在地基表面作用有线集中荷载时,可采用弗拉曼(Flamant,1892)解。对于有限面积上作用均布荷载的情况,地基中的附加应力可利用纽马克(Newmark)感应图计算;而对于矩形面积上作用均布或三角荷载的情况,地基中的附加应力一般利用应力系数计算;对于较复杂的荷载形式,附加应力则可以采用数值法求解。

角点法
corner-points method

利用矩形面积角点下的附加应力计算公式和应力叠加原理,推求地基中任意点的附加应力的方法称为角点法。该法通过计算点 M' 将荷载分成若干个矩形荷载,从而使点 M' 成为划分出的各个矩形的公共角点,然后再根据迭加原理计算。共有以下三种情况。

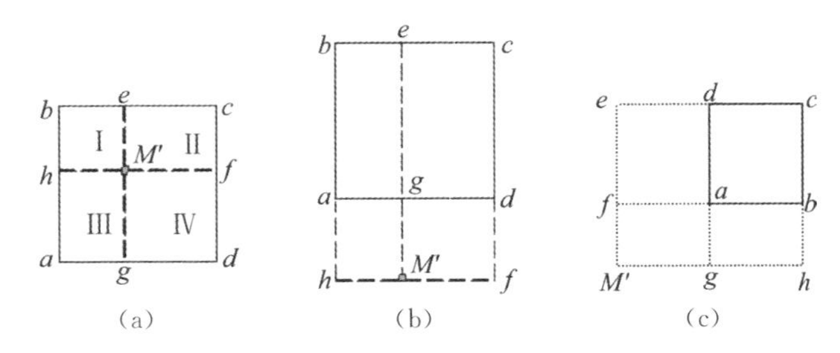

角点法情况示意

(1) 计算矩形荷载面积内任一点 M' 下深度为 z 的附加应力,如图(a)所示。过 M' 点将矩形荷载面积 $abcd$ 分成Ⅰ、Ⅱ、Ⅲ、Ⅳ 4 个小矩形,M' 点为 4 个小矩形的公共角点,则 M' 点下任意 z 深度处的附加应力 $\sigma_{zM'}$ 为

$$\sigma_{zM'}=(\alpha_{c\,\mathrm{I}}+\alpha_{c\,\mathrm{II}}+\alpha_{c\,\mathrm{III}}+\alpha_{c\,\mathrm{IV}})P$$

(2) 计算矩形荷载面积的边缘外侧任意点 M' 下深度为 z 的附加应力。设法使 M' 点成为几个小矩形面积的公共角点，如图 (b)所示。然后将其应力进行代数叠加。

$$\sigma_{zM'}=(\alpha_{c\text{Ⅰ}}+\alpha_{c\text{Ⅱ}}-\alpha_{c\text{Ⅲ}}-\alpha_{c\text{Ⅳ}})P$$

以上两式中 $\alpha_{c\text{Ⅰ}}$、$\alpha_{c\text{Ⅱ}}$、$\alpha_{c\text{Ⅲ}}$、$\alpha_{c\text{Ⅳ}}$ 分别为矩形 $M'hbe$、$M'fce$、$M'hag$、$M'fdg$ 的角点应力分布系数，P 为荷载强度。

(3) 计算矩形荷载面积 $abcd$ 的角点外侧任意点 M' 下深度为 z 的附加应力。如图(c)所示，仍然设法使 M' 点成为几个小矩形面积的公共角点，此时，

荷载面积($abcd$)＝面积Ⅰ($M'hce$)－面积Ⅱ($M'hbf$)－面积Ⅲ($M'gde$)＋面积Ⅳ($M'gaf$)

$$\sigma_{zM'}=(\alpha_{c\text{Ⅰ}}-\alpha_{c\text{Ⅱ}}-\alpha_{c\text{Ⅲ}}+\alpha_{c\text{Ⅳ}})P$$

式中，$\alpha_{c\text{Ⅰ}}$、$\alpha_{c\text{Ⅱ}}$、$\alpha_{c\text{Ⅲ}}$、$\alpha_{c\text{Ⅳ}}$ 分别为矩形 $M'hce$、$M'hbf$、$M'gde$、$M'gaf$ 的角点应力分布系数。

必须注意：在角点法中，查附加应力系数时所用的 L 和 B 均指划分后的新矩形的长和宽。

纽马克感应图
Newmark chart

纽马克感应图是纽马克(N. M. Newmark，1942)根据弹性力学中竖向圆形均布荷载中心点下竖向应力解答所制作的一种竖向应力感应图。它通常由九个同心圆和许多根通过圆心的均布辐射线构成，形成 1000 个近似的小矩形，每个小矩形上单位荷载对圆心下 z 处的竖向附加应力的贡献为 0.001。其可以用于任意形状的竖向均布荷载作用下地基内任意点的竖向附加应力计算。当基础形状不规则而难以用角点法计算地基中的附加应力时，常用此图来求解。例如若要计算图中所示的荷载(大矩形荷载为 25kPa，小矩形荷载为 15kPa)作用下，原点 O 下 8m 处的竖向附加应力，可以累积荷载面积对应感应图中的小矩形数目。如大矩形荷载面积对应感应图中的 34 个小矩形，小矩形荷载面积对应感应图中的 7 个小矩形，则中心 8m 下

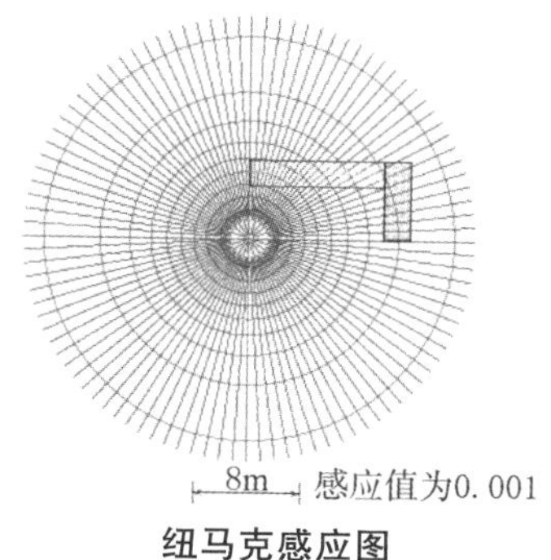

纽马克感应图

的竖向附加应力可以写为

$$\sigma_z = 34 \times 0.001 \times 25\text{kPa} + 7 \times 0.001 \times 15\text{kPa} = 0.955\text{kPa}$$

如果构不成整块的小矩形,可以用小数估计。

残余孔隙水压力
residual pore water pressure

在往返剪切作用下饱和土中由塑性体变势引起的孔隙水压力称为残余孔隙水压力。残余孔隙水压力累积到一定限度时,有效应力便会消失,饱和土体即会发生液化。

负孔隙水压力
negative pore water pressure

负孔隙水压力是比大气压力小的孔隙水压力。当土体体积有发生膨胀的趋势时,一般会产生负的孔隙水压力。在存在毛细管水的土中也可以出现负孔隙水压力。严重超固结土在进行三轴不排水剪切试验时,其孔隙水压力就常常是负值。

孔隙气压力
pore air pressure

孔隙气压力是非饱和土中由孔隙内气体所承担和传递的那部分压力。

孔隙压力系数 *B*
pore pressure parameter *B*

在不排水条件下,当四周受相等应力增量 $\Delta\sigma_3$ 时,其平均有效应力增量为

$$\Delta\sigma_3' = \Delta\sigma_3 - \Delta u_3$$

假定土体为线性弹性体,其应力应变服从广义虎克定律,则在各向相等有效应力增量 $\Delta\sigma_3'$ 作用下,土体的体积应变

$$\frac{\Delta V}{V} = \varepsilon_1 + \varepsilon_2 + \varepsilon_3 = \frac{3(1-2\mu)}{E}\Delta\sigma_3' = m_c\Delta\sigma_3' = m_c(\Delta\sigma_3 - \Delta u_3)$$

则 $$\Delta V = m_c V(\Delta\sigma_3 - \Delta u_3)$$

式中,$m_c = \frac{3(1-2\mu)}{E}$——土体的三维体积压缩系数,1/MPa。

同时，在超静孔隙水压力 Δu_3 的作用下，引起孔隙体积（包括水和气体）的应变为

$$\frac{\Delta V_V}{nV}=m_n\Delta u_3$$

$$\Delta V_V=m_n nV\Delta u_3$$

式中，m_n——孔隙的体积压缩系数，1/MPa；

n——土的孔隙率。

由于土颗粒体积的压缩量很小，在一般建筑物荷载作用下可忽略不计，故土体体积的变化应等于孔隙体积的变化，即 $\Delta V=\Delta V_V$，得

$$m_c V(\Delta\sigma_3-\Delta u_3)=m_n nV\Delta u_3$$

则
$$\frac{\Delta u_3}{\Delta\sigma_3}=\frac{1}{1+\frac{nm_n}{m_c}}=B$$

式中，B——孔隙水压力系数，与 m_c 和 m_n 有关。

对于饱和土体，孔隙中充满水，在不排水条件下，孔隙的体积压缩系数远小于土体的体积压缩系数，则 $\frac{m_n}{m_c}\approx 0$，$B\approx 1$，$\Delta u_3=\Delta\sigma_3$。

对于干土，孔隙中充满空气，孔隙的压缩性趋于无穷大，则 $\frac{m_n}{m_c}\approx\infty$，因此 $B=0$。

对于部分饱和土，B 值介于 0～1 之间，所以 B 值可用作反映土体饱和程度的指标。对于具有不同饱和度的土，可通过三轴试验测定 B 值。

孔隙压力系数 A
pore pressure parameter A

当在轴向施加偏差应力增量 $\Delta\sigma_1-\Delta\sigma_3$ 时，设引起的超静孔隙水压力增量为 Δu_1，则在轴向及侧向引起的有效应力增量分别为

$$\Delta\sigma_1'=(\Delta\sigma_1-\Delta\sigma_3)-\Delta u_1$$

$$\Delta\sigma_3'=-\Delta u_1$$

同样根据线性弹性理论，得土体体积的变化量

$$\Delta V=\frac{3(1-2\mu)}{E}V\frac{1}{3}(\Delta\sigma_1'+2\Delta\sigma_3')$$

$$=m_c V\frac{1}{3}(\Delta\sigma_1-\Delta\sigma_3-3\Delta u_1)$$

在偏应力作用下，由 Δu_1 引起孔隙体积的变化量为

$$\Delta V_V = m_n n V \Delta u_1$$

因为 $\Delta V = \Delta V_V$，故得：

$$\Delta u_1 = \frac{1}{1+\frac{n m_n}{m_c}} \frac{1}{3}(\Delta\sigma_1 - \Delta\sigma_3)$$

$$= B\,\frac{1}{3}(\Delta\sigma_1 - \Delta\sigma_3)$$

上式是将土体视为弹性体得出来的，弹性体的一个重要特点是剪应力作用下只会引起受力体形状的变化而不引起体积变化。但土体受剪后会发生体积膨胀或收缩，土的这种力学特性称为土的剪胀性。因此，上式中的系数 1/3 只适用于弹性体而不符合土体的实际情况。英国学者斯肯普顿(A.W. Skempton)引入了一个经验系数 A 来代替 1/3，用 A 值来反映土在剪切过程中的胀缩特性，并将上式改写为如下形式：

$$\Delta u_1 = B \cdot A(\Delta\sigma_1 - \Delta\sigma_3)$$

对于饱和土，系数 $B=1$，则

$$A = \frac{\Delta u_1}{\Delta\sigma_1 - \Delta\sigma_3}$$

孔压系数 A 是饱和土体在单位偏差应力增量$(\Delta\sigma_1 - \Delta\sigma_3)$作用下产生的孔隙水压力增量，可用来反映土剪切过程中的胀缩特性，是土的一个很重要的力学指标。

孔压系数 A 值的大小，对于弹性体是常量，$A=1/3$；对于土体则不是常量。它取决于偏差应力增量$(\Delta\sigma_1 - \Delta\sigma_3)$所引起的体积变化，其变化范围很大，主要与土的类型、状态、过去所受的应力历史和应力状况以及加载过程中所产生的应变量等因素有关，且在试验过程中 A 值是变化的。测定的方法也是用三轴压缩试验。如果 $A<1/3$，属于剪胀土，如密实砂和超固结黏性土等。如果 $A>1/3$ 则属于剪缩土，如较松的砂和正常固结黏性土等。斯肯普顿等根据试验资料建议的 A 值见下表。

孔压系数 A 参考值

土类	A(用于计算沉降)	土类	A_f(用于计算土体破坏)
很松的细砂	2.0～3.0	高灵敏度软黏土	＞1.0
灵敏性黏土	1.5～2.5	正常固结黏土	0.5～1.0
正常固结黏土	0.7～1.3	超固结黏土	0.25～0.5
轻度超固结黏土	0.3～0.7	严重超固结黏土	0～0.25
严重超固结黏土	−0.5～0		

在三向应力 $\Delta\sigma_1$ 和 $\Delta\sigma_3=\Delta\sigma_2$ 共同作用下的超静孔隙水压力

$$\Delta u=\Delta u_3+\Delta u_1=B[\Delta\sigma_3+A(\Delta\sigma_1-\Delta\sigma_3)]$$

因此，只要知道了土体中任一点的大小主应力变化，就可以根据在三轴不排水试验中测出的孔压系数 A、B 值，利用上式计算出相应的超静孔隙水压力。

孔隙水压力系数的测定，对用有效应力原理研究土体的变形、强度和稳定性，具有重要实际意义。在实际工程中，只要能较准确地确定 A、B 系数值，即可估算土体中由于应力的变化而引起的超静孔隙水压力变化，以便能用有效应力对土体的变形、强度和稳定性进行分析。

先期固结压力
preconsolidation pressure

先期固结压力又称前期固结压力，在台湾称预压密压力。天然沉积的原状土，在漫长的地质历史年代中，有的是在很早以前形成的，有的是近代(约一万年以来)沉积的(如海相或河湖相等)。一般来说，沉积时间较长的土层相对埋藏深，承受上覆压力大，经历固结时间长，故土层比较密实，压缩性较低。沉积时间较短的土层一般埋藏浅，上覆压力较小，经历固结时间较短，故土层比较疏松，压缩性较高。有的土层曾经在自重压力作用下完成固结稳定，后因构造变动使上覆土层被冲刷剥蚀掉。有的土层在自重压力作用下还未完全固结就又接受了新的沉积。不管土层经历了怎样的压力历史，在地质历史上必然承受过上覆最大的压力作用，土体达到了一定程度的固结状态。这种土层在地质历史过程中受到过的最大固结压力(包括自重和外荷)称为前期固结压力，以 p_c 表示。目前确定 p_c 的主要方法详见“卡萨格兰德法”词条。

9 位移和变形

变形
deformation

变形指土体单元在外力作用下或其他因素的影响下（如加载历时、温度变化及地下水位的变化等）所产生的体积变化和形状变化的统称，包括弹性变形和残余变形。残余变形一般由塑性变形和蠕变变形两部分组成。

土体在外力作用下将产生三个方向的变形，但对于地基而言，通常其垂直方向的变形尤其重要得多，特别是地基表面的铅直变形，即地基的沉降。研究土体的变形规律，确定其变形的大小是土力学中的根本任务之一。

塑性变形
plastic deformation

塑性变形在塑性力学中系指应力解除后，弹塑性体内不可恢复的变形。但真实的土体并非完全弹塑性体，故土体的塑性变形只是土体的残余变形中的一部分。

弹性变形
elastic deformation

弹性变形为应力解除后土体中可恢复的那部分变形，是土体在外力等其他外界因素作用下产生的变形中的一种。

回弹变形
rebound deformation

回弹变形是由于应力解除而在土体中引起的变形，其在数值上等于同等应力作用下土体的弹性变形，参见“回弹曲线”词条。

残余变形
residual deformation

应力解除后，土体中不可恢复的永久残留的那一部分变形称残余变形，一般包括塑性变形和蠕变变形两部分，若视土体为完全弹塑性体，则该部分变形即为塑性变形。在土动力学中，其常指振陷。

沉降
settlement

由地基土的压缩和(或)固结等引起的建筑物或构筑物基础向下的竖向位移称为沉降，记为 S。在工程计算中，首要关心的问题是建筑物的最终沉降量(或地基最终沉降量)，所谓地基最终沉降量是指在外荷作用下地基土层被压缩达到稳定时基础底面的沉降量，常简称为地基变形量(或沉降量)。此外，地基沉降达到最终值有一个时间过程。所需时间主要取决于土层的压缩性、渗透性和荷载的大小，饱和厚黏土层上的建筑物沉降往往需要几年、几十年或更长时间才能完成。黏性土的变形速率主要取决于孔隙水的排出速度。在地基变形计算中，除了计算地基最终沉降量外，有时还需要知道地基沉降过程，掌握沉降规律，即沉降与时间的关系，以计算不同时间的沉降量。

计算地基的最终沉降量，目前最常用的就是分层总和法。该法的表达形式有多种，但原理基本相同。它主要是将地层按其性质和应力状态进行分层，然后用测定的变形计算参数来计算每一分层的压缩量，进而叠加求和得到地基的沉降量。最终沉降量计算是按照古典弹性理论，将土看作是一种完全弹性的、均质的、各向同性的连续体，以计算地基内的应力分布，并将非线性应力—应变关系作为线性增量处理的。对变形计算参数的选择，国内规范大多数选用压缩模量 E_s，个别规范也推荐可考虑应力历史的压缩指数 C_c，有的直接用各土层 e-p 曲线上孔隙比 e 的减小推算沉降量，也有规范采用现场载荷试验测定的变形模量值 E。还有将地基变形分为瞬时、主固结和次固结变形的计算方法等。

单向分层总和法和《建筑地基基础设计规范》(GB 50007—2011)推荐的方法是当前工程设计中最广泛采用的沉降计算方法。对一般黏性土地基,通过做室内压缩试验或现场载荷试验求得土的压缩性指标后,可以用分层总和法计算地基的沉降。

然而,根据对黏性土地基在局部(基础)荷载作用下的实际变形特征的观察和分析,黏性土地基的总沉降 S 可以认为是由产生机理不同的三部分沉降组成的,即

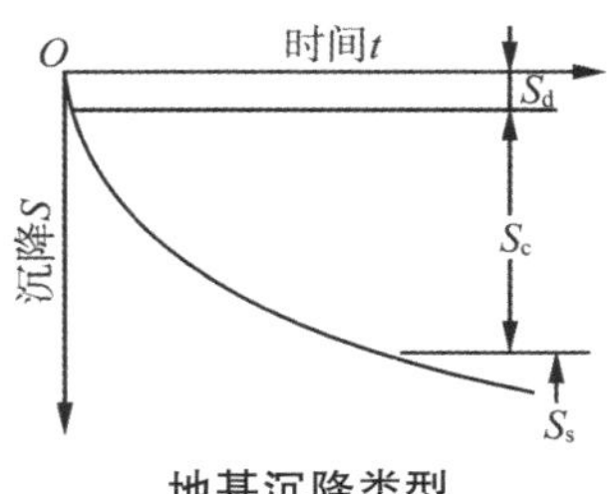

地基沉降类型

$$S=S_d+S_c+S_s$$

式中,S_d——瞬时沉降(亦称初始沉降);

S_c——固结沉降(亦称主固结沉降);

S_s——次固结沉降(亦称蠕变沉降)。

瞬时沉降是指加载后地基瞬时发生的沉降。由于基础加载面积为有限尺寸,加载后地基中会有剪应变产生,特别是在靠近基础边缘应力集中部位。对于饱和或接近饱和的黏性土,加载瞬间土中水来不及排出,在不排水的恒体积状况下,剪应变会引起侧向变形而造成瞬时沉降。固结沉降是指饱和与接近饱和的黏性土在基础荷载作用下,随着超静孔隙水压力的消散,土骨架产生变形所造成的沉降(固结压密)。固结沉降速率取决于孔隙水的排出速率。次固结沉降是指主固结过程(超静孔隙水压力消散过程)结束后,在有效应力不变的情况下,土的骨架仍随时间继续发生变形。这种变形的速率已与孔隙水排出的速率无关,而是取决于土骨架本身的蠕变性质。次固结沉降包括剪应变,也包括体积变化。

上述三部分沉降实际上并非是在不同时间截然分开发生的,如次固结沉降实际上在固结过程一开始就产生了,只不过数量相对很小而已,而主要是主固结沉降。但超静孔隙水压力消散得差不多后,主固结沉降很小了,而次固结沉降愈来愈显著,逐渐上升成为主要的。根据对上海市 33 幢建筑物的沉降观测统计,建成十年后的沉降速率为 0.007~0.008mm/d,可见固结过程可能持续很长时间,很难将主固结和次固结过程分清。

为了简便和实用,目前,工程上还广泛使用经验系数法,即

$$S=mS_c$$

式中,m 为经验系数,对正常固结和稍超固结黏性土地基可取 $m=1.1\sim1.4$。荷载较大、地基土较软弱时取较大值,否则取较小值。

现今的实用计算，只是考虑最基本的情况，忽略一些次要因素，是在做了一系列假定简化的条件下进行的。通过假定简化后，以理论公式计算得到的沉降量，很难与实测值一致，因此计算时一般需用一个经验系数值修正计算得到的沉降量，使之接近实际。

沉降比
settlement ratio

沉降比为反映群桩效应的一个指标，其定义为相同桩顶荷载下的群桩沉降量与单桩沉降量之比：

$$R_s=\frac{S_G}{S_1}=\frac{\text{群桩平均沉降}}{\text{与群桩中一根桩平均荷载相同的单桩的沉降}}$$

沉降比随着以下因素而变化。

（1）桩数是影响沉降比的主要因素，在常用的桩距和非条形排列条件下，沉降比随着桩数的增加而增大。

（2）当桩距大于常用桩距时，沉降比随桩距增大而减小。

（3）沉降比随桩的长径比增大而增大。

（4）时间效应是黏性土中群桩沉降的一个重要特性，长期沉降比可以数倍于短期沉降比。

（5）桩的排列方式对沉降比也有明显影响。

瞬时沉降
immediate settlement

瞬时沉降又称初始沉降，系载荷刚施加后，排水固结尚未发生，土体所产生的竖向位移。瞬时沉降没有体积变形，可认为是弹性剪切变形，因此一般按弹性理论计算。对于一维问题，瞬时沉降为零。对于二、三维问题，可以应用弹性理论求解半无限空间体中各点的垂直位移公式，求得基础的垂直位移值，就是所要计算的瞬时沉降。实际中，一般根据载荷试验中承压板沉降量和土体变形模量之间的关系来计算瞬时沉降 S_d。但应注意这是在不排水条件下没有体积变形时所产生的变形量，所以应取泊松比 $\mu=0.5$，并采用不排水变形模量 E_u 和基底附加应力 p_0，故

$$S_d=\omega\frac{p_0\cdot B}{E_u}(1-\mu^2)$$

式中，ω——沉降系数，可查询相关表格；B——基础宽度。

固结沉降
consolidation settlement

固结沉降是黏性土地基沉降的最主要的组成部分。

固结沉降可以用分层总和法计算。但在分层总和法中采用的是一维课题(有侧限)的假设,这与一般基础荷载(有限分布面积)作用下的地基实际性状不尽相符。也就是说,地基中由于基础荷载所引起的附加应力 $\sigma_x=\sigma_y\neq K_0\sigma_z$ 或 $\sigma_x\neq\sigma_y\neq K_0\sigma_z$,侧向应变 $\varepsilon_x=\varepsilon_y\neq0$ 或 $\varepsilon_x\neq\varepsilon_y\neq0$。实际上是无侧限的二维或三维课题。但严格按二维或三维课题考虑,会使计算与压缩性指标的确定复杂得多。为了不使计算过于复杂而又能较好地反映实际情况,斯肯普顿(A.W. Skempton)和贝仑(L. Bjerrum)建议根据有侧向变形条件下产生的超静孔隙水压力计算固结沉降 S_c。

以轴对称课题为例,当饱和黏性土中某点处于 $\Delta\sigma_1$ 与 $\Delta\sigma_3$ 三向应力状态时,其初始孔隙水压力增量 Δu 为:

$$\Delta u=\Delta\sigma_3+A(\Delta\sigma_1-\Delta\sigma_3)$$

式中,A——孔隙水压力系数。

此时大主应力方向的有效应力为:

$$\Delta\sigma'_{1(t=0)}=\Delta\sigma_1-\Delta u$$

固结终了时,超静孔隙水压力全部转化为有效应力,即 $\Delta u=0$,则:

$$\Delta\sigma'_{1(t\to\infty)}=\Delta\sigma_1$$

或

$$\Delta\sigma'_1=\Delta\sigma'_{1(t\to\infty)}-\Delta\sigma'_{1(t=0)}=\Delta\sigma_1-(\Delta\sigma_1-\Delta u)=\Delta u$$

均布荷载面积作用下地基垂直方向的应力 σ_z 就是大主应力($\Delta\sigma_z=\Delta\sigma_1$),因而固结过程中 $\Delta\sigma_z$ 的有效应力增量为:

$$\Delta\sigma'_z=\Delta u=\Delta\sigma_3+A(\Delta\sigma_1-\Delta\sigma_3)$$

经变换得:

$$\Delta\sigma'_z=\Delta\sigma_1\left(\frac{\Delta\sigma_3}{\Delta\sigma_1}+A-A\frac{\Delta\sigma_3}{\Delta\sigma_1}\right)=\Delta\sigma_1\left[A+\frac{\Delta\sigma_3}{\Delta\sigma_1}(1-A)\right]$$

将 $\Delta\sigma'_z$ 代入分层总和法计算公式中得:

$$S_c=\sum_{i=1}^{n}\frac{\Delta\sigma'_{zi}}{E_{si}}\cdot H_i=\sum_{i=1}^{n}\frac{\Delta\sigma_1}{E_{si}}\left[A+\frac{\Delta\sigma_3}{\Delta\sigma_1}(1-A)\right]H_i$$

分层总和法计算的沉降量为 S,S_c 与 S 之间的比例系数假定为 α_u,则:

$$S_c=\alpha_u\cdot S$$

$$\alpha_u=\frac{S_c}{S}=\frac{\sum_{i=1}^{n}\frac{\Delta\sigma_1}{E_{si}}\left[A+\frac{\Delta\sigma_3}{\Delta\sigma_1}(1-A)\right]H_i}{\sum_{i=1}^{n}\frac{\Delta\sigma_1}{E_{si}}\cdot H_i}$$

假设 E_s 与 A 是常数，则

$$\alpha_u=A+(1-A)\frac{\sum_{i=1}^{n}\Delta\sigma_3\cdot H_i}{\sum_{i=1}^{n}\Delta\sigma_1\cdot H_i}$$

孔隙水压力系数 A 与土的性质有关，则 α_u 也与土的性质密切相关。另外，α_u 还与基础形状及土层厚度 H 与基础宽度 B 之比有关。由 A 值算出的 α_u 值一般为 0.2～1.2，这与《建筑地基基础设计规范》(GB 50007—2011)推荐法的沉降修正系数 ψ_s 值(0.2～1.4)接近。由此可见，α_u 与 ψ_s 有必然的联系，它们的物理意义是一致的。

计算某一时刻地基土中的固结沉降 S_{ct} 时，可以按下式计算：

$$S_{ct}=\overline{U}\cdot S_c$$

式中，$\overline{U}$ 为地基土某时刻的平均固结度。

次固结沉降
secondary consolidation settlement

次固结沉降又称蠕变沉降，是土体的主固结已基本完成以后所发生的竖向变形。通常认为其是土骨架黏滞蠕变所致的，用符号 S_s 表示。一般情况下，次固结沉降占的比例很小，但对于有机物含量很高的黏性土，次固结沉降不应忽视。

对次固结沉降，可以采用流变学理论或其他力学模型进行计算，但比较复杂，而且有关参数不易测定。因此，目前在工程设计中主要使用下述半经验方法估算土层的次固结沉降。

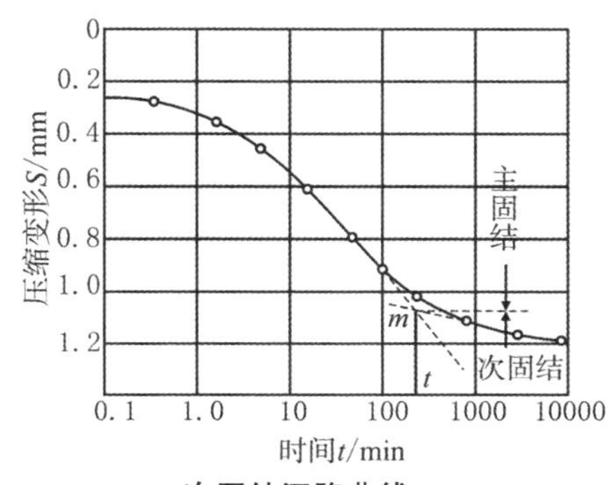

次固结沉降曲线

在室内压缩试验得出的变形 S 与时间对数 $\lg t$ 的关系曲线中，取曲线反弯点前后两段曲线的切线的交点 m 作为主固结段与次固

结段的分界点;设相当于分界点的时间为 t_1,次固结段(基本上是一条直线)的斜率反映土的次固结变形速率,一般用 C_s 表示,称为土的次固结系数。

知道 C_s 就可以按下式计算土层的次固结沉降 S_s:

$$S_s=\frac{H}{1+e_1}C_s\lg\frac{t_2}{t_1}$$

式中,H 和 e_1 分别为土层的厚度和初始孔隙比;t_1 对应于主固结完成的时间;t_2 为欲求次固结沉降量的对应时间。

从上式可以看出,地基土层的次固结沉降量 S_s 主要取决于土的次固结系数 C_s,其取值可参见“次固结系数”词条。

地基沉降的弹性力学公式
elastic formula for settlement

对于大型刚性基础下的一般黏性土、软土、饱和黄土和不能准确取得压缩模量值的地基土,如碎石土、砂土、粉土和花岗岩残积土等,可利用变形模量按下式计算沉降量:

$$S=pB\eta\sum_{i=1}^{n}\frac{\delta_i-\delta_{i-1}}{E_{0i}}$$

式中,S——沉降量,mm;

p——相应于荷载标准值时基础底面处平均压力,kPa;

B——基础底面宽度,m;

δ_i——与 L/B 有关的无因次系数,可查表 1 确定;

E_{0i}——基础底面下第 i 层土按载荷试验求得的变形模量,MPa;

η——修正系数,可查表 2 确定;

n——地基压缩层厚度范围内所划分的分层数;

Z_n——地基压缩层厚度,m。

表 1　δ_i 系数

$m=\frac{2z}{B}$	圆形基础 $B=r$	矩形基础 L/B						条形基础 $L/B\geqslant10$
		1.0	1.4	1.8	2.4	3.2	5.0	
0.0	0.000	0.000	0.000	0.000	0.000	0.000	0.000	0.000
0.4	0.090	0.100	0.100	0.100	0.100	0.100	0.100	0.104
0.8	0.179	0.200	0.200	0.200	0.200	0.200	0.200	0.208

续表

$m=\frac{2z}{B}$	圆形基础 $B=r$	矩形基础 L/B						条形基础 $L/B \geqslant 10$
		1.0	1.4	1.8	2.4	3.2	5.0	
1.2	0.266	0.299	0.300	0.300	0.300	0.300	0.300	0.311
1.6	0.348	0.380	0.394	0.397	0.397	0.397	0.397	0.412
2.0	0.411	0.446	0.472	0.482	0.486	0.486	0.486	0.511
2.4	0.461	0.499	0.538	0.556	0.565	0.567	0.567	0.605
2.8	0.501	0.542	0.592	0.618	0.635	0.640	0.640	0.687
3.2	0.532	0.577	0.637	0.671	0.696	0.707	0.709	0.763
3.6	0.558	0.606	0.607	0.717	0.750	0.768	0.772	0.831
4.0	0.579	0.630	0.708	0.756	0.796	0.820	0.830	0.892
4.4	0.596	0.650	0.735	0.789	0.837	0.867	0.883	0.949
4.8	0.611	0.668	0.759	0.819	0.873	0.908	0.932	1.001
5.2	0.624	0.683	0.780	0.884	0.905	0.948	0.977	1.050
5.6	0.635	0.697	0.798	0.867	0.933	0.981	1.018	1.095
6.0	0.645	0.708	0.814	0.887	0.958	1.011	1.056	1.138
6.4	0.653	0.719	0.828	0.904	0.980	1.031	1.090	1.178
6.8	0.661	0.728	0.841	0.920	1.000	1.065	1.122	1.215
7.2	0.668	0.736	0.852	0.935	1.019	1.038	1.152	1.251
7.6	0.674	0.744	0.863	0.948	1.036	1.109	1.180	1.285
8.0	0.679	0.751	0.872	0.960	1.051	1.128	1.205	1.316
8.4	0.684	0.757	0.881	0.970	1.065	1.146	1.229	1.347
8.8	0.689	0.762	0.888	0.980	1.078	1.162	1.251	1.376
9.2	0.693	0.768	0.896	0.989	1.089	1.178	1.272	1.404
9.6	0.697	0.772	0.902	0.998	1.100	1.192	1.291	1.431
10.0	0.700	0.777	0.908	1.005	1.110	1.205	1.309	1.456
11.0	0.705	0.786	0.992	1.022	1.132	1.238	1.349	1.506
12.0	0.710	0.794	0.933	1.037	1.151	1.275	1.384	1.550

注：1. L 与 B 分别为矩形基础的长度与宽度。
2. z 为基础底面至该层土底面的距离。
3. r 为圆形基础的半径。

表 2 η 系数

指标	$m=\frac{2Z_n}{B}$					
	$0<m\leqslant 0.5$	$0.5<m\leqslant 1$	$1<m\leqslant 2$	$2<m\leqslant 3$	$3<m\leqslant 5$	$5<m$
η	1.00	0.95	0.90	0.80	0.75	0.70

按上式计算沉降时，地基压缩层厚度 Z_n 按下式计算确定：

$$Z_n=(Z_m+\zeta\cdot b)\beta$$

式中，Z_m——与基础长宽比有关的经验值，m，按表 3 确定；

ζ——系数，按表 3 确定；

β——调整系数，按表 4 确定。

表 3 Z_m 值和 ζ 系数

指标	L/B				
	1	2	3	4	5
Z_m	11.6	12.4	12.5	12.7	13.2
ζ	0.42	0.49	0.53	0.60	0.63

表 4 β 系数

指标	碎石土	砂土	粉土	黏性土	软土
β	0.30	0.50	0.60	0.75	1.00

对于一般黏性土、软土和黄土，当未进行载荷试验时，可用反算综合变形模量$\overline{E}_0$ 按下式计算沉降量。

$$S=\frac{pB\eta}{\overline{E}_0}\sum_{i=1}^{n}(\delta_i-\delta_{i-1})$$

式中，$\overline{E}_0$——根据实测沉降反算的综合变形模量，MPa，按下式求得：

$$\overline{E}_0=\alpha\cdot\overline{E}_s$$

式中，α——反算综合变形模量$\overline{E}_0$ 与综合压缩模量$\overline{E}_s$ 的比值，可按表 5 选用。

表 5　比值 α

指标	$\overline{E}_s$/MPa						
	3.0	5.0	7.5	10.0	12.5	15.0	20.0
$\alpha=\dfrac{\overline{E}_0}{\overline{E}_s}$	1.0	1.6	2.6	3.6	4.6	5.6	7.6

三向变形条件下的固结沉降
three-dimensional consolidation settlement

三向变形条件下的固结沉降为考虑三向变形条件的地基沉降计算方法。通常有贝仑(L. Bjerrum)—斯肯普顿(A.W. Skempton)法、黄文熙法等。其中，贝仑—斯肯普顿法比较常用，其表达式为

$$S'_{ct}=[A+(1-\alpha)A]S_{ct}$$

式中，S'_{ct}为考虑三向变形条件的固结沉降；S_{ct}为仅考虑竖向变形条件的固结沉降；α 为与基础形状等因素有关的系数；A 为孔隙压力系数。

贝仑和斯肯普顿已对不同土建议了 A 值，并制作了可供查用的 α 值表。但这种方法只考虑了三向应力状态对初始孔隙水压力分布的影响，而固结沉降量 S_{ct} 和沉降过程的计算还是属于单向课题的。此外孔隙水压力系数 A 值也很难测准，尤其对非饱和土更是如此。故只能认为这种方法是近似的。

黄文熙法是以半无限体弹性理论作为计算地基中附加应力分布和地基变形依据的，其表达式为

$$S_3=\int_0^{H_c}\varepsilon_z\,\mathrm{d}z=\sum_{i=1}^{n}\varepsilon_{zi}H_i$$

式中，S_3 为三向变形条件下的沉降量；H_c 为受压层厚度或沉降计算深度；H_i 为第 i 层土的厚度；ε_{zi} 为第 i 层土的竖向应变；n 为分层数。其中 ε_z 可以写为

$$\varepsilon_z=\frac{1}{E}[\sigma_z-\mu(\sigma_x+\sigma_y)]=\frac{1}{E}[(1+\mu)\sigma_z-\mu\Theta]$$

$$\Theta=\sigma_x+\sigma_y+\sigma_z$$

分层总和法
layerwise summation method

分层总和法只考虑地基的竖向变形，没有考虑侧向变形。其假定地基

的变形同室内侧限压缩试验中的情况基本一致,属一维压缩问题。地基的最终沉降量可用室内压缩试验确定的参数进行计算,其值等于各分层变形量之和,即

$$S=\sum_{i=1}^{n}\Delta S_i=\sum_{i=1}^{n}\frac{e_{1i}-e_{2i}}{1+e_{1i}}H_i=\sum_{i=1}^{n}\frac{a_i(p_{2i}-p_{1i})}{1+e_{1i}}H_i=\sum_{i=1}^{n}\frac{\Delta p_i}{E_{si}}H_i$$

式中,S——地基最终沉降量,mm;

ΔS_i——第 i 层土的压缩量;

H_i——第 i 层土的厚度;

n ——地基沉降计算深度(压缩层厚度)范围内所划分的土层数;

p_{1i}——第 i 分层土的平均自重应力,$p_{1i}=\frac{\sigma_{ci}+\sigma_{c(i-1)}}{2}$;

p_{2i}——第 i 分层土的平均自重应力和平均附加应力之和,$p_{2i}=p_{1i}+\Delta p_i$;

Δp_i——第 i 分层土的平均附加应力,$\Delta p_i=\frac{\sigma_{zi}+\sigma_{z(i-1)}}{2}$;

σ_{ci},$\sigma_{c(i-1)}$——第 i 层土底面和顶面处的自重应力;

σ_{zi},$\sigma_{z(i-1)}$——第 i 层土底面和顶面处的附加应力;

e_{1i},e_{2i}——p_{1i}、p_{2i}在 e-p 曲线上对应的孔隙比;

a_i,E_{si}——第 i 层土的压缩系数(kPa^{-1})和压缩模量(kPa)。

最终沉降量是第 1 层到第 n 层土的变形总和,第 n 层的底面就是受压层(即压缩层)的下限。从下图可以看出,附加应力随深度递减,自重应力随深度增加,到了一定深度之后,附加应力相对于该处原有的自重应力已经很小,引起的压缩变形可以忽略不计,因此沉降算到此深度便可。一般取附加应力与自重应力的比值为 0.2(一般土)或 0.1(软土)的深度(即压缩层厚度)处作为沉降计算深度的界限。在受压层范围内,如某一深度以下都是压缩性很小的岩土层,如密实的碎石土或粗砂、砾砂、基岩等,则受压层只计算到这些地层的顶面即可。

分层总和法的计算步骤如下。

(1) 计算基底附加压力 p_0。

(2) 分层:地下水位面和各土层交界面均需取作分层面;层厚一般取 $0.4B$(B 为基底宽度)或 1~2m。

(3) 计算基底中心线与各分层面交界点处的自重应力 σ_c。

(4) 计算基底中心线与各分层面交界点处的附加应力 σ_z。

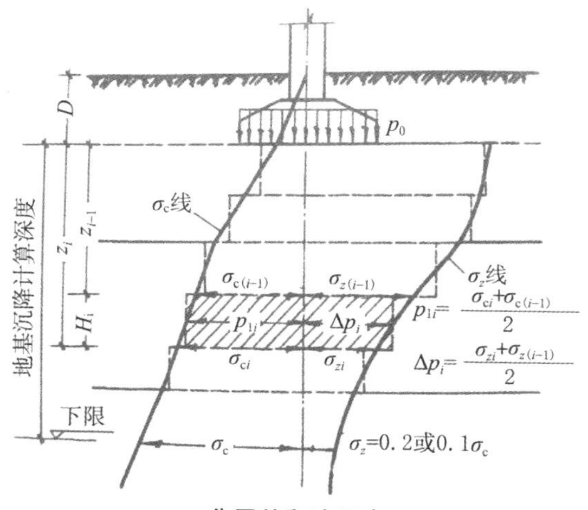

分层总和法示意

（5）计算 p_{1i} 和 p_{2i}。

（6）由 p_{1i} 和 p_{2i} 值在 e-p 曲线上查对应的孔隙比 e_{1i} 和 e_{2i}。

（7）确定地基沉降计算深度（即地基压缩层厚度）：一直往下算，直至 $\sigma_z=0.2\sigma_c$（如其下有高压缩性土，需算至 $\sigma_z=0.1\sigma_c$）。

（8）计算各分层沉降：$\Delta S_i=\frac{e_{1i}-e_{2i}}{1+e_{1i}}H_i$。

（9）计算总沉降：$S=\sum_{i=1}^{n}\Delta S_i$。

规范沉降计算法
settlement computation by specification

一般计算建筑物的沉降均采用单向分层总和法。通过对大量建筑物的沉降观测，并与理论计算相对比，结果发现，理论计算和实际观测值往往不同，有的相差很大。凡是坚实地基，用单向分层总和法计算的沉降值比实测值显著偏大；遇软弱地基，则计算值比实测值偏小。

分析沉降计算值与实测值不符的原因，一方面是单向分层总和法在理论上的假定条件与实际情况不完全符合；另一方面是取土的代表性不够，取原状土的技术不够以及室内压缩试验的准确度欠缺等问题。此外，在沉降计算中，没有考虑地基基础与上部结构的共同作用。这些因素导致了计算值与实测值之间的差异。为了使计算值与实测沉降值相符合，并简化单向分层总和法的计算工作，在总结大量实践经验的基础上，经统计引入沉

降计算经验系数 ψ_s，对分层总和法的计算结果进行修正。因此，便产生了我国《建筑地基基础设计规范》(GB 50007—2011)所推荐的地基最终沉降计算方法(以下简称规范法)。它采用侧限条件下的土体压缩性指标，并应用平均附加应力系数计算，对分层求和得到的地基压缩量采用沉降计算经验系数进行修正，使计算结果更接近于实测值。

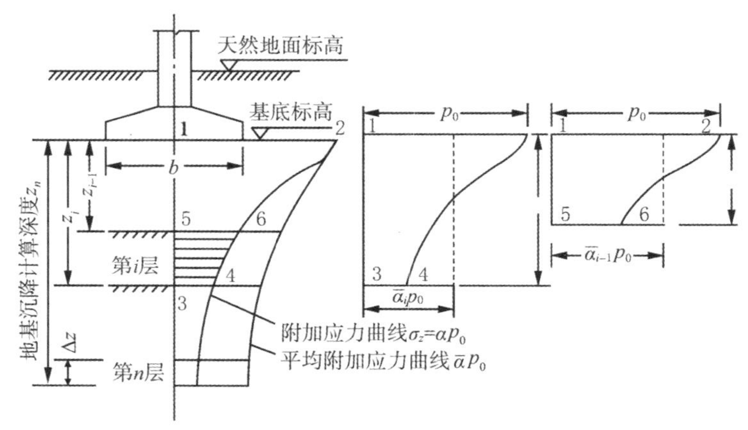

规范法公式的推导

规范法推荐的沉降计算公式：

$$S=\psi_s S'=\psi_s \sum_{i=1}^{n} \Delta S'_i=\psi_s \sum_{i=1}^{n} \frac{p_0}{E_{si}}(z_i \bar{\alpha}_i - z_{i-1}\bar{\alpha}_{i-1})$$

式中，S——地基最终沉降量，mm；

S'——对各分层的变形量 $\Delta S'_i$ 求和得到的地基变形量，mm；

$\Delta S'_i$——在深度 z_n 范围内，第 i 层土的计算变形量；

ψ_s——沉降计算经验系数，根据地区沉降观测资料及经验确定，也可采用表1推荐的数值；

n——地基压缩层(即受压层)范围内所划分的土层数；

p_0——基础底面处的附加压力，kPa；

E_{si}——基础底面下第 i 层土的压缩模量，MPa；

z_i，z_{i-1}——分别为基础底面至第 i 层和第 $i-1$ 层底面的距离，m；

$\bar{\alpha}_i$，$\bar{\alpha}_{i-1}$——分别为基础底面计算点至第 i 层和第 $i-1$ 层底面范围内平均附加应力系数，可查表。

表 1　沉降计算经验系数 ψ_s

基底附加应力	$\overline{E}_s$/MPa				
	2.5	4.0	7.0	15.0	20.0
$p_0 \geqslant f_{ak}$	1.4	1.3	1.0	0.4	0.2
$p_0 \leqslant 0.75 f_{ak}$	1.1	1.0	0.7	0.4	0.2

注：表列数值可内插；f_{ak} 为地基承载力特征值；$\overline{E}_s$ 为沉降计算范围(压缩层)内的压缩模量的当量值，即 $\overline{E}_s=\dfrac{\sum A_i}{\sum A_i/E_{si}}$，其中 $A_i=\int_{z_{i-1}}^{z_i} K\mathrm{d}z$，第 i 层土附加应力系数 K 沿土层厚度的积分值。

为化简压缩模量当量值 $\overline{E}_s$ 的计算，谢康和导得

$$\overline{E}_s=\frac{\sum A_i}{\sum A_i/E_{si}}=\frac{z_n\overline{\alpha}_n}{\sum \Delta S_i'}p_0=\frac{p_0 z_n \overline{\alpha}_n}{S'}$$

经验系数 ψ_s 综合考虑了沉降计算公式中所不能反映的一些因素，如土的工程地质类型不同、选用的压缩模量与实际的出入、土层的非均质性对应力分布的影响、荷载性质的不同与上部结构对荷载分布的调整作用等。

地基受压层计算深度 z_n 可按下述方法确定。

存在相邻荷载影响的情况下，应满足下式要求：

$$\Delta S_n' \leqslant 0.025\sum_{i=1}^{n}\Delta S_i'$$

式中，$\Delta S_n'$——在深度 z_n 处，向上取厚度为 Δz 的计算变形值，Δz 由基础宽度 B 查表 2 取值。

表 2　计算厚度 Δz 值

指标	B/m			
	$B\leqslant 2$	$2<B\leqslant 4$	$4<B\leqslant 8$	$B>8$
Δz/m	0.3	0.6	0.8	1.0

若按上式确定的计算深度 z_n 以下还有软土层，应向下继续计算，直至软土层中按规定厚度 Δz 计算的压缩量满足该式为止。

对不存在或不考虑相邻荷载影响的情况，当基础宽度 B 在 1～30m 范围之内时，基础中点地基沉降计算深度可按下式计算：

$$z_n=B(2.5-0.4\ln B)$$

在多层地基沉降计算时，规范法可以节省计算工作量和时间。

考虑前期固结压力的分层总和法 consolidation settlement calculation according to preconsolidation pressure

考虑前期固结压力 p_c 的分层总和法又称为 e-lgp'法。

1. 正常固结(NC)土的沉降计算

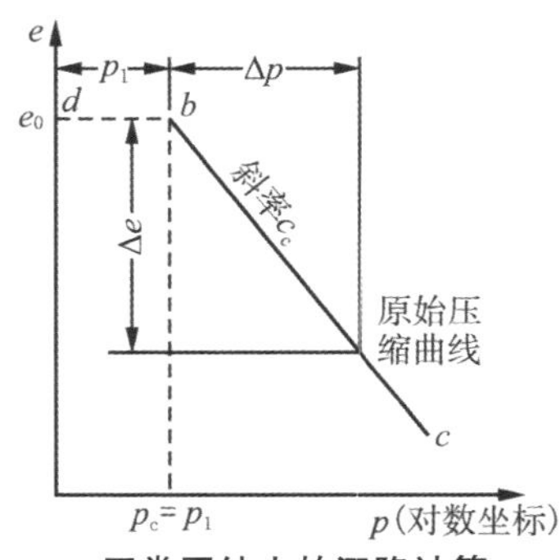

正常固结土的沉降计算

$\Delta e=c_c\lg\left(\frac{p_1+\Delta p}{p_1}\right)$,故沉降计算式为

$$S_c=\sum_{i=1}^{n}\frac{\Delta e_i}{1+e_{0i}}H_i=\sum_{i=1}^{n}\frac{H_i c_{ci}}{1+e_{0i}}\lg\left(\frac{p_{1i}+\Delta p_i}{p_{1i}}\right)$$

式中,H_i——第 i 分层土的厚度;

p_{1i}——第 i 分层土的平均自重应力,$p_{1i}=\frac{\sigma_{ci}+\sigma_{c(i-1)}}{2}$;

Δp_i——第 i 分层土的平均附加应力,$\Delta p_i=\frac{\sigma_{zi}+\sigma_{z(i-1)}}{2}$;

σ_{ci},$\sigma_{c(i-1)}$——第 i 层土底面和顶面处的自重应力;

σ_{zi},$\sigma_{z(i-1)}$——第 i 层土底面和顶面处的附加应力;

e_{0i}——第 i 分层土的初始孔隙比(相应于 p_{1i});

c_{ci}——从原始压缩曲线确定的第 i 分层土的压缩指数。

2. 超固结(OC)土的沉降计算

利用由原始压缩和再压缩曲线分别确定的土压缩指数 c_c 和回弹指数 c_e 进行计算。

超固结(OC)土的沉降计算分两种情况。

(1) 当某分层土的有效应力增量 $\Delta p>p_c-p_1$ 时,有

$$\Delta e_1 = c_e \lg\left(\frac{p_c}{p_1}\right)$$

$$\Delta e_2 = c_c \lg\left(\frac{p_1 + \Delta p}{p_c}\right)$$

$$S_{cn} = \sum_{i=1}^{n} \frac{\Delta e_i}{1+e_{0i}} H_i = \sum_{i=1}^{n} \frac{\Delta e_{1i} + \Delta e_{2i}}{1+e_{0i}} H_i = \sum_{i=1}^{n} \frac{H_i}{1+e_{0i}} \left[c_{ei} \lg\left(\frac{p_{ci}}{p_{1i}}\right) + c_{ci} \lg\left(\frac{p_{1i} + \Delta p_i}{p_{ci}}\right) \right]$$

式中，n——压缩土层中有效应力增量 $\Delta p > p_c - p_1$ 的分层数。

（2）某分层土的有效应力增量 $\Delta p \leqslant p_c - p_1$ 时，有

$$\Delta e = c_e \lg\left(\frac{p_1 + \Delta p}{p_1}\right)$$

$$S_{cm} = \sum_{i=1}^{m} \frac{\Delta e_i}{1+e_{0i}} H_i = \sum_{i=1}^{m} \frac{H_i c_{ei}}{1+e_{0i}} \lg\left(\frac{p_{1i} + \Delta p_i}{p_{1i}}\right)$$

式中，m——压缩土层中有效应力增量 $\Delta p \leqslant p_c - p_1$ 的分层数。

地基总沉降：$S_c = S_{cn} + S_{cm}$。

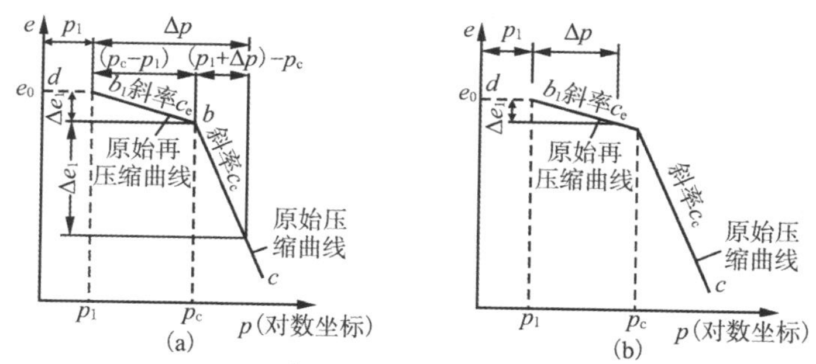

超固结土的沉降计算

应力路径法
stress path method

根据现场地基在建筑物荷载作用下某些代表性的土体单元的实际有效应力路径，在室内进行相应的应力路径试验并量取试样各阶段的垂直应变，然后乘以土层厚度来求得地基沉降计算值的方法称为应力路径法。

回弹模量
modulus of resilience

在侧向不能变形的情况下卸载或再加载时，土体的竖向压应力与竖向应变比称为回弹模量。一般通过常规固结试验测定，与土的压缩模量 E_s

类似,亦可表示为

$$E_r=\frac{1+e_1}{a_e}$$

式中,E_r 为土的回弹模量,kPa;a_e 为土的回弹系数,kPa^{-1};e_1 为卸载后或再加载时土体的孔隙比。

回弹曲线
rebound curve

回弹曲线是试样在常规固结试验中卸载回弹时的孔隙比 e 与压力 p 的关系曲线。可绘制在 e-p 或 e-lg$p$ 直角坐标中。据此,可确定土的回弹系数或回弹指数,以估计土体的回弹变形。

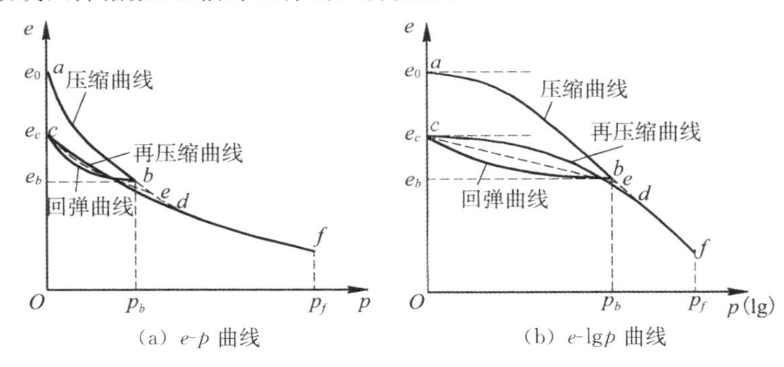

回弹曲线示意

回弹系数
coefficient of resilience

常规固结试验中与卸载阶段和再加载阶段相应的 e-p 曲线段的平均斜率,即 e-p 曲线图中虚线的斜率为回弹系数,可以表示为

$$a_e=-\frac{e_1-e_2}{p_1-p_2}$$

式中,a_e 为土的回弹系数,kPa^{-1};e_1 为卸载后或再加载时土体的孔隙比;e_2 为卸载前或加载后土体的孔隙比;p_1 为卸载后或再加载时的压力,kPa;p_2 为卸载前或加载后的压力,kPa。

回弹指数
swelling index

常规固结试验中与卸载阶段和再加载阶段相应的 e-lg$p$ 曲线段的平均斜率，即 e-lg$p$ 曲线图中虚线的斜率为回弹指数，可以表示为

$$c_e=\frac{e_1-e_2}{\lg p_2-\lg p_1}$$

式中，c_e 为土的回弹指数，无量纲；e_1 为卸载后或再加载时土体的孔隙比；e_2 为卸载前或加载后土体的孔隙比；p_1 为卸载后或再加载时的压力，kPa；p_2 为卸载前或加载后的压力，kPa。

剪胀
dilatancy

土体在剪应力作用下体积增大的现象称为剪胀。这一现象首先被雷诺(O. Reynolds)于 1885 年发现。这表明剪应力亦能引起土体积变化，而一般材料(如钢材)只是在法向力作用下体积发生改变，在剪应力作用下剪切变形发生变化，这两者是独立的。故此，剪胀现象是土的固有特性之一。

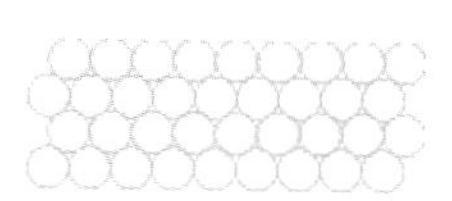
(a) 紧密排列的砂

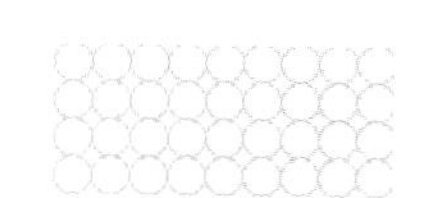
(b) 松散摆列的砂

(c) 沙滩上的剪胀现象

剪胀示意

通常密砂和超固结土在剪切时，体积变大，即发生剪胀，相应的应力—应变曲线呈现软化型。而松砂和正常固结土在剪切时，体积变小，即产生负剪胀(亦称为剪缩)，相应的应力—应变曲线呈现硬化型。

蠕变
creep

蠕变在台湾称为潜变，指在应力不变的情况下，土体的剪应变和体应变仍随时间而增长的现象。土体结构的黏滞阻力的大小决定着土体的蠕变速率。对黏性土而言，其蠕变量随塑性指数和含水量的增大而增大。

弹性平衡状态
state of elastic equilibrium

弹性平衡状态为土的抗剪强度未完全发挥时土体的应力状态。处于这种状态时,土体中的剪应力小于土的抗剪强度。极限应力圆不与莫尔包线相切。

变形模量
modulus of deformation

土的变形模量是指土在无侧限压缩条件下,压应力与相应的压缩应变的比值,用 E_0 表示,单位为 MPa。它是土的压缩性指标之一,可以通过很多方法确定。一般认为,通过现场载荷试验求得的变形模量能较真实地反映天然土层的变形特性。当采用荷载板试验时,可按照下式计算,即

$$E_0=\omega(1-\mu^2)\frac{p_1 B}{S_1}$$

式中,ω 为沉降影响系数,与板的形状、刚度等有关,如方形板 $\omega=0.89$,圆形板 $\omega=0.79$;B 为荷载板的边长或直径,m;S_1 为与所取定的比例界限 p_1 相对应的沉降量,m;μ 为土的侧膨胀系数(泊松比),是指土在无侧限条件下受压时,侧向膨胀应变 ε_x 与竖向压缩应变 ε_z 之比,即 $\mu=\varepsilon_x/\varepsilon_z$。

当采用旁压仪试验来确定土的变形模量 E_0 时,则按下式计算,即

$$E_0=M(1-\mu^2)\frac{p_1}{S_1}a^2$$

式中,M 为旁压系数,与仪器规格、土类等有关;p_1 为旁压试验曲线直线段上的比例极限,kPa;S_1 为与 p_1 相应的量管水位下降稳定值,m;a 为钻孔半径,m。

现场载荷试验设备笨重,历时长和花费多,且目前深层土的载荷试验在技术上极为困难,故土的变形模量常根据室内三轴压缩试验的应力—应变关系曲线来确定,或根据压缩模量来换算。

在土的压密变形阶段,假定土为弹性材料,可根据材料力学理论,推导出变形模量 E_0 与压缩模量 E_s 之间的关系:

$$E_0=E_s\left(1-\frac{2\mu^2}{1-\mu}\right)$$

令 $$\beta=1-\frac{2\mu^2}{1-\mu}$$

则 $E_0=\beta E_s$

当土在侧限条件下受压时，竖向压力增加，必然引起侧向压力的增加，侧向压力 σ_x 与竖向压力 σ_z 之比值，称为土的侧压力系数 K_0，即

$$K_0=\frac{\sigma_x}{\sigma_z}$$

根据材料力学中广义虎克定律可推导求得 K_0 与 μ 的相互关系：

$$K_0=\frac{\mu}{1-\mu}$$

$$\mu=\frac{K_0}{1+K_0}$$

土的侧压力系数可由专门仪器测得，但侧膨胀系数不易直接测定，可根据土的侧压力系数计算求得。一般情况下可参照下表选用 K_0 和 μ 值。

土的 K_0 和 μ 的参考值

土的类别	土的状态	K_0	μ
卵砾土 砾土 粉土		0.18～0.25 0.25～0.33 0.25	0.15～0.20 0.20～0.25 0.20
粉质黏土	坚硬 可塑 软塑或流塑	0.33 0.43 0.53	0.25 0.30 0.35
黏土	坚硬 可塑 软塑或流塑	0.33 0.54 0.72	0.25 0.35 0.42

根据理论分析，当 μ 从 0 变化到 0.5 时，β 值从 1 变化到 0，即 E_0/E_s 的比值在 0～1 之间变化。因为 E_0 是无侧限条件下的变形模量，其应变比有侧限条件时大，故一般应是 $E_0<E_s$。

因此，除现场试验测定外，可以用压缩试验求得的 E_s 乘以 β 值来换算得到土的变形模量 E_0。有时也可根据统计地区性经验回归方程得到经验公式进行 E_0 与 E_s 的换算。

泊松比
Poisson's ratio

土体在竖向应力作用下，侧向自由变形时产生的侧向应变与竖向应变的比值（以压缩变形为正）称为泊松比，常用 μ 来表示，又称为侧膨胀系

数,即

$$\mu=\frac{\varepsilon_x}{\varepsilon_z}$$

其值随着应力水平而变,但对工程计算一般影响较小。

体积变形模量
volumetric deformation modulus

体积变形模量又称土的弹性体积模量,常用 K 表示,系土体在三向应力作用下的平均应力与体积应变之比:

$$K=\frac{p}{\varepsilon_V}$$

式中,$p=\frac{1}{3}(\sigma_x+\sigma_y+\sigma_z)$为土中某点的平均应力,kPa;$\varepsilon_V=\varepsilon_x+\varepsilon_y+\varepsilon_z$ 为土的体积应变。

土的体积变形模量 K 与变形模量 E_0 和泊松比 μ 之间有如下的关系:

$$K=\frac{E_0}{3(1-2\mu)}$$

体积压缩系数
coefficient of volume compressibility

体积压缩系数为土体在侧限条件下体积应变与竖向压力的比,数值上它与土的压缩模量互为倒数:

$$m_V=\frac{1}{E_s}=\frac{a}{1+e_1}$$

式中,m_V 为土体体积压缩系数,kPa^{-1};E_s 为土的压缩模量,kPa;a 为土的压缩系数,kPa^{-1};e_1 为加载前土体的孔隙比。

压缩层
compressed layer

压缩层又称受压层,为由于建筑物荷重在地基中产生的附加应力而引起压缩变形的土层。按照弹性理论,附加应力的分布可以无穷深,但在实际计算基础的沉降时,只考虑某一深度范围内(压缩层)土层的压缩变形,其厚度是从基础底面起至压缩层下限面的深度,并认为该深度以下土层压缩变形小到可以忽略不计。压缩层下限的确定有两种方法,一种是在压缩

层下限处应满足地基中的附加应力σ_z小于或等于0.1～0.2倍土自重应力σ_c，即

$$\sigma_z \leqslant (0.1 \sim 0.2)\sigma_c$$

另一种是从压缩层下限向上取Δz厚度的压缩变形量$\Delta S'_n$小于或等于0.025倍压缩层范围内总的沉降量，即应满足：

$$\Delta S'_n \leqslant 0.025\sum_{i=1}^{n}\Delta S'_i$$

式中，$\Delta S'_i$为第i层土的变形量；n为土层数。具体方法可参考我国《建筑地基基础设计规范》(GB 50007—2011)。

9 变形

压缩模量
compression modulus

压缩模量又称侧限变形模量、侧限压缩模量，用E_s表示。E_s是土在侧限条件下受压时压应力σ_z与相应的应变ε_z之间的比值，即

$$E_s = \frac{\sigma_z}{\varepsilon_z}$$

因为

$$\sigma_z = p_2 - p_1$$

$$\varepsilon_z = \frac{\Delta h_1}{h_0} = \frac{e_1 - e_2}{1 + e_1}$$

故压缩模量E_s与压缩系数a的关系为

$$E_s = \frac{p_2 - p_1}{e_1 - e_2}(1 + e_1) = \frac{1 + e_1}{a}$$

式中，a为压力从p_1增加至p_2时的压缩系数；e_1、e_2分别为压力p_1、p_2时对应的孔隙比。

压缩模量E_s是以另一种方式表示的土的压缩指标，E_s越小土的压缩性越高。但E_s与a一样，对同一种土来说都是变量。为了便于应用，通常采用压力间隔p_1=100kPa和p_2=200kPa所得的压缩模量，即可将上式改写为

$$E_{s(1-2)} = \frac{1 + e_1}{a_{1-2}}$$

压缩曲线
compression curve

压缩曲线是试样在常规固结试验中的孔隙比e与所受压力p的关系

曲线,用来表示土的压缩试验成果。在室内常规固结试验中,首先根据试验前土样的重度、含水量及土粒比重等指标求出土样的初始孔隙比 e_0,然后按下式求出各级荷载下压缩稳定后的孔隙比 e_i,即

$$e_i = e_0 - \frac{S_i}{h_0}(1+e_0)$$

式中,h_0 为试样的初始高度,m;S_i 为某级荷载作用下试样压缩稳定后的累积变形量,m。

在普通的直角坐标系中绘制的 e-p 压缩曲线是工程中常用的表示土体压缩性的一种关系曲线。在实用中还有另一种表示压缩曲线的方法,即半对数坐标系中的 e-$\lg p$ 曲线。

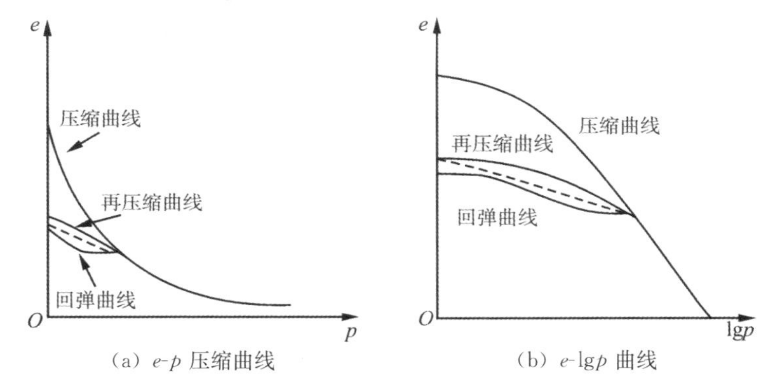

压缩曲线示意

压缩系数
coefficient of compressibility

在由常规压缩试验得到的孔隙比与压力的关系曲线(e-p 曲线)上,当压力的变化范围不大时,可将压缩曲线上相应一小段曲线 M_1M_2 近似地用直线来代替。若 M_1 点的压力为 p_1,相应孔隙比为 e_1,M_2 点的压力为 p_2,相应孔隙比为 e_2,则 M_1M_2 段的斜率可用下式表示:

$$a = \tan\alpha = -\frac{\Delta e}{\Delta p} = \frac{e_1 - e_2}{p_2 - p_1}$$

这个公式是土的力学性质的基本定律之一,称压缩(或压密)定律。它表明:在压力变化范围不大时,孔隙比的变化值(减小值)与压力的变化值(增加值)成正比。其比例系数称为压缩系数,用符号 a 表示,单位为 MPa^{-1}。

压缩系数是表示土的压缩性大小的主要指标,其值越大,表明在某压

力变化范围内孔隙比减少得越多，土的压缩性就越高。但同一种土的压缩系数并不是常数，而是随所取压力变化范围的不同而改变。因此，评价不同类型和状态土的压缩性大小时，必须在同一压力变化范围来比较。在《建筑地基基础设计规范》（GB 50007—2011）中规定，以 $p_1=0.1\text{MPa}$，$p_2=0.2\text{MPa}$ 时相应的压缩系数 a_{1-2} 作为判断土的压缩性的标准。

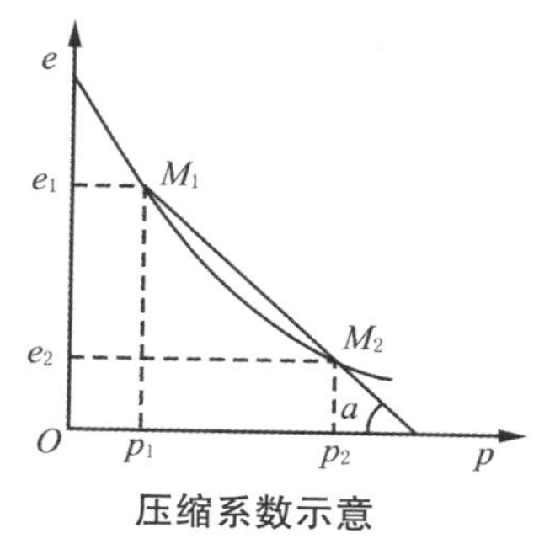

压缩系数示意

低压缩性土：$a_{1-2}<0.1\text{MPa}^{-1}$

中等压缩性土：$0.1\text{MPa}^{-1}\leqslant a_{1-2}<0.5\ \text{MPa}^{-1}$

高压缩性土：$a_{1-2}\geqslant 0.5\ \text{MPa}^{-1}$

压缩指数
compression index

常规压缩试验 e-$\lg p$ 曲线上直线段的斜率为压缩指数，一般按下式计算：

$$C_c=\frac{e_1-e_2}{\lg(p_2/p_1)}$$

式中，C_c 为土的压缩指数，无量纲；p_1 为地基中某计算点的竖向自重应力，kPa；p_2 为该计算点的竖向自重应力 p_1 与附加压力之和，kPa；e_1、e_2 分别为 e-$\lg p$ 曲线上相应于 p_1 和 p_2 的孔隙比。

土的压缩指数 C_c 与压缩系数 a 一样，是土压缩性指标的两种不同的表示形式。C_c 越大，土的压缩性越高，但压缩系数 a 随初始压力和压力增量而变，而 C_c 值则在相当大的压力范围内（有的达 1600kPa）可视为一个常数。

原始压缩曲线
virgin compression curve

原始压缩曲线又称现场压缩曲线或原位土的压缩曲线。由于取土样本时受到不可避免的扰动和其他因素的影响，土的原始压缩曲线无法在室内试验获得，故通常由室内常规固结试验得到的 e-$\lg p$ 曲线推求。正常固结土的原始压缩曲线推求方法如下。

（1）假设试样的初始孔隙比 e_0 就是原来土的初始孔隙比。即认为取

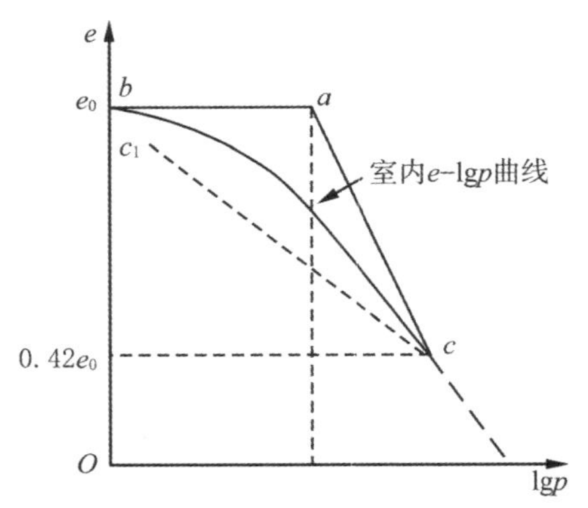

正常固结土的原始压缩曲线推求示意

土时没有使土的孔隙比发生变化。

（2） p_c 以前的压缩曲线是一条孔隙比为 e_0 的水平线$\overline{ab}$。

（3） p_c 之后的压缩曲线是一条斜直线$\overline{ac}$。自 a 点开始至压力相当大处它与室内试验的压缩曲线交于某点 c，c 点对应的孔隙比约等于 $0.42e_0$，则折线$\overline{bac}$即为天然土层的原始压缩曲线。

原始压缩曲线的绘制实际上是基于如下的假定：当天然土层受到小于先期固结压力 p_c 的外加荷载时将不产生变形或只有微小的变形；当压力大于 p_c 后，将因历史上的天然强度被克服，结构被破坏而产生变形；但外力相当大时，原状结构土样产生很大的压缩变形，这时土的结构完全被破坏，因此其压缩曲线在 c 点将与完全扰动的土样的压缩曲线$\overline{cc_1}$同时交于一点。

再压缩曲线
recompression curve

土体在常规固结试验中卸载后又逐级加荷、重新压缩时，其孔隙比 e 与压力 p 的关系曲线称为再压缩曲线。可绘制直角坐标系中的 e-p 压缩曲线，或半对数坐标系中的 e-lg$p$ 曲线。

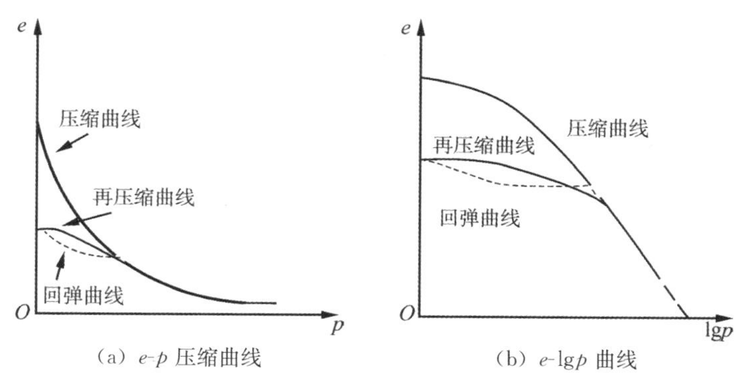

（a）e-p 压缩曲线　　（b）e-$\lg p$ 曲线

再压缩曲线示意

建筑物的地基变形允许值
allowable settlement of buildings

建筑物的地基变形允许值为不影响正常使用时建筑物地基允许的变形量，包括绝对沉降、不均匀沉降和倾斜等。建筑物及其使用要求不同，因此有不同的地基变形允许值。建筑物的地基变形允许值见下表。对表中未包括的其他建筑物的地基变形允许值，可根据上部结构对地基变形的适应能力和使用上的要求确定。

目前，对可能出现过大沉降或差异沉降的情况，通常从以下几个方面采取措施。

（1）采用轻型结构、轻型材料，尽量减轻上部结构自重；减少填土，增设地下室，尽量减小基础底面附加应力。

（2）妥善处理局部软弱土层，如暗浜、墓穴、杂填土、吹填土和建筑垃圾、工业废料等。

（3）调整基础形式、大小和埋置深度；必要时采用桩基或深基础。

（4）尽量避免复杂的平面布置，并避免同一建筑物各组成部分的高度以及作用荷载相差过多。

（5）加强基础的刚度和强度，如采用十字交叉形基础、箱形基础。

（6）在可能产生较大差异沉降的位置或分期施工的单元连接处设置沉降缝。

（7）在砖石承重结构墙体内设置钢筋混凝土圈梁（在平面内呈封闭系统，不断开）。

（8）预留吊车轨道高程调整余地。

建筑物的地基变形允许值

变形特征	地基土类别	
	中、低压缩性土	高压缩性土
砌体承重结构基础的局部倾斜	0.002	0.003
工业与民用建筑相邻柱基的沉降差 框架结构 砌体墙填充的边排柱 当基础不均匀沉降时不产生附加应力的结构	 $0.002l$ $0.0007l$ $0.005l$	 $0.003l$ $0.001l$ $0.005l$
单层排架结构(柱距为6m)柱基的沉降量/mm	(120)	200
桥式吊车轨面的倾斜(按不调整轨道考虑) 纵向 横向	 0.004 0.003	
多层和高层建筑的整体倾斜 $H_g \leqslant 24$ $24 < H_g \leqslant 60$ $60 < H_g \leqslant 100$ $H_g > 100$	0.004 0.003 0.0025 0.002	
体型简单的高层建筑基础的平均沉降量/mm	200	
高耸结构基础的倾斜 $H_g \leqslant 20$ $20 < H_g \leqslant 50$ $50 < H_g \leqslant 100$ $100 < H_g \leqslant 150$ $150 < H_g \leqslant 200$ $200 < H_g \leqslant 250$	0.008 0.006 0.005 0.004 0.003 0.002	

注:1. 本表数值为建筑物地基实际最终变形允许值。
2. 有括号者仅适用于中压缩性土。
3. l 为相邻柱基的中心距离(mm);H_g 为自室外地面起算的建筑物高度(m)。
4. 倾斜指基础倾斜方向两端点的沉降差与其距离的比值。
5. 局部倾斜指砌体承重结构沿纵向6～10m内基础两点的沉降差与其距离的比值。

(9) 防止施工开挖、降水不当恶化地基土的工程性质。

(10) 对高差较大、重量差异较多的建筑物相邻部位采用不同的施工进度,先施工荷重大的部分,后施工荷重小的部分。

(11) 控制大面积地面堆载的高度、分布和堆载速率。

以上措施,有的是设法减小地基沉降量,尤其是差异沉降量,有的是设法提高上部结构对沉降和差异沉降的适应能力。设计时,应从具体工程情况出发,因地制宜,选用合理、有效、经济的一种或几种措施。

10 固　结

固结
consolidation

与金属等其他连续介质材料不同，土体受荷后的变形并非瞬间就能完成，而是随时间逐步发展并趋稳定的。土体变形随时间发展的这一现象或过程称为固结。

研究土体的固结常用的室内试验有：用常规固结（压缩）仪进行的固结（压缩）试验，以及用常规三轴仪进行的各向等压固结试验等。

按固结过程中产生变形机理的不同，土体的固结过程可以分为主固结和次固结两个阶段，其间发生的相应变形分别称为主固结变形和次固结变形。对于主固结而言，渗流和变形是其两大元素，两者在土体主固结过程中同时发生，缺一不可。以饱和土为例，主固结系指土体受荷后其孔隙中部分自由水随时间逐渐排（渗）出，超静孔隙水压力不断消散，有效应力不断增大，孔隙体积逐渐减小，强度逐渐提高，土体变形逐步发展的过程。这一过程是以土中发生渗流为其主要特征的，土体变形的速率也取决于孔隙水的排出速率，因而又常称为渗透固结。而次固结一般是指土体在渗透固结过程终止后由于土中结合水以黏滞流动的形态移动，水膜厚度发生相应变化使土骨架蠕变而继续发生与土孔隙中自由水排出速率无关的极为缓慢的变形过程。

应该说明，在实际土体固结过程中，渗流和蠕变也可能同时发生，将土体的固结人为地分为主、次固结两个阶段并不完全合理，主要是为了方便工程计算。

主固结
primary consolidation

土体固结过程中渗流和变形同时发生的行为称为主固结。

饱和黏性土的主固结过程就是土体中孔隙水逐渐排出、超孔隙水压力逐渐消散直至为零、有效应力不断增加至最大、抗剪强度逐渐增长、变形逐步发展的过程。这一过程是以土中发生渗流为其主要特征的,故也称为渗流固结。

主固结历时的长短主要取决于土的压缩性、渗透性和土层排水距离的大小。

次固结
secondary consolidation

次固结是指主固结过程(超静孔隙水压力消散过程)结束后,在有效应力不变的情况下,土的骨架仍随时间继续发生变形的过程。这种变形的速率已与孔隙水排出的速率无关,而是取决于土骨架本身的蠕变性质。次固结变形包括剪应变,也包括体积变化。

次固结的机理已不能用(主)固结理论和有效应力原理来解释。一般认为次固结是土中结合水以黏滞流动的形态缓慢移动,水膜厚度相应地发生变化,使土骨架产生蠕动,因而表现出在外荷载没有增大,即常应力下孔隙水压力消散完毕之后变形仍在发展的情况。有机质含量高的土,其次固结变形量所占总沉降量的比例就会很大。次固结变形量的计算参见“次固结沉降”词条。

有效应力原理
principle of effective stress

对饱和土而言,土颗粒间的孔隙中充满水。当地基受外力作用时,土骨架和孔隙水分别受力,形成两个独立的受力体系。两个力系各自保持平衡但又互相联系,主要表现在它们对应力的分担和互相传递。土的变形取决于土骨架的变形或土中孔隙体积的减小,而土的抗剪强度则取决于颗粒间的连接情况,其本质是土的变形与强度取决于颗粒之间传递应力即有效应力的大小。

太沙基(K. Terzaghi)早在1923年就提出了有效应力原理的基本概念,阐明了碎散颗粒材料与连续固体材料在应力—应变关系上的重大区别。有效应力原理是土力学区别于一般固体力学的一个最重要的原理,它贯穿于土力学的整个学科,是使土力学成为一门独立学科的重要标志。太沙基建立的描述饱和土体中总应力、有效应力及孔隙水压力三者之间关系的定律,即有效应力原理,是现代土力学赖以建立的支柱之一。该原理认为:饱和土体中总应力σ为有效应力σ'与孔隙水压力u之和,即

$$\sigma=\sigma'+u \text{ 或 } \sigma'=\sigma-u$$

毕肖普(A.W. Bishop,1955)进一步将太沙基有效应力原理推广用于非饱和土,提出了更一般的表达式:

$$\sigma=\sigma'+u_a-\chi(u_a-u_w)$$

式中,u_a为孔隙气压力;u_w为孔隙水压力;χ是一个与饱和度有关的参数,对于饱和土,$\chi=1$,对于干土,$\chi=0$。

目前已研制出可以测定非饱和土体中孔隙气压力的新仪器。

一维固结
one-dimensional consolidation

土体固结过程中如渗流和变形均仅沿一个方向(例如竖向)发生,则称为一维(或单向)固结。一维固结中的土体一般均处于K_0固结状态。

土样在常规固结试验中所经历的压缩固结过程就是典型的一维固结问题。实际工程中由于荷载作用面积不可能无限大,地基固结时,渗流和变形通常发生在两个或两个以上方向,因此一般属于多维固结问题。但对于大面积均布荷载或当荷载面积远大于压缩固结土层厚度时,地基中将主要发生竖向渗流和变形,此时可将其近似简化为一维固结问题。

多维固结
multi-dimensional consolidation

地基土体在荷载作用下发生固结,其中变形和渗流发生在两个或两个方向以上,就称为多维固结。实际工程中发生的固结问题均为多维固结问题。

变形和渗流均发生在两个方向的固结问题被称为二维固结问题或平面固结问题,例如路堤荷载作用下天然地基的固结即属于二维或平面固结问题;变形和渗流均发生在三个方向的固结问题被称为三维固结问题或空

间固结问题,例如矩形储仓荷载作用下天然地基的固结即属于三维或空间固结问题;变形和渗流发生在竖向和平面轴对称方向的固结被称为空间轴对称固结问题,例如圆形油罐荷载作用下天然地基的固结即属于空间轴对称固结问题。

在某些复杂情况下地基的固结中发生的变形和渗流还可能分别具有不同的维数。例如对于路堤荷载作用下砂井地基的固结,其中发生的变形是二维或平面的,而渗流则因砂井的存在必是三维或空间的,谢康和称其为平面变形、空间渗流(简称为 PDSS,即 plane deformation, spatial seepage)固结问题。

固结理论
theory of consolidation

描述土体固结规律的数学模型及其解答的理论称为固结理论,在中国台湾称为压密理论。该数学模型一般由一个或数个微分方程组成,称为固结(控制)方程。结合边界条件和初始条件,通过对固结方程的求解,定量分析土体在荷载作用下超孔隙水压力、有效应力和变形等随时间发展的过程和规律。现在比较成熟的固结理论主要是太沙基一维固结理论(Terzaghi,1924),太沙基—伦杜列克固结理论(Terzaghi & Rendulic,1935),比奥固结理论(Biot,1940)以及砂井地基固结理论。

由有效应力原理和固结理论可知,饱和黏性土的变形过程是土体中超孔隙水压力逐渐消散的过程,是有效应力逐渐增加的过程,也是土的抗剪强度逐渐增加的过程。这种超孔隙水压力转换为有效应力的速率主要取决于土中孔隙水的排出速率,与土的压缩性、渗透性和土层厚度有关。根据固结理论,不仅可以得到不同时刻土体中不同深度孔隙水压力或有效应力值的大小,还可计算出不同时刻的土体变形。

固结理论是土力学中很重要的理论,在实际中也很有意义。利用固结理论可以控制施工进度和加载速率,使之与土体抗剪强度的增长速率相适应。从施工开始到施工结束,都要保证建筑物荷载在土中引起的剪应力不大于随孔隙水压力消散而不断增长的土体抗剪强度,否则建筑物就有可能遭到破坏。另外,利用渗透固结理论可以进行地面沉降的预测。

固结度
degree of consolidation

固结度这一概念最早是由太沙基针对一维(主)固结问题提出来的。

在一维固结状况下，对地基中的某一点或某一深度而言，该处的有效应力 σ'_z 与总应力 p(其值与起始超孔隙水压力 u_0 相等)的比值，也即超孔隙水压力 u 的消散部分 u_0-u 与起始超孔隙水压力 u_0 的比值，称为该点或该深度土的固结度，表示为

$$U_z=\frac{\sigma'_z}{p}=\frac{u_0-u}{u_0}=1-\frac{u}{u_0}$$

对工程而言，更有意义的是地基或土层的平均固结度。地基某时刻的沉降 S_{ct} 与最终沉降 $S_{c\infty}$ 的比值，称为平均固结度：

$$U=\frac{S_{ct}}{S_{c\infty}}$$

式中，$S_{ct}=\int_0^{H_s}\varepsilon_z\mathrm{d}z=\int_0^{H_s}\frac{\sigma'_z}{E_s}\mathrm{d}z$；$S_{c\infty}=S_{ct}\big|_{t=\infty}=\int_0^{H_s}\frac{\sigma'_z\big|_{t=\infty}}{E_s}\mathrm{d}z=\int_0^{H_s}\frac{p}{E_s}\mathrm{d}z$；$E_s$ 为地基土体的压缩模量；H_s 为固结土层的厚度。

$$于是有：U=\frac{S_{ct}}{S_{c\infty}}=\frac{\int_0^{H_s}\sigma'_z\mathrm{d}z}{\int_0^{H_s}p\mathrm{d}z}=\frac{\overline{\sigma}'_z}{\overline{p}}=1-\frac{\int_0^{H_s}u\mathrm{d}z}{\int_0^{H_s}u_0\mathrm{d}z}=1-\frac{\overline{u}}{\overline{u}_0}$$

式中，$\overline{u}=\frac{1}{H_s}\int_0^{H_s}u\mathrm{d}z$，为平均超静孔压。

从上式可见，将地基平均固结度定义为地基某时刻的(主)固结沉降 S_{ct} 与最终(主)固结沉降 $S_{c\infty}$ 之比(简称按变形定义或按应变定义)和将其定义为地基某时刻的平均有效应力(或所消散的平均超静孔压)$\overline{\sigma}'_z$ 与平均总应力 $\overline{p}$ 之比(简称按应力定义或按孔压定义)是等价的。还可见，平均固结度也是地基中某时刻的有效应力面积(即 $\int_0^{H_s}\sigma'_z\mathrm{d}z$)与总应力面积(即 $\int_0^{H_s}p\mathrm{d}z$)之比。

需要强调，上段论述仅对均质地基的一维线弹性固结问题才是正确的，而对于成层地基固结、多维(二或三维)固结以及非线性固结等复杂情况，将地基平均固结度按应变定义与按应力定义是不同的，必须加以区别。

地基某时刻平均固结度的大小说明了该时刻地基压缩和固结的程度。

例如$U=50\%$即说明此时地基的固结沉降已达最终沉降的一半,地基的固结程度已达50%。

超静孔隙水压力
excess pore water pressure

超静孔隙水压力指孔隙水压力中超过静止水压力的那部分压力,又称为超孔隙水压力,或简称为超静孔压、超孔压。系指土体受外力作用后,由孔隙中的水所分担和传递的应力。随着土中水的排出,超孔隙水压力会逐渐消散。

太沙基一维固结理论
Terzaghi's one-dimensional consolidation theory

太沙基一维固结理论是太沙基于1925年为定量分析饱和土的一维固结过程而建立的理论。太沙基一维固结模型中,弹簧代表土骨架,弹簧之间的水代表孔隙水,活塞上面的小孔代表渗透性。外荷载$p=p_0/A$(A为活塞面积)作用前,土中的孔隙水只有静水压力;在荷载p施加的瞬间,水还来不及从孔隙中排出,弹簧未压缩,荷载p全部由孔隙水来承担,此时,土体尚未发生压缩变形,超静孔隙水压力$u=p$;随着时间的推移,水不断向外排出,弹簧受到压缩,超静孔隙水压力开始消散,有效应力σ'随之增大,土体压缩变形逐渐发展,但在任一时刻,总应力σ恒等于p,而σ',u和σ三者之间服从有效应力原理,即$\sigma'=\sigma-u$。最后超静孔隙水压力消散为零,弹簧压缩稳定,荷载全部由弹簧承担,即有效应力$\sigma'=p$,土体变形稳定,整个固结过程结束。

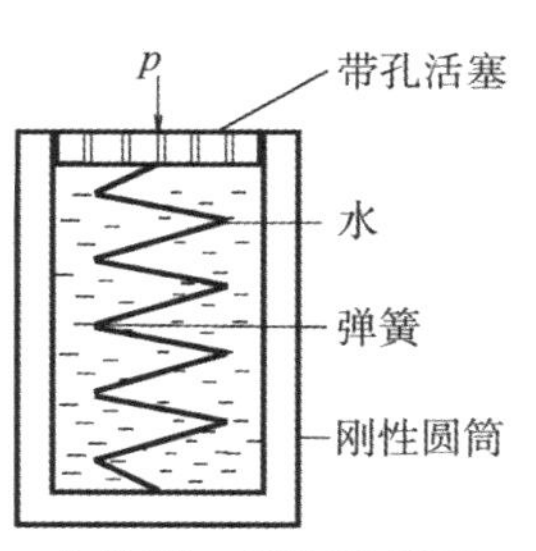

太沙基一维固结模型

通过上述模型分析可以看出,在整个渗透固结过程中,超静孔隙水压力、有效应力和变形均是深度z和时间t的函数。但上述固结模型只是从定性上说明了饱和土一维固结过程中土中超孔隙水压力、有效应力和变形的变化规律,而要从定量上说明,尚需进一步建立相应的数学模型,即建立描述土体固结过程的数学方程(称为固结方程),并获得超孔隙水压力等解。为此,太沙基基于此固结模型做出了以下假定。

(1) 土层是均质的、完全饱和的。

(2) 土体的变形是微小的。

(3) 土颗粒和孔隙水是不可压缩的。

(4) 土中水的渗出和土层的压缩只沿一个方向(竖向)发生。

(5) 土中渗流服从达西定律。

(6) 土的压缩系数 a 保持不变。

(7) 土的渗透系数 k 保持不变。

(8) 外荷载连续均布且一次瞬时施加。

基于以上假定,太沙基根据土微元体的渗流连续条件建立了饱和土的一维固结方程。

从土层中深度 z 处取一微元体(断面积$=1\times1$,厚度$=\mathrm{d}z$)做分析。

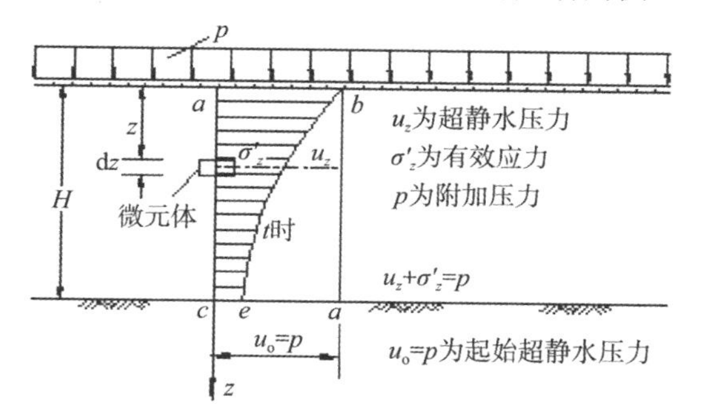

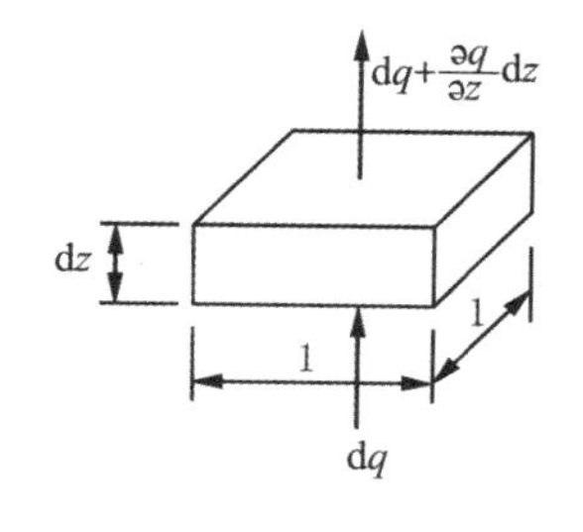

典型的一维固结问题

在此微元体中:

固体体积 $\quad V_s=\dfrac{1}{1+e_1}\mathrm{d}z=$常量 $\quad$ (a)

土体体积 $\quad V=(1+e)V_s=\dfrac{1+e}{1+e_1}\mathrm{d}z$ $\quad$ (b)

在 $\mathrm{d}t$ 时间内,微元体中土体体积的变化(减小)等于同一时间内从微元体中流出的水量,亦即

$$-\frac{\partial V}{\partial t}\mathrm{d}t=\frac{\partial q}{\partial z}\mathrm{d}z\,\mathrm{d}t \tag{c}$$

式中,e_1 为渗流固结前土的孔隙比;e 为固结过程中任一时刻土的孔隙比;q 代表单位时间内流过微元体单位横截面积的水量。

从式(b)可得

$$\frac{\partial V}{\partial t}\mathrm{d}t=\left(\frac{\mathrm{d}z}{1+e_1}\right)\frac{\partial e}{\partial t}\mathrm{d}t$$

代入式(c),得

$$-\frac{1}{1+e_1}\frac{\partial e}{\partial t}=\frac{\partial q}{\partial z} \tag{1}$$

上式是饱和土体渗流固结的基本关系式。由于 $\Delta e=-a\Delta\sigma'_z$，且 $\sigma'_z=p-u$，故有

$$\frac{\partial e}{\partial t}=-a\frac{\partial\sigma'_z}{\partial t}=a\frac{\partial u}{\partial t} \tag{d}$$

根据达西定律

$$q=ki=-\frac{k}{\gamma_w}\frac{\partial u}{\partial z} \tag{e}$$

将式(d)和(e)代入式(1)，得

$$\frac{k(1+e_1)}{a\gamma_w}\frac{\partial^2 u}{\partial z^2}=\frac{\partial u}{\partial t}$$

$$\text{或 } c_v\frac{\partial^2 u}{\partial z^2}=\frac{\partial u}{\partial t} \tag{2}$$

式中，c_v 称为土的竖向固结系数(m^2/s 或 cm^2/s)，参见“固结系数”词条。

式(2)即为著名的太沙基一维固结方程。该方程是以超孔压 u 为未知函数，竖向坐标 z 和时间 t 为变量的二阶线性偏微分方程。其求解尚需初始条件和边界条件。

当 $t=0$ 时，超静孔压等于荷载 p，即 $u=\sigma=p$。由此可得初始条件

$$t=0, 0\leqslant z\leqslant H: u=u_0=p$$

对于单面排水情况，即土层顶面($z=0$ 处)为透水边界、土层底面($z=H$ 处)为不透水边界时，边界条件可写为

$$0<t<\infty, z=0: u=0$$

$$0<t<\infty, z=H: \frac{\partial u}{\partial z}=0$$

太沙基(1925)首次给出了固结方程(2)满足上述初始条件和边界条件的解答：

$$u=p\sum_{m=1}^{\infty}\frac{2}{M}\sin\left(\frac{Mz}{H}\right)e^{-M^2T_v} \tag{3}$$

式中，$M=\frac{\pi}{2}(2m-1)$，$m=1,2,3\cdots$；H 为固结土层的最大竖向排水距离，对于单面排水情况也即为土层厚度；$T_v=\frac{c_v t}{H^2}$，竖向固结时间因子，无量纲。

对于双面排水情况，即当土层顶面和底面均为透水边界时，只需在上

式中将 H 代以 $H/2$ 即可。

为统一起见，可记地基土层厚度为 H_s，则对于单面排水情况，土层的最大竖向排水距离 $H=H_s$，对于双面排水情况，$H=H_s/2$。

据式(3)可绘制超静孔压分布曲线，又称为超静孔压等时线。超静孔压沿深度逐渐增大，随时间逐渐减小（消散）。

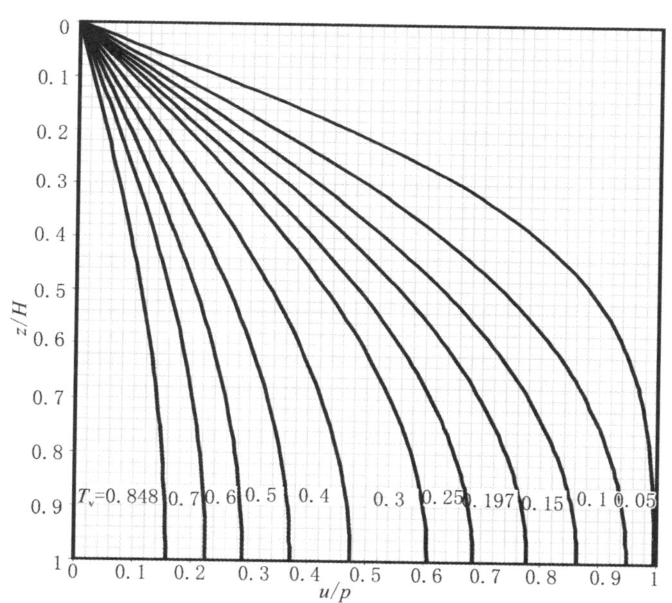

单面排水且初始孔压均布条件下的超静孔压分布曲线

地基平均固结度 U（参见“固结度”词条）为

$$U=1-\frac{\overline{u}}{p}=1-\sum_{m=1}^{\infty}\frac{2}{M^2}e^{-M^2T_v} \text{ 或 } U=1-\frac{8}{\pi^2}\left[e^{-\frac{\pi^2}{4}T_v}+\frac{1}{9}e^{-\frac{9\pi^2}{4}T_v}+\frac{1}{25}e^{-\frac{25\pi^2}{4}T_v}\cdots\right] \tag{4}$$

当 $U\leqslant 60\%$ 时，可用下式替代上式：

$$U=2\sqrt{T_v/\pi}=1.128\sqrt{T_v} \text{ 或 } T_v=\frac{\pi}{4}U^2=0.7854U^2$$

当 $U\geqslant 30\%$ 时，则可仅取首项（$m=1$）计算：

$$U=1-\frac{8}{\pi^2}e^{-\frac{\pi^2}{4}T_v} \text{ 或 } T_v=-\frac{4}{\pi^2}\ln\left[\frac{\pi^2}{8}(1-U)\right]=-0.933\lg(1-U)-0.085$$

而当 $30\%\leqslant U\leqslant 60\%$ 时，以上两近似式的计算结果非常接近，故此时可采用该两式中的任一式计算 U。

据式(4)可绘制平均固结度—时间因子关系曲线,参见“初始孔压非均布的一维固结解”词条。平均固结度达到50%和90%时,对应的时间因子分别为 $T_v=0.197$ 和 $T_v=0.848$。

初始孔压非均布的一维固结解
solution of one-dimensional consolidation with non-uniform initial pore water pressure

太沙基一维固结解是在初始孔压(指初始超静孔压)沿深度均布(即 $u|_{t=0}=u_0=$常量)的初始条件下得到的,因此可称作初始孔压均布时的一维固结解。

但实际荷载并不是连续均布荷载,故在地基中产生的附加应力 σ_z 是沿深度变化的。例如对于矩形均布荷载,其中心点下的 σ_z 即沿深度呈上大下小的非线性形态分布。而附加应力显然最初是由孔隙水承担然后才随着土的固结而逐渐向土骨架转移的,因此实际的初始孔压沿深度是非均布的。为方便应用,通常可将其简化为沿深度呈直线或折线的形态(例如梯形、三角形等)分布。

在单面排水条件下,初始孔压呈梯形分布的一维固结问题的固结方程及边界条件与太沙基一维固结理论中的相同,仅初始条件变为

$$t=0,0\leqslant z\leqslant H: u=\sigma_z=p_T+(p_B-p_T)\frac{z}{H}$$

式中,p_T、p_B 分别为固结土层顶面和底面处的初始孔压。

满足上述初始条件的一维固结解为

$$u=\sum_{m=1}^{\infty}\frac{2}{M}\left[p_T-(-1)^m\frac{p_B-p_T}{M}\right]\sin\frac{Mz}{H}e^{-M^2T_v}$$

相应的平均固结度表达式即

$$U=1-\frac{\int_0^{H_s}u\mathrm{d}z}{\int_0^{H_s}\sigma_z\mathrm{d}z}=1-\sum_{m=1}^{\infty}\frac{4}{M^2(p_T+p_B)}\left[p_T-(-1)^m\frac{p_B-p_T}{M}\right]e^{-M^2T_v}$$

式中的变量解释参见“太沙基一维固结理论”词条。

当 $p_B=p_T=p_0$ 时,以上解即退化为太沙基一维固结解。

单面排水条件下初始孔压呈正三角形分布时,地基的超静孔压和平均固结度计算式只需在以上两式中令 $p_T=0$ 就可得到,即

$$u=p_{\mathrm{B}}\sum_{m=1}^{\infty}(-1)^{m-1}\frac{2}{M^2}\sin\frac{Mz}{H}e^{-M^2T_v}$$

$$U=1-\sum_{m=1}^{\infty}(-1)^{m-1}\frac{4}{M^3}e^{-M^2T_v}$$

类似地，若令 $p_{\mathrm{B}}=0$，就可得单面排水条件下初始孔压呈倒三角形分布时的一维固结解，即

$$u=p_{\mathrm{T}}\sum_{m=1}^{\infty}\frac{2}{M}\left[1+\frac{(-1)^m}{M}\right]\sin\frac{Mz}{H}e^{-M^2T_v}$$

$$U=1-\sum_{m=1}^{\infty}\frac{4}{M^2}\left[1+\frac{(-1)^m}{M}\right]e^{-M^2T_v}$$

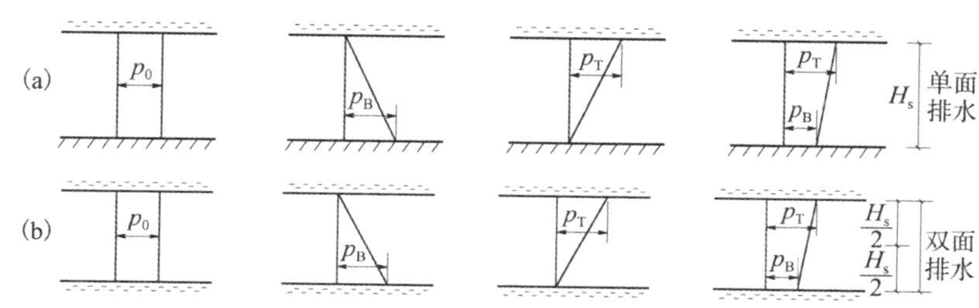

(1) 矩形分布(均布) (2) 正三角形分布 (3) 倒三角形分布 (4) 梯形分布

不同的初始孔压分布图

对于双面排水条件，可以证明，地基平均固结度计算式都与太沙基一维固结解中的完全相同，即无论初始孔压呈梯形分布还是呈三角形分布，地基平均固结度均可按太沙基一维固结解计算(取 $H=H_s/2$)；但超静孔压解与上述单面排水条件下的解不同，即

当初始孔压呈梯形分布时，

$$u=p_{\mathrm{T}}\sum_{m=1}^{\infty}\frac{2}{m\pi}[1-p_{\mathrm{B}}/p_{\mathrm{T}}(-1)^m]\sin\left(\frac{m\pi z}{H}\right)e^{-m^2\pi^2T_v}$$

当初始孔压呈正三角形分布时，

$$u=p_{\mathrm{B}}\sum_{m=1}^{\infty}\frac{2}{m\pi}(-1)^{m+1}\sin\left(\frac{m\pi z}{H}\right)e^{-m^2\pi^2T_v}$$

当初始孔压呈倒三角形分布时，

$$u=p_{\mathrm{T}}\sum_{m=1}^{\infty}\frac{2}{m\pi}\sin\left(\frac{m\pi z}{H}\right)e^{-m^2\pi^2T_v}$$

式中，$m=1,2,3\cdots$

单面排水条件下初始孔压均布、正三角形分布和倒三角形分布时的地基平均固结度 U 与时间因子 T_v 相应的数值关系如表 1 所示。

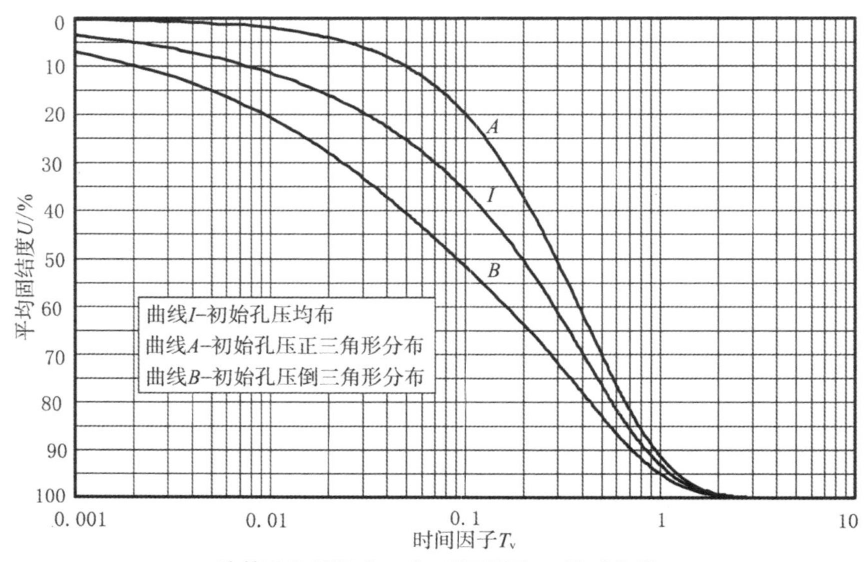

地基平均固结度 U 和时间因子 T_v 关系曲线

表 1　平均固结度 U 与时间因子 T_v 关系一览(单面排水)

平均固结度 U/%	时间因子 T_v		
	初始孔压均布($n=1$)	初始孔压正三角形分布($n=0$)	初始孔压倒三角形分布($n=\infty$)
0.00	0.0000	0.0000	0.0000
2.00	0.0003	0.0100	0.0001
4.00	0.0013	0.0200	0.0003
6.00	0.0028	0.0300	0.0007
8.00	0.0050	0.0400	0.0013
10.00	0.0079	0.0500	0.0021
12.00	0.0113	0.0601	0.0031

续表

平均固结度 $U/\%$	时间因子 T_v		
	初始孔压均布 ($n=1$)	初始孔压正三角形分布 ($n=0$)	初始孔压倒三角形分布 ($n=\infty$)
14.00	0.0154	0.0702	0.0043
16.00	0.0201	0.0804	0.0058
18.00	0.0254	0.0907	0.0075
20.00	0.0314	0.1012	0.0094
22.00	0.0380	0.1118	0.0116
24.00	0.0452	0.1227	0.0141
26.00	0.0531	0.1337	0.0170
28.00	0.0616	0.1451	0.0201
30.00	0.0707	0.1567	0.0237
32.00	0.0804	0.1685	0.0277
34.00	0.0908	0.1808	0.0321
36.00	0.1018	0.1933	0.0370
38.00	0.1134	0.2063	0.0424
40.00	0.1257	0.2196	0.0485
42.00	0.1386	0.2334	0.0552
44.00	0.1521	0.2477	0.0627
46.00	0.1663	0.2624	0.0711
48.00	0.1812	0.2777	0.0805
50.00	0.1967	0.2937	0.0909
52.00	0.2130	0.3102	0.1025
54.00	0.2301	0.3275	0.1154
56.00	0.2480	0.3455	0.1297
58.00	0.2667	0.3644	0.1455
60.00	0.2864	0.3841	0.1629
62.00	0.3071	0.4049	0.1818
64.00	0.3290	0.4268	0.2024

续表

平均固结度 $U/\%$	时间因子 T_v		
	初始孔压均布($n=1$)	初始孔压正三角形分布($n=0$)	初始孔压倒三角形分布($n=\infty$)
66.00	0.3522	0.4500	0.2245
68.00	0.3767	0.4746	0.2484
70.00	0.4029	0.5007	0.2742
72.00	0.4308	0.5287	0.3018
74.00	0.4608	0.5587	0.3317
76.00	0.4933	0.5912	0.3640
78.00	0.5285	0.6264	0.3992
80.00	0.5672	0.6651	0.4378
82.00	0.6099	0.7078	0.4805
84.00	0.6576	0.7555	0.5283
86.00	0.7117	0.8096	0.5824
88.00	0.7742	0.8721	0.6448
90.00	0.8481	0.9460	0.7187
92.00	0.9385	1.0364	0.8092
94.00	1.0551	1.1530	0.9258
96.00	1.2194	1.3173	1.0901
98.00	1.5004	1.5983	1.3710
99.99	3.6477	3.7456	3.5183

注:表中 $n=p_T/p_B$,即土层顶面与底面处的初始孔压之比值。

对于初始孔压呈梯形分布的情况,单面排水条件下的平均固结度 U 与时间因子 T_v 的数值关系可查表 2。

表 2 初始孔压梯形分布时平均固结度 U 与时间因子 T_v 关系一览(单面排水)

$U/\%$	时间因子 T_v									
	$n=0.1$	$n=0.2$	$n=0.5$	$n=0.8$	$n=1.25$	$n=1.5$	$n=2$	$n=3$	$n=5$	$n=10$
0.00	0.0000	0.0000	0.0000	0.0000	0.0000	0.0000	0.0000	0.0000	0.0000	0.0000
2.00	0.0041	0.0021	0.0007	0.0004	0.0003	0.0002	0.0002	0.0001	0.0001	0.0001

续表

U/%	时间因子 T_v									
	$n=0.1$	$n=0.2$	$n=0.5$	$n=0.8$	$n=1.25$	$n=1.5$	$n=2$	$n=3$	$n=5$	$n=10$
4.00	0.0112	0.0068	0.0026	0.0016	0.0010	0.0009	0.0007	0.0006	0.0005	0.0004
6.00	0.0193	0.0129	0.0056	0.0035	0.0023	0.0020	0.0016	0.0013	0.0011	0.0009
8.00	0.0279	0.0201	0.0096	0.0061	0.0042	0.0036	0.0030	0.0024	0.0019	0.0016
10.00	0.0370	0.0279	0.0144	0.0095	0.0065	0.0057	0.0047	0.0038	0.0031	0.0026
12.00	0.0464	0.0363	0.0201	0.0136	0.0095	0.0083	0.0069	0.0055	0.0045	0.0038
14.00	0.0559	0.0451	0.0265	0.0184	0.0130	0.0114	0.0095	0.0076	0.0062	0.0052
16.00	0.0658	0.0543	0.0335	0.0238	0.0171	0.0150	0.0125	0.0101	0.0083	0.0070
18.00	0.0758	0.0638	0.0411	0.0299	0.0217	0.0192	0.0161	0.0130	0.0107	0.0090
20.00	0.0860	0.0737	0.0494	0.0366	0.0270	0.0240	0.0201	0.0163	0.0134	0.0114
22.00	0.0965	0.0838	0.0581	0.0439	0.0329	0.0293	0.0247	0.0201	0.0166	0.0140
24.00	0.1072	0.0943	0.0673	0.0519	0.0394	0.0352	0.0298	0.0244	0.0201	0.0171
26.00	0.1181	0.1050	0.0771	0.0604	0.0465	0.0418	0.0356	0.0292	0.0241	0.0205
28.00	0.1293	0.1160	0.0873	0.0696	0.0543	0.0489	0.0419	0.0345	0.0286	0.0243
30.00	0.1408	0.1274	0.0979	0.0793	0.0627	0.0568	0.0489	0.0405	0.0336	0.0286
32.00	0.1527	0.1391	0.1090	0.0896	0.0718	0.0653	0.0565	0.0470	0.0392	0.0333
34.00	0.1648	0.1512	0.1206	0.1005	0.0815	0.0746	0.0649	0.0542	0.0453	0.0386
36.00	0.1773	0.1637	0.1327	0.1119	0.0920	0.0845	0.0740	0.0622	0.0522	0.0445
38.00	0.1903	0.1765	0.1452	0.1239	0.1031	0.0952	0.0838	0.0709	0.0597	0.0510
40.00	0.2036	0.1898	0.1582	0.1365	0.1150	0.1066	0.0945	0.0804	0.0680	0.0583
42.00	0.2173	0.2035	0.1717	0.1497	0.1275	0.1187	0.1059	0.0908	0.0772	0.0663
44.00	0.2316	0.2177	0.1858	0.1635	0.1407	0.1316	0.1182	0.1021	0.0873	0.0752
46.00	0.2463	0.2325	0.2004	0.1778	0.1547	0.1453	0.1313	0.1143	0.0983	0.0851
48.00	0.2616	0.2477	0.2155	0.1928	0.1693	0.1597	0.1453	0.1275	0.1104	0.0959
50.00	0.2776	0.2636	0.2314	0.2085	0.1847	0.1750	0.1602	0.1417	0.1236	0.1080
52.00	0.2941	0.2802	0.2478	0.2249	0.2009	0.1910	0.1759	0.1568	0.1379	0.1212
54.00	0.3114	0.2974	0.2650	0.2420	0.2178	0.2078	0.1925	0.1730	0.1533	0.1356
56.00	0.3294	0.3154	0.2830	0.2600	0.2356	0.2256	0.2101	0.1902	0.1699	0.1513

续表

U/%	时间因子 T_v									
	$n=0.1$	$n=0.2$	$n=0.5$	$n=0.8$	$n=1.25$	$n=1.5$	$n=2$	$n=3$	$n=5$	$n=10$
58.00	0.3482	0.3343	0.3019	0.2787	0.2543	0.2442	0.2286	0.2084	0.1876	0.1684
60.00	0.3680	0.3541	0.3216	0.2985	0.2740	0.2638	0.2481	0.2277	0.2066	0.1868
62.00	0.3888	0.3749	0.3424	0.3192	0.2947	0.2845	0.2687	0.2482	0.2268	0.2066
64.00	0.4107	0.3968	0.3643	0.3411	0.3166	0.3063	0.2905	0.2698	0.2482	0.2278
66.00	0.4339	0.4199	0.3874	0.3643	0.3397	0.3294	0.3136	0.2928	0.2711	0.2505
68.00	0.4584	0.4445	0.4120	0.3888	0.3642	0.3540	0.3381	0.3173	0.2955	0.2747
70.00	0.4846	0.4707	0.4382	0.4150	0.3904	0.3801	0.3642	0.3434	0.3215	0.3006
72.00	0.5126	0.4986	0.4661	0.4429	0.4183	0.4080	0.3921	0.3713	0.3494	0.3284
74.00	0.5426	0.5287	0.4962	0.4730	0.4483	0.4381	0.4221	0.4013	0.3794	0.3584
76.00	0.5750	0.5611	0.5286	0.5054	0.4808	0.4705	0.4546	0.4338	0.4118	0.3908
78.00	0.6103	0.5964	0.5639	0.5407	0.5160	0.5058	0.4898	0.4690	0.4471	0.4260
80.00	0.6489	0.6350	0.6025	0.5793	0.5547	0.5444	0.5285	0.5076	0.4857	0.4646
82.00	0.6916	0.6777	0.6452	0.6220	0.5974	0.5871	0.5712	0.5503	0.5284	0.5073
84.00	0.7394	0.7254	0.6929	0.6697	0.6451	0.6348	0.6189	0.5981	0.5761	0.5551
86.00	0.7935	0.7795	0.7470	0.7238	0.6992	0.6889	0.6730	0.6522	0.6302	0.6092
88.00	0.8560	0.8420	0.8095	0.7863	0.7617	0.7514	0.7355	0.7147	0.6927	0.6716
90.00	0.9299	0.9159	0.8834	0.8602	0.8356	0.8253	0.8094	0.7885	0.7666	0.7455
92.00	1.0203	1.0063	0.9738	0.9506	0.9260	0.9157	0.8998	0.8790	0.8570	0.8360
94.00	1.1369	1.1229	1.0904	1.0672	1.0426	1.0323	1.0164	0.9956	0.9736	0.9526
96.00	1.3012	1.2873	1.2548	1.2316	1.2069	1.1967	1.1807	1.1599	1.1379	1.1169
98.00	1.5821	1.5682	1.5357	1.5125	1.4879	1.4776	1.4617	1.4408	1.4189	1.3978
99.99	3.7295	3.7155	3.6830	3.6598	3.6352	3.6249	3.6090	3.5882	3.5662	3.5451

注:表中 $n=p_T/p_B$,即土层顶面与底面处的初始孔压之比值。

此外,单面排水条件下平均固结度计算式具有下列相互关系:

$$U_I=\frac{1}{2}(U_A+U_B)$$

$$U_C=\frac{2nU_I-(n-1)U_A}{n+1}=\frac{2U_I+(n-1)U_B}{n+1}=\frac{U_A+nU_B}{n+1}$$

式中，U_I——初始孔压均布时的平均固结度；

U_A——初始孔压呈正三角形分布时的平均固结度；

U_B——初始孔压呈倒三角形分布时的平均固结度；

U_C——初始孔压呈梯形分布时的平均固结度。

必须指出，上述初始孔压非均布时的一维固结解在理论上并非如太沙基一维固结解那样严密。这是因为一旦初始孔压非均布，则必为多维固结问题；也即从理论上来说，一维固结问题不可能存在初始孔压非均布的情况。因此，上述初始孔压非均布时的一维固结解是近似的，获得这些近似解主要是为了方便工程计算。

变荷载下的一维固结理论

theory of one-dimensional consolidation under time-dependent loading

考虑变荷载（又称为逐渐加荷）的一维固结理论称为变荷载下的一维固结理论。

著名的太沙基一维固结理论建立在荷载是瞬时施加（也即荷载为常荷载）的假定上（参见“太沙基一维固结理论”词条），而实际工程中的荷载均是逐渐施加或随时间变化的。

变荷载下的一维固结方程为

$$c_v\frac{\partial^2 u_t}{\partial z^2}=\frac{\partial u_t}{\partial t}-\frac{\mathrm{d}q}{\mathrm{d}t}$$

式中，u_t 为变荷载下地基土层中任一点的超静孔压，kPa；$q=q(t)$，为连续均布的变荷载，kPa；c_v 为土的竖向固结系数（m^2/s 或 cm^2/s），参见“固结系数”词条。

当荷载 q 为常量时，则$\frac{\mathrm{d}q}{\mathrm{d}t}=0$，变荷载下的一维固结方程就转化为太沙基一维固结方程。

可以证明，在同样的边界条件下，变荷载下的一维固结方程解 u_t 可由常荷载下的一维固结方程解或即太沙基一维固结解 u 通过下列积分方程得到：

$$u_t=\frac{1}{q_0}\int_0^t\frac{\mathrm{d}q}{\mathrm{d}\tau}u\,(t-\tau)\mathrm{d}\tau$$

式中，$\dfrac{dq}{d\tau}$为变荷载的加荷速率；q_0为太沙基一维固结解 u 中的荷载值，kPa；$u(t-\tau)$据太沙基一维固结解可写为

$$u(t-\tau)=q_0\sum_{m=1}^{\infty}\frac{2}{M}\sin\left(\frac{Mz}{H}\right)e^{-\frac{M^2c_v}{H^2}(t-\tau)}$$

故积分方程也可写为

$$u_t=\int_0^t\frac{dq}{d\tau}\left[\sum_{m=1}^{\infty}\frac{2}{M}\sin\left(\frac{Mz}{H}\right)e^{-\frac{M^2c_v}{H^2}(t-\tau)}\right]d\tau$$

现以单级等速加荷下一维固结问题的求解为例，说明上述方法的应用。

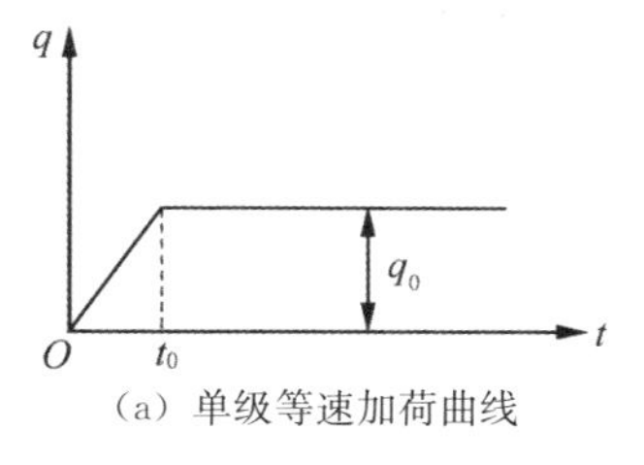

(a) 单级等速加荷曲线

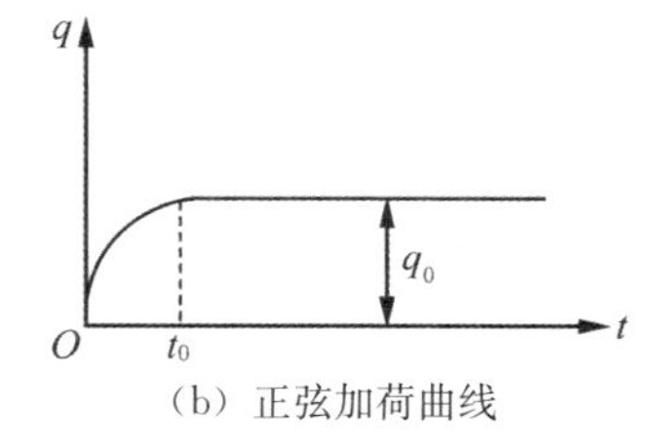

(b) 正弦加荷曲线

单级等速加荷和正弦加荷曲线示意

对于等速加荷，可写出其数学表达式为

$$q=\begin{cases}\dfrac{q_0}{t_0}t & t\leqslant t_0\\ q_0 & t\geqslant t_0\end{cases}$$

相应的加荷速率表达式为

$$\frac{dq}{dt}=\begin{cases}\dfrac{q_0}{t_0} & t\leqslant t_0^-\\ 0 & t\geqslant t_0^+\end{cases}$$

则由上述方法可得单级等速加荷下一维固结解为

$$u_t=\begin{cases}\displaystyle\int_0^t\frac{q_0}{t_0}\left[\sum_{m=1}^{\infty}\frac{2}{M}\sin\left(\frac{Mz}{H}\right)e^{-\frac{M^2c_v}{H^2}(t-\tau)}\right]d\tau & t\leqslant t_0\\ \displaystyle\int_0^{t_0}\frac{q_0}{t_0}\left[\sum_{m=1}^{\infty}\frac{2}{M}\sin\left(\frac{Mz}{H}\right)e^{-\frac{M^2c_v}{H^2}(t-\tau)}\right]d\tau & t\geqslant t_0\end{cases}$$

或为

$$u_t=\begin{cases}\displaystyle q_0\sum_{m=1}^{\infty}\frac{2}{M^3T_{v_0}}\sin\left(\frac{Mz}{H}\right)(1-e^{-M^2T_v}) & t\leqslant t_0\\ \displaystyle q_0\sum_{m=1}^{\infty}\frac{2}{M^3T_{v_0}}\sin\left(\frac{Mz}{H}\right)e^{-M^2T_v}(e^{M^2T_{v_0}}-1) & t\geqslant t_0\end{cases}$$

式中，$M=\frac{\pi}{2}(2m-1)$，$m=1,2,3\cdots$；H 为固结土层的最大竖向排水距离；$T_v=\frac{c_v t}{H^2}$，时间因子；$T_{v_0}=\frac{c_v t_0}{H^2}$。

由孔压 u_t 可进一步得对最终荷载 q_0 而言的平均固结度 U_t，即

$$U_t=\frac{1}{q_0}\left(q-\frac{1}{H}\int_0^H u_t\,\mathrm{d}z\right)=\begin{cases}\dfrac{T_v}{T_{v_0}}-\sum\limits_{m=1}^{\infty}\dfrac{2}{M^4 T_{v_0}}(1-e^{-M^2T_v}) & t\leqslant t_0\\ 1-\sum\limits_{m=1}^{\infty}\dfrac{2}{M^4 T_{v_0}}e^{-M^2T_v}(e^{M^2T_{v_0}}-1) & t\geqslant t_0\end{cases}$$

对于正弦加荷，其数学表达式为

$$q=\begin{cases}q_0\sin\left(\dfrac{\pi t}{2t_0}\right) & t\leqslant t_0\\ q_0 & t\geqslant t_0\end{cases}$$

相应的加荷速率表达式为

$$\frac{\mathrm{d}q}{\mathrm{d}t}=\begin{cases}\dfrac{q_0\pi}{2t_0}\cos\left(\dfrac{\pi t}{2t_0}\right) & t\leqslant t_0^-\\ 0 & t\geqslant t_0^+\end{cases}$$

用同样的方法可得正弦加荷下的超静孔压和平均固结度计算式：

$$u_t=\begin{cases}q_0\sum\limits_{m=1}^{\infty}\dfrac{4\pi MT_{v_0}}{4M^4T_{v_0}^2+\pi^2}\sin\left(\dfrac{Mz}{H}\right)\left[\cos\left(\dfrac{\pi t}{2t_0}\right)+\dfrac{\pi}{2M^2T_{v_0}}\sin\left(\dfrac{\pi t}{2t_0}\right)-e^{-M^2T_v}\right] & t\leqslant t_0\\ q_0\sum\limits_{m=1}^{\infty}\dfrac{4\pi MT_{v_0}}{4M^4T_{v_0}^2+\pi^2}\sin\left(\dfrac{Mz}{H}\right)e^{-M^2T_v}\left(\dfrac{\pi}{2M^2T_{v_0}}e^{M^2T_{v_0}}-1\right) & t\geqslant t_0\end{cases}$$

$$U_t=\begin{cases}\sin\left(\dfrac{\pi t}{2t_0}\right)-\sum\limits_{m=1}^{\infty}\dfrac{4\pi T_{v_0}}{4M^4T_{v_0}^2+\pi^2}\left[\cos\left(\dfrac{\pi t}{2t_0}\right)+\dfrac{\pi}{2M^2T_{v_0}}\sin\left(\dfrac{\pi t}{2t_0}\right)-e^{-M^2T_v}\right] & t\leqslant t_0\\ 1-\sum\limits_{m=1}^{\infty}\dfrac{4\pi T_{v_0}}{4M^4T_{v_0}^2+\pi^2}e^{-M^2T_v}\left[\dfrac{\pi}{2M^2T_{v_0}}e^{M^2T_{v_0}}-1\right] & t\geqslant t_0\end{cases}$$

对于任意变荷载，只要能得到其数学表达式，都可用上述方法获得该变荷载下的一维固结解。

太沙基—伦杜列克固结方程
Terzaghi-Rendulic diffusion equation

太沙基—伦杜列克(Terzaghi & Rendulic，1935)在太沙基一维固结理论的基础上研究了二、三维固结问题。他们建立的饱和土三维渗透固结方程为

$$c_x \frac{\partial^2 u}{\partial x^2}+c_y \frac{\partial^2 u}{\partial y^2}+c_z \frac{\partial^2 u}{\partial z^2}=\frac{\partial u}{\partial t}$$

式中,u 为超静孔隙水压力;c_x、c_y 和 c_z 分别为 x、y 和 z 三个方向上的固结系数。

该方程由于与描述固体材料散热过程的方程相同,故亦称为扩散方程。

太沙基—伦杜列克扩散方程的建立所做的最重要假设是,土体中任一点的总应力在固结过程中保持不变,即 $\frac{\partial}{\partial t}(\sigma_x+\sigma_y+\sigma_z)=0$。由于该假设与实际情况不完全相符,因而常将太沙基—伦杜列克扩散方程及相关解答称为拟固结理论或准固结理论,而将比奥固结理论称为真固结理论。

对于各向同性均质饱和土,扩散方程可简化为

$$\left.\begin{aligned}&\text{二维}\quad c_{v2}\left(\frac{\partial^2 u}{\partial x^2}+\frac{\partial^2 u}{\partial z^2}\right)=\frac{\partial u}{\partial t}\\&\text{三维}\quad c_{v3}\left(\frac{\partial^2 u}{\partial x^2}+\frac{\partial^2 u}{\partial y^2}+\frac{\partial^2 u}{\partial z^2}\right)=\frac{\partial u}{\partial t}\end{aligned}\right\}$$

式中,c_{v2}、c_{v3} 分别为二维、三维固结系数,参见“固结系数”词条。

比奥固结理论
Biot’s consolidation theory

太沙基固结理论假定饱和土体在固结过程中,各点的总应力不变。并且其固结微分方程只是一个渗流连续方程,包含一个未知函数即超静孔隙水压力。对于一维固结问题太沙基固结理论是精确的。而对于实际经常遇到的二、三维问题,便不够严格和完善。

比奥(M.A. Biot)分析了上述不足,于 1941 年建立了理论上更完善的饱和土体固结微分方程。他假定土体为均质各向同性弹性体,根据弹性力学中的静力平衡方程、几何方程和广义虎克定理,并结合太沙基有效应力原理推导出以下三个方程:

$$\left.\begin{aligned}&\nabla^2 u_s-\left(\frac{\lambda'+G'}{G'}\right)\frac{\partial \varepsilon_V}{\partial x}-\frac{1}{G'}\frac{\partial u}{\partial x}=0\\&\nabla^2 v_s-\left(\frac{\lambda'+G'}{G'}\right)\frac{\partial \varepsilon_V}{\partial y}-\frac{1}{G'}\frac{\partial u}{\partial y}=0\\&\nabla^2 w_s-\left(\frac{\lambda'+G'}{G'}\right)\frac{\partial \varepsilon_V}{\partial z}-\frac{1}{G'}\frac{\partial u}{\partial z}=0\end{aligned}\right\}\qquad(1)$$

式中，u_s, v_s, w_s——土骨架在 x、y、z 方向的位移；

u——土体中的超静孔隙水压力；

$G'=\dfrac{E'}{2(1+\mu')}$，排水条件下土体的剪切模量；

$\nabla^2=\dfrac{\partial^2}{\partial x^2}+\dfrac{\partial^2}{\partial y^2}+\dfrac{\partial^2}{\partial z^2}$，微分算子；

$\lambda'=\dfrac{\mu' E'}{(1+\mu')(1-2\mu')}$，拉姆常数；

E', μ'——排水条件下土体的弹性模量、泊松比；

ε_V——土体体积应变，$\varepsilon_V=\varepsilon_x+\varepsilon_y+\varepsilon_z=-\left(\dfrac{\partial u_s}{\partial x}+\dfrac{\partial v_s}{\partial y}+\dfrac{\partial w_s}{\partial z}\right)$。

并且根据土体微元内水量的变化等于体积的变化，可得到渗流连续方程：

$$\frac{k}{\gamma_w}\nabla^2 u=-\frac{\partial \varepsilon_V}{\partial t}=\frac{\partial}{\partial t}\left(\frac{\partial u_s}{\partial x}+\frac{\partial v_s}{\partial y}+\frac{\partial w_s}{\partial z}\right) \tag{2}$$

方程(1)和(2)即为比奥三维固结方程，其由 4 个偏微分方程组成，包含了 u_s、v_s、w_s、u 四个未知函数，如在具体的求解条件(包括边界条件和初始条件)下获得其解答，就得到地基中任一点任一时刻的位移和孔压。

利用广义虎克定律，渗流连续方程(2)还可写为

$$c_{v3}\nabla^2 u=\frac{\partial u}{\partial t}-\frac{1}{3}\frac{\partial}{\partial t}(\sigma_x+\sigma_y+\sigma_z) \tag{3}$$

式中，$\sigma_x, \sigma_y, \sigma_z$——$x, y, z$ 方向的总应力；

c_{v3}——三维固结系数，$c_{v3}=\dfrac{kE'}{3\gamma_w(1-2\mu')}$；

k——土体的渗透系数；

γ_w——水的重度。

方程式(3)中的$\dfrac{1}{3}\dfrac{\partial}{\partial t}(\sigma_x+\sigma_y+\sigma_z)$项表明比奥固结理论考虑了土体固结过程中总应力的变化。如令该项为零，也即假定土体在固结过程中各点的总应力不变，该方程就转化为太沙基—伦杜列克三维固结方程，参见“太沙基—伦杜列克固结理论”词条。

比奥固结方程既满足土体平衡条件，又满足变形协调和渗流连续条件，因此是比较完善的固结理论。不过在数学上求解比奥固结方程很困难，目前只有为数不多且不便应用的解析解，所以实际在很长时间内未能得到推广。但计算机技术和有限元法等数值方法的发展，使比奥固结方程

的数值解得以快速发展并被广泛用于解决工程实际问题。

曼代尔—克雷尔效应
Mandel-Cryer effect

用比奥固结理论分析土体的多维固结过程时,超孔隙水压力的消散过程与按太沙基—伦杜列克固结理论分析的结果不同。在固结的开始阶段,超孔隙水压力 u 从初始值 u_0 持续上升,等到某时刻才开始下降,逐步消散。这种在固结早期超静孔隙水压力不降反而上升的现象是由曼代尔(J. Mandel,1953)和克雷尔(C.W. Cryer,1963)相继发现的,已为土体固结试验所证实,故称为曼代尔—克雷尔效应。

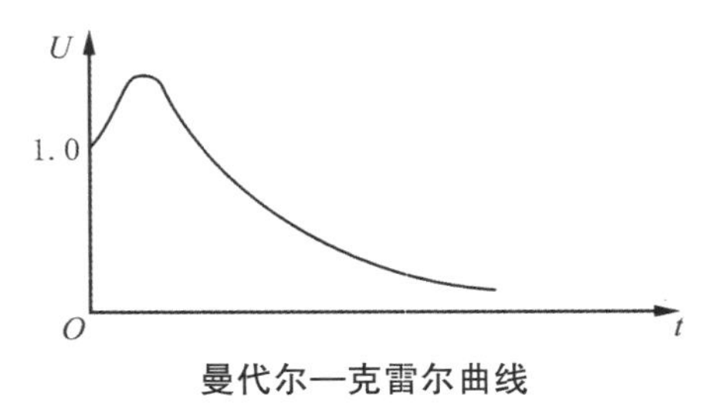

曼代尔—克雷尔曲线

产生曼代尔—克雷尔效应的原因可解释如下:在表面透水的土体上施加荷载,经过短暂的时间后,靠近排水面的土体由于排水而体积收缩,总应力与有效应力均增加,土的泊松比也随之变化。但内部土体还来不及排水,为了保持变形协调,土表面的总应力增加必然要向内部传递,使得内部的应力也随之增大。因此,某个区域内的总应力分量将超过其初始应力值,而内部孔隙水因收缩迫使超孔隙水压力 u 上升,导致 u 大于初始超孔隙水压力 u_0。

固结曲线
consolidation curve

固结曲线又称固结试验曲线,是表示常规固结试验中试样在每级荷载作用下的垂直变形与时间的关系曲线,用以确定土的固结系数 c_v。

目前常采用两种半经验方法,即时间平方根法和时间对数拟合法,将固结试验曲线与固结理论曲线进行拟合以确定 c_v 值,参见“时间平方根法”“时间对数拟合法”词条。

固结试验
consolidation test, consolidated test

固结试验又称为压缩试验,是测定黏性土试样在不容许侧向膨胀的固结容器中,承受垂直压力的压缩试验。将试样置于侧限和容许竖向排水的容器中逐渐加压,测定压力和试样的变形及其与时间的关系。

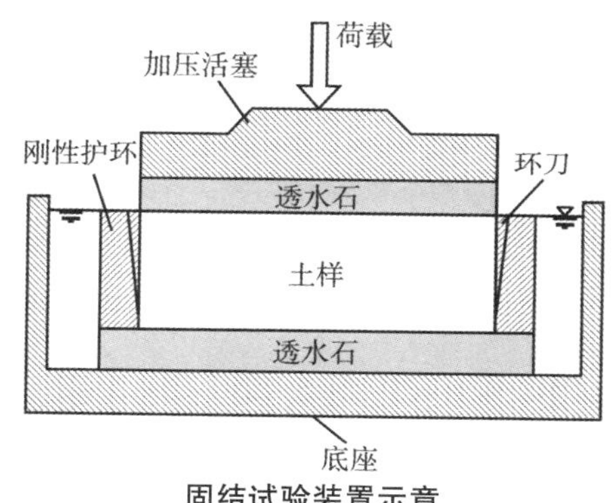

固结试验装置示意

压缩试验可分常规压缩和高压固结试验两类,前者多为杠杆式加压,且最大加压荷载一般不超过 600kPa;后者一般为磅秤式加压或液压,且最大压力可以达到 6400kPa。固结试验结果一般可整理成压缩曲线即 e-p 曲线和 e-$\lg p$ 曲线,以及固结曲线和 e-$\lg t$ 曲线等,用来确定土的压缩性指标如压缩系数、压缩指数、压缩模量、变形模量等,以及固结系数、土的前期固结压力、次固结系数等。也可进行加载、卸载回弹试验,以测定土的回弹指数等指标,测定项目视工程需要而定。

试验方法有常规固结试验、快速固结试验、高压固结试验和连续加载固结试验,包括等应变速率固结试验、等速加载固结试验及等梯度固结试验等。

非饱和土试样不能用于研究固结过程而只用于研究土的压缩变形。

固结速率
rate of consolidation

固结速率指地基土层完成主固结的快慢程度。固结速率主要取决于地基土层的压缩性和渗透性以及排水条件。土的压缩性越小、渗透性越大、排水条件越好,则地基的固结速率就越大。

根据太沙基一维固结理论，土的固结系数随土压缩性的减小和渗透性的增大而增大，故对于单层均质地基而言，也可认为其固结速率主要取决于土的固结系数和土层的排水距离：固结系数越大，土层排水距离越小，则地基固结越快，也即土层的固结速率就越大。但根据成层地基一维固结理论，对于实际工程更常见的多层地基而言，其固结速率与土的固结系数就不再存在如此简明的关系。

固结系数
coefficient of consolidation

固结系数为表征土体(主)固结特性的一个综合参数，最早由太沙基在建立一维固结理论中提出，称为一维固结系数或竖向固结系数：

$$c_v=\frac{k_v(1+e_0)}{\gamma_w a_V}=\frac{k_v}{\gamma_w m_V}=\frac{k_v}{\gamma_w}E_s=\frac{k_v}{\gamma_w}\frac{(1-\mu)E}{(1+\mu)(1-2\mu)}$$

式中，c_v 为一维固结系数，m^2/s；k_v 为土的竖向渗透系数，m/s；e_0 为渗流固结前土的孔隙比；a_V 为土的压缩系数，kPa^{-1}；m_V 为土的体积压缩系数，kPa^{-1}；E_s 为土的压缩模量，kPa；E 为土的变形模量，kPa；μ 为土的泊松比；γ_w 为水的重度。

对于二维或三维固结，其固结系数的表达式为

$$c_{v2}=\frac{k_v}{\gamma_w}\frac{E}{2(1+\mu)(1-2\mu)}=\frac{1+K_0}{2}c_v$$

$$c_{v3}=\frac{k_V}{\gamma_w}\frac{E}{3(1-2\mu)}=\frac{1+2K_0}{3}c_v$$

式中，c_{v2} 和 c_{v3} 分别为土的二维和三维固结系数，m^2/s；$K_0=\mu/(1-\mu)$，为土的静止土压力系数，也即侧限条件下土中水平方向有效应力与竖直方向有效应力之比值，故侧限状态又称为 K_0 状态。

固结系数 c_v 可以通过固结试验得到固结曲线后，利用基于太沙基一维固结理论的时间平方根法或时间对数拟合法来确定，也可利用已测得的土的压缩性指标如压缩模量 E_s 和渗透系数 k_v 计算得到，即 $c_v=k_vE_s/\gamma_w$。

可见，固结系数不是表征土性的一个独立参数，无法脱离相关固结理论而通过试验直接测定，只能基于相关固结理论和试验曲线才能确定，或借助于已测得的土的压缩性和渗透性参数间接计算确定。

事实上，只要获得土的渗透系数和压缩模量(一维固结问题)或变形模量、泊松比(二、三维固结问题)等参数即可进行固结分析，并不需要固结系

数。故固结系数只是一个可有可无的参数。不过，引入固结系数可以使（主）固结理论的数学表达式较为简洁。

次固结系数
coefficient of secondary consolidation

次固结系数指室内压缩试验得出的变形 S 与时间对数 $\lg t$ 的关系曲线（参见“次固结沉降”词条）上反弯点后的直线段的斜率。其反映了土的次固结变形速率，一般称为土的次固结系数，并用 C_s 表示。

研究表明，土的 C_s 与下列因素有关：(1)土的种类，塑性指数愈大，C_s 愈大，尤其是对有机质土而言；(2)含水量，含水量 w 愈大，C_s 愈大；(3)温度，温度愈高，C_s 愈大。

C_s 值的一般范围如下表所示。

次固结指数 C_s 值

土类	C_s
高塑性黏土、有机土	≥0.030
正常固结黏土	0.005～0.020
超固结黏土(OCR>2)	<0.001

固结压力
consolidation pressure

固结压力指作用于土体上并使之产生固结的压力。对于地基土层而言，附加应力即为固结压力。在常规固结试验试验中，固结压力则为垂直荷载产生的应力。

K_0 固结
consolidation under K_0 condition

土受荷后在侧向完全不能变形的条件下，即在 $\sigma_x = \sigma_y = K_0\sigma_z$ 的三向应力状态下所完成的固结为 K_0 固结。天然土层在自重应力作用下或在无限大面积均布荷载作用下的固结，以及在常规固结试验中试样的固结都是 K_0 固结。在三轴试验中，只要能控制试样的侧向变形，也能使试样处于 K_0 固结状态下经受剪切。

超固结比
over-consolidation ratio (OCR)

在工程实际中,通常用超固结比的概念来定量地表征土的天然固结状态,即

$$OCR=\frac{p_c}{p_0}$$

式中,p_c 表示前期固结压力,即土层历史上经历的最大固结压力;p_0 表示土层现在所受到的固结压力;OCR 为土的超固结比。若 OCR=1,属正常固结土(简称为 NC 土);OCR>1,属超固结土(简称为 OC 土);OCR<1,属欠固结土(简称为 UC 土)。

砂井地基
sand drained ground

砂井原先是指用砂料制成的横断面为圆形的竖向排水体,也即普通砂井。进行地基处理时在地基软土层中打设砂井就形成砂井地基。砂井的平面排列可采用正三角形(又称梅花形)排列和正方形排列。砂井直径和间距取决于黏性土层的固结特性和施工期限的要求。工程上采用的普通砂井直径一般为 20~50cm,井距为砂井直径的 6~10 倍。袋装砂井通常采用 7cm 的直径,井距一般为 1~2m。砂井长度的选择和土层的分布、地基附加应力的大小、施工期限和条件等因素有关。砂井长度与软土层厚度相等的砂井地基称为打穿砂井地基;砂井长度小于软土层厚度的砂井地基则称为未打穿砂井地基。

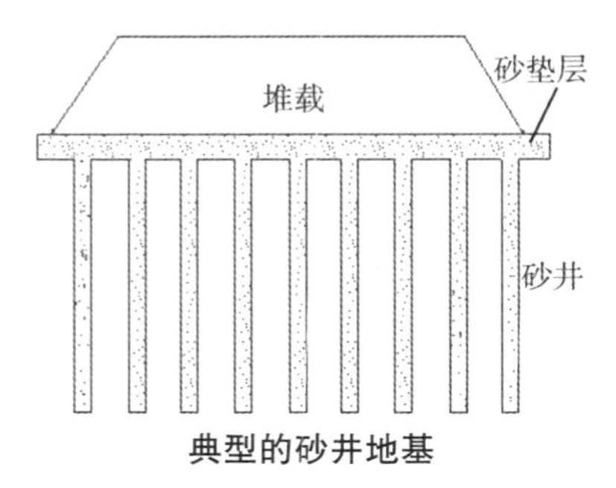

典型的砂井地基

由于砂料短缺和施工质量难以控制,普通砂井和袋装砂井现已较少采用,目前常采用的竖向排水体是塑料排水带。塑料排水带由排水芯带和滤

膜两部分组成，在工厂成批生产，使用时采用专用设备将其直接插入软土地基中。塑料排水带的截面为矩形，宽约 100mm，厚仅 3～5mm，固结计算时一般按"换算前后截面周长相等"原则将其换算成圆形截面，相应的直径称为当量直径（又称等效直径），其值为 65～70mm。由于塑料排水带成本相对较低且质量较有保障，目前在排水固结法处理地基的工程中得到广泛采用。

为统一和方便计算，现在一般将普通砂井、袋装砂井和塑料排水带等竖向排水体统称为砂井，含有这类竖向排水体的地基统称为砂井地基。

井径比
drain spacing ratio

砂井的等效影响区（简称影响区）直径 d_e 与砂井直径 d_w 的比值即井径比，$n=d_e/d_w=r_e/r_w$，式中 r_w 和 r_e 分别为砂井半径和砂井影响区半径。

砂井的影响区直径取决于砂井间距 l 和砂井的实际排列或布置方式。对于常见的布置方式，即正三角形（或称为梅花形）和正方形，影响区直径的计算式为

$$d_e=\sqrt{\frac{2\sqrt{3}}{\pi}}l=1.05l \quad （砂井为正三角形布置）$$

$$d_e=\sqrt{\frac{4}{\pi}}l=1.128l \quad （砂井为正方形布置）$$

（a）正三角形布置

（b）正方形布置

常见砂井布置方式

工程实际中，普通砂井井径比通常取 7～10，对袋装砂井和塑料排水板（带）一般取 15～30。

井阻作用
well resistance

井阻是指砂井材料对流经砂井的水流的阻力,这是由砂井排水能力的局限性导致的。井阻显然将延误砂井地基的固结,这种由于井阻对砂井地基的固结速率产生的影响,称为井阻作用。

理论上可用井阻因子 F_r 来表征井阻作用的大小:

$$F_r=\pi\frac{k_h}{k_w}\left(\frac{H}{d_w}\right)^2=\frac{\pi^2 k_h H^2}{4q_w}$$

d_w——砂井直径,cm,对于塑料排水带,$d_w=D_p$;

k_h——土体水平向渗透系数,cm/s;

k_w——砂井材料的渗透系数,cm/s,对于塑料排水带,$k_w=4q_w/(\pi d_w^2)$;

q_w——塑料排水带的排通量(即单位水力梯度作用下单位时间内从塑料排水带中流过的水量,又称为通水量),cm^3/s,一般由生产厂家直接给定;

H——软土层最大竖向排水距离,cm,单面排水时 H 即等于砂井长度,双面排水时 H 等于砂井长度的一半;

D_p——塑料排水带当量直径,cm,当其宽度为 b,厚度为 δ 时,D_p 计算式为

$$D_p=\frac{2(b+\delta)}{\pi}$$

可见,如砂井排水能力无限大(例如渗透系数 $k_w=\infty$,或塑料排水带的排通量 $q_w=\infty$),则 $F_r=0$,井阻作用就不存在;反之,如长细比越大(即砂井越长、直径越小)、砂井排水能力越差(即渗透系数 k_w 越小,或塑料排水带的排通量 q_w 越小),则 F_r越大,井阻作用越显著,砂井地基固结就越慢。

实际工程中,袋装砂井和塑料排水板(带)因长细比 H/d_w 较大,井阻作用较普通砂井显著。选用渗透性能良好的砂或排通量大的塑料排水板,或加大砂井直径可以有效地减小井阻作用。

通常将不存在井阻作用和涂抹作用(参见“涂抹作用”词条)的砂井称为理想砂井,否则就称为非理想砂井。相应地,将忽略井阻作用和涂抹作用的砂井地基固结计算理论称为理想砂井固结理论(参见“巴隆固结理论”词条),否则就称为非理想砂井固结理论(参见“谢康和非理想砂井地基固

结理论”词条)。

涂抹作用
smear effect

工程实践表明,在天然地基中打设砂井时,将对井周土体产生扰动涂抹,从而在井周形成筒状扰动涂抹区(简称涂抹区),涂抹区内土体的渗透系数 k_s 一般小于原状土体的渗透系数 k_h。显然,这将延缓原状土体中的孔隙水流入砂井从而使砂井地基固结速率减慢。此种现象称为涂抹作用。

理论上可用涂抹因子 F_s 来表征涂抹作用的大小:

$$F_s=\left(\frac{k_h}{k_s}-1\right)\ln s$$

式中,$s=\frac{r_s}{r_w}$,称为涂抹比,无量纲;r_w——砂井半径,cm;r_s——涂抹区半径,即砂井打设时在井周土体中形成的筒状扰动区外半径,cm。

可见,如砂井施工对土体无扰动(即涂抹区厚度为零,$r_s=r_w$,$s=1$;或涂抹区内土体的渗透系数与原状土相同,$k_s=k_h$),则涂抹因子 $F_s=0$,涂抹作用就不存在;反之,如涂抹区厚度越大,涂抹区内土体的渗透系数越小,则 F_s 越大,涂抹作用越显著,砂井地基固结就越慢。

砂井地基平均固结度
average degree of consolidation of sand drained ground

砂井地基的平均固结度可分为平均径向固结度 U_r 和平均径、竖向组合固结度 U_{rz} 两种。

平均径向固结度 U_r 表达式为

$$U_r=1-\frac{\overline{u}_r}{u_0}$$

平均径、竖向组合固结度 U_{rz} 可按下式推导:

$$U_{rz}=1-(1-U_z)(1-U_r)$$

式中,U_z 为平均竖向固结度,按太沙基一维固结理论计算,其近似式为

$$U_z=1-\frac{8}{\pi^2}\exp\left(-\frac{\pi^2}{4}T_v\right)$$

对于理想砂井地基,其平均径向固结度可按巴隆固结理论计算,即

$$U_r=1-\frac{\overline{u}_r}{u_0}=1-\exp\left[-\frac{8T_h}{f(n)}\right]$$

故其平均径、竖向组合固结度U_{rz}计算式为

$$U_{rz}=1-(1-U_z)(1-U_r)=1-\frac{8}{\pi^2}\exp\left(-\frac{\pi^2}{4}T_v\right)\times\exp\left[-\frac{8T_h}{f(n)}\right]=$$

$$1-\frac{8}{\pi^2}\exp\left[-\frac{\pi^2}{4}T_v-\frac{8T_h}{f(n)}\right]$$

式中,各项含义详见“巴隆固结理论”“太沙基一维固结理论”词条。

对于非理想砂井地基,其平均径向固结度和平均径、竖向组合固结度的计算式可参见“谢康和非理想砂井地基固结理论”词条。

由于砂井地基中一般以径向排水固结为主,故砂井地基中的竖向排水固结可忽略不计,也即实际计算砂井地基固结度时通常仅需计算其平均径向固结度。

巴隆固结理论
Barron's consolidation theory

巴隆固结理论是巴隆(R.A. Barron)于1948年为砂井地基固结问题建立的固结理论。他提出并考虑了砂井地基在固结时的两种极端变形条件,即等应变条件和自由应变条件。

等应变条件和自由应变条件均假定砂井地基固结时仅发生竖向变形。但前者仅允许竖向变形均等发生,即认为地基同一水平面上各点的竖向变形相等;而后者则允许竖向变形自由发生,即认为地基同一水平面上各点的竖向变形可不同,离砂井近的点因固结快而竖向变形大,反之则小。显然,自由应变条件考虑了地基同一水平面上各点的竖向变形因固结快慢的不同而不同,故与工程实际更接近。

在等应变条件下,巴隆给出的描述理想砂井地基径向固结过程的微分方程为

$$c_h\left(\frac{\partial^2 u_r}{\partial r^2}+\frac{1}{r}\frac{\partial u_r}{\partial r}\right)=\frac{\partial \overline{u}_r}{\partial t}$$

式中,c_h为地基水平向固结系数;$u_r=u_r(z,t)$,为仅考虑径向固结时地基中任一点的超(静)孔隙水压力;$\overline{u}_r=\overline{u}_r(t)$为仅考虑径向固结时地基平均超孔隙水压力。

结合边界条件和初始条件,巴隆得到了解答,即

$$u_r=\frac{u_0}{f(n)}\left[\ln\left(\frac{r}{r_w}\right)-\frac{r^2-r_w^2}{2r_e^2}\right]\exp\left[\frac{-8T_h}{f(n)}\right]$$

$$\overline{u}_r=\frac{1}{\pi(r_e^2-r_w^2)}\int_{r_w}^{r_e}2\pi r u_r \mathrm{d}r=u_0\exp\left[\frac{-8T_h}{f(n)}\right]$$

式中，r_w 为砂井半径；r_e、d_e 分别为砂井影响区半径和直径；$n=r_e/r_w$，为井径比；u_0 为起始平均超(静)孔隙水压力；$f(n)=\frac{n^2}{n^2-1}\ln(n)-\frac{3n^2-1}{4n^2}\approx\ln(n)-0.75$；$T_h=\frac{c_h t}{d_e^2}$，为径向固结时间因子。

巴隆还进一步推导了理想砂井地基的平均径向固结度 U_r 的表达式：

$$U_r=1-\frac{\overline{u}_r}{u_0}=1-\exp\left[-\frac{8T_h}{f(n)}\right]$$

对应于不同径井比的平均径向固结度与径向固结时间因子的关系已经制成图表，可查询有关手册。这些结果在实际砂井工程中曾得到广泛的应用。

对于自由应变条件，由于相应的解答比较复杂，而且结果与等应变条件下的解相近(当井径比 n 大于 5 时)，故在实际工程中用得较少，具体解答可参见相关文献。

巴隆是国际上最早对砂井地基固结问题数学模型的建立和理论求解进行系统研究的学者，曾被公认为是砂井固结理论的权威。除了理想砂井地基径向固结解外，1948 年巴隆还同时给出过考虑了涂抹作用的砂井地基径向固结解和等应变条件下考虑井阻作用的砂井地基径向固结解，但遗憾的是其考虑了涂抹作用的固结解并没有考虑涂抹区土体的固结，而其考虑井阻作用的固结解则是错误的。

谢康和非理想砂井地基固结理论
Xie Kanghe non-ideal consolidation theory for vertical drains

谢康和非理想砂井地基固结理论指谢康和(Xie Kanghe)于 1987 年针对非理想砂井地基固结问题建立的固结理论。

非理想砂井地基是指存在井阻作用和涂抹作用的砂井(包括普通砂井、袋装砂井和塑料排水带等竖向排水体)地基。

砂井地基固结时既发生水平径向渗流，也发生竖向渗流。因此，砂井地基固结问题从严格意义上来说属于三维空间问题。但为得到便于工程应用的固结计算公式，采用解析法求解砂井地基固结问题时一般将其简化为轴对称固结问题，其中渗流是空间轴对称的，而变形仅是一维竖向的(即忽略水平向变形)。基于此，可得到等应变条件下同时考虑径向渗流和竖

向渗流(简称为径竖向组合渗流)的砂井地基固结方程为(谢康和,1987):

$$\frac{\partial \overline{u}_{rz}}{\partial t}=c_{\mathrm{h}}\left(\frac{1}{r}\frac{\partial u_{rz}}{\partial r}+\frac{\partial^2 u_{rz}}{\partial r^2}\right)+c_{\mathrm{v}}\frac{\partial^2 \overline{u}_{rz}}{\partial z^2}$$

式中,r、z、t 分别为径向坐标、竖向坐标和时间;

c_{h}——土体水平向固结系数,$c_{\mathrm{h}}=k_{\mathrm{h}}E_{\mathrm{s}}/\gamma_{\mathrm{w}}$,$\mathrm{cm^2/s}$;

c_{v}——土体竖向固结系数,$c_{\mathrm{v}}=k_{\mathrm{v}}E_{\mathrm{s}}/\gamma_{\mathrm{w}}$,$\mathrm{cm^2/s}$;

k_{h}——土体水平向渗透系数,cm/s;

k_{v}——土体竖向渗透系数,cm/s;

E_{s}——土体压缩模量,kPa 或 MPa;

γ_{w}——水重度,$\mathrm{kN/m^3}$;

u_{rz}——砂井地基土中任一点的超静孔压,kPa;

$\overline{u}_{rz}$——砂井地基任一深度处的平均超静孔压,kPa。

卡里略(Carrillo,1942)已从数学上证明可将径、竖向组合固结方程分解为竖向固结方程和径向固结方程分别求解,并且在求得径向平均固结度 $\overline{U}_r$ 和竖向平均固结度 $\overline{U}_z$(按太沙基一维固结理论计算)后,可按下式计算砂井地基的总平均固结度 $\overline{U}_{rz}$(称为卡里略定理):

$$\overline{U}_{rz}=1-(1-\overline{U}_z)(1-\overline{U}_r)$$

根据卡里略定理,只要获得径向固结解,径竖向组合固结解也就可获得。故砂井地基固结问题的求解可归结于径向固结问题的求解。

对于非理想打穿砂井地基,其固结计算简图如下。

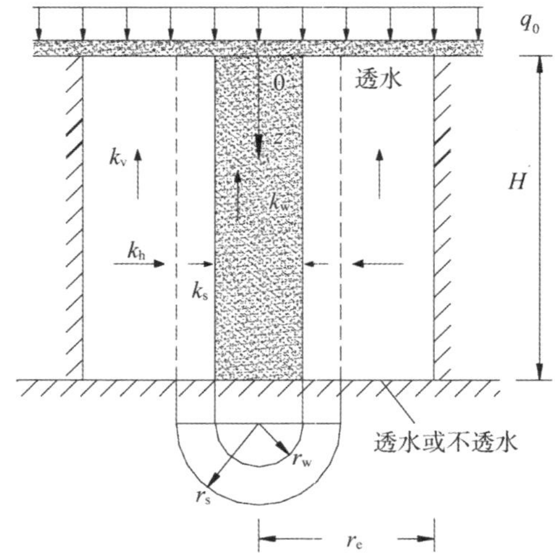

非理想打穿砂井地基固结计算简图

r_w——砂井半径，cm，$r_w=d_w/2$，对于塑料排水带，$r_w=D_p/2$；

d_w——砂井直径，cm，对于塑料排水带，$d_w=D_p$；

D_p——塑料排水带当量直径，cm，当其宽度为 b，厚度为 δ 时，D_p 计算式为

$$D_p=\frac{2(b+\delta)}{\pi}$$

r_s——涂抹区半径，即砂井打设时在井周土体中形成的筒状扰动区外半径，cm；

r_e——砂井影响区半径，cm，$r_e=d_e/2$；

d_e——砂井影响区直径，cm，参见"井径比"词条；

k_s——涂抹区土体渗透系数，cm/s；

k_w——砂井材料的渗透系数，cm/s，对于塑料排水带，$k_w=4q_w/(\pi d_w^2)$；

q_w——塑料排水带的排通量（即单位水力梯度作用下单位时间内从塑料排水带中流过的水量，又称为通水量），cm^3/s，一般由生产厂家直接给定；

H——软土层最大竖向排水距离，cm，单面排水时 H 即等于砂井长度，双面排水时 H 等于砂井长度的一半。

在等应变条件下，涂抹区内外土体的径向固结方程为

$$\frac{\partial \bar{u}_r}{\partial t}=c_h\frac{k_s}{k_h}\left(\frac{1}{r}\frac{\partial u_r}{\partial r}+\frac{\partial^2 u_r}{\partial r^2}\right)\quad r_w\leqslant r<r_s$$

$$\frac{\partial \bar{u}_r}{\partial t}=c_h\left(\frac{1}{r}\frac{\partial u_r}{\partial r}+\frac{\partial^2 u_r}{\partial r^2}\right)\quad r_s\leqslant r\leqslant r_e$$

土体与砂井间的流量连续方程为

$$\frac{\partial^2 u_w}{\partial z^2}=-\frac{2}{r_w}\frac{k_s}{k_w}\left(\frac{\partial u_r}{\partial r}\right)\bigg|_{r=r_w}$$

式中，u_r——仅考虑径向固结时土中任一点的超静孔压，kPa；

u_w——仅考虑径向固结时砂井中任一深度的超静孔压，kPa；

$\bar{u}_r$——仅考虑径向固结时土中任一深度处的平均超静孔压，kPa，即

$$\bar{u}_r=\frac{1}{\pi(r_e^2-r_w^2)}\int_{r_w}^{r_e}2\pi r u_r\mathrm{d}r$$

上述径向固结方程是在荷载 q_0 瞬时施加、不考虑涂抹区土体和砂井材料的压缩性与原地基土体压缩性的差别的假定下得到的，相关的求解条件包括初始条件和边界条件，对于单面排水条件具体为：①$r=r_e$：$\partial u_r/\partial r=$

0；②$z=0:u_{\mathrm{w}}=0$；③$z=H:\partial u_{\mathrm{w}}/\partial z=0$；④$r=r_{\mathrm{w}}:u_r=u_{\mathrm{w}}$；⑤$t=0:\overline{u}_r=u_0=q_0$。

谢康和(1987)给出了满足上述径向固结方程和土体与砂井间的流量连续方程及其求解条件的精确解：

$$u_r=\begin{cases}q_0\sum\limits_{m=1}^{\infty}\dfrac{1}{F_{\mathrm{a}}+D_{\mathrm{m}}}\left[\dfrac{k_{\mathrm{h}}}{k_{\mathrm{s}}}\left(\ln\dfrac{r}{r_{\mathrm{w}}}-\dfrac{r^2-r_{\mathrm{w}}^2}{2r_{\mathrm{e}}^2}\right)+D_{\mathrm{m}}\right]\\ \dfrac{2}{M}\sin\dfrac{Mz}{H}\exp(-\beta_{\mathrm{m}}t)\quad r_{\mathrm{w}}\leqslant r\leqslant r_{\mathrm{s}}\\ q_0\sum\limits_{m=1}^{\infty}\dfrac{1}{F_{\mathrm{a}}+D_{\mathrm{m}}}\left[\left(\ln\dfrac{r}{r_{\mathrm{s}}}-\dfrac{r^2-r_{\mathrm{s}}^2}{2r_{\mathrm{e}}^2}\right)+\dfrac{k_{\mathrm{h}}}{k_{\mathrm{s}}}\left(\ln s-\dfrac{s^2-1}{2n^2}\right)+D_{\mathrm{m}}\right]\\ \dfrac{2}{M}\sin\dfrac{Mz}{H}\exp(-\beta_{\mathrm{m}}t)\quad r_{\mathrm{s}}\leqslant r\leqslant r_{\mathrm{e}}\end{cases}$$

$$u_{\mathrm{w}}=q_0\sum_{m=1}^{\infty}\frac{D_{\mathrm{m}}}{F_{\mathrm{a}}+D_{\mathrm{m}}}\frac{2}{M}\sin\frac{Mz}{H}\exp(-\beta_{\mathrm{m}}t)$$

$$\overline{u}_r=q_0\sum_{m=1}^{\infty}\frac{2}{M}\sin\left(\frac{Mz}{H}\right)\exp(-\beta_{\mathrm{m}}t)$$

进一步可得非理想砂井地基径向平均固结度$\overline{U}_r$的精确计算式：

$$\overline{U}_r=1-\sum_{m=1}^{\infty}\frac{2}{M^2}\exp(-\beta_{\mathrm{m}}t)$$

式中，$\beta_{\mathrm{m}}=\dfrac{8c_{\mathrm{h}}}{d_{\mathrm{e}}^2(F_{\mathrm{a}}+D_{\mathrm{m}})}$；$D_{\mathrm{m}}=\dfrac{8G(n^2-1)}{M^2n^2}$；$M=\dfrac{(2m-1)\pi}{2}$；$m=1,2,3,\cdots$；$F_{\mathrm{a}}=\left(\ln\dfrac{n}{s}+\dfrac{k_{\mathrm{h}}}{k_{\mathrm{s}}}\ln s-\dfrac{3}{4}\right)\dfrac{n^2}{n^2-1}+\dfrac{s^2}{n^2-1}\left(1-\dfrac{k_{\mathrm{h}}}{k_{\mathrm{s}}}\right)\left(1-\dfrac{s^2}{4n^2}\right)+\dfrac{k_{\mathrm{h}}}{k_{\mathrm{s}}}\dfrac{1}{n^2-1}\left(1-\dfrac{1}{4n^2}\right)$；$n$——井径比，$n=r_{\mathrm{e}}/r_{\mathrm{w}}$，无量纲；$s$——涂抹比，$s=r_{\mathrm{s}}/r_{\mathrm{w}}$，无量纲；$G$——对于普通或袋装砂井，$G=\dfrac{k_{\mathrm{h}}}{k_{\mathrm{w}}}\left(\dfrac{H}{d_{\mathrm{w}}}\right)^2$，对于塑料排水带，$G=\dfrac{\pi k_{\mathrm{h}}H^2}{4q_{\mathrm{w}}}$。

为便于实际应用，谢康和(1987)还给出了与$\overline{U}_r$精确式精度相近的砂井地基径向平均固结度近似计算公式：

$$\overline{U}_r=1-\exp\left(\frac{8T_{\mathrm{h}}}{F_{\mathrm{ns}}+\pi G}\right)=1-\exp\left(\frac{8T_{\mathrm{h}}}{F}\right)=1-\exp\left(\frac{8T_{\mathrm{h}}}{F_{\mathrm{n}}+F_{\mathrm{s}}+F_{\mathrm{r}}}\right)$$

式中，$F_{\mathrm{ns}}=\ln(n)-\dfrac{3}{4}+(k_{\mathrm{h}}/k_{\mathrm{s}}-1)\ln(s)$；

$F=F_{ns}+\pi G=F_n+F_s+F_r$；

F_n——几何因子，$F_n=\ln(n)-\dfrac{3}{4}$，无量纲；

F_s——涂抹因子，$F_s=\left(\dfrac{k_h}{k_s}-1\right)\ln(s)$，无量纲；

F_r——井阻因子，$F_r=\pi G=\pi\dfrac{k_h}{k_w}\left(\dfrac{H}{d_w}\right)^2=\dfrac{\pi^2 k_h H^2}{4q_w}$，无量纲；

T_h——径向固结时间因子，$T_h=\dfrac{c_h t}{d_e^2}$，无量纲。

几何因子 F_n、涂抹因子 F_s 和井阻因子 F_r 分别代表了砂井地基的几何排列、涂抹作用和井阻作用对砂井地基径向平均固结度的影响。三者的数值越小，砂井地基的径向平均固结度就越大，砂井地基固结就越快。

当涂抹因子 $F_s=0$ 和井阻因子 $F_r=0$ 时，上述非理想砂井地基径向平均固结度计算式就转化为巴隆理想砂井地基径向平均固结度计算式。

由$\overline{U}_r$ 近似计算式和太沙基一维固结理论并根据卡里略定理，即可得考虑了径、竖向组合固结的非理想砂井地基总平均固结度$\overline{U}_{rz}$ 的近似计算式：

$$\overline{U}_{rz}=1-\frac{8}{\pi^2}\exp\left(-\frac{\pi^2 T_v}{4}-\frac{8T_h}{F}\right)=1-\frac{8}{\pi^2}\exp\left[-\left(\frac{\pi^2 c_v}{4H^2}+\frac{8c_h}{Fd_e^2}\right)t\right]=1-\alpha\exp(-\beta_{rz}t)$$

式中，$\alpha=\dfrac{8}{\pi^2}$；$\beta_{rz}=\beta_z+\beta_r$；$\beta_z=\dfrac{\pi^2 c_v}{4H^2}$；$\beta_r=\dfrac{8c_h}{Fd_e^2}$。

对于未打穿砂井地基的平均固结度计算，谢康和(1987)针对现有常用方法不合理地将砂井底面作为下卧软黏土层的排水面且不能考虑砂井地基涂抹和井阻作用的缺点，提出了适用于未打穿非理想砂井地基平均固结度计算的改进法。

未打穿砂井地基平均固结度$\overline{U}$的一般计算式最早由 Hart(1958)给出：

$$\overline{U}=\rho\,\overline{U}_{rz}+(1-\rho)\overline{U}_z$$

式中，ρ 为砂井长度与软黏土层总厚度之比值，又称为贯入度，$\rho=L_w/(L_w+L_s)$；L_w 为砂井长度；L_s 为砂井底面以下软黏土层厚度。

谢康和(1987)提出的改进法仍采用上式计算未打穿非理想砂井地基平均固结度$\overline{U}$，但其中的$\overline{U}_{rz}$ 和$\overline{U}_z$ 的计算与国内常用法不同。改进法采用的$\overline{U}_{rz}$ 和$\overline{U}_z$ 的计算式为：

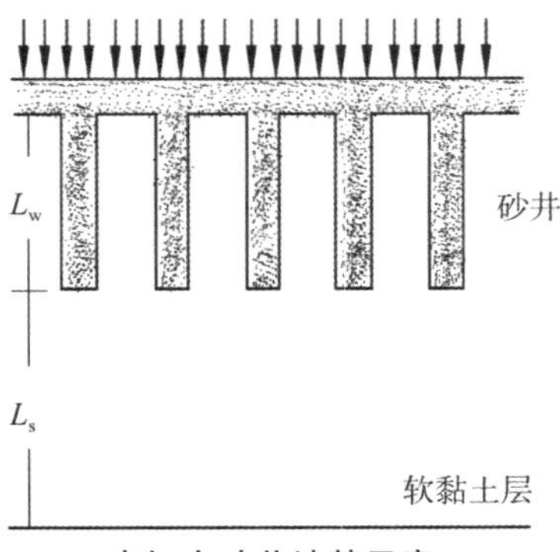

未打穿砂井地基示意

$$\overline{U}_{rz}=1-a\exp(-\beta_{rz}t)$$

$$\overline{U}_{z}=1-a\exp\left(-\frac{\beta_z}{c}t\right)$$

式中,$c=(1-a\rho)^2$;$a=1-\sqrt{\beta_z/\beta_{rz}}$。

改进法与国内常用法的主要区别在于:不再人为地将砂井底面作为砂井下卧软黏土层的排水面,而是认为下卧软黏土层的排水面介于砂井顶面和底面之间($0\leqslant a\leqslant 1$),取决于砂井的排水能力(由 β_{rz} 值体现)。

时间对数拟合法
logarithm of time fitting method

时间对数拟合法是基于常规固结试验结果和太沙基一维固结理论确定竖向固结系数的一种方法,又称为 lg$t$ 法。即将常规固结试验测得的变形量 Δh 和时间 t 的关系,绘制在半对数坐标上,得到固结曲线。取曲线下反弯点前后两段曲线的切线的交点 m 作为主固结阶段和次固结阶段的分界点,也即渗流固结的结束点($U_z=100\%$)。根据固结曲线前段符合抛物线的规律,在前段任选两点 a、b,其时间比值为 1∶4(例如 1min 和 4min),固结曲线上 a、b 间的变形量为 ΔS,则从 a 点往上再加上一个 ΔS,该点的变形量就是主固结开始的变形量 S_0。S_0 至 m 点间的变形量就是主固结阶段的总变形量,S_0 至 m 点竖直距离中点 c 的坐标,即为渗流固结完成 50%的变形量 S_{50} 和时间 t_{50}。根据太沙基一维固结理论,相应于 $U_z=50\%$ 时的 $T_v=0.197$,因此有

$$c_v=\frac{0.197}{t_{50}}H^2$$

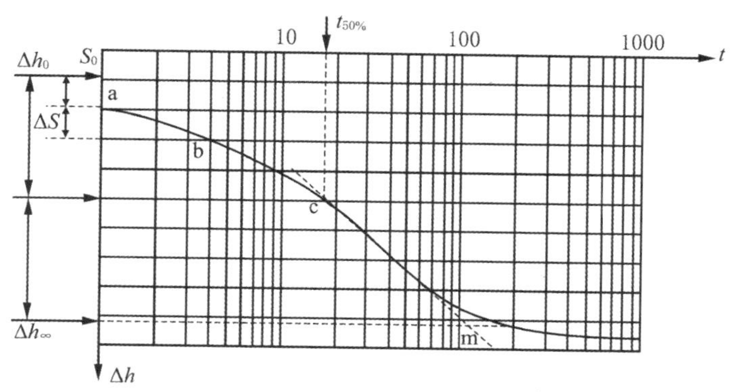

使用时间对数拟合法得到的固结曲线

式中，H 为固结土层的最大竖向排水距离，m。

与时间平方根法相比，时间对数法可以避免遇到试验曲线直线段不明显时的麻烦，但确定 $U_z=0$ 点时不如时间平方根法方便。目前在生产实践中，两种方法都采用。但要注意，无论采用哪一种方法得出的 c_v 值都只能作为近似值，因为这两种方法都是半经验法，而且试验土样不一定能够完全代表天然土层的情况（如天然土层中可能夹有很薄的砂层），试验条件也不完全符合实际条件（如土样薄、水力坡降太大，因而应变速率太大等）。此外，土在固结过程中渗透系数 k、压缩系数 a、孔隙比 e 值都在改变，c_v 值也在改变，因而选用 c_v 值时，还应考虑实际的荷载增量级。

时间平方根法
square root of time fitting method

时间平方根法是根据太沙基固结理论利用常规固结试验结果确定竖向固结系数的一种方法，又称为$\sqrt{t}$法。将常规固结试验测得的变形量 Δh 和时间平方根$\sqrt{t}$的关系，绘制在坐标上。根据太沙基一维固结理论和固结度定义，当变形量在稳定变形量的 60%以前，固结度可以写为

$$U_z \approx \frac{\Delta h-\Delta h_0}{\Delta h_\infty-\Delta h_0}=2\sqrt{T_v/\pi}\approx 1.128\sqrt{\frac{c_v t}{h^2}}$$

上式表明当把试验固结曲线绘在 $\Delta h-\sqrt{t}$ 坐标上时，变形量在稳定变形量的 60%以前的试验点应落在一根直线上。但是因为试验开始时有初始压缩 Δh_0，起始的试验点必定偏离理论的直线段。为此，在试验曲线上找出直线段①，延伸直线段①交纵坐标于 S_0。S_0 应该就是主固结段的起点，

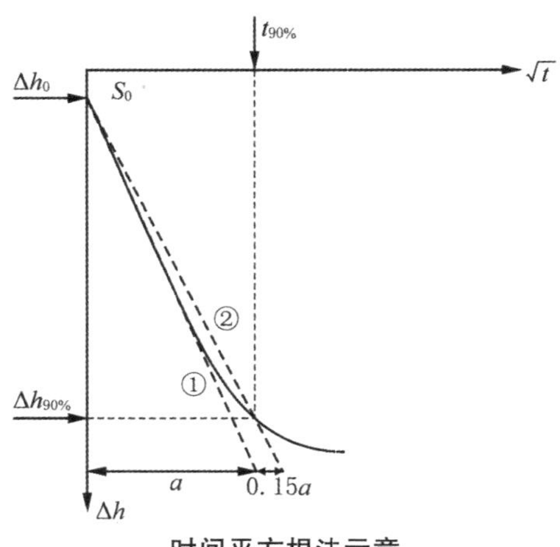

时间平方根法示意

Δh_0 就是试验中的初始压缩量。

由式 $U_z \approx 2\sqrt{T_v/\pi}$ 可得，$U_z=90\%$ 时，$\sqrt{T_v}=\dfrac{\sqrt{\pi}U_z}{2}=\dfrac{\sqrt{\pi}\times 0.9}{2}=0.798$。另一方面，根据太沙基一维固结解可知，当 $U_z>30\%$ 时，$U_z \approx 1-\dfrac{8}{\pi^2}e^{-\frac{\pi^2}{4}T_V}$，故当 $U_z=90\%$ 时有 $\sqrt{T_v}=\sqrt{0.848}=0.921$。可见，当 $U_z=90\%$ 时，式 $U_z \approx 1-\dfrac{8}{\pi^2}e^{-\frac{\pi^2}{4}T_V}$ 的 $\sqrt{T_v}$ 值为式 $U_z \approx 2\sqrt{T_v/\pi}$ 的 $\sqrt{T_v}$ 值的 1.15 倍。因此，在图中，从 S_0 引直线②，其横坐标为直线①的 1.15 倍，交试验曲线于一点，该点即认为是主固结达 90%的试验点。其相应的坐标即为固结度达 90%的变形量和时间 t_{90}。已知 t_{90} 后，由于 $U_z=90\%$ 相应的 T_v 为 0.848，故可得确定土固结系数 c_v 的计算式：

$$c_v=\frac{0.848H^2}{t_{90}}$$

时间因子 T_v
time factor T_v

时间因子又称竖向固结时间因子或时间因素，是在太沙基一维固结理论中引入的无量纲参数，其定义为

$$T_v=\frac{c_v t}{h^2}$$

式中，c_v 竖向固结系数，m²/s；t 为固结历时，s；h 为土层的最大竖向排水距

离，m。当为单面排水时 h 为土层的厚度，当为双面排水时为土层厚度的一半。

由于太沙基一维固结理论表明 T_v 与土层的平均固结度 $\overline{U}$ 是一一对应的单值函数关系，故对于同样土质的土层而言，达到某一固结度所需要的时间与土层的排水距离的平方成正比，即 $t \propto h^2$。在工程上常利用这个原理，通过在地基中设置砂井等竖向排水体以减小排水距离而达到减小固结排水的时间、加速地基固结的目的。

准固结压力
pseudo-consolidation pressure

准固结压力又称准先期固结压力、准前期固结压力。其为使土结构开始破坏的压力，其值比前期固结压力大，一般由土体压缩引起，并随次压缩时间的延续而增大。假设在沉积过程中，土层中某点 M 受其上覆盖层有效压力 p_0 作用会不断产生次压缩，时间越长，压缩量必越大。因此，该点的状态逐步变化到 M_1，M_2，…，M_n，孔隙比越来越小。事实上，压缩历时相同的诸压缩曲线，是大致平行于主固结原始压缩曲线的曲线簇。假设该土层在恒压 p_0 作用下受压了 1 万年，如果在其上增加压力，则压缩曲线的开始段必相当平缓，即土的压缩性很小；只有当压力达到主固结原始曲线附近时，由于土结构开始破坏，曲线斜率才发生突变。此处的压力 Q_c，即为准先期固结压力。显然，次压缩作用越大，准先期固结压力将越大。

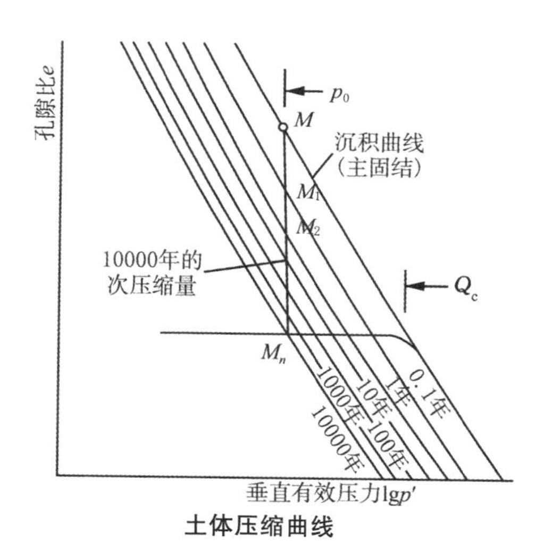

土体压缩曲线

11 抗剪强度

抗剪强度
shear strength

抗剪强度指土体抵抗剪切破坏的极限能力，是土的重要力学性质之一。土具有抵抗剪应力和剪切变形的能力，并且这种能力随剪应力的增加而增大，当这种剪阻力达到某一极限值时，土就发生剪切破坏。工程中的地基承载力，挡土墙压力和土坡稳定等土力学问题都与土的抗剪强度直接相关。黏性土的抗剪强度可分为两部分：一部分与土颗粒间的有效法向应力有关，其本质是摩擦力，另一部分是当法向应力为零时抵抗土颗粒间相互滑动的力，通常称为黏聚力。无黏性土的抗剪强度决定于有效法向应力和内摩擦角，其抗剪强度由三种作用组成：剪切时土粒间接触面上的滑动摩擦、体积膨胀所产生的阻力以及土粒排列所受的阻力。测定土抗剪强度的常用方法有室内的直接剪切试验、无侧限抗压强度试验和土的三轴压缩试验以及原位的十字板剪切试验。影响黏性土抗剪强度的因素有：土的组成和结构、土的非等向性、应力历史、排水条件和加荷速率等，其中以排水条件最为重要。根据室内剪切试验的成果，抗剪强度可用抗剪强度有效应力法或抗剪强度总应力法来表达，从而相应得出有效应力强度或总应力强度参数。

抗剪强度参数
shear strength parameter

抗剪强度参数又称土的抗剪强度指标，由库仑方程中的黏聚力 c 和内摩擦角 φ 组成，分为总应力强度参数（c,φ）和有效应力强度参数（c',φ'），通常由直接剪切试验或三轴压缩试验确定。

抗剪强度有效应力法
effective stress approach of shear strength

应力状态以有效应力表示时，土的抗剪强度表达方法称为抗剪强度有效应力法，其表达式为

$$\tau_f = c' + \sigma' \tan\varphi'$$

式中，τ_f 为土的抗剪强度；σ'为剪切破坏面上的法向有效应力；c'为有效黏聚力；φ'为有效内摩擦角。

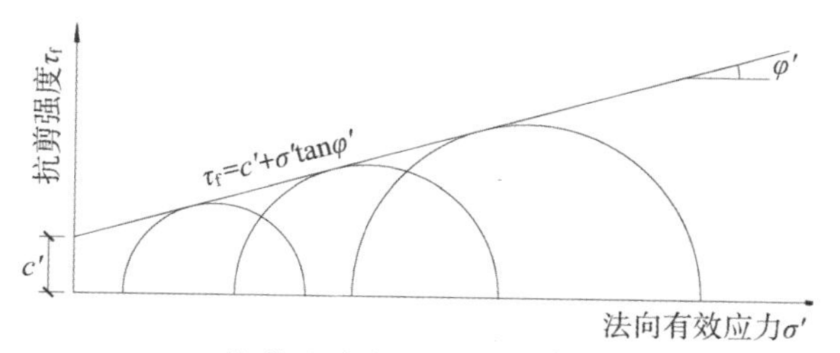

抗剪强度有效应力法示意

抗剪强度总应力法
total stress approach of shear strength

应力状态以总应力表示时，土的抗剪强度表达方法称为抗剪强度总应力法，其表达式为

$$\tau_f = c + \sigma \tan\varphi$$

式中，τ_f 为土的抗剪强度；σ 为剪切破坏面上以总应力表示的法向压应力；c 为土的黏聚力；φ 为土的内摩擦角。

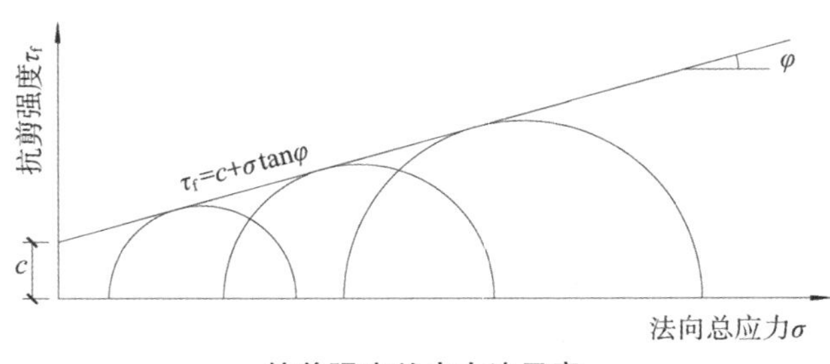

抗剪强度总应力法示意

库仑方程
Coulomb's equation

库仑方程又称库仑定律或库仑公式,为描述土的抗剪强度与剪切破坏面上法向压应力之间关系的直线方程,由库仑(C.A. Coulomb)于 1776 年提出。库仑根据土的直接剪切试验的结果,得出土的抗剪强度 τ_f 近似符合以下直线方程:

$$\tau_f=c+\sigma\tan\varphi$$

式中,σ 为剪切破坏面上的法向压应力;c 为土的黏聚力;φ 为土的内摩擦角。c,φ 称为土的抗剪强度参数。长期的试验研究证明,土的抗剪强度是剪切破坏面上法向有效应力 σ'的函数。由于库仑方程在应用上比较方便,故仍沿用至今。

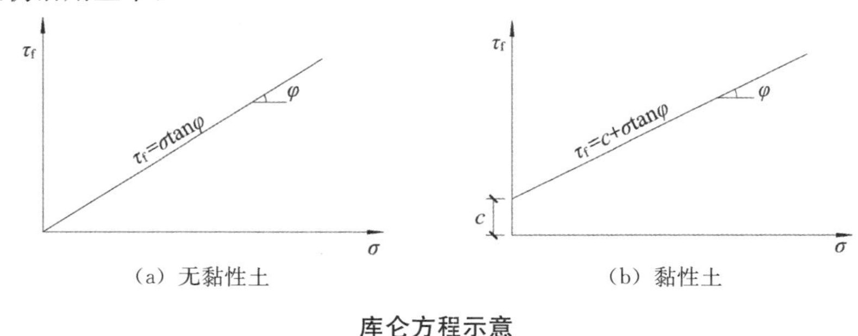

库仑方程示意

莫尔包线
Mohr's envelope

莫尔包线又称破坏包线或土的抗剪强度包线,是土体受到不同的主应力作用达到极限状态时,由破裂面上法向应力与剪应力确定的点的轨迹。1910 年莫尔提出破裂面上的法向应力 σ 与剪应力 τ_f 之间有一曲线函数关系，即 $\tau_f = f(\sigma)$。实用上取与试验的极限应力圆相切的包线，在某一限定的应力范围内可以用一直线近似地代替相应的曲线，该直线方程就是库仑公式。

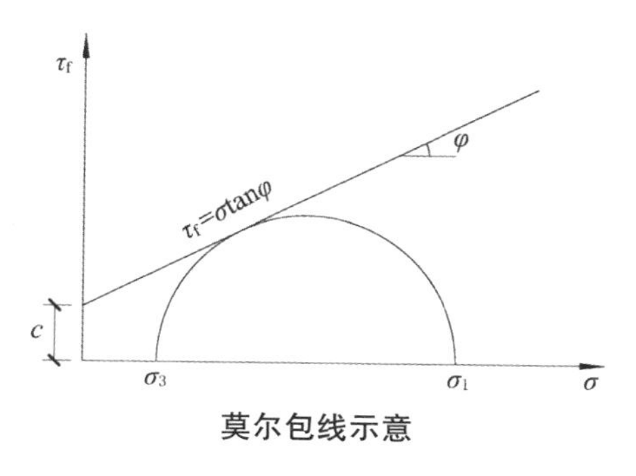

莫尔包线示意

莫尔—库仑理论
Mohr-Coulomb theory

莫尔—库仑理论为用库仑方程表示莫尔包线，研究土强度的理论。该理论用库仑方程 $\tau_f = c + \sigma\tan\varphi$ 表示的直线代替莫尔包线 $\tau_f = f(\sigma)$。当单元土体受到最大主应力 σ_1 与最小主应力 σ_3 作用，在某一平面上的剪应力等于土的抗剪强度时，就发生剪切破坏，其极限应力圆与库仑方程所确定的直线相切，由此得出单元土体的剪切破坏条件：

$$\frac{1}{2}(\sigma_1 - \sigma_3) = c\cos\varphi + \frac{1}{2}(\sigma_1 - \sigma_3)\sin\varphi$$

式中，σ_1、σ_3 分别为最大、最小主应力；c 为土的黏聚力；φ 为土的内摩擦角。值得注意的是该理论中没有考虑主应力的影响。

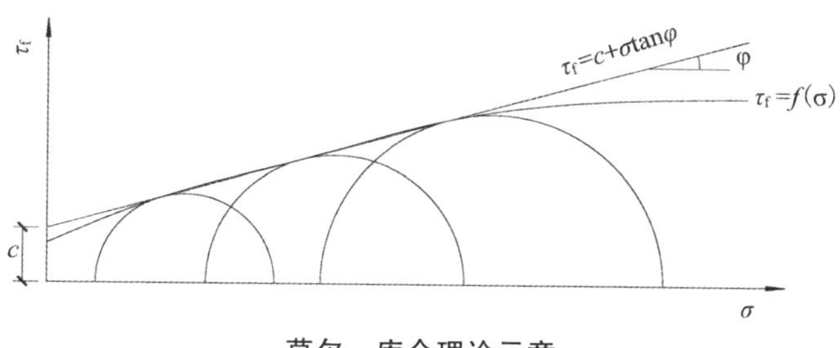

莫尔—库仑理论示意

内摩擦角
angle of internal friction

在以土的抗剪强度为纵坐标,以剪切破坏面上的法向应力为横坐标的坐标系中,土的抗剪强度包线与横坐标轴的倾角称为内摩擦角,通常用 φ 表示,是土的抗剪强度参数之一。其值与土的初始孔隙比、土粒形状、土粒表面的粗糙度和颗粒级配等因素有关。可由直接剪切试验和三轴压缩试验测定。根据不同试验方法可得出总应力内摩擦角 φ 和有效应力内摩擦角 φ'。

黏聚力
cohesion

黏聚力又称内聚力或凝聚力,是在以土的抗剪强度为纵坐标,以剪切破坏面上的法向应力为横坐标的坐标系中,土的抗剪强度包线在纵坐标轴的截距。通常用 c 表示,是土的抗剪强度参数之一,可由直接剪切试验和三轴压缩试验测定。根据不同试验方法可得出总应力黏聚力 c 和有效应力黏聚力 c'。

有效内摩擦角
effective angle of internal friction

参见“有效应力强度参数”词条。

有效黏聚力
effective cohesion intercept

参见“有效应力强度参数”词条。

有效应力破坏包线
effective stress failure envelope

以有效应力表示剪切破坏面上法向应力确定的莫尔包线称为有效应力破坏包线,常由三轴固结不排水试验结果得出,由该破坏包线可确定有效黏聚力 c' 和有效内摩擦角 φ'。

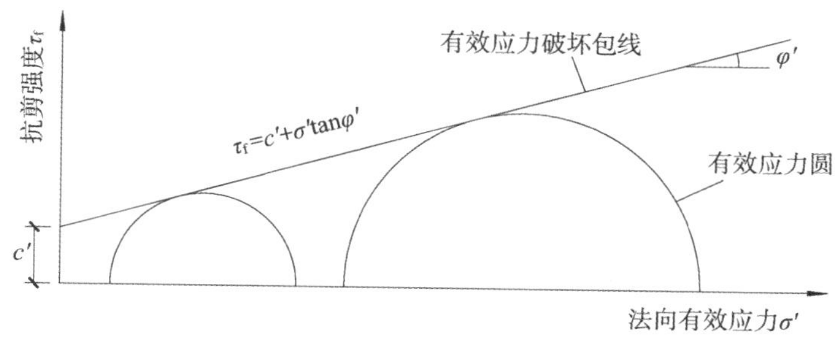

有效应力破坏包线示意

有效应力强度参数
effective stress strength parameter

有效应力强度参数又称有效应力强度指标，是以有效应力表示土中应力状态而得出的土的抗剪强度参数，包括有效黏聚力 c'和有效内摩擦角 φ'，可由三轴固结不排水试验或固结排水试验测得。通常用于有关强度问题的有效应力分析法中。

等效内摩擦角
equative angle of internal friction

等效内摩擦角为考虑岩土黏聚力影响的假想内摩擦角，也称似内摩擦角或综合内摩擦角。其可根据经验确定，也可由公式计算确定。常用计算公式有多种，下面是其中一种简便的公式，其推导如下：

$$\tau=\sigma\tan\varphi+c,$$

或

$$\tau=\sigma\tan\varphi_d$$

则

$$\tan\varphi_d=\tan\varphi+c/\sigma=\tan\varphi+2c/\gamma h\cos\theta，即\ \varphi_d=\arctan(\tan\varphi+2c/\gamma h\cos\theta)$$

式中，τ 为剪应力；σ 为正应力；θ 为岩体破裂角，为 $45°+\varphi/2$。

真内摩擦角
true angle of internal friction

参见“伏斯列夫参数”词条。

真黏聚力
true cohesion

参见“伏斯列夫参数”词条。

总应力破坏包线
total stress failure envelope

总应力破坏包线是以总应力表示剪切破坏面上法向应力确定的莫尔包线。由该破坏包线可确定相应的总应力强度参数 c 和 φ。

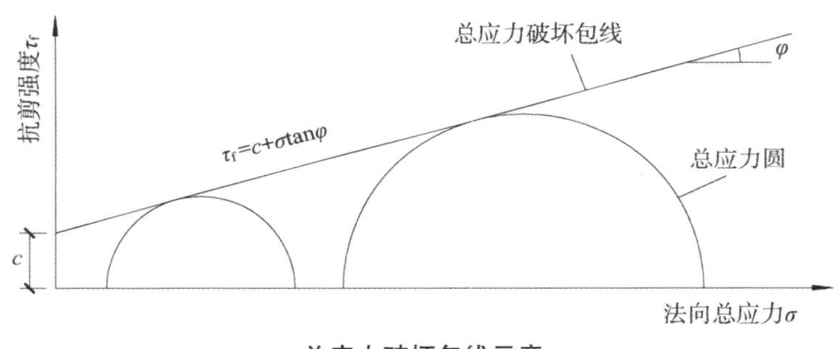

总应力破坏包线示意

总应力强度参数
total stress strength parameter

总应力强度参数又称总应力强度指标，是以总应力表示土中应力状态而得出的土的抗剪强度参数，包括黏聚力 c 和内摩擦角 φ，可由直接剪切试验或三轴压缩试验确定，通常用于有关土的强度问题的总应力分析中。

快剪强度指标
quick shear strength parameter

快剪强度指标指由快剪试验得到的抗剪强度指标，通常用 c_q 和 φ_q 表示。在直接剪切试验中，对土样施加竖向压力后，立即以 0.8mm/min 的剪切速率施加水平剪切力，直至土样产生剪切破坏。由于施加竖向压力后立即开始剪切，土体在该竖向压力作用下未产生排水固结；由于剪切速率较快，对渗透性较小的黏性土可认为土体在剪切过程中也未产生排水固结。

固结快剪强度指标
consolidated quick shear strength parameter

固结快剪强度指标是由固结快剪试验得到的抗剪强度指标，通常用 c_{cq} 和 φ_{cq} 表示。在直接剪切试验中，对土样施加竖向压力后，让土样充分排水，待土样排水固结稳定后，再以 0.8mm/min 的剪切速率施加水平剪切力，直至土样产生剪切破坏。由于剪切速率较快，对渗透性较小的黏性土可认为土体在剪切过程中未产生排水固结。

慢剪强度指标
slow shear strength parameter

慢剪强度指标指由慢剪试验得到的抗剪强度指标，通常用 c_s 和 φ_s 表示。在直接剪切试验中，对土样施加竖向压力后，让土样充分排水，待土样排水固结稳定后，再以小于 0.02mm/min 的剪切速率施加水平剪切力，直至土样产生剪切破坏。由于剪切速率较慢，可以认为在剪切过程中土体充分排水并产生体积变形。

不排水抗剪强度
undrained shear strength

不排水抗剪强度指由三轴压缩试验在完全不排水条件下测定的土的抗剪强度，常用 C_u 表示。对于饱和黏性土，其值等于不固结不排水试验得出的黏聚力，对均质的正常固结黏土大致随有效固结压力 p_c 成线性增大，斯肯普顿提出以下关系式：

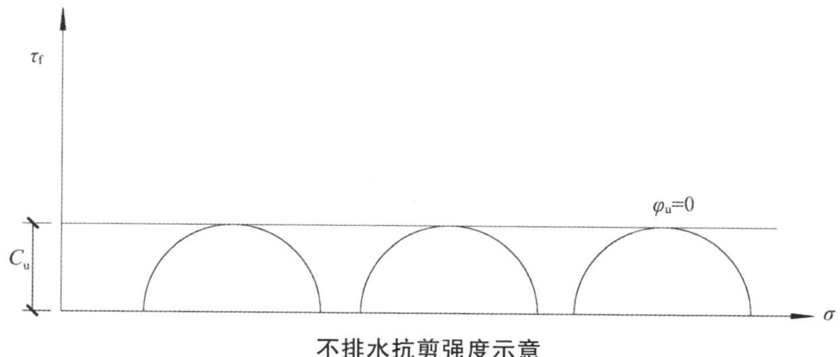

不排水抗剪强度示意

$$\frac{C_u}{p_c}=0.11+0.0037I_p$$

式中,I_p 为土的塑性指数,而国内的经验值为

$$\frac{C_u}{p_c}=0.2\sim0.4$$

十字板抗剪强度
vane strength

十字板抗剪强度是由十字板剪切试验测定的原位地基土的抗剪强度。其值接近于土的不排水抗剪强度,与土层深度近似成以下线性关系:

$$\tau_f=C_0+\lambda z$$

式中,τ_f 为土的十字板抗剪强度;C_0 为直线段与表示 τ_f 的水平轴的截距;λ 为直线段斜率;z 为土层深度。

无侧限抗压强度
unconfined compression strength

无侧限抗压强度指土试样在无侧向压力条件下抵抗轴向压力的极限强度,常用 q_u 表示,由无侧限抗压强度试验测定。对于饱和黏性土,其 q_u 与不排水抗剪强度 C_u 之间的关系为 $C_u=\frac{1}{2}q_u$。

残余内摩擦角
residual angle of internal friction

残余内摩擦角指由土的残余强度确定的内摩擦角,通常由 φ_r 表示。参见“残余强度”词条。

残余强度
residual strength

残余强度又称剩余强度或最终强度,是相应于土的应力—应变曲线超过峰值后大致稳定的最终强度。由土的直接剪切试验可知,密实砂土或黏性土在剪应力达到峰值后,如果继续增大位移,强度将逐渐下降,最后达到某一稳定值,强度降低的程度与土中黏粒含量多少有关,黏粒含量越多,强度降低得越多。试验表明,对同一种土,超固结土与正常固结土的残余强

度基本上是相同的，故残余强度与应力历时无关。

根据残余强度确定的莫尔包线通常是通过原点的一条直线，可表达为

$$\tau_r = C_r + \sigma' \tan\varphi_r$$

式中，τ_r 为由残余强度所确定的抗剪强度；C_r 和 φ_r 分别为残余强度的黏聚力和内摩擦角；σ'为法向有效应力。通常 $C_r=0$，φ_r 比 φ'减小 1°～2°，最大可减少 10°。

一般认为，土的抗剪强度在达到峰值后随应变降低是土的结合作用遭到破坏，土颗粒重新排列的结果，对于硬黏土的土坡，采用残余强度分析比较合理。

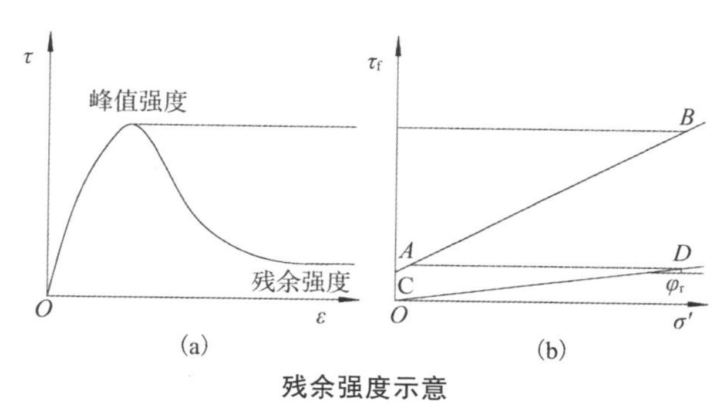

残余强度示意

长期强度
long-term strength

长期强度指超出常规试验时间所测定的土的强度，其值随时间的增长而降低。根据报道，伦敦一些土工建筑物，在建成后大约 50 年、100 年，甚至 200 年才开始破坏。许多路堤和土坡的安全系数在 1.5～2.5 之间，然而在施工完成的 6 个月至 4 年之内破坏，强度降低了约 50%。目前对于长期强度的概率还不很统一，一般认为这是土的蠕变使黏土中的胶结物破坏和有效应力降低的结果。

单轴抗拉强度
uniaxial tensile strength

单轴抗拉强度指由土的抗拉试验确定的土的抗拉强度，这一指标对于如何防止土体产生裂缝具有重要意义。近十年来，在较新的路面设计方法、土坝工程以及土的抗冲蚀性研究中，也考虑了它的影响。

饱和单轴抗压强度
saturated uniaxial compressible strength

饱和单轴抗压强度为吸水饱和状态下的岩石试件在无侧限和单轴压力作用下抵抗破坏的极限能力。岩石按饱和单轴抗压强度（f_r）的大小可以分为五类，见下表。

岩石坚硬程度划分

指标	坚硬岩	较硬岩	较软岩	软岩	极软岩
岩石饱和单轴抗压强度/MPa	$f_r>60$	$60\geqslant f_r>30$	$30\geqslant f_r>15$	$15\geqslant f_r>5$	$f_r\leqslant 5$

动强度
dynamic strength of soils

动强度常指产生某一破坏应变幅时所需的冲击应力或周期应力幅。对于周期荷载，可由动三轴试验、动单剪试验等测定。在冲击荷载作用下，其值大于静强度，而且土的含水量愈高，动强度增加越多。在周期荷载作用下，饱和土的动强度可能小于或大于其静强度，视土类和荷载特性而定。一般来说，振次越多则动强度越小。另外，周期荷载可使饱和松散的无黏性土和少黏性土发生液化破坏现象。可用动黏聚力和动摩擦角来描述土的动强度，但它们的测定方法及其应用尚不广泛。

峰值强度
peak strength

峰值强度指相应于土的应力—应变曲线上最大剪应力的强度。在土的剪切试验中，常以峰值强度代表土的抗剪强度。

伏斯列夫参数
Hvorslev parameter

伏斯列夫参数是在相同孔隙比条件下剪切破坏所确定的土的抗剪强度参数，由伏斯列夫于 20 世纪 30 年代提出。对正常固结土和超固结土，若剪切破坏时的孔隙比 e（饱和土即含水量 w）相同，所对应的有效固结压力 σ'不同，分别表示为 σ'_a 和 σ'_b，破坏时的抗剪强度也不同，分别为 τ_{fa} 和 τ_{fb}，其连线称为伏斯列夫破坏线，该线与纵坐标的截距 c_e 表示在同一孔隙比条件下的黏聚力，称为真黏聚力，与水平轴的夹角 φ_e 称为真内摩擦角。φ_e 随土的塑性指数 I_p 的增加而减少，与孔隙比的关系可表达为

$$c_e = c_0 \exp(-Be)$$

式中，c_0 为孔隙比为零时的黏聚力；e 为剪切破坏时的孔隙比；B 为 $\ln c_e$ 与破坏时孔隙比 e 关系曲线的斜率。

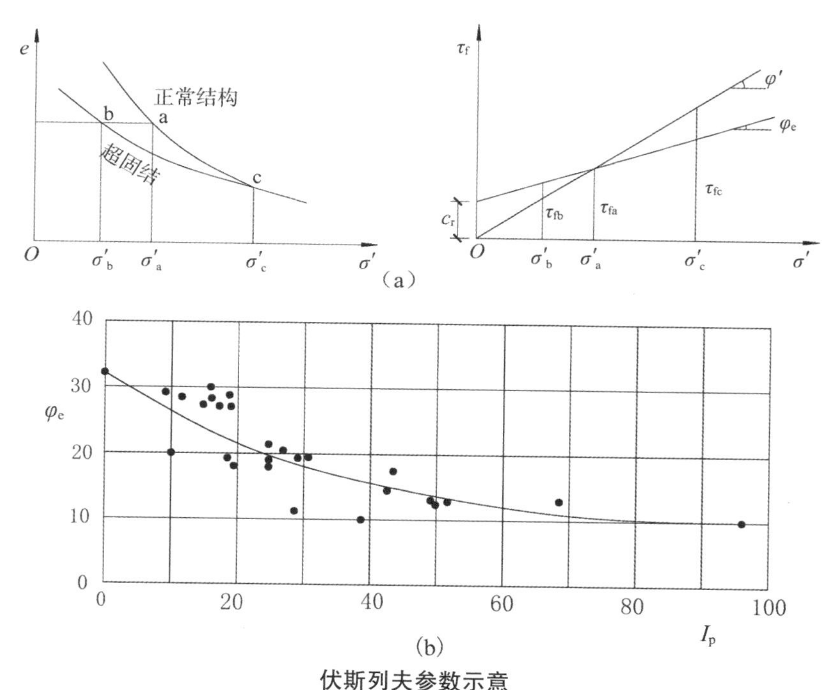

伏斯列夫参数示意

c_e 和 φ_e 主要用于研究工作，实际工程中一般仍用有效应力强度参数 c'、φ'，伏斯列夫参数的主要作用是从物理概念上区分土的黏聚强度和摩擦强度，并强调了有效应力的提高对土抗剪强度的影响。

剪切应变速率
shear strain rate

在应变控制式三轴压缩仪中，以等应变方式对试样施加轴向压力的速度称为剪切应变速率。它不仅关系到试验历时，也影响强度大小，所以应根据不同土类和透水性，采用不同的速率。

破裂角
angle of rupture

破裂角为剪切破坏面与最大主应力作用面的夹角。根据莫尔—库仑理论,破裂角 $\alpha_f=45°+\frac{\varphi}{2}$,$\varphi$ 为土的内摩擦角。

破坏准则
failure criterion

破坏准则为判断土体是否达到破坏的标准。基本破坏准则有:莫尔—库仑准则,认为当剪应力等于土的抗剪强度时发生破坏;广义的切斯卡(Tresca)准则,认为当最大剪应力达到极限值时发生破坏;广义的冯·米赛斯(von Mises)准则,认为当应力强度达到极限值时材料发生破坏。试验研究结果表明,莫尔—库仑准则比较符合土的强度性状,故在土力学中广泛采用建立在该破坏准则基础上的莫尔—库仑理论。

极限平衡条件
limited balance conditions

土体中某点发生剪切破坏,也称该点处于极限平衡状态,处于极限平衡状态的应力条件称为极限平衡条件。根据极限应力圆(即剪切破坏时的应力莫尔圆)与抗剪强度包线之间的几何关系,可建立土的极限平衡条件:

$$\sigma_1=\sigma_3\tan^2\left(45°+\frac{\varphi}{2}\right)+2\cot\left(45°+\frac{\varphi}{2}\right)$$

或

$$\sigma_3=\sigma_1\tan^2\left(45°-\frac{\varphi}{2}\right)-2\cot\left(45°-\frac{\varphi}{2}\right)$$

也可用有效应力表示:

$$\sigma_1'=\sigma_3'\tan^2\left(45°+\frac{\varphi'}{2}\right)+2c'\tan\left(45°+\frac{\varphi'}{2}\right)$$

或

$$\sigma_3'=\sigma'_1\tan^2\left(45°-\frac{\varphi'}{2}\right)-2c'\tan\left(45°-\frac{\varphi'}{2}\right)$$

对于正常固结土,$c=c'=0$,则极限平衡条件可表示为

$$\sigma_1=\sigma_3\tan^2\left(45°+\frac{\varphi}{2}\right)=\frac{1+\sin\varphi}{1-\sin\varphi}\sigma_3$$

或

$$\sigma_3=\sigma_1\tan^2\left(45°-\frac{\varphi}{2}\right)=\frac{1-\sin\varphi}{1+\sin\varphi}\sigma_1$$

或 $\sin\varphi=\frac{\sigma_1-\sigma_3}{\sigma_1+\sigma_3}$

$$\sigma_1'=\sigma_3'\tan^2\left(45^\circ+\frac{\varphi'}{2}\right)=\frac{1+\sin\varphi'}{1-\sin\varphi'}\sigma_3'$$

或 $\sigma_3'=\sigma_1'\tan^2\left(45^\circ-\frac{\varphi'}{2}\right)=\frac{1-\sin\varphi'}{1+\sin\varphi'}\sigma_1'$

或 $\sin\varphi'=\frac{\sigma_1'-\sigma_3'}{\sigma_1'+\sigma_3'}$

事实上，土体的极限平衡条件也就是以主应力表示的莫尔—库仑破坏准则。

孔隙压力系数
pore pressure parameter

土体中孔隙水压力与作用在土体上的应力的关系系数为孔隙压力系数。土的抗剪强度主要与有效应力有关，为了分析荷载作用下地基中有效应力的分布情况，有时需要了解地基中孔隙水压力的分布情况。斯肯普顿(Skempton)等在三轴试验研究基础上提出了孔隙压力关系方程：

$$u=B[\sigma_3+A(\sigma_1-\sigma_3)]$$

式中，B——在各向应力相等条件下的孔隙压力系数；

A——在偏应力作用下的孔隙压力系数。

对于饱和土，$B=1$；对于干土，$B=0$；对于非饱和的湿土，B 值在 0 到 1 之间。参见“孔隙压力系数 A”和“孔隙压力系数 B”词条。

12 本构模型

本构模型
constitutive model

本构模型是反映材料在受力情况下,应力应变间数学物理关系的模型。对于岩土材料而言,这种模型反映了土体的加载应力历史、应力路径以及温度和时间等因素有关。通常的本构模型包括弹性本构模型、弹塑性本构模型、塑性本构模型、黏弹性本构模型,边界面模型和内蕴时间模型等。

边界面模型
boundary surface model

边界面模型是不仅具有屈服面,同时还有边界面的一类土的本构模型。该模型的主要特点为边界面实际上是加载历史中最大加载应力所对应的屈服面。在加载过程中,土体的应力路径永远不会超过边界面,当应力点到达边界面时,若继续加载,边界面会按一定规律扩大,当应力点在边界面内,与该点对应存在一屈服面 f_i。应力状态变化,屈服面形状和位置也随之变化。加载面或其他屈服面只能在边界面内运动,不能与边界面相交,但在共轭

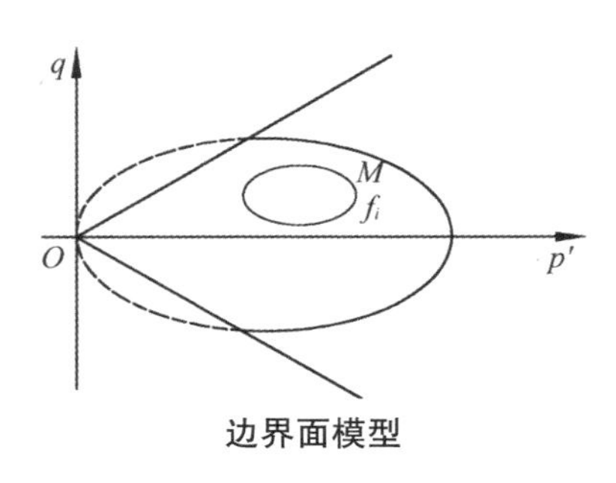

边界面模型

点处可以相切。通过建立一定的映射准则，将边界面上或边界面内任一点应力状态通过一定的映射法则将其与边界面上的某一像点对应起来，根据像点处的塑性模量以及实际点与像点间的距离关系建立一定的插值规则，来确定实际点处的塑性模量，进而求得实际应力点处的塑性应变增量。目前已建立不少边界面模型。该类模型较适用于反向大卸载和循环周期荷载下土样的变形计算。

横观各向同性体模型
cross anisotropic model

横观各向同性体模型也叫层向各向同性体模型。该模型假设岩土材料只有在平行于某一平面内具有各向同性特征，而在其他方向为各向异性。材料在该类模型下，通常具有 5 个独立的弹性常数 $E,E',\upsilon,\upsilon',G'$。$E,E',\upsilon,\upsilon'$分别为各向同性面内与垂直方向的弹性模量和泊松比；$G'$为各向同性面内线段与垂直方向线段夹角改变之剪切弹性模量。

超弹性模型
hyperelastic model

超弹性模型又称 Green 模型，为通过应变能或余能函数的微分建立的非线性弹性本构模型，表达式为

$$\sigma_{ij}=\frac{\partial W}{\partial \varepsilon_{ij}}\text{或}\varepsilon_{ij}=\frac{\partial \Omega}{\partial \sigma_{ij}}$$

式中，$W=\int_0^{\varepsilon_{ij}}\sigma_{ij}\mathrm{d}\varepsilon_{ij}$；$\Omega=\int_0^{\sigma_{ij}}\varepsilon_{ij}\mathrm{d}\sigma_{ij}$。$W$ 为应变能函数，Ω 为余能函数，σ_{ij} 和 ε_{ij} 分别为应力张量和应变张量。

该模型较柯西非线性弹性模型，增加了能量的限制，保证了变载过程中不违背热力学定律或能量守恒原理。该模型中应力应变、应变能和余能函数为可逆的且与路径无关；能量密度函数可以反映材料非线性、剪胀性、压硬性以及应力或应变导致的各向异性。

次弹性模型
hypoelastic model

次弹性模型是非线性弹性本构模型的一种。该模型中应力总量并不一定与应变总量唯一对应，而是采用了沿应力或应变路径在增量意义上的最小弹性性质，即建立在应力增量与应变增量关系上的本构模型。其一般

表达式为

$$d\sigma_{ij}=D_{ijkl}(\varepsilon_{mn})d\varepsilon_{kl}$$

或

$$d\varepsilon_{ij}=C_{ijkl}(\sigma_{mn})d\sigma_{kl}$$

式中,$D_{ijkl}(\varepsilon_{mn})$和 $C_{ijkl}(\sigma_{mn})$分别为与应变或应力路径有关的切线刚度矩阵与切线柔度矩阵。

本构模型中的刚度反映了路径特征。该模型的主要特点包括:(1)应力应变关系取决于当前应力应变值,以及与先前的应力应变路径相关;(2)应力和应变关系上的可逆性反映在增量的意义上,也就是说试样在无限小的变形上,具有弹性性质或可恢复性。目前常用的土体本构模型中邓肯·张(Duncan-Chang)模型和 I-K 模型就属于次弹性模型。

邓肯—张模型
Duncan-Chang model

邓肯—张模型是次弹性本构模型的一种,是由邓肯和张金荣于 1970 年提出的,之后在 1980 年又进行了修正。模型主要特征在于假设应力—应变关系为双曲线关系。本构模型中次弹性的特性体现在切线弹性模量 E_t 和泊松比 υ_t 随应力水平的变化。

基于 Kondner(1963)的建议,采用下述双曲线方程表示由三轴试验得到的土体应力—应变曲线为

$$(\sigma_1-\sigma_3)=\frac{\varepsilon_1}{a+b\varepsilon_1}$$

式中,ε_1 为轴向应变;$(\sigma_1-\sigma_3)$为主应力差;a,b 为双曲线函数参数。$1/a$ 为双曲线初始切线斜率,即 $E_i=1/a$;$1/b$ 为双曲线渐近线值,即$(\sigma_1-\sigma_3)_{ult}=1/b$。

试验曲线中 f 点为破坏点,则定义破坏比 R_f 为

$$R_f=(\sigma_1-\sigma_3)_f/(\sigma_1-\sigma_3)_{ult}=b(\sigma_1-\sigma_3)_f$$

根据莫尔—库仑破坏准则,土体破坏时的主应力差$(\sigma_1-\sigma_3)_f$ 可以用土体强度指标 c 和 φ 来表示,其关系式为

$$(\sigma_1-\sigma_3)_f=\frac{2c\cos\varphi+2\sigma_3\sin\varphi}{1-\sin\varphi}$$

根据 Janbu(1963)的建议,土体的初始模量 E_i 可表示为

$$E_i=k_i p_a\left(\frac{\sigma_3}{p_a}\right)^n$$

式中，p_a 为单位应力值（或大气压力）；k_i，n 为试验常数。对正常固结黏土，$n=1.0$，一般情况下在 0.2～1.0 之间。k_i 值对不同土类变化范围较大，可能小于 100，也可能大于数千。

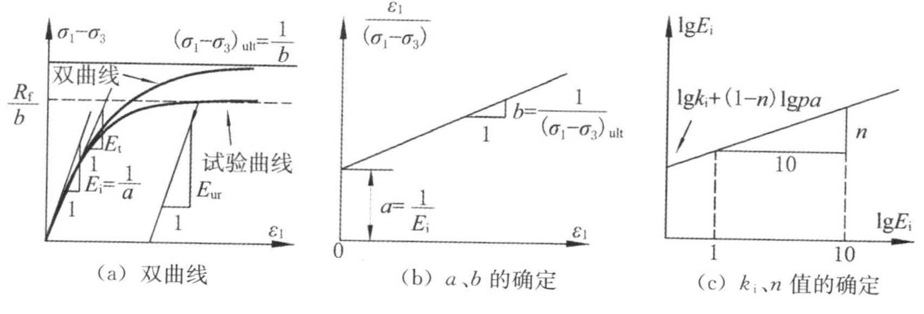

（a）双曲线　（b）a、b 的确定　（c）k_i、n 值的确定

邓肯—张模型

在邓肯—张模型中，土体的切线弹性模量定义为

$$E_t=\partial(\sigma_1-\sigma_3)/\partial\varepsilon_1$$

结合以上各式可以得到土体切线模量表达式

$$E_t=k_i p_a\left(\frac{\sigma_3}{p_a}\right)^n\left[1-\frac{R_f(1-\sin\varphi)(\sigma_1-\sigma_3)}{2c\cos\varphi+2\sigma_3\sin\varphi}\right]^2$$

卸荷和重复加荷时弹性模量 E_{ur} 为

$$E_{ur}=k_{ur}p_a\left(\frac{\sigma_3}{p_a}\right)^n$$

式中，k_{ur} 和 n 值可由试验测定，确定方法与确定 E_t 时的 k_i 和 n 值相同。

关于泊松比 υ_t，模型提出的方法求得的数据与试验资料差异较大，因此不做介绍。

此模型获取试验常数较为简单，物理意义清晰；弹性切线模量矩阵对称，利于数值计算，在我国的岩土工程中应用非常广泛。但模型不适于超固结黏土和具有应变软化特性的材料；没有考虑岩土类材料的压硬性和剪胀性；未考虑中主应力对强度、变形的影响。

非饱和土模型
unsaturated soil model

非饱和土模型指反映非饱和土特性的本构模型。此模型反映的是应力、水分与应变的关系。非饱和土模型的建立通常有两种途径，一种是建立应力—应变—吸力的关系，其中确立吸力是一个重要问题，吸力通常可通过实测、渗流计算和固结计算来确立；另一种是建立应力—饱和度—应变关系(浸水变形)。前者是一种较严格的方法,必须与吸力计算或量测相结合;后者是一种近似方法,难以较合理地反映浸水对骨架应力的影响,但较简单直观。目前非饱和土模型在工程中仍未得到广泛应用。

非线性弹性模型
nonlinear elastic model

非线性弹性模型为反映材料呈现非线性弹性本构关系的本构模型。其一般分为三种类型:(1)柯西(Cauchy)模型;(2)超弹性(hyperelastic)模型;(3)次弹性(hypoelastic)模型或增量型。这些模型的一个显著特点是如建立刚度矩阵,其弹性常数不再被视为常量,而是与应力(或应变)状态相关的一个变量。模型中以简单的变模量次弹性模型在岩土类材料的本构关系上应用最广。

盖帽模型
cap model

盖帽模型是弹塑性模型的一类。该类模型在子午面上的屈服面形状是封闭的。剑桥模型属于盖帽模型。在盖帽模型中,当 $\Delta_1=\Delta_2=\Delta_3$ 时,随着球应力的不断增加,试样也会屈服,对理想弹塑性材料,作为屈服面一部分的盖帽,是固定不变的,对加工硬化材料,随着塑性变形的产生,盖帽则不断向外扩大。

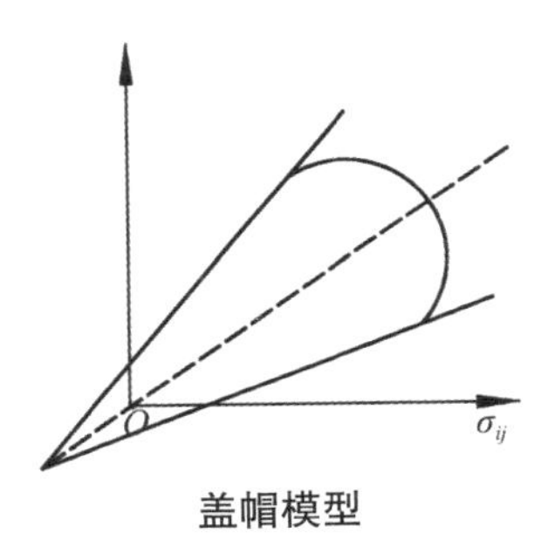

盖帽模型

刚塑性模型
rigid plastic model

当土体所受应力小于其屈服应力时,土体如同刚体一样不产生变形。而当应力达到屈服应力时,塑性变形将不断增加,直至土体发生破坏。刚塑性模型在土力学的稳定性问题中得到了普遍应用。

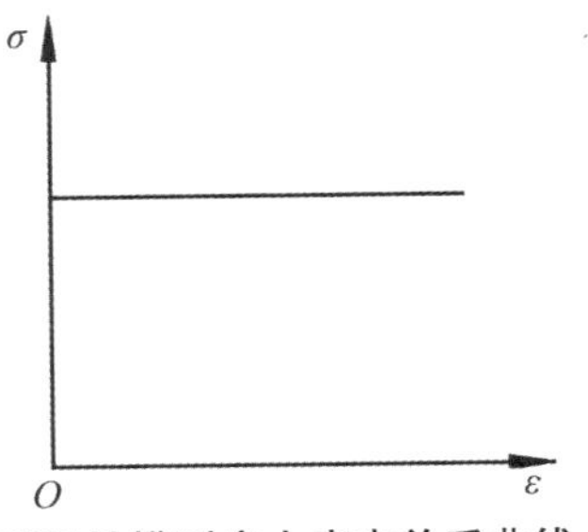

刚塑性模型应力应变关系曲线

割线模量
secant modulus

从标准三轴压缩试验得到的土体偏应力—轴向应变关系曲线上，相应于某应力变化范围内一段曲线的割线斜率称为割线模量。它是应力水平的函数，其值随应力水平的增大而减小。实际工程计算中，一般取主应力差从零变化至 1/2 或 1/3 峰值时这段应力—应变关系曲线的割线斜率作为土的割线模量，即可表示为

$$E_{se}=\frac{(\sigma_1-\sigma_3)_i}{\varepsilon_i}$$

式中，E_{se} 为土的割线模量；$(\sigma_1-\sigma_3)_i$ 为 1/2 或 1/3 峰值的主应力差；ε_i 为相应于 $(\sigma_1-\sigma_3)_i$ 的轴向应变。

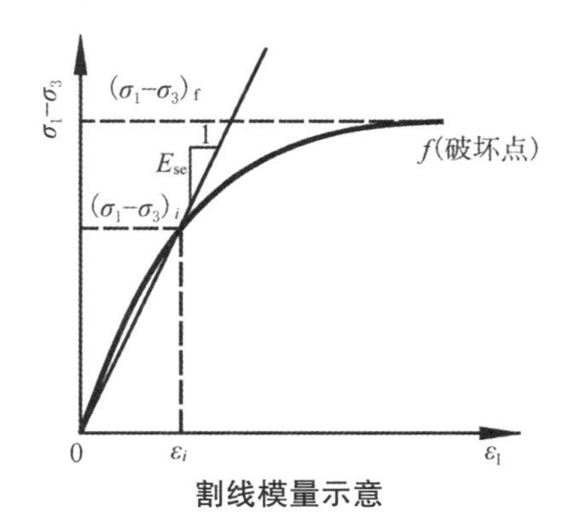

割线模量示意

德鲁克公设
Drucker postulate

1951 年，德鲁克(D.C. Drucker)提出了关于稳定性材料在弹塑性加、卸载的应力循环过程中塑性功不可逆的德鲁克公设。经典塑性增量理论就是建立在德鲁克公设关于材料稳定性公设的基础上的。德鲁克公设的基本表述为：对稳定材料而言，在常温和缓慢的加卸载条件下，对于一个完整的弹塑性加、卸载循环过程中有：(1)在加载过程中，附加应力做功非负；(2)如果加载产生塑性变形，则在整个的加卸载循环过程中，附加应力做功非负；(3)如果加载不产生塑性变形(即纯弹性应力循环)，附加应力做功为零。

根据德鲁克公设可以得到几个重要的结论：(1)屈服面或加载面处处

外凸;(2)塑性应变增量矢量的正交性;(3)应力增量和塑性应变增量具有线性相关性。

德鲁克—普拉格屈服准则
Drucker-Prager yield criterion

德鲁克—普拉格屈服准则是广义冯·米塞斯屈服准则的一种特殊情况。其表达式为

$$\alpha I_1+\sqrt{J_2}+K=0$$

式中,$\alpha=\dfrac{\sin\varphi}{\sqrt{3}\sqrt{3+\sin^2\varphi}}$;$K=\dfrac{\sqrt{3}c\cos\varphi}{\sqrt{3+\sin^2\varphi}}$,$c$ 和 φ 分别是土的黏聚力和内摩擦角。

德鲁克—普拉格屈服准则表示的屈服面在主应力空间为一圆锥形屈服面,在 π 平面上,其圆形屈服曲线为莫尔—库仑屈服曲线的内切圆。

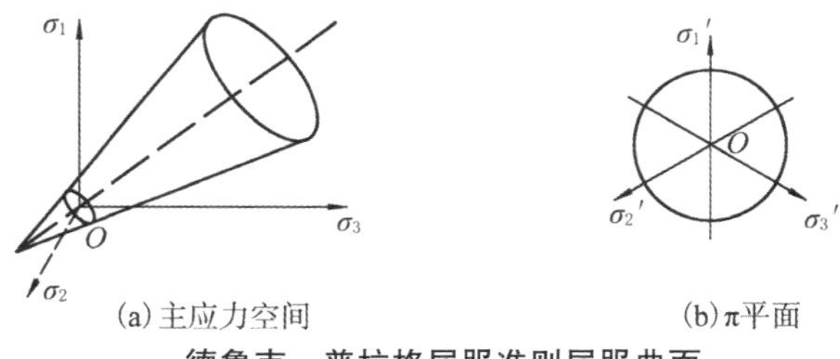

德鲁克—普拉格屈服准则屈服曲面

冯·米赛斯屈服准则
von Mises yield criterion

参见“广义冯·米赛斯屈服准则”词条。

广义冯·米赛斯屈服准则
extended von Mises yield criterion

广义冯·米赛斯屈服准则为冯·米塞斯(von Mises)屈服准则的推广。它考虑了静水压力对土体屈服的影响,其表达式为

$$\alpha I_1+\sqrt{J_2}+K=0$$

式中,I_1 和 J_2 分别为应力张量第一不变量和应力偏张量第二不变量;α 和 K 为材料常数。德鲁克—普拉格屈服准则是广义冯·米塞斯屈服准则的

一种特殊情况，此时

$$\alpha=\frac{\sin\varphi}{\sqrt{3}\sqrt{3+\sin^2\varphi}};K=\frac{\sqrt{3}c\cos\varphi}{\sqrt{3+\sin^2\varphi}}$$

式中，c 和 φ 分别是土的黏聚力和内摩擦角。广义冯·米塞斯屈服面在主应力空间为等倾线为轴线的圆锥体面，在 π 平面屈服面为圆。当 $\alpha=0$ 时，广义冯·米赛斯屈服准则退化为冯·米塞斯屈服准则。冯·米塞斯屈服准则和广义冯·米塞斯屈服准则都考虑了中主应力对屈服与破坏的影响，屈服曲面光滑的构造便于塑性增量方向的确定和数值计算。

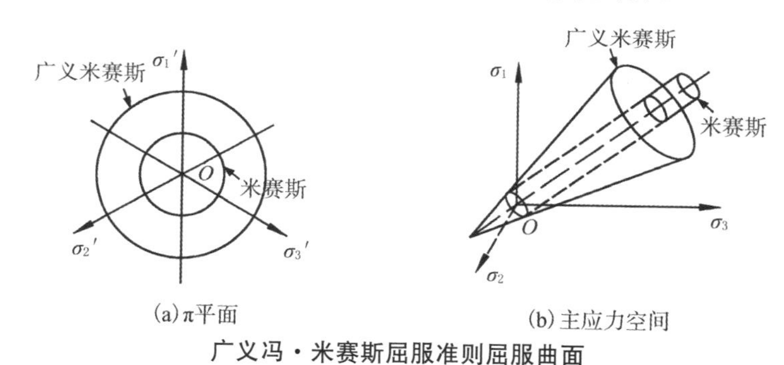

广义冯·米赛斯屈服准则屈服曲面

广义切斯卡屈服准则
extended Tresca yield criterion

广义切斯卡屈服准则为切斯卡(Tresca)屈服准则的推广。

它是在考虑了静水压力对土体屈服的影响基础上的最大剪应力屈服准则，其表达式为

$$(\sigma_1-\sigma_3)+\alpha I_1+K=0$$

式中，σ_1 和 σ_3 分别为大主应力和小主应力；I_1 为应力张量的第一不变量，α 和 K 为材料常数。

广义切斯卡屈服面在主应力空间的屈服面为以等倾线为轴线的正六棱锥体面，在 π 平面为正六边形。当 $\alpha=0$ 时，广义切斯卡屈服准则退化为切斯卡屈服准则。该屈服准则主要适用于金属类材料和内摩擦角 $\varphi=0$ 的纯黏性土，准则未考虑中主应力对屈服的影响，同时由于屈服面具有棱角，给数值计算带来困难。

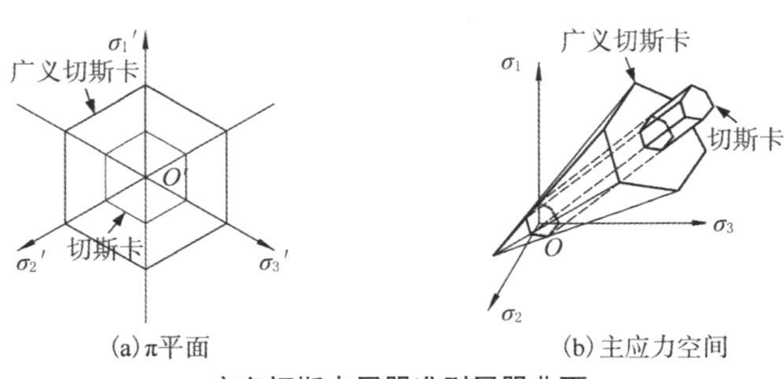

广义切断卡屈服准则屈服曲面

广义塑性位势理论
generalized plastic potential theory

广义塑性位势理论是传统塑性位势理论的扩展，也是对当前岩土塑性力学中多重屈服面理论与非正交流动法则的修正与发展。广义塑性位势理论提出在不考虑主应力轴旋转的条件下，塑性应变增量方向与应力共主轴，塑性应变增量可采用三个线性无关的塑性势函数来求解，如下式所示：

$$\mathrm{d}\varepsilon_{ij}^{p}=\sum_{k=1}^{3}\mathrm{d}\lambda_{k}\frac{\partial Q_{k}}{\partial\sigma_{ij}}$$

式中，Q_k($k=1,2,3$)是三个线性无关的塑性势函数。$\mathrm{d}\lambda_k$($k=1,2,3$)是三个比例系数，确定了三个塑性应变增量的大小，它由三个与塑性势面相应的屈服面以及应力增量确定。

而当考虑主应力轴旋转时，塑性应变增量方向与应力不共轴，塑性应变增量可分解为主应力轴方向的塑性应变增量和使得塑性应变增量主轴偏离主应力轴的塑性应变增量，并采用六个线性无关的塑性势函数来求解，如下式所示：

$$\mathrm{d}\varepsilon_{ij}^{p}=\sum_{k=1}^{6}\mathrm{d}\lambda_{k}\frac{\partial Q_{k}}{\partial\sigma_{ij}}$$

式中，Q_k($k=1,2,\cdots 6$)是六个线性无关的塑性势函数。$\mathrm{d}\lambda_k$($k=1,2,\cdots 6$)是三个比例系数，确定了三个塑性应变增量的大小，它由六个与塑性势面相应的屈服面以及应力增量确定。

广义塑性位势理论能够较好地反映岩土类材料产生塑性变形时服从不相关联流动法则，塑性应变增量与应力及应力增量均有关，主应力轴旋转会导致材料塑性变形等多方面的特点。

加工软化
work softening

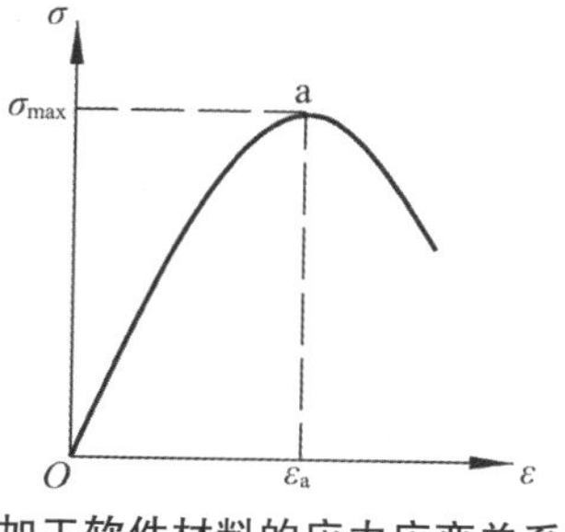

加工软件材料的应力应变关系

物体在荷载作用下，当荷载小于某一数值时，随着荷载增加，变形增大，当荷载达到某一数值后，随着荷载增大，变形反而减小，这一现象为加工软化。

加工硬化
work hardening

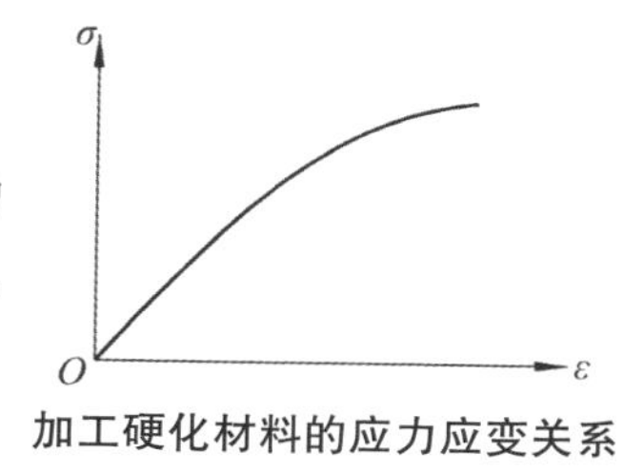

加工硬化材料的应力应变关系

物体在荷载作用下，随着荷载的不断增加其变形始终增大，这一现象称为加工硬化。

加工硬化定律
strain harding law

加工硬化定律为确定一个给定的应力增量引起的塑性应变增量大小的准则。在流动规则中，确定塑性应变增量大小的函数 $\mathrm{d}\lambda$ 可以表示为

$$\mathrm{d}\lambda=\frac{1}{A}\frac{\partial\Phi}{\partial\sigma_{ij}}\mathrm{d}\sigma_{ij}=(-1)\frac{1}{A}\frac{\partial\Phi}{\partial H_{\alpha}}\mathrm{d}H_{\alpha}$$

式中，Φ 为屈服函数；H_{α} 为硬化参数；A 为硬化参数 H_{α} 的函数；σ_{ij} 为应力张量。常用确定硬化参数 H_{α} 的硬化规律有塑性能硬化规律，ε^{p} 硬化规律和塑性体积应变硬化规律等。土体加工硬化后继屈服面变化规律很复杂，从屈服面运动形式可分为等向硬化模型、运动硬化模型以及由运动硬化和等向硬化组合成的混合硬化模型等类型。

剑桥模型
Cambridge model

剑桥模型为英国剑桥大学的罗斯科(Roscoe)等在 1958—1963 年为正常固结黏土和弱超固结土建立的一个等向硬化弹塑性模型。剑桥模型通过试验所得到的建立屈服准则的立论基础是确定在孔隙比 e、平均有效应力 p'、主应力差 q 三者构成的空间中，土体所处状态点的位置。模型中土体为加工硬化材料，服从相关联流动法则，其屈服面方程为

$$q=\frac{Mp'}{\lambda-\kappa}(N-\nu-\lambda\ln p')$$

式中,q 为主应力差$(\sigma_1-\sigma_3)$;p'为平均有效应力;M 为 $p'-q$ 平面上临界状态线斜率,$M=\frac{6\sin\varphi'}{3-\sin\varphi'}$,$\varphi'$为有效内摩擦角;$\nu=1+e$,$e$ 为孔隙比;N 为当 $p'=1.0$ 时的 ν 值;λ 为 $\nu-\ln p'$平面上临界状态斜率;κ 为回弹曲线斜率。在主应力空间,屈服面形状为弹头形,屈服面像一顶帽子,故又称此类模型为盖帽模型。

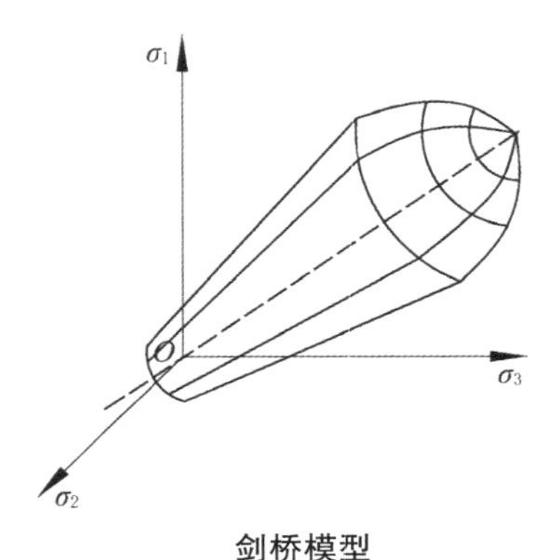

剑桥模型

柯西弹性模型
Cauchy elastic model

如果弹性材料的应力(或应变)唯一地取决于当前的应变(或应力),则这种材料称为柯西弹性材料。其本构关系的数学表达式为

$$\sigma_{ij}=F_{ij}(\varepsilon_{mn}) \quad (1)$$

$$\varepsilon_{ij}=F_{ij}(\sigma_{mn}) \quad (2)$$

根据材料定义,柯西弹性具有以下一些特征。(1)柯西弹性的应力和应变是可以互换的,是和路径无关的。这就是说在式(1)中,应力(或应变)唯一地取决于当前的应变(或应力),而与达到此应力(或应变)之前的应力(或应变)历史无关。(2)柯西弹性的路径无关性。从而导致在某些加卸载的循环过程中有可能产生能量而违背热力学的能量原理。(3)同样由于柯西弹性的路径无关性,若已知应力唯一决定于现时应变或者相反,其逆关系却不一定成立,即此时的应变不一定由现时应力唯一决定,反之亦然。(4)弹性割线刚度矩阵和柔度矩阵一般不对称。该模型属于全量型的非线弹性模型,即当前的应力总量与应变总量有唯一的映射关系。

拉德—邓肯模型
Lade-Duncan model

拉德(Lade)和邓肯(Duncan)(1975)根据对砂土的真三轴试验结果,提出了一种适用于砂类土的弹塑性模型,称为拉德—邓肯模型。该模型把土视为加工硬化材料,服从不相关联流动规则,采用塑性功硬化规律,其屈服函数和塑性函数如下述表达式所示:

$$\Phi(I_1, I_3, K) = I_1^3 - KI_3 = 0$$

$$g(I_1, I_3, K_1) = I_1^3 - K_1 I_3 = 0$$

式中,Φ 和 g 分别为屈服函数和塑性势函数;I_1 和 I_3 分别为应力张量第一和第三不变量,K 和 K_1 分别为屈服参数和塑性势参数,在主应力空间屈服面形状是开口曲边三角形锥面。关于拉德—邓肯模型的屈服函数介绍见“拉德—邓肯准则”词条。

拉德—邓肯准则
Lade-Duncan criterion

拉德(Lade)和邓肯(Duncan)(1975)根据对砂土的真三轴试验结果,提出了一种适用于砂类土的屈服和破坏准则,称为拉德—邓肯准则。其屈服函数如下式所示:

$$\frac{I_1^3}{I_3} = K$$

式中,I_1 和 I_3 分别为应力张量第一和第三不变量;K 为硬化参数,是强度发挥度的函数。土体破坏时,$K = K_f$,K_f 为材料常数。

此准则只有一个材料参数 K 或 K_f,可由应力水平或三轴固结排水或不排水试验测定。

屈服面和破坏面在偏平面上的投影为随静水压力不断扩大的一系列曲边三角形,随着静水压力的减小,曲边三角形曲率变大,并接近圆形。该模型反映了中主应力对土样屈服和破坏的影响,且屈服曲面光滑无棱角,但是适于砂土材料,还不适用于具有抗拉材料或黏聚性的其他岩土材料。

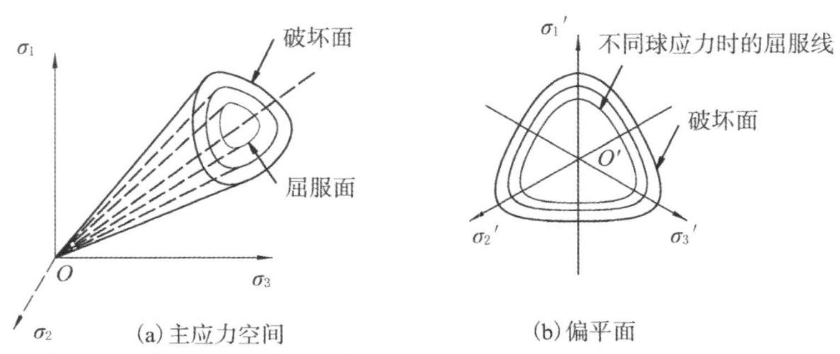

拉德—邓肯屈服准则屈服面和破坏面在主应力空间和偏平面的形状

拉德双屈服面屈服准则
Lade double-yield surface criterion

拉德双屈服面屈服准则是拉德(Lade)为克服拉德—邓肯准则的缺陷而提出的双屈服面屈服准则。准则包括了两个屈服函数,分别为

剪切屈服函数:$f_{\mathrm{p}}(I_1,I_3,m,k)=\left(\dfrac{I_1^3}{I_3}-27\right)\left(\dfrac{I_1}{p_{\mathrm{a}}}\right)^m-k=0$

压缩屈服函数:$f_{\mathrm{c}}(I_1,I_2,r)=I_1^2+2I_2-r^2=0$

式中,I_1,I_2 和 I_3 分别为应力张量第一、二、三不变量;p_{a} 为大气压力;k,m,r 为试验材料参数。m 反映了 $\sigma_1-\sqrt{2}\sigma_3$ 平面上剪切屈服曲线的弯曲程度;k 和 r 分别为剪切屈服和压缩屈服参数,当 $k=k_{\mathrm{f}}$ 时,剪切屈服函数演变为剪切破坏函数。

此外,为了考虑黏性材料的黏聚力以及岩石材料的抗拉特性,在对这些材料运用屈服准则时,要对计算屈服函数中的应力张量不变量的应力参数进行修正,如采用下式表述换算应力:

$$\overline{\sigma_x}=\sigma_x+ap_{\mathrm{a}};\overline{\sigma_y}=\sigma_y+ap_{\mathrm{a}};\overline{\sigma_z}=\sigma_z+ap_{\mathrm{a}}$$

式中,a 反映了材料的黏聚力或抗拉强度大小。

该准则能够考虑具有抗拉和黏聚性材料的黏聚力,并在开口曲边三角锥面上加了一个球形屈服面,考虑了静水压力可能产生的屈服,剪缩特性以及剪胀屈服线与静水压力之间的非线性相关关系。

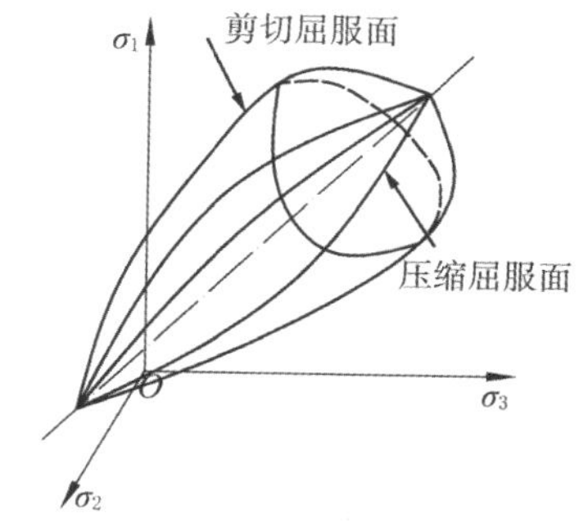

拉德双屈服准则在主应力空间的屈服面

理想弹塑性模型
ideal elastic-plastic model

当土体所受应力小于屈服应力时，只产生弹性变形服从虎克定律，当应力达到屈服应力时，弹性变形稳定不变，而塑性变形不断增加，直至土体破坏，这种模型为理想弹塑性模型。

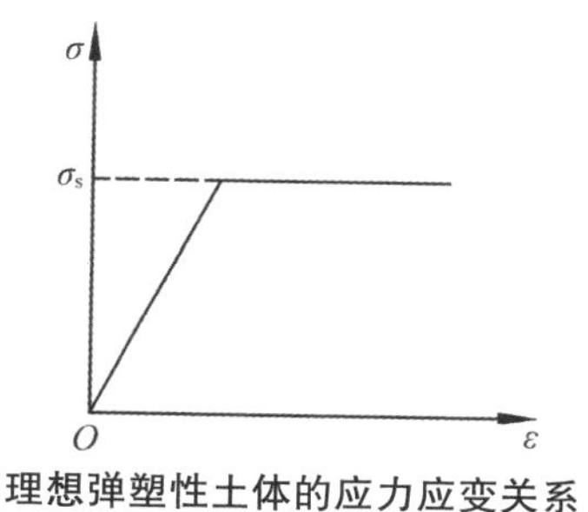

理想弹塑性土体的应力应变关系

临界状态弹塑性模型
critical elastic-plastic model

罗斯科(Roscoe)等于1958—1963年在正常固结土和弱超固结土的等向固结排水和不排水三轴试验的基础上，发展了伦杜列克(Rendulic，1937)提出的饱和黏土有效应力和孔隙比成唯一关系的概念，提出了在p-q-e组成的应力空间存在一完全状态边界面(state boundary surface)，也叫罗斯科面，所有排水和不排水的试验有效路径都会落在这个面上，这个状态边界面是联系正常固结曲线和临界状态线的唯一空间曲面。建立在临界状态边界面概念上的模型称为临界状态弹塑性模型。剑桥模型、修正剑桥模型以及在剑桥模型上发展起来的其他模型均属于临界状态弹塑性模型。

流变学模型
rheological model

流变学模型又称土的黏弹塑性模型。从流变学观点看，土是具有弹性、塑性和黏滞性的黏弹塑性体。各种简单和复杂的流变学模型可由一些基本元件组成。基本元件有欧几里得刚体、帕斯卡液体、牛顿黏滞体和圣维南塑性体。此类模型反映了土体应力应变关系受时间因素影响的重要特征。

流动法则
flow rule

流动法则又称正交定律(或正交法则),为确定塑性应变增量方向的一条规定。流动法则规定,应力状态为 σ_{ij} 时,产生的塑性应变增量 $\delta\varepsilon_{ij}^{p}$ 与通过该点的塑性势面成正交关系,即

$$\delta\varepsilon_{ij}^{p}=\mathrm{d}\lambda\frac{\partial g}{\partial\sigma_{ij}}$$

式中,g 为塑性势面的数学表达式塑性势函数,$g(\sigma_{ij},H_{a})=0$,式中 H_{a} 为硬化参数;$\mathrm{d}\lambda$ 是一个确定塑性应变增量大小的函数,由加工硬化规律确定。如果材料的塑性势面与屈服面重合,这个流动法则称为相关联流动法则(associated flow rule),上式可改写为

$$\delta\varepsilon_{ij}^{p}=\mathrm{d}\lambda\frac{\partial\Phi}{\partial\sigma_{ij}}$$

式中,Φ 为屈服函数,当材料特性满足德鲁克公设时,材料的流动法则就是相关联的。如果材料的塑性势面同屈服面不同,则称为非相关联流动法则(non-associated flow rule),本质上,岩土材料采用非相关流动法则更为适合,但会造成计算工作量的增加,故许多模型仍采用相关联流动法则。

洛德参数
Lode parameter

洛德参数通常用于反映三个主应力间的相互关系,并可与偏平面上洛德角建立一定数学关系的参数。参数定义为

$$\mu_{\sigma}=\frac{2\sigma_{2}-(\sigma_{1}+\sigma_{3})}{\sigma_{1}-\sigma_{3}}$$

式中,σ_{1},σ_{2},σ_{3} 分别表示大、中、小主应力。

它与主应力空间偏平面上的应力洛德角 θ_{σ} 之间具有如下的数学关系:

$$\mu_{\sigma}=\sqrt{3}\tan\theta_{\sigma}$$

洛德参数反映了应力点上三个主应力间的相对比值关系,反映了中主

应力对应力状态的影响，也是一个排除了静水压力应力即只反映应力偏张量作用的一个力学参数。

洛德角
Lode angle

当规定三个主应力间有关系 $\sigma_1 \geqslant \sigma_2 \geqslant \sigma_3$ 时，偏平面上偏剪应力分量与中主应力投影轴 σ_2' 的垂线的夹角即为洛德角，由 θ_σ 表示，并规定顺时针向的 θ_σ 为正，逆时针向的 θ_σ 为负。洛德角代表了偏剪应力在偏平面上的作用方向。

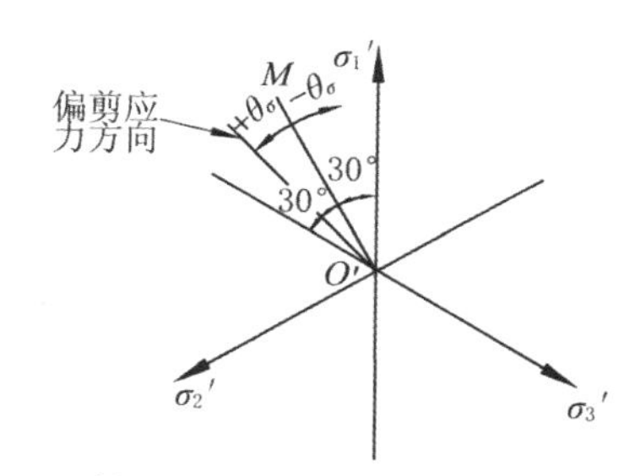

偏平面上的应力洛德角示意

莫尔—库仑屈服准则
Mohr-Coulomb criterion

莫尔—库仑屈服准则是基于考虑正应力或平均应力作用的最大主剪应力或单一剪应力屈服理论提出的屈服准则。该准则的物理意义在于：当剪切面上的剪应力与正应力之比达到最小时材料发生屈服破坏。当不确定三个主应力的相对大小时，屈服准则表示为

$$f=\{(\sigma_1-\sigma_2)^2-[(\sigma_1+\sigma_2)\sin\varphi+2c\cdot\cos\varphi]^2\}\times\{(\sigma_2-\sigma_3)^2-[(\sigma_2+\sigma_3)\sin\varphi+2c\cdot\cos\varphi]^2\}\times\{(\sigma_1-\sigma_3)^2-[(\sigma_1+\sigma_3)\sin\varphi+2c\cdot\cos\varphi]^2\}=0$$

式中，c 为黏聚力；φ 为内摩擦角。在主应力空间，莫尔—库仑屈服面是棱锥面，在偏平面上是不等角的等边六角形。莫尔—库仑准则能反映岩土材料对拉压应力的不同反映以及静水压力对屈服的影响，简单实用，在岩土工程理论和工程界得到广泛应用；但该准则没有考虑中主应力对屈服和破坏的影响，且屈服面有棱角，给塑性应变增量的数值计算带来了困难。

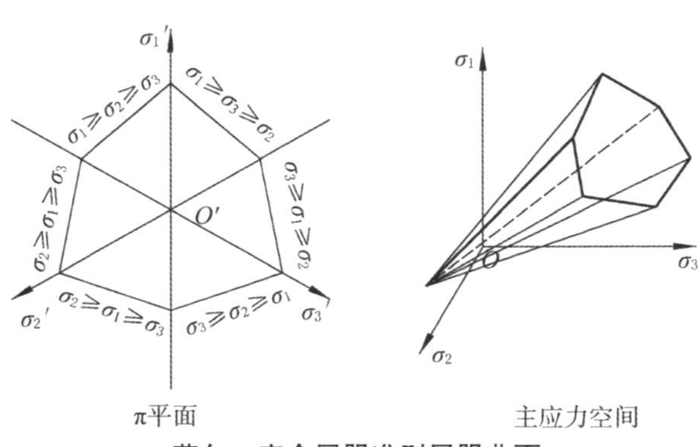

莫尔—库仑屈服准则屈服曲面

内蕴时间塑性模型
endochronic plastic model

内蕴时间塑性模型为建立在内蕴时间塑性理论基础上的一类本构模型。内蕴时间塑性理论认为:塑性和黏塑性材料内任一点现时应力状态,是该点邻域内整个变形和温度历史的泛函,而特别重要的是变形历史是用一个取决于变形中材料特性和变形程度的内蕴时间来量度的。范镜泓(1985)根据本构形式不变性定律,借助黏弹性理论的结果给出小变形条件下内时本构方程:

$$S_{ij}=2\int_0^{z_d}\mu(z_d-z'_d)\frac{\partial e_{ij}}{\partial z'_d}\mathrm{d}z'_d$$

$$\sigma=\int_0^{z_d}K(z_h-z'_h)\frac{\partial \varepsilon_{ad}}{\partial z'_h}\mathrm{d}z'_h$$

其中

$$\mu(z_d)=\sum_{r-1}^{n}\mu_r\exp(-a_r z_d)$$

$$K(z_h)=\sum_{r-1}^{n}K_r\exp(-\lambda_r z_n)$$

式中,$\mu(z_d)$和$K(z_h)$为核心函数;a_r 和 λ_r 为与材料特性有关的特征值。z_d 和 z_h 为内蕴时间标度,其定义为

$$\mathrm{d}z_d^2=K_{00}\mathrm{d}\zeta_d^2+K_{01}\mathrm{d}\zeta_h^2$$

$$\mathrm{d}z_h^2=K_{10}\mathrm{d}\zeta_d^2+K_{11}\mathrm{d}\zeta_h^2$$

式中,ζ_d 为六维塑性偏应变空间中的内蕴时间量度;ζ_h 为一维塑性球应变空间中内蕴时间量度;K_{rs} 为与内蕴时间量度和有关的材料参数,即

$$K_{rs}=K_{rs}(\zeta_{\mathrm{d}},\zeta_{\mathrm{h}})\qquad(r,s=0,1)$$

K_{01}和K_{10}表示偏斜响应与体积响应的耦合效应。

内蕴时间量度由下式定义：

$$\mathrm{d}\zeta^2=P_{ijkl}\mathrm{d}\varepsilon_{ij}\varepsilon_{kl}$$

式中，P_{ijkl}为取决于材料性质的四阶正定张量。

黏弹塑性模型
visco-elastic-plastic model

弹性、塑性和黏性是连续介质的三种基本性质，各在一定条件下独自反映了材料本构关系的一个方面的特性。理想弹性模型又称虎克弹性模型；理想塑性模型又称刚塑性模型；理想黏性模型又称牛顿黏滞体模型。这三种模型是反映上述三种基本性质的理想模型，分别用弹簧、两块接触的粗糙面形成的摩擦片和黏壶(或称阻尼器)表示。黏弹塑性包含了弹性、黏性和塑性三个方面的性质，黏弹塑性可以用弹簧、黏壶和摩擦片的各种组合来描述。常用的黏弹塑性模型有宾厄姆(Bingham)模型和三元件黏弹塑性模型。

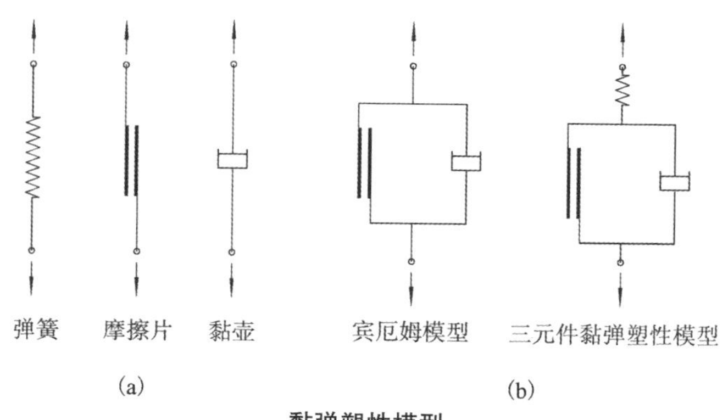

黏弹塑性模型

黏弹性模型
visco-elastic model

黏弹性模型是反映材料黏弹性的一种本构模型。所谓黏弹性是指既具有弹性性质又具有黏性性质。黏弹性本构方程的特点是除了应力和应变外，还包括它们对时间导数的影响。对线性黏弹性材料，其本构方程的一般表达式为

$$a_0\sigma+a_1\dot{\sigma}+\cdots+a_m\overset{(m)}{\sigma}=b_0\varepsilon+b_1\dot{\varepsilon}+\cdots+b_m\overset{(m)}{\varepsilon}$$

式中，a_i 和 $b_i(i=0,1,\cdots,m)$为与材料性质有关的参数。简单的黏弹性模型有麦克斯维尔(Maxwell)黏弹性模型，开尔文(Kelvin)黏弹性模型和三元件黏弹性模型。复杂的黏弹性模型可以由这些简单模型组合而成。

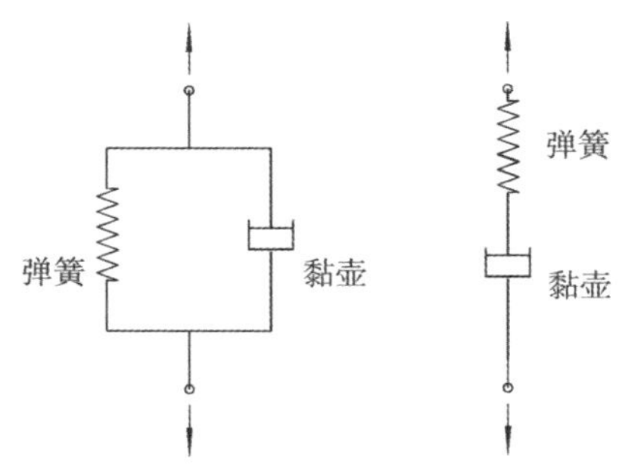

(a)麦克斯维尔黏弹性模型　(b)开尔文黏弹性模型

黏弹性模型

切斯卡屈服准则
Tresca yield criterion

参见“广义切斯卡屈服准则”词条。

切线模量
tangent modulus

从三轴剪切试验得到的土体应力—应变关系曲线上任一点的切线斜率称为切线模量，可表示为

$$E_t=\frac{\partial(\sigma_1-\sigma_3)}{\partial\varepsilon_1}$$

式中，$(\sigma_1-\sigma_3)$为主应力差；ε_1 为轴向应变；E_t 为土的切线模量。

切线模量 E_t 是应力水平的函数，其值随应力水平的增大而减小。

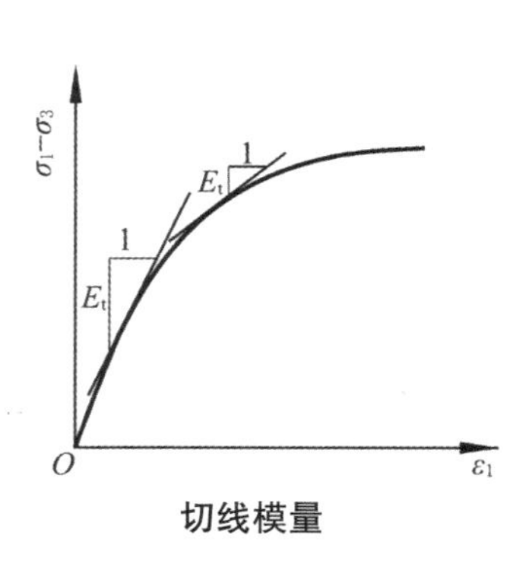

切线模量

清华弹塑性模型
Qinghua elastic-plastic model

清华弹塑性模型为基于各向同性硬化定律和相关联流动法则建立的一种弹塑性模型。清华大学黄文熙通过从一种击实黏土的三轴试验资料直接确定土的塑性势面，通过选取合适的硬化参数，使屈服面和塑性势面相同，这样就可直接从试验资料确定了屈服面。根据一些试验资料，屈服面方程可归纳为

$$\left(\frac{p-H}{AH}\right)^2+\left(\frac{q}{BH}\right)^2-1=0$$

式中，A，B 为材料常数，A 为硬化参数。

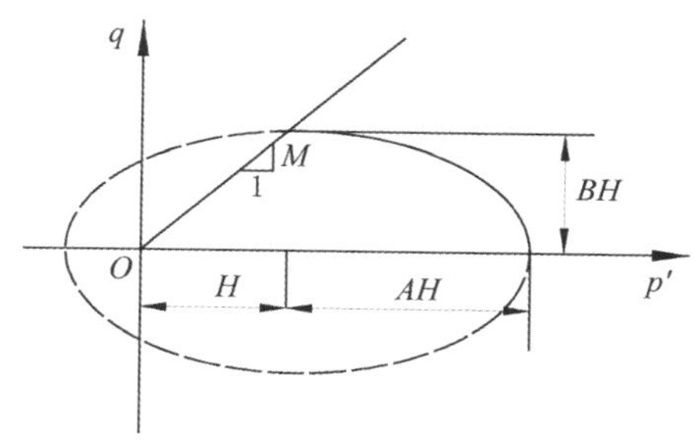

清华弹塑性模型椭圆屈服面形状

屈服面
yield surface

屈服面为屈服函数在应力空间所反映的图形。屈服函数就是用应力状态及有关参量来反映材料屈服条件的函数。屈服面将应力空间分成两个部分，当应力点落在屈服面内，材料处于弹性状态，只有弹性变形产生；当应力点处于屈服面上时，材料处于塑性状态，同时发生弹性和塑性变形，同时屈服面可能产生平移、转动与扩大，这时形成的新的屈服曲面就是相继屈服曲面或加载曲面。

沈珠江三重屈服面模型
Shen Zhujiang three yield surface model

沈珠江(1984)发展了多重屈服面的概念。他设想把塑性应变分成 n 部分。与此相应，就应当规定 n 个屈服面。每个屈服面的屈服只引起部分

塑性应变,在加荷点附近可以把应力区划分为四个区,加荷方向落在不同区内可以不产生塑性变形,产生部分塑性变形和全部塑性变形。按照这一概念,应力路径从弹性区穿过部分塑性区时,塑性应变将是逐步增加的,而不像经典理论那样有一个截然的界限。沈珠江提出多重屈服面概念的同时,提出了一个土的三重屈服面模型。三个屈服面表达式为

$$f_1 - p' = 0$$

$$f_2 - p' = 0$$

$$f_3 - p' = 0$$

式中,$\eta = q/p'$;f_1 屈服面称为压缩屈服面;f_2 屈服面称为剪切屈服面;f_3 屈服面称为剪胀压硬屈服面。

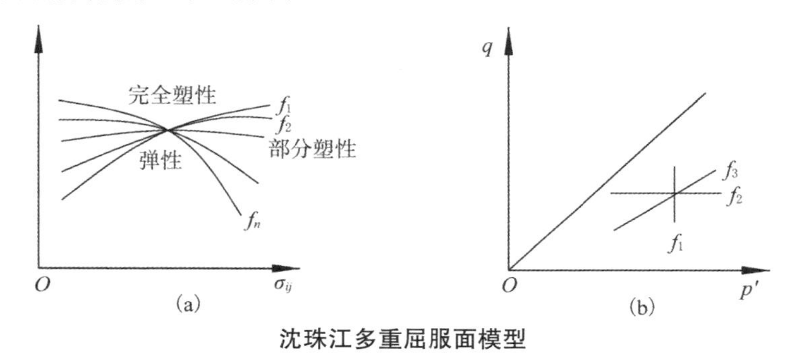

沈珠江多重屈服面模型

双参数地基模型
two-parameter foundation model

双参数地基模型指为弥补文克勒地基模型不能扩散应力和变形的缺点,对文克勒地基模型做些改进,许多学者提出的用两个独立的弹性参数确定的使竖向布置的弹簧间能传递剪力的地基模型。例如在文克勒模型中的弹簧上加一具有拉力 T 的弹性薄膜的菲洛宁柯—鲍罗茅契双参数地基模型;在各独立弹簧上加一弹性板的 Hetenyi 双参数地基模型;在各个弹簧上加一能产生剪切变形而不可压缩的剪切层的 Pasternak 双参数地基模型;还有考虑各弹簧间存在摩阻力的弗拉索夫双参数地基模型。

双剪应力屈服准则
twin shear stress yield criterion

俞茂宏(1961)认为材料屈服不仅与最大主剪应力有关,其他剪应力也

将影响材料的屈服。他提出的双剪应力屈服准则的表达式为

$$\tau_{13}+\tau_{12}+c=0(\tau_{12}\geqslant\tau_{23}\text{时})$$

$$\tau_{13}+\tau_{23}+c=0(\tau_{12}\leqslant\tau_{23}\text{时})$$

式中，$\tau_{13}=\frac{1}{2}(\sigma_1-\sigma_3)$；$\tau_{23}=\frac{1}{2}(\sigma_2-\sigma_3)$；$\tau_{12}=\frac{1}{2}(\sigma_1-\sigma_2)$；$c$ 为材料常数。

1983 年，俞茂宏等又将双剪应力屈服准则推广，使其能表示静水压力对材料屈服的影响。广义的双剪应力屈服准则表达式为

$$\tau_{13}+\tau_{12}+\mu(\sigma_{13}+\sigma_{12})+c=0\quad\text{当 }\tau_{12}\geqslant\tau_{23}\text{时}$$

$$\tau_{13}+\tau_{23}+\mu(\sigma_{13}+\sigma_{23})+c=0\quad\text{当 }\tau_{12}\leqslant\tau_{23}\text{时}$$

式中，σ_{12}，σ_{23}，σ_{13} 分别为主剪应力面 τ_{12}，τ_{23}，τ_{13} 上的法向应力；c 和 μ 为材料常数。

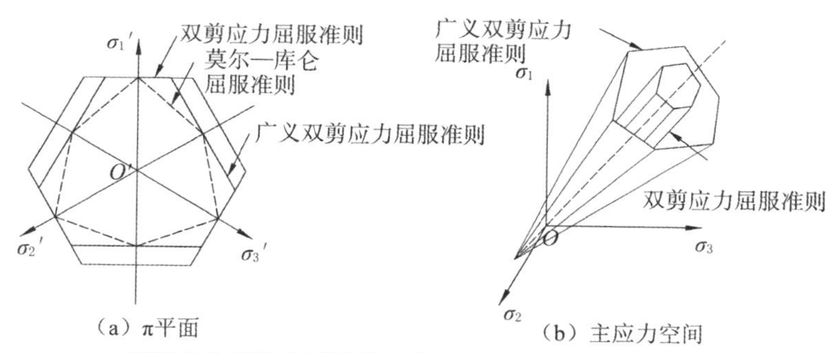

双剪应力屈服准则屈服面在 π 平面和主应力空间的形状

双曲线模型
hyperbolic model

双曲线模型为本构模型中的一类，是用双曲线拟合应力应变试验曲线建立的一类应力—应变本构模型。在土力学中，应用较普遍的双曲线函数是 Kondner(1963)建议的应力应变双曲线关系式：

$$\sigma_1-\sigma_3=\frac{\varepsilon_1}{a+b\varepsilon_1}$$

式中，$\sigma_1-\sigma_3$ 为主应力差，ε_1 为轴向应变，a 和 b 为双曲线函数参数。

松冈元—中井屈服准则
Matsuoka-Nakai yield criterion

松冈元—中井屈服准则是松冈元和中井照夫(1974)建立在空间滑动

面(spatial mobilized plane)理论上的屈服准则。其基本点是将“滑动面”概念引申到三维主应力空间,指出土体发生屈服是由一空间滑动面上的剪应力与法向应力的比值确定的。其表达式为

$$\frac{I_1 I_2}{I_3}=K$$

式中,I_1、I_2 和 I_3 分别为应力张量的第一、第二和第三不变量,K 为材料常数。

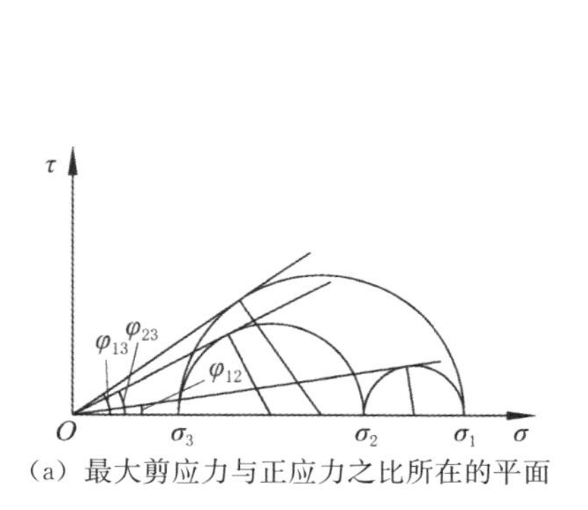

(a) 最大剪应力与正应力之比所在的平面

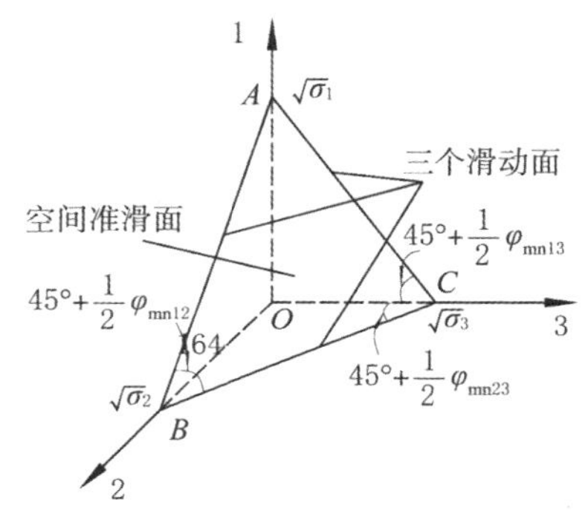

(b) 三维主坐标系中的空间滑动面

松冈元—中井屈服准则屈服面

塑性形变理论
plastic deformation theory

塑性形变理论又称塑性全量理论。塑性形变理论实质上是把弹塑性变形过程看成是非线性弹性变形过程,按全量来分析问题,分析方法与线性弹性理论一致。形变理论在应力状态与相应的应变状态之间建立一一对应关系。A 点应力应变关系表达式为

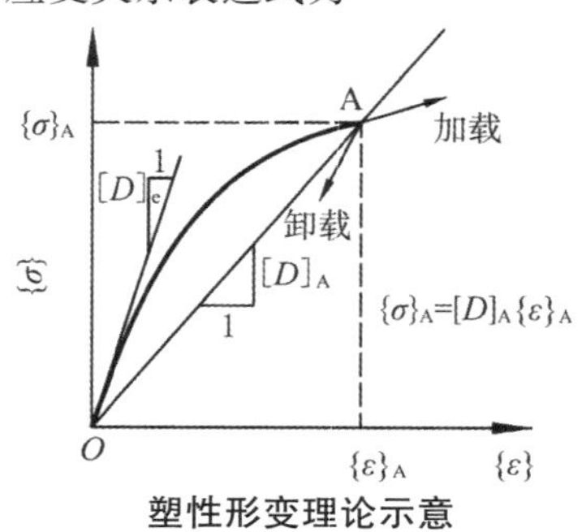

塑性形变理论示意

$$\{\sigma_{ij}\}_A = D_{ijkl}\{\varepsilon_{kl}\}_A$$

式中,D_{ijkl}为 A 点割线模量,比较典型的塑性形变理论有 Heneky 理论,Nadai理论和 Илъющин 形变理论。但是塑性全量理论在理论上并不适用于复杂的应力变化历程。

弹塑性模量矩阵
elastic-plastic modulus matrix

根据土的弹塑性增量理论可以建立一个普遍的应力应变增量关系式:

$$\delta\sigma_{ij} = \boldsymbol{D}_{ep}\delta\varepsilon_{ij}$$

式中,$\delta\sigma_{ij}$和$\delta\varepsilon_{ij}$分别为应力增量和应变增量;$\boldsymbol{D}_{ep}$称为弹塑性模量矩阵,其一般表达式为

$$\boldsymbol{D}_{ep} = \boldsymbol{D} - \frac{\boldsymbol{D}\left\{\frac{\partial g}{\partial \sigma}\right\}\left\{\frac{\partial \Phi}{\partial \sigma}\right\}^T \boldsymbol{D}}{A + \left\{\frac{\partial \Phi}{\partial \sigma}\right\}^T \boldsymbol{D}\left\{\frac{\partial g}{\partial \sigma}\right\}}$$

式中,$\boldsymbol{D}$ 为弹性模量矩阵;g 为塑性势函数;Φ 为屈服函数;A 为硬化参数 H 的函数,可以写为 $A = \frac{\mathrm{d}F}{\mathrm{d}H}\left\{\frac{\partial H}{\partial \varepsilon^{p}}\right\}^T\left\{\frac{\partial g(\sigma)}{\partial \sigma}\right\}$。

弹塑性模型
elastic-plastic model

弹塑性模型为建立在弹塑性模型理论基础上的一类本构模型。在土力学中已经建立了很多弹塑性模型,影响较大的有:剑桥模型、修正剑桥模型、拉德—邓肯模型、边界面模型、魏汝龙-Khosla-Wu 模型、清华弹塑性模型、沈珠江三重屈服面模型等。

弹塑性增量理论
incremental elastic-plastic theory

将土在弹塑性变形阶段的应变分为可回复的弹性应变 ε_{ij}^{e} 和不可回复的塑性应变 ε_{ij}^{p} 两部分,其增量形式为

$$\delta\varepsilon_{ij} = \delta\varepsilon_{ij}^{e} + \delta\varepsilon_{ij}^{p}$$

弹性应变采用弹性理论计算,塑性应变按照塑性增量理论计算。塑性增量理论包括三个部分:(1)屈服面理论;(2)流动法则理论;(3)硬化硬压理论。

弹性半空间地基模型
elastic half-space foundation model

弹性半空间地基模型为将地基视为弹性、连续、均匀、各向同性的半无限空间的地基模型。在地基表面上作用一竖向集中力,地基中应力和位移分布可由布辛涅斯克(Boussinesq)解得到。该模型具有扩散应力和变形的优点,但没有反映土的不均匀性,也没有反映土体变形模量随压缩深度变化的规律。计算的沉降量和地表的沉降范围常大于实测结果。

弹性模型
elastic model

弹性模型为建立在弹性理论基础上的本构模型,一般分为线弹性本构模型和非线弹性本构模型。弹性本构模型有三个基本特征:(1)应变的弹性或可逆性;(2)应力与应变唯一对应关系;(3)与应力(或应变)路径的无关性。其中,线弹性本构模型应力应变关系为线性关系。最简单的线弹性模型为各向同性理想弹性体模型,即虎克定律,其表达式为

$$\varepsilon_{ij}=\frac{1+\upsilon}{E}\sigma_{ij}-\frac{\upsilon}{E}\sigma_{kk}\delta_{ij}$$

式中,ε_{ij} 和 σ_{ij} 分别为应变张量和应力张量;δ_{ij} 为单位张量;E 和 υ 分别为杨式模量和泊松比。

层向各向同性体模型和弹性半空间地基模型属于弹性模型,文克勒地基模型和双参数地基模型也属于弹性模型。

魏汝龙-Khosla-Wu 模型
Wei Rulong-Khosla-Wu model

魏汝龙-Khosla-Wu 模型是魏汝龙、Khosla 和 Wu 得出的比剑桥模型更普遍的正常固结黏土的屈服面方程:

$$f(p,q)=(\frac{p-\gamma p_{c}}{\alpha})^{2}+\left(\frac{q}{\beta}\right)^{2}-p_{c}^{2}=0$$

其表示的是一个椭圆方程,式中 α,β,γ 为决定屈服面椭圆状的形状参数。其中,

$$\alpha=1-\gamma,\beta=M\gamma$$

当 $\alpha=\gamma=\frac{1}{2}$ 时,方程就简化为修正剑桥模型的屈服函数。

因此，修正剑桥模型只是魏汝龙模型中的 q，p 平面上屈服面形状过原点的特殊情况。

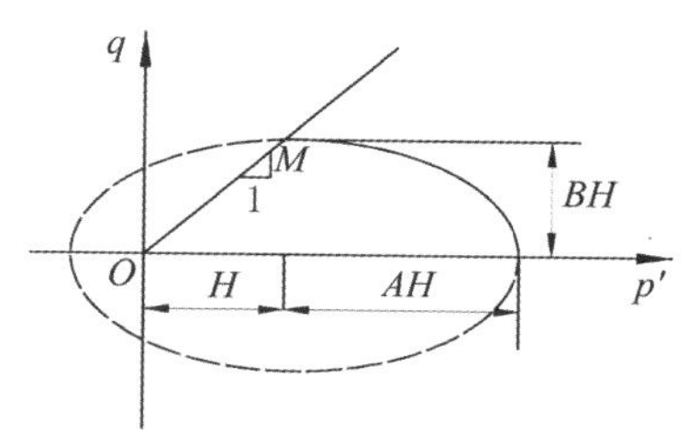

魏汝龙-Khosla-Wu 模型椭圆屈服面

文克勒地基模型
Winkler foundation model

文克勒地基模型为捷克工程师文克勒(Winkler)于1867年建立的地基模型。在该模型中，假定地基中任一点的沉降 s 仅取决于作用于同一点上所受的压力 p，而与邻近的压力作用无关，并进一步假设两者之间成反比，即

$$p = K_s s$$

式中，K_s 为地基反力系数，又称基床系数。该模型是把地基看成许多互不联系竖向布置的弹簧，弹簧的刚度即为基床系数。

虽然模型的假设条件与实际中土体在受压区范围以外的地区也会发生沉降的情况差异较大，但此法在实际工程中因其计算简便，算得底板尺寸和配筋较为节省，且在使用期中亦未发现明显问题，而仍被广泛采用，特别是当地基的可压缩土层与基础的最大水平尺寸之比较小时，采用文克勒模型来计算更为便捷、合理。求解该模型的地基反力系数 K_s 时，不必区分平面问题和空间问题，通常可按公式法、试验测定法以及查表法来确定。

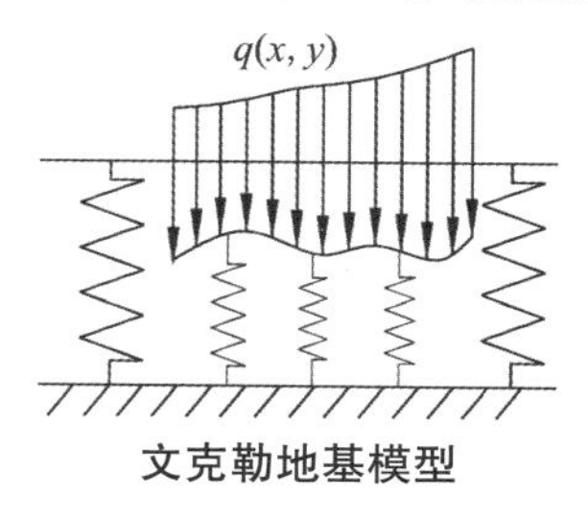

文克勒地基模型

修正剑桥模型
modified Cambridge model

修正剑桥模型为罗斯科(Roscoe)和勃兰特(Burland)于1968年对剑桥模型做了修正后提出的弹塑性模型。他们对剑桥模型的弹头形屈服面形状做了修正，修正剑桥模型的屈服面在 p'-q 平面上为椭圆，其方程为

$$p'\left[\frac{(q/p')^2+M^2}{M^2}\right]=p'_0$$

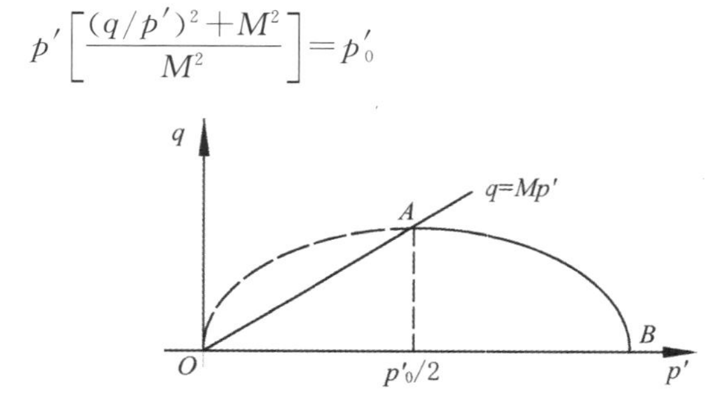

修正剑桥模型椭圆屈服面

屈服方程中的变量 p'_0 隐含了硬化的意义，该值与体积应变有关。后来，他们又做出进一步修正，认为在完全状态边界面内土体变形是完全弹性的，提出在完全状态边界面内，当剪应力增加时，虽不产生塑性体积变形，但产生塑性剪切变形。修正剑桥模型是一种盖帽模型，在许多情况下能较好反映土的变形特性，但不能反映剪胀。

准弹性模型
hypoelastic model

准弹性模型为建立在应力速率 $\dot{\sigma}_{ij}$ 和应变速率 $\dot{\varepsilon}_{ij}$ 之间关系基础上的一类本构模型，其一般表达式为

$$\dot{\sigma}_{ij}=C_{ijkl}(\sigma_{mn})\dot{\varepsilon}_{kl}$$

或者

$$\dot{\sigma}_{ij}=C_{ijkl}(\varepsilon_{mn})\dot{\varepsilon}_{kl}$$

式中，C_{ijkl} 是应力张量或应变张量的函数。若 C_{ijkl} 等于常数，则退化为线性弹性模型。

伊留申塑性公设
Ильюшин plastic postulate

针对德鲁克(Drucker)公设无法完全适用应变软化类型的不稳定性材料的情况，伊留申(Ильюшин)于1961年提出了在应变空间表述的，对稳定和不稳定材料均适用的伊留申塑性公设。其表述为在弹塑性材料的一个完整应变循环过程中，外部作用做功非负。若做正功，表示产生了塑性变形；若做功为零，则只产生弹性变形。

13 岩土动力性质

比阻尼容量
specific damping capacity

比阻尼容量为介质在振动的一个循环中所能吸收的能量与该循环中在最大位移时的势能之比,用来描述介质的材料阻尼。实验测定比阻尼容量 Δ 的计算公式为 $\Delta=\Delta E_{\sigma}/E_{\sigma}$。

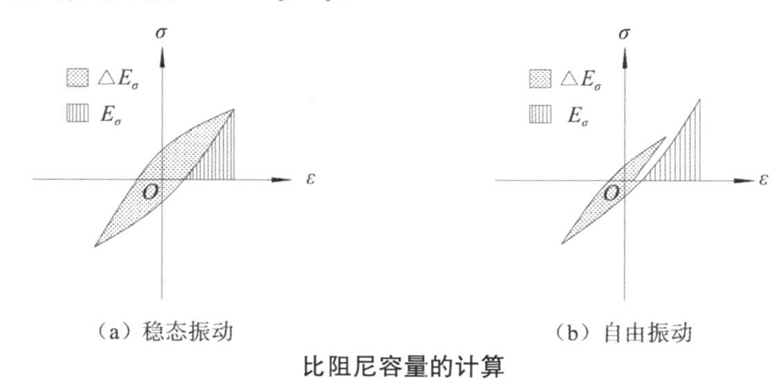

比阻尼容量的计算

波的弥散特性
dispersion of waves

应力波传播速度随振动频率变化而变化的特性称为波的弥散特性。严格地说,土中各种应力波均有弥散性。对于饱和土,当 $2\pi fk/ng>1$ 时,弹性波的弥散性比较明显。式中,f 为频率,k 是土的渗透系数,n 是土的孔隙率，g 是重力加速度。

波速法
wave velocity method

波速法为利用波速确定土的物理力学性质或工程指标的方法。由于主要受土骨架特性控制，土中剪切波速度在科研和工程中应用较多。在海洋工程中，常用压缩波速度来估算沉积物的孔隙率。相对来说，在实际测试中，对剪切波的识别比压缩波要困难些。波速法已用来进行划分土类、测定土的物理力学参数、确定地基承载力以及检验地基加固效果等。

材料阻尼
material damping

材料阻尼为由土体的黏滞性效应和塑性行为等引起的内部能量损耗，可由实验测定或经验公式估算。它一般随应变幅的增大而增大，并随土的动剪切模量的增大而减小。目前尚无比较成熟的材料阻尼现场测定方法。

初始液化
initial liquefaction

初始液化为动荷载作用下饱和土中孔隙水压力上升至与有效应力相等时的状态。土的初始液化与破坏是不等同的。对于松散饱和砂，初试液化与破坏几乎同时发生，但对于较密的饱和砂，由于往返活动性，初始液化所需要的往返剪切次数比引起破坏的次数要少。

地基固有周期
natural period of soil site

将实际土层（从基岩到地表）视为由一系列无限薄层所组成，其间由剪切弹簧和阻尼器连接，是承受地震引起的水平剪切振动的一维体系。该体系的固有周期定义为地基固有周期。它取决于地基构成情况、土的性质和地震幅值。其值和地表地震卓越周期相近。在设计结构物时，上部结构的固有周期应避开地基固有周期。

动剪切模量
dynamic shear modulus

动剪切模量为动荷载作用下土的剪切模量。影响其的因素主要有剪应变幅、有效围压、孔隙比、饱和度、土的结构与颗粒特征、应力历史和时间等。小应变幅下的土的动剪切模量常由波速法和共振柱试验测定。目前常见的大应变幅动剪切模量实际上是土的应力应变关系曲线上的切线模量。

动弹性模量
dynamic elastic modulus

动弹性模量为根据试件的自振频率或超声脉冲传播速度确定的弹性模量。动力弹性模量不受徐变的影响,它近似地等于用静力试验测定的初始切线模量,因此较割线模量高。

动力布西内斯克解
dynamic solution of Boussinesq

动力布西内斯克解又称拉姆(Lamb)解。匀质半无限弹性体表面受竖向集中谐和力问题的解答,由拉姆(H. Lamb,1904)首先给出。它是基础振动半空间理论中用于求解基础振动响应的基本解答。

动力放大因数
dynamic magnification factor

地表的最大震动幅值与基岩的最大震动幅值之比称为动力放大因数。震动幅值常用加速度幅值表示。动力放大因数取决于土层的构成情况、各层土的性质和震动幅值大小等。理论分析和地震观测表明,其值为1~8,一般在1~4内。

动力性质
dynamic properties of soils

动荷载作用下土的力学性能称为土的动力性质。当剪应变为1×10^{-6}~1×10^{-4}时,土呈黏弹性;当剪应变为1×10^{-4}~1×10^{-2}时,土具有黏弹塑性。人们由此粗略地将1×10^{-4}作为大、小应变的界限值,在小应变情况下主要研究土的动剪切模量和阻尼，而在大应变情况下主要研究土的残余变形、振动压密、动强度和振动液化等问题。土的动力性质还受应变速率的影响，在不同应变速率下，同一应变所对应的土的动力性质可以明显不同。

地基抗压刚度系数
vertical stiffness factor

地基抗压刚度系数又称地基竖向刚度系数，指地基土单位面积的抗压刚度值，即$C_z=K_z/F$，K_z 为抗压刚度值，F 为面积。按照基床反力系数假定，乘以基础底面积得到天然地基抗压刚度值，进而作为集总参数用于质量—弹簧—阻尼器模型的基础振动计算。可用原位振动试验结果反算得到，也可按与地基土承载力特征值的经验关系取值。

地基抗弯刚度系数
rocking stiffness factor

地基抗弯刚度系数又称地基非均压刚度系数，是地基土的抗弯刚度值与基础底面抗弯惯性矩的比值，即 $C_\varphi=K_\varphi/I$。按照基床反力系数假定，乘以基础底面抗弯惯性矩得到天然地基抗弯刚度值，进而作为集总参数用于质量—弹簧—阻尼器模型的基础振动计算。可用原位振动试验结果反算得到，也可按与抗压刚度系数的相对关系取值，即 $C_\varphi=2.15C_z$。

地基抗剪刚度系数
horizontal stiffness factor

地基抗剪刚度系数又称地基水平刚度系数，是地基土单位面积的抗剪刚度值，即$C_x=K_x/F$。按照基床反力系数假定，乘以基础底面积得到天然地基抗剪刚度值，进而作为集总参数用于质量—弹簧—阻尼器模型的基础振动计算。可用原位振动试验结果反算得到，也可按与抗压刚度系数的相对关系取值，即 $C_\varphi=0.7C_z$。

地基抗扭刚度系数
torsional stiffness factor

地基抗扭刚度系数又称地基非均剪刚度系数，是地基土抗扭刚度值与基础底面抗扭惯性矩的比值，即 $C_\psi=K_\psi/I$。按照基床反力系数假定，乘以基础底面抗扭惯性矩得到天然地基抗扭刚度值,进而作为集总参数用于质量—弹簧—阻尼器模型的基础振动计算。可用原位振动试验结果反算得到,也可按与抗压刚度系数的相对关系取值,即 $C_\psi=1.5C_z$。

骨架波
skeleton waves

骨架波是由土骨架传播的波,包括压缩波和剪切波。压缩波的传播速度往往同时受土骨架和孔隙水特性的影响,而剪切波传播速度基本上只受土骨架特性控制。因此,人们可用实测剪切波速来确定土的物理力学性质或工程指标。

耗损角
loss angle

耗损角为材料阻尼的一种量度。若记土的复剪切模量为 $G=G_1+iG_2$,则耗损角 $\delta_L=\arctan(G_2/G_1)$。对数递减率 δ 与 δ_L 的关系为 $\delta=\pi\tan\delta_L$。

几何阻尼
geometric damping

振动在扩散过程中由波阵面增大而致使介质质点振幅发生的衰减称为几何阻尼。瑞利波沿地表按 $r^{1/2}$ 衰减,压缩波和剪切波沿地表和土层内部分别按 r^{-2} 和 r^{-1} 衰减。r 是质点与振源的距离。几何阻尼又称辐射阻尼。

抗液化强度
liquefaction strength

饱和土在一定振次作用下产生液化所需要的动剪应力幅称为抗液化强度。在动三轴试验中用破坏轴向动应力幅之半表示,在动单剪试验中则为动剪应力幅。土的抗液化强度与土的颗粒组成、密度、结构、振前应力历史等因素有关。

孔隙流体波
fluid wave in soil

孔隙流体波为由土中孔隙流体传播的压缩波。在饱和土中,其传播速度与水的体变弹性模量、土骨架的刚度及孔隙率有关，可接近或高于水中压缩波速(常温下约为1450m/s)。当孔隙水中含有少量气泡时，孔隙流体波速会急剧减小。

临界标准贯入锤击数判别法
critical SPT blow count

凡初判为可能液化或需考虑液化影响时，应采用标准贯入试验进一步确定土是否液化。地面下15m深度范围内饱和砂土或粉土实测标准贯入锤击数(未经杆长修正)N值小于下式确定的临界标准贯入锤击数N_{cr}时，则应判为可液化土，否则为不液化：

$$N_{cr}=N_0[0.9+0.1\times(d_s-d_w)]\sqrt{3/\rho_c}$$

式中，N_{cr}为液化判别标准贯入锤击数临界值；

d_s为标准贯入点深度，m；

d_w为地下水位深度，m；

ρ_c为饱和土的黏粒含量百分比，$\rho_c(\%)\leqslant 3$时，取$\rho_c=3$；

N_0为液化判别标准贯入锤击数基准值，按下表采用。

当采用桩基或埋深大于5m的深基础时，尚应判别15～20m范围内土的液化，此时临界标准贯入锤击数N_{cr}可按下式计算：

$$N_{cr}=N_0[2.4-0.1d_s)]\sqrt{3/\rho_c}$$

标准贯入锤击数基准值

设计地震分组	7度	8度	9度
第一组	6(8)	10(13)	16
第二、三组	8(10)	12(15)	18

注：括号内数值用于设计基本地震加速度为0.15g和0.30g的地区。

土的动力性质参数
dynamic property parameter of soil

土的动力性质参数为计算、研究建筑物、地基及动力机器基础在振动荷载作用下的动力性状(位移、速度、加速度等)和稳定性所必需的土动力特性计算指标。它包括动模量、阻尼比、动强度、动变形及各种受力条件下的刚度系数等。这些指标的正确测定往往决定了建筑物、地基动态反应分析的计算精度，所以正确测定土的动力性质参数是非常重要的。

土的剪切波速
shear wave velocity of soil

剪切波在土层中的传播速度称为土的剪切波速，常用来表征土的刚度性质，是地基土抗震分析中的常规指标。常用的原位测试方法有利用直达表面波的地表稳态振动法和利用直达剪切波的钻孔测速法。

土的滞后弹性模型
hysteretic elastic model of soil

土的滞后弹性模型是用于地基土或土工构筑物动力分析的一种表示土的滞后弹性应力应变关系的物理数学模型。将土单元体模拟为线性弹簧和线性阻尼器的各种组合，假定其在周期荷载作用下应变幅值与相应的应力幅值之间保持比例关系，而瞬时的应变与应力之间则存在固定的相位角滞后。周期的应力应变关系曲线形成一个封闭的、包围着一定面积的滞回圈。对于一维问题，模型可用弹性常数和耗损系数两个常系数描述。开尔文—沃伊特模型、麦克斯韦模型、三元件模型和常量滞后模型等均属于这类模型。

土的等效滞后弹性模型
equivalent hysteretic elastic model of soil

土的等效滞后弹性模型是将土的非线性应力应变关系通过随应变或应力幅值而变的割线模量、等效阻尼比转换为线性关系的数学模型，一般用于地基土地震反应分析。根据假定的循环应变或循环应力的幅值确定土的弹性常数和耗损系数，然后应用滞后弹性模型进行线性分析，按分析得出的应力或应变的幅值，调整模型参数，再次进行线性分析，用这样的迭代计算来逼近非线性反应的真实解答。模型参数与应变或应力幅值之间的关系可用曲线或数学表达式事先加以确定。双曲线关系、修正的双曲线关系(Hardin-Drnevich)、抛物线关系(Ramberg-Osgood)等即是常用的关系式。

土的拉姆贝尔格—奥斯古德模型
Ramberg-Osgood model of soil

土的拉姆贝尔格—奥斯古德模型简称 R-O 模型，是一种用于地基土地震反应分析的表示土的动力非线性应力应变关系的数学模型，能满足对波动方程进行直接积分的要求。模型用抛物线方程来描述应力应变关系的骨架曲线，按曼辛二倍法将骨架曲线方程改造成卸荷与再加荷曲线方程。

土的滞回曲线方程
hysteretic curve of soil

土的滞回曲线方程为土单元体在循环荷载作用下应力应变关系曲线的数学表达式，用来与地震波的传播分析相结合，按时间和位置直接对波动方程进行积分，求解地基土的非线性地震反应。其包括骨架曲线方程、卸荷与再加荷曲线方程及交叉规则。常用的骨架曲线方程有双曲线方程和拉姆贝尔格—奥斯古德方程，一般按曼辛规则将骨架曲线方程改造成卸荷与再加荷曲线方程，曲线交叉时可按扩展的曼辛规则处理。

往返活动性
reciprocating activity

饱和无黏性土在往返剪切作用下所发生的间歇性的液化现象称为往返活动性。在往返剪切作用下，当剪应变较小时，土有剪缩趋势，致使孔隙水压力上升，经多次往返剪切后孔隙水压力累积增大到足以使有效应力消失而出现液化；但当剪应变增大后，土呈剪胀趋势，致使孔隙水压力回降，有效应力逐渐恢复，液化随之消失。这种间歇性液化只造成“有限度”的流动变形。地震产生的土体液化大多可用此机理加以解释。

无量纲频率
dimensionless frequency

无量纲频率的定义为 $\alpha_0=\omega r_0/V_s$，其中 ω 为振动频率，r_0 为基础的当量半径，V_s 为地基的剪切波速度。一方面表示基础波振动频率的高低；另一方面反映基础波相对于振动波在地基内传播的波长的大小。该参数经常用于基础振动和地震抗震分析。

液化
liquefaction

以砂土和粉土颗粒为主组成的松散饱和土体在静力、渗流，尤其是在动力作用下从固体状态转变为流动状态的现象称为液化。土体液化时，孔隙应力增大、有效应力减小至零而失去抵抗剪切变形的能力。根据起因和机理的不同,土体液化主要分砂沸、流滑和往返活动三种类型。现场土体液化表现为地基喷水冒砂,地基上的建筑物发生严重的沉陷、倾覆和开裂,液化土体本身产生流滑等。

液化势评价
evaluation of liquefaction potential

对场地地基或土工建筑物发生液化的可能性及其发展趋势的估计称为液化势评价。评价方法较多,大致可分为经验法、半经验法和解析法。由于各种方法均有其局限性,对重要工程宜进行综合分析。

液化应力比
stress ratio of liquefaction

液化应力比指土的抗液化强度与固结应力之比。它是土的抗液化强度的一种表达形式,其值越大,土的抗液化能力越高。

应力波
stress waves

应力波是以土体为传播介质的应力波。土体是比较疏松的多相介质,可传播弹性波、弹塑性波和黏弹塑性波等,视应力特性和土类型而定,其中以弹性波的理论研究较为成熟。饱和土体内部可存在的弹性波有骨架压缩波、剪切波以及孔隙流体波。沿土层表面传播的还有瑞利波,在层状土层中则可能存在勒夫波等。

振陷
dynamic settlement

振陷为在振动荷载作用下地基和填土所发生的永久性沉降。它由振动过程中土模量减小、振动压密或孔隙水压力消散等原因引起。其影响因素有土类型、应力状态、初始孔隙比、饱和度以及荷载特征等。在地震荷载作用下产生的振陷特称震陷。

振动压密
vibrational densification

振动压密指利用振动方式使土的结构破坏，继而重新组构，以达到密实效果的方法。常用有平板式和插入式两种振动器具，对于非黏性土，压密作用明显。

震陷
earthquake subsidence，seismic subsidence

在地震作用下，由于土层加密、塑性区扩大或强度降低而引起的工程结构或地面产生的下沉称为震陷。是否考虑震陷影响与当地抗震设防烈度、地基承载力特征值 f_{ak} 或平均剪切波速 v_{sm} 有关。对需要考虑震陷影响的建筑物，应结合工程性质和地基条件，采用下列抗震措施：(1)全部消除震陷的措施，包括桩基、深基础和全部挖除软弱土层；(2)部分消除震陷的措施，包括加固地基和部分挖除软弱土层，当不具备加固条件时，可降低地基承载力进行地基设计；(3)与软土地基一样，对基础和结构采取构造措施，减小或使建筑物适应不均匀沉陷。

阻尼
damping

阻尼是土中质点振动量随空间和时间变化而减小的特性，分几何阻尼和材料阻尼两部分。前者可用弹性动力学理论来计算，后者常由共振柱试验和振动三轴试验等方法测定。描述材料阻尼的常用术语有阻尼比、对数递减率、比阻尼容量等。

阻尼比
damping ratio

阻尼比指材料阻尼的一种量度。土的阻尼比 D 一般由动三轴试验或共振柱试验测定。用动三轴试验测定时，$D=A_1/4\pi A_2$，A_1 是滞回圈的总面积，A_2 是阴影部分的面积。共振柱试验是通过测定对数递减率来换算阻尼比的，这对低应变幅情况比较适用。D 值一般随应变幅的增大而增大，并分别随有效围压和加载次数的增加而减小。

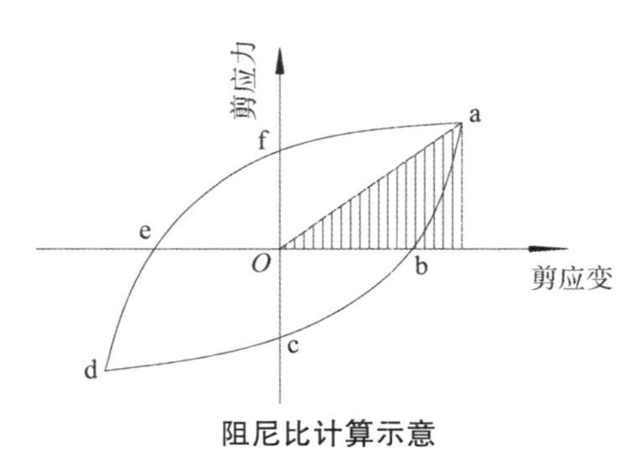

阻尼比计算示意

14 地基承载力

地基承载力
bearing capacity of foundation soil

地基承载力指地基土承受荷载的能力，其极限值为地基极限承载力，其容许值为地基容许承载力。地基承载力是土力学的重要研究课题之一，目的在于确保地基不致因荷载过大而发生剪切破坏和保证基础不因沉降过大而影响建筑物的安全和正常使用。

地基稳定性
stability of foundation soil

地基稳定性指地基在外荷载作用下抵抗剪切破坏的稳定安全程度。如果地基由于外荷载作用产生剪切破坏而使基础倾斜甚至倒塌，就认为地基失去稳定性。试验研究表明，地基剪切破坏的形式有整体剪切破坏、局部剪切破坏和冲剪破坏。为保证地基的稳定性，必须按地基承载力进行基础设计，对于承受较大水平荷载或建在斜坡上的结构物，可按圆弧滑动法进行验算。

地基极限承载力
ultimate bearing capacity of foundation soil

地基极限承载力指使地基发生剪切破坏失去整体稳定性时的基础最小底面压力，是地基承受基底压力的极限值，在整体剪切破坏的情况下为压力—沉降曲线(p-s 曲线)中开始出现陡降段所对应的压力。在局部剪切破坏和冲剪破坏的情况下则为曲线坡度显著变化点相应的压力。确定其的方法有:(1)现场的原位试验方法,如静载荷试验、静力触探试验、标准贯入试验、旁压试验等;(2)理论计算方法,主要是以极限平衡理论为基础的各种极限承载力理论和公式。

地基容许承载力
allowable bearing capacity of foundation soil

地基容许承载力为在保证地基稳定条件下房屋和构筑物的沉降量不超过容许值的地基承载能力,是包含一定安全系数的地基承载力。在浅基础设计中,当轴心荷载作用时,应使基底的平均压力小于或等于该值。其确定方法有:(1)现场试验法,如静载荷试验、静力触探试验、标准贯入试验、旁压试验等;(2)理论计算法,地基容许承载力等于地基极限承载力除以安全系数。一般取安全系数 2～3;(3)规范查表法;(4)经验方法。按具体工程性质选择以上一种或几种方法确定。

汉森极限承载力公式
Hansen's ultimate bearing capacity formula

汉森极限承载力公式是由汉森(J.B. Hansen)考虑倾斜荷载等因素提出的地基极限承载力公式。在前人研究的基础上,汉森于 20 世纪 60 年代考虑了倾斜荷载、基础形状、基础埋深、地面倾斜和基底倾斜等因素的影响,对于均质地基、基础底面完全光滑的情况,提出在中心荷载作用下垂直向的地基极限承载力公式:

$$q_f = cN_cS_cd_ci_cg_cb_c + qN_qS_qd_qi_qg_qb_q + \frac{1}{2}\gamma BN_\gamma S_\gamma d_\gamma i_\gamma g_\gamma b_\gamma$$

式中,$N_c=(N_q-1)\cot\varphi$;$N_q=e^{\pi\tan\varphi}\tan^2\left(45+\frac{\varphi}{2}\right)$;$N_\gamma=1.8N_c\tan^2\varphi$。$q_f$ 为地基极限承载力;N_c,N_q,N_γ 为承载力系数;可查下表或按以上公式计算确定;c、φ 分别为土的黏聚力和内摩擦角;$q=\gamma D$ 为基础两侧土的超载;γ 为土的重度;D 为基础的埋置深度;B 为基础宽度;S_c、S_q、S_γ 为基础的形状系数;d_c、d_q、d_γ 为基础埋深系数;i_c、i_q、i_γ 为荷载倾斜系数;g_c、g_q、g_γ 为地面倾斜系数;b_c、b_q、b_γ 为基础倾斜系数。

汉森公式中的系数 N_c、N_q、N_γ 的数值

φ	N_γ	N_q	N_c	φ	N_γ	N_q	N_c
0°	0	1.00	5.14	24°	6.90	9.61	19.33
2°	0.01	1.20	5.69	26°	9.53	11.83	22.25
4°	0.05	1.43	6.17	28°	13.13	14.71	25.80
6°	0.14	1.72	6.82	30°	18.09	18.40	30.15
8°	0.27	2.06	7.52	32°	24.95	23.18	35.50
10°	0.47	2.47	8.35	34°	34.54	29.45	42.18
12°	0.76	2.97	9.29	36°	48.08	37.77	50.61
14°	1.16	3.58	10.37	38°	67.43	48.92	61.36
16°	1.72	4.32	11.62	40°	95.51	64.23	75.36
18°	2.49	5.25	13.09	42°	136.62	85.36	93.69
20°	3.54	6.40	14.83	44°	198.77	115.35	118.41
22°	4.96	7.82	16.89	45°	240.95	134.86	133.86

极限平衡状态
state of limit equilibrium

极限平衡状态为单元土体剪切破坏时的应力状态。如果极限应力圆与土的抗剪强度包线相切，表示已有一对平面的剪应力达到土的抗剪强度，该单元土体就处于极限平衡状态，其应力满足莫尔—库仑理论的剪切破坏条件。

加州承载比(美国)
California Bearing Ratio(CBR)

加州承载比全称为加利福尼亚承载比，简称承载比。参见“承载比试验”词条。

整体剪切破坏
general shear failure

整体剪切破坏为在基础荷载作用下，地基发生连续剪切滑动面的一种地基破坏形式。其破坏特征是，当基础荷载达到某一数值时，首先在基础

边缘的土体发生剪切破坏,随着荷载的增加,剪切破坏区也随之扩大,最后在地基中形成连续的滑动面,基础急剧下沉并向一侧倾倒,基础两侧的地面向上隆起。对于密实的砂土和硬黏土较可能发生这种破坏形式。

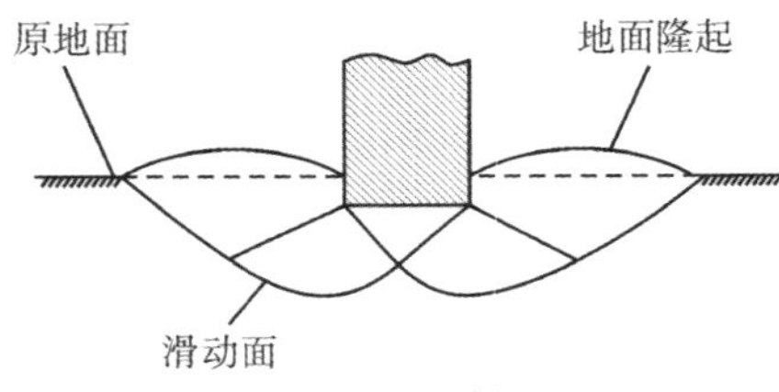

整体剪切破坏

局部剪切破坏
local shear failure

局部剪切破坏为在基础荷载作用下,地基某一范围内发生剪切破坏区的一种地基破坏形式。剪切破坏的特征是剪切滑动先从基础边缘出现,并随荷载的增加而发展,但终止于地基中某深度处,滑动面一般不发展到地面,基础两侧的地面有隆起现象,地基会发生较大变形,但基础不会有灾难性的倒塌或倾斜。局部剪切破坏是介于整体剪切破坏和冲剪破坏之间的地基破坏形式。

冲剪破坏
punching shear failure

冲剪破坏是基础下的土体发生垂直剪切破坏使基础产生较大沉降的一种地基破坏形式。破坏时地基中不出现明显的滑动面,基础没有明显的倾斜,但发生较大的沉降。对于压缩性较大的松砂和软土地基或基础埋置较深时,将可能发生这种形式的破坏。

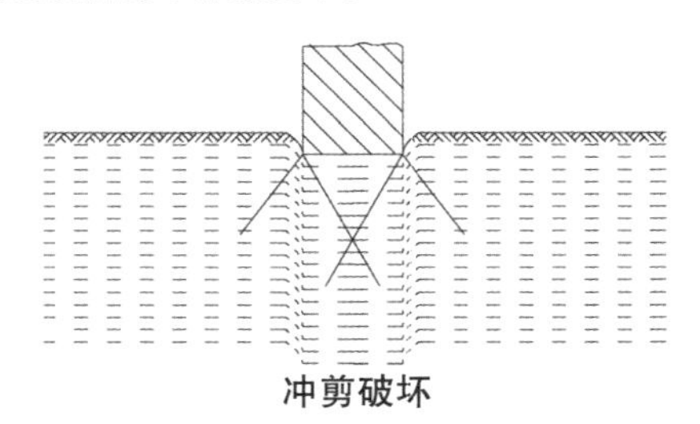
冲剪破坏

临塑荷载
critical edge pressure

临塑荷载为相应于基础的压力—沉降曲线从压密变形阶段转为塑性变形阶段的临界荷载。当基底压力等于该荷载时，基础边缘的土体开始剪切破坏，但塑性破坏区尚未发展，由理论推导可得出：

$$p_{cr}=\frac{\pi(\gamma D+c\cdot\cot\varphi)}{\cot\varphi+\varphi-\frac{\pi}{2}}+\gamma D$$

式中，γ 为土的重度，地下水位以下用有效重度；D 为基础的埋置深度；c 为土的黏聚力；φ 为土的内摩擦角。

梅耶霍夫极限承载力公式
Meyerhof's ultimate bearing capacity formula

梅耶霍夫极限承载力公式是由梅耶霍夫(G.G. Meyerhof)推导的地基极限承载力公式。1951 年，梅耶霍夫将太沙基承载力理论加以发展，认为应该考虑基础两侧土体的抗剪强度，并使地基土的塑性平衡区扩展到基础埋置深度以上的土中。对于均质地基，用简化方法导得条形基础在中心荷载作用下的地基极限承载力公式：

$$q_f=cN_c+\sigma_0 N_q+\frac{1}{2}\gamma BN_\gamma$$

$$\sigma_0=\frac{1}{2}\gamma D\left(K_0\sin^2\beta+\frac{1}{2}K_0\tan\delta\sin2\beta+\cos^2\beta\right)$$

式中，c 为土的黏聚力；γ 为土的重度；D、B 分别为基础的埋深和宽度；σ_0 为等代自由面(BE 面)上的法向应力；β 为等代自由面与水平面的倾角；K_0 为静止土压力系数；δ 为土与基础侧面之间的摩擦角；N_c、N_q、N_γ 为与土的内摩擦角 φ 和 β 有关的承载力系数。梅耶霍夫还研究了深基础的极限承载力以及基础受偏心荷载和倾斜荷载的承载力。

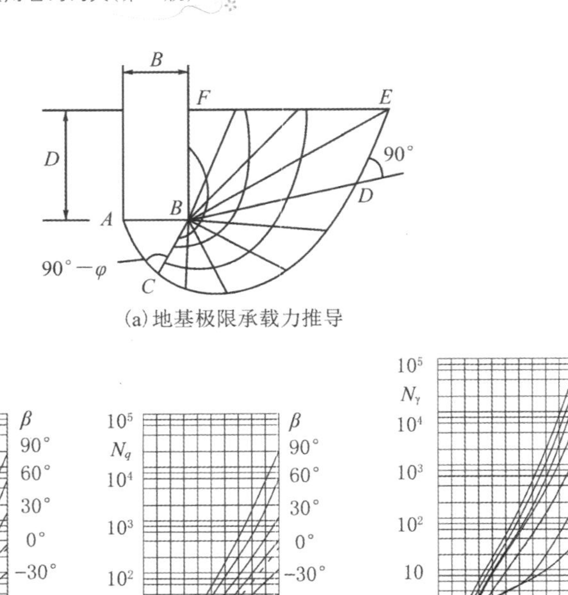

(a) 地基极限承载力推导

(b) N_c、N_q、N_γ与φ和β的关系

梅耶霍夫极限承载力公式示意

普朗特承载力理论
Prandtl bearing capacity theory

普朗特承载力理论为由普朗特(L. Prandtl)根据塑性平衡理论导出条形刚性冲模压入半无限刚塑性介质的极限平衡理论。该理论于 1920 年提出,假设刚塑性介质的重度为零,条形刚性冲模底面光滑,置于介质表面,当介质达到塑性破坏时,记△ABC 为朗肯主动破坏区,土楔 ADF 和 BEG 为郎肯被动破坏区,ACD 和 BCE 为辐射向剪切区,CD 和 CE 为对数螺线。由塑性平衡理论导得如下极限压应力公式:

$$q_{\mathrm{f}}=c\cdot\cot\varphi\left[e^{\pi\tan\varphi}\tan^2\left(45^\circ+\frac{\varphi}{2}\right)-1\right]$$

式中,q_{f} 为材料的极限压应力;c 为材料的黏聚力;φ 为材料的内摩擦角。以后人们把该理论应用到研究地基承载力的课题。

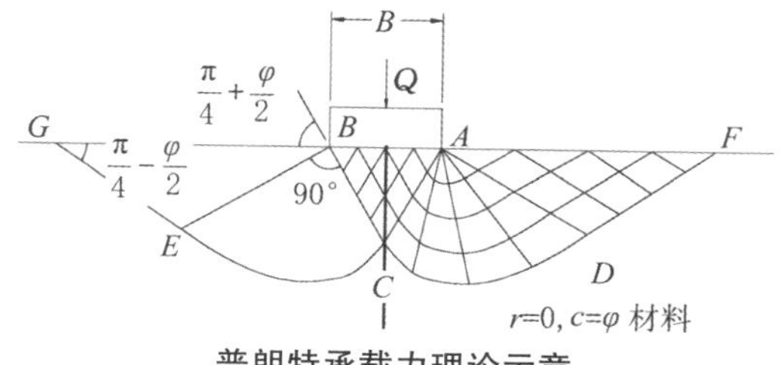

普朗特承载力理论示意

斯肯普顿极限承载力公式
Skempton's ultimate bearing capacity formula

斯肯普顿极限承载力公式是斯肯普顿(A.W. Skempton)提出的地基极限承载力公式。对于不排水条件下的饱和黏性土，内摩擦角 $\varphi_u=0$，根据理论推导，条形荷载下的地基极限承载力 $q_f=5.14c_u$，式中 c_u 为土的不排水抗剪强度，考虑到基础形状和基础埋深的影响，对于基础埋深小于和等于2.5倍基础宽度的浅基础，建议按下式估算地基极限承载力：

$$q_f=5c_u\left(1+0.2\frac{B}{L}\right)\left(1+0.2\frac{D}{B}\right)+\gamma D$$

式中，L、B 分别为基础的长边和短边；D 为基础的埋置深度；γ 为土的重度。

太沙基承载力理论
Terzaghi bearing capacity theory

太沙基承载力理论是太沙基(K. Terzaghi)假设基底粗糙并考虑土自重影响导出的地基极限承载力理论。太沙基于1943年提出该理论，并在1967年做了部分修改。该理论将普朗特承载力理论应用到地基承载力的课题，用叠加的方法导出如下条形基础的地基极限承载力公式：

$$q_f=cN_c+\gamma DN_q+\frac{1}{2}\gamma BN_\gamma$$

式中，q_f 为地基的极限承载力；N_c、N_q、N_γ 为与土的内摩擦角 φ 有关的地基承载力系数；c 为土的黏聚力；γ 为土的重度；D 为基础的埋深；B 为条形基础的宽度。

上式只适用于整体剪切破坏的情况，当地基发生局部剪切时，改用下式：

$$q_f = \frac{2}{3} c N'_c + \gamma D N'_q + \frac{1}{2} \gamma B N'_\gamma$$

式中,N'_c、N'_q、N'_γ 为地基发生局部剪切破坏时的地基承载力系数,由下图虚线查得。

考虑到基础形状的影响,对方形和圆形基础采用以下半经验公式。

对边长为 B 的方形基础:

$$q_f = 1.2 c N_c + \gamma D N_q + 0.4 \gamma B N_\gamma$$

对半径为 R 的圆形基础:

$$q_f = 1.2 c N_c + \gamma D N_q + 0.6 \gamma R N_\gamma$$

以上两式同样只适用于整体剪切破坏的情况,当发生局部剪切破坏时,与条形基础做同样处理。

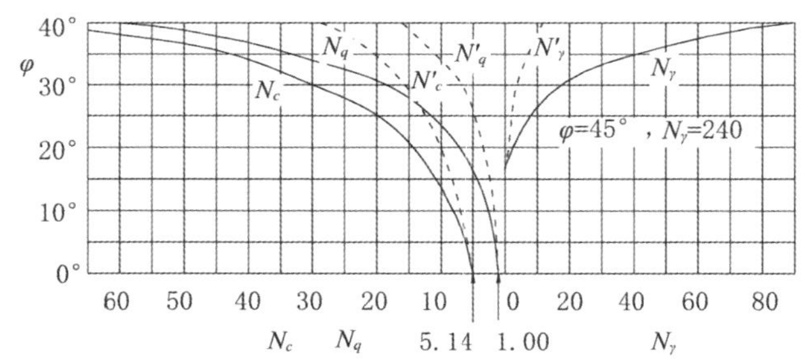

太沙基承载理论中 N_c、N_q、N_γ 与 φ 的关系

魏锡克极限承载力公式
Vesic's ultimate bearing capacity formula

魏锡克极限承载力公式为魏锡克(A.S. Vesic)于 20 世纪 70 年代提出的地基极限承载力公式。魏锡克在普朗特承载力理论基础上考虑了土自重,得到条形基础在中心荷载下的基本公式:

$$q_f = c N_c S_c + q N_q S_q + \frac{1}{2} \gamma B N_\gamma S_\gamma$$

其中,

$$N_q = e^{\pi \tan\varphi} \tan^2\left(45° + \frac{\varphi}{2}\right)$$

$$N_c = (N_q - 1) \cdot \cot\varphi$$

$$N_r = 2(N_q + 1) \cdot \tan\varphi$$

上列各式中,q_f 为地基的极限承载力;N_c、N_q、N_γ 为承载力系数,可按上列各式计算或查下表；c、φ 分别为土的黏聚力和内摩擦角；$q=\gamma D$ 为基础两侧土的超载；γ 为土的重度；D 为基础的埋深；B 为基础的宽度；S_c、S_q、S_γ 为基础形状系数，分别由以下各式确定。

矩形基础：

$$S_c=1+\frac{B}{L}\cdot\frac{N_q}{N_c}$$

$$S_q=1+\frac{B}{L}\tan\varphi$$

$$S_\gamma=1-0.4\frac{B}{L}$$

方形和圆形基础：

$$S_c=1+\frac{N_q}{N_c}$$

$$S_q=1+\tan\varphi$$

$$S_\gamma=0.6$$

上列各式中，L 为基础的长边。公式还考虑了超载土的抗剪强度、荷载倾斜和偏心、基底倾斜、地面倾斜等因素对地基极限承载力的影响。魏锡克还提出可以判别地基三种剪切破坏形式的刚度指标和临界刚度指标，在地基极限承载力公式中列入压缩影响系数，以考虑局部剪切破坏或冲剪破坏对土压缩变形的影响。

承载力系数表

φ	N_c	N_q	N_γ	N_q/N_c	$\tan\varphi$	φ	N_c	N_q	N_γ	N_q/N_c	$\tan\varphi$
0°	5.14	1.00	0.00	0.20	0.00	26°	22.25	11.85	12.54	0.53	0.49
1°	5.28	1.09	0.07	0.20	0.02	27°	23.94	13.20	14.47	0.55	0.51
2°	5.63	1.20	0.15	0.21	0.03	28°	25.80	14.72	16.72	0.57	0.53
3°	5.90	1.31	0.24	0.22	0.05	29°	27.86	16.44	19.34	0.59	0.55
4°	6.19	1.43	0.34	0.23	0.07	30°	30.14	18.40	22.40	0.61	0.58
5°	6.49	1.57	0.45	0.24	0.09	31°	32.67	20.63	25.99	0.63	0.60
6°	6.81	1.72	0.57	0.25	0.11	32°	35.49	23.18	30.22	0.65	0.62
7°	7.16	1.88	0.71	0.26	0.12	33°	38.64	26.09	35.19	0.68	0.65
8°	7.53	2.06	0.86	0.27	0.14	34°	42.16	29.44	41.06	0.70	0.67

续表

φ	N_c	N_q	N_γ	N_q/N_c	$\tan\varphi$	φ	N_c	N_q	N_γ	N_q/N_c	$\tan\varphi$
9°	7.92	2.25	1.03	0.28	0.16	35°	46.12	33.30	48.03	0.72	0.70
10°	8.35	2.47	1.22	0.30	0.18	36°	50.59	37.75	56.31	0.75	0.73
11°	8.80	2.71	1.44	0.31	0.19	37°	55.63	42.92	66.19	0.77	0.75
12°	9.28	2.97	1.60	0.32	0.21	38°	61.35	48.93	78.03	0.80	0.78
13°	9.81	3.26	1.97	0.33	0.23	39°	67.87	55.96	92.25	0.82	0.81
14°	10.37	3.59	2.29	0.35	0.25	40°	75.31	64.20	109.41	0.85	0.84
15°	10.98	3.94	2.65	0.36	0.27	41°	83.86	73.90	130.22	0.88	0.87
16°	11.63	4.34	3.06	0.337	0.29	42°	93.71	85.38	155.55	0.91	0.90
17°	12.34	4.77	3.53	0.39	0.31	43°	105.11	99.02	186.54	0.94	0.93
18°	13.10	5.26	4.07	0.40	0.32	44°	118.37	115.31	224.64	0.97	0.97
19°	13.93	5.80	4.68	0.42	0.34	45°	133.88	134.88	271.76	1.01	1.00
20°	14.83	6.40	5.39	0.43	0.36	46°	152.10	158.51	330.35	1.04	1.04
21°	15.82	7.07	6.20	0.45	0.38	47°	173.64	187.21	403.67	1.08	1.07
22°	16.88	7.82	7.13	0.46	0.40	48°	199.26	222.31	496.01	1.12	1.11
23°	18.05	8.66	8.20	0.48	0.42	49°	229.93	265.51	613.16	1.15	1.15
24°	19.32	9.60	9.44	0.50	0.45	50°	266.89	319.07	762.89	1.20	1.19
25°	20.72	10.66	10.88	0.51	0.47						

地基承载力特征值
characteristic value of subgrade bearing capacity

地基承载力特征值指由载荷试验测定的地基土压力变形曲线线性变形段内规定的变形所对应的压力值,其最大值为比例极限值。地基承载力的特征值可由载荷试验或其他原位测试、公式计算并结合工程实践经验等方法综合确定。

《建筑地基基础设计规范》(GB 50007—2011)第5.2.5条规定,当偏心距e小于或等于0.033倍基础底面宽度时,根据土的抗剪强度指标确定地基承载力特征值可按下式计算,并满足变形要求:

$$f_a = M_b\gamma b + M_d\gamma_m d + M_c c_k$$

式中,f_a——由土的抗剪强度指标确定的地基承载力特征值;

M_b、M_d、M_c——承载力系数；

b——基础地面宽度，大于 6m 时按 6m 取值，对于砂土小于 3m 时，按 3m 取值；

c_k——基底下一倍短边宽深度内土的黏聚力标准值。

临界荷载 $p_{1/4}$ critical pressure $p_{1/4}$

临界荷载 $p_{1/4}$是相应于基础下地基塑性区破坏深度为 $B/4$ 时的地基承载力，一般中心受压基础常用该值。由理论推导可得：

$$p_{1/4}=\gamma B\frac{\pi}{4\left(\cot\varphi-\dfrac{\pi}{2}+\varphi\right)}+\gamma' D\left(1+\frac{\pi}{\cot\varphi-\dfrac{\pi}{2}+\varphi}\right)+c\left(\frac{\pi\cot\varphi}{\cot\varphi-\dfrac{\pi}{2}+\varphi}\right)$$

式中，γ 为基底面以下地基土的重度，地下水位以下用有效重度；γ' 为基础埋置深度范围内土的重度，地下水位以下用有效重度；B 为基础宽度；D 为基础埋深；c 为土的黏聚力；φ 为土的内摩擦角。

临界荷载 $p_{1/3}$ critical pressure $p_{1/3}$

临界荷载 $p_{1/3}$是相应于基础下地基塑性区破坏深度为 $B/3$ 时的地基承载力，一般偏心受压基础常用该值。由理论推导可得：

$$p_{1/3}=\gamma B\frac{\pi}{3\left(\cot\varphi-\dfrac{\pi}{2}+\varphi\right)}+\gamma' D\left(1+\frac{\pi}{\cot\varphi-\dfrac{\pi}{2}+\varphi}\right)+c\left(\frac{\pi\cot\varphi}{\cot\varphi-\dfrac{\pi}{2}+\varphi}\right)$$

式中，γ 为基底面以下地基土的重度，地下水位以下用有效重度；γ' 为基础埋置深度范围内土的重度，地下水位以下用有效重度；B 为基础宽度；D 为基础埋深；c 为土的黏聚力；φ 为土的内摩擦角。

地基临塑荷载 p_{cr}、临界荷载 $p_{1/4}$、$p_{1/3}$及地基极限承载力 p_u 满足关系式：$p_{cr}<p_{1/4}<p_{1/3}<p_u$。

15 地基处理

浅层处理
shallow treatment

从处理深度上分，地基处理可以分为浅层处理和深层处理，但是很难明确二者的划分界限，一般认为处理深度在地面以下5m深范围内的为浅层处理。我国最为常用的浅层处理方法有表层压实法、换土垫层法、重锤夯实法、夯坑基础法、表层拌和法、抛石挤淤法、横向加筋法等。

排水固结法
consolidation through drainage

排水固结法是通过土体在一定荷载作用下的固结，使土体强度提高，孔隙比减小，来达到地基处理的目的。当天然地基土渗透系数较小时，需设置竖向排水通道，以加速土体固结。常用的竖向排水通道有普通砂井、袋装砂井和塑料排水带等。按加载形式分类，它主要包括加载预压法，超载预压法，真空预压法，真空预压与堆载预压联合作用法，以及降低地下水位法等，电渗法也可属于排水固结法。

堆载预压法
preloading

堆载预压法是排水固结方法的一种，通常指利用天然地基土层本身的透水性，通过堆载加荷使地基土中孔隙水排出，孔隙体积随之减小，经过一定时间后，土的强度得到提高，从而达到提高地基承载力、减小建筑物使用期间沉降的目的。堆载速度和堆载量大小应考虑原地基强度，常通过多级堆载预压。在堆载作用下，当地基达到一定的固结度时，即将预压堆载卸去，再建造建筑物。当天然地基透水性较好，或天然地基排水距离较短时，经计算可不设人工排水通道便可在工程进度容许时间内达到加固目的时，可采用堆载预压法。

如果进行的预压荷载超过上部结构设计荷载，则该种预压称为超载预压(surcharge preloading)；如果预压荷载等于上部结构设计荷载，则称为等载预压；如果预压荷载小于公路工程荷载，则称为欠载预压(undercharge preloading)。

真空预压
vacuum preloading

真空预压是在软黏土中设置竖向塑料排水带或砂井，上铺砂层，再覆盖薄膜封闭，抽气使膜内排水带、砂层等处于部分真空，利用膜内外压力差作为预压荷载，排除土中多余水量，使土预先固结，以减少地基后期沉降的一种地基处理方法。真空预压法一般能取得相当于78～92kPa的等效荷载。若需进一步提高加固效果，可与堆载预压联合使用，称为真空—堆载联合预压(vacuum combined with surcharge preloading)。

砂井
sand drain

砂井指在软土基中成孔，填以砂砾石，形成排水通道、以加速软土排水固结的地基处理方法。砂井的平面布置可采用等边三角形或正方形排列。砂井的间距可根据地基土的固结特性和预定时间内所要求达到的固结度确定。砂井直径和间距主要取决于黏性土层的固结特性和施工期限的要求。工程上常用的普通砂井直径为20～50cm，井距为砂井直径的6～9倍。袋装砂井通常采用7cm直径，井距一般为1～2m。砂井长度的选择和土层分布、地基中附加应力的大小、施工期限和条件等因素有关。

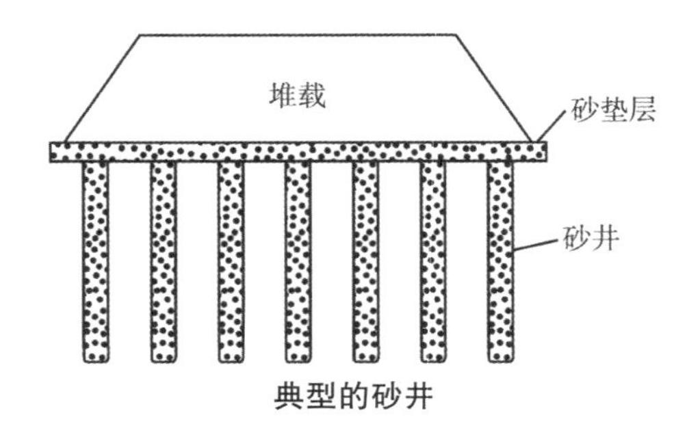

典型的砂井

袋装砂井
packed drain

袋装砂井是砂井的一种，是以透水性能良好的土工织物长袋装砂，设置在软土地基中形成排水砂柱，以加速软土排水固结的地基处理方法。工程上常用的袋装砂井，直径为 7cm，井距为 1～2m。砂井长度根据土层分布和地基中附加应力的大小，以及施工条件等因素确定。目前国内普遍采用聚丙烯编织布制袋，袋装砂宜采用风干砂，含泥量要求小于 3%。袋装砂井的土工布袋，具有良好的抗拉性能，在稳定分析中，可考虑其加筋作用。

塑料排水带
prefabricated strip drain, geodrain

塑料排水带是由厂家生产的塑料板芯材外包排水良好的土工织物形成的排水带，又称塑料排水板。将其用插带机插入软土地基中代替砂井，以加速软土排水固结。塑料排水带作用原理和设计计算方法与砂井相同，设计时，把塑料排水带换算成相当直径的砂井。带宽为 b，带厚为 δ，则塑料排水带的当量换算直径可按下式计算：

$$D_{\mathrm{p}}=\alpha \frac{2(b+\delta)}{\pi}$$

式中，α 为换算系数，可由试验确定，无试验资料时可取 $\alpha=0.75\sim1.00$。

振密、挤密法
compacting

振密、挤密法是采用一定的手段，通过振动、挤压使地基土孔隙比减小，强度提高，达到地基加固目的的地基处理方法的总称。它主要包括表层原位压实法、强夯法、振冲密实法、挤密砂石桩法、爆破挤密法、土桩或灰土桩法、柱锤冲孔成桩法、夯实水泥土桩法以及近年发展的一些孔内夯扩桩法等。

挤密桩
compaction pile, compacted column

挤密桩在台湾称为夯实桩，是采用沉管法、爆扩法、冲击法等成孔方法成孔挤密，然后向孔内填入砂、碎石、灰土等松散材料，并夯实成桩并且进一步挤密桩间土的一类桩的总称。其加固原理一方面在施工过程中挤密振密桩间土，另一方面桩体与桩间土形成复合地基。挤密桩适用于砂土地基、杂填土地基、湿陷性黄土地基等易于挤密振密的地基。挤密桩按填料类别可分为挤密碎石桩、挤密砂桩、挤密灰土桩、挤密土桩和钢渣桩等。挤密桩也可按施工方法分类，如振冲挤密桩、沉管振动挤密桩等。

挤淤法
displacement method

挤淤法是用块石或碎石等置换淤泥地基中淤泥以达到改善地基物理力学性质的地基处理方法。挤淤法很多，主要有抛石挤淤、振动挤淤和强夯置换等。前者主要靠块石的自重达到置换淤泥的目的，后两种还要依靠振动或强夯所提供的能量达到用块石等置换淤泥的目的。

表层压密法
in-situ superficial compaction

表层压密法是采用碾压机械的方法使地基浅层土压实的地基处理方法。该法常用于道路、堆物、堤坝等，有时也用于轻型建筑物。对杂填土、湿陷性黄土、松散粉细砂、细砂等软弱表层土可采用振动压实；对杂填土和非饱和黏性土的软弱表层可采用碾压法，也可分层回填碾压加固。分层填土压实不需其他建筑材料，但需要较好的土料，需控制土的含水量。分层填料压密也可适量添加石灰和水泥等。碾压机械有推土机、压路机和羊足碾等。

强夯法
dynamic compaction

强夯法是用质量达数十吨的重锤自数米高处自由下落，给地基以冲击力和振动,从而提高一定深度内地基土的密度、强度并降低其压缩性的方法。同时,强夯法可提高土层的均匀性,减少工后差异沉降。目前对强夯加固机理的理论研究还没有达成统一的看法,只是在宏观上广大专家学者普遍认为:当强夯加固非饱和粗粒土和低饱和的细粒土时,地基主要受高能量的冲击强力挤密作用而达到加固效果,我们习惯上称其为动力压密(dynamic compaction);而当强夯加固(高)饱和细粒土,特别是淤泥、淤泥质土和泥炭土等软黏土地基时,地基主要以固结作用而达到加固效果,我们习惯上称其为动力固结(dynamic consolidation)。

强夯法常用来加固碎石土、砂土、非饱和黏性土、杂填土、湿陷性黄土等地基。它不仅能提高地基土的强度、降低其压缩性,还能改善砂类土抵抗振动液化的能力,消除湿陷性黄土的湿陷性。对饱和的黏性土层或孔隙水不易消散的粉细砂土,不适宜采用强夯法。施工设备主要包括夯锤、起重机和脱钩装置。强夯法加固深度的经验公式为

$$H=\alpha\sqrt{\frac{Wh}{10}}$$

式中,H 为加固影响深度,m;W 为锤重,kN;h 为落距,m;α 为系数,其值为 0.5～1.0,视地基土层情况选用。

重锤夯实法
heavy tamping

重锤夯实法为利用重锤自由下落时的冲击能来夯实浅层土或垫层的一种地基处理方法,适用于处理地下水位 0.8m 以上稍湿的杂填土、黏性土、砂土、湿陷性黄土和分层填土地基。夯锤宜采用圆台形、钢地板、底部充填废铁的钢筋混凝土锤。锤重宜大于 15kN,锤地面单位静压力宜在 15～20kPa,夯锤落距一般宜大于 3m。

挤密砂桩法
densification by sand pile

挤密砂桩法为利用振动或锤击作用将桩管打入土中,分段向桩管中加砂石料,不断提升并反复挤压而形成砂石桩。

爆破挤密法

explosive compaction

利用爆炸的冲击和振动作用使饱和砂土密实的地基处理方法称为爆破挤密法。

灰土桩法

lime soil pile

灰土桩法为先造孔，再在桩孔内填入灰土并夯实形成的土与石灰混合料，或用石灰和粉煤灰混成的二灰土的桩。选用沉管（振动、锤击）、冲击或爆扩等方法进行成孔，使土向孔的周围挤密。土或灰土挤密桩法适用于处理地下水位以上的湿陷性黄土、素填土和杂填土等地基，处理深度宜为5～15m。

当以消除地基的湿陷性为主要目的时，宜选用土挤密桩法；当以提高地基的承载力或水稳性为主要目的时，宜选用灰土挤密桩法；当地基土的含水量大于23%及其饱和度大于0.65时，不宜选用上述方法。

爆破挤淤

compaction of clay by explosives

爆破挤淤指通过爆炸冲击作用降低淤泥结构性强度，同时利用抛石体本身的自重使爆前处于平衡状态的抛石体向强度降低处的淤泥内滑移，以达到泥、石置换的目的。首先沿堤轴线陆上抛填达到爆炸处理的设计高程与宽度，形成爆前抛石堤纵断面线，然后在抛石堤前端“泥—石”交界面前方一定位置、一定深度处的淤泥层内埋置单排群药包，引爆群药包，在淤泥内形成爆炸空腔，抛石体随即坍塌充填空腔形成“石舌”，同时抛石体前方和下方一定范围内的淤泥被爆炸弱化，强度降低，抛石体下沉滑移挤淤。

随后进行抛石，当淤泥内剪应力超过其抗剪强度时，抛石体沿定向滑移线朝前方定向滑移，达到新的平衡后滑移停止。继续加高抛填，从而又出现新的定向滑移下沉，如此反复出现多次，直到抛石堤稳定为止，此时单循环结束。另外，当新的循环开始时，其爆炸作用对已形成的抛石体仍有密实和挤淤作用。

目前国内采用爆破挤淤法置换淤泥软基的厚度一般在4～20m。淤泥厚度小于4m时，可与抛石挤淤、强夯挤淤比较，大于20m时，须进行论证。

振冲法
vibroflotation

振冲法为利用振动和水冲加固地基的方法。振冲法由德国的S. Steuerman在1936年提出,我国应用振冲法始于1977年。早期用来振密松砂地基,后来也应用于黏性土地基,振冲法演变成两类:振冲密实法和振冲置换法。振冲密实法适用于黏粒含量小于10%的松砂地基;振冲置换法适用于不排水抗剪强度大于20kPa的黏性土、粉土和人工填土等地基,有时还可用来处理粉煤灰地基。

振冲密实法
vibro-compaction

振冲密实法为振冲法的一种。一方面依靠振冲器的强烈振动使饱和砂层发生液化,砂颗粒重新排列,裂隙减少;另一方面依靠振冲器的水平振动力,在加回填料情况下还通过填料使砂层挤压加密。振冲孔位置常用等边三角形和正方形两种。填料可用粗砂、砾石、碎石、矿渣等材料。对中粗砂地基,振冲器上提后由于孔壁极易坍落自行填满下方的孔洞,只需最后加填料补充,就地振密。对粉细砂,必须加填料后才能获得较好的振密效果。

振冲置换法
vibro-replacement

振冲置换法为振冲法的一种,指利用振冲器在土层中振动和水流喷射的联合作用成孔,然后填入碎石料并提拔振冲器逐段振实,形成刚度较大的碎石桩的地基处理方法。桩位布置可采用正三角形或正方形排列。桩体材料可以就地取材,碎石、卵石、矿渣、碎砖等均可取用。

振冲碎石桩
vibro replacement stone column

在地基中用振冲法成孔,填入碎石等粗粒料并振密成桩,称为振冲碎石桩。碎石桩与桩间土组成振冲碎石桩复合地基。碎石桩排列可采用等边三角形或正方形排列。

换填法
earth replacing method

换填法是挖去地基表层部分或全部软弱土层，回填碎石、灰土等材料，并夯实，形成垫层，以满足对地基承载力和变形要求的一种地基处理方法。换填法适用于浅层淤泥、淤泥质土、湿陷性黄土、素填土、杂填土等高压缩性软弱土层及暗沟、暗塘等。垫层材料可采用砂石、灰土、矿渣、素土等。压密机械根据不同的换填材料选用，黏性土宜采用平碾或羊足碾，灰土可采用平碾，砂土、湿陷性黄土、碎石土、矿渣和杂填土宜采用振动碾和振实压实机。有效夯实深度内土的饱和度小于 0.6 时，可采用重锤夯实。

置换法
replacement method

置换法是用物理力学性质较好的岩土材料，置换天然地基中的部分或全部软弱土或不良土，形成双层地基或复合地基，以达到地基处理的目的。主要包括浇筑混凝土防渗墙，垂直铺塑防渗墙，振冲置换法(或称振冲碎石桩法)，还有振动成模注浆防渗板墙，换土垫层法，挤淤置换法，褥垫法，强夯置换法，砂石桩(置换)法，石灰桩法和发泡苯乙烯(EPS)超轻质料填土法等。

褥垫法
pillow

当建筑物部分坐落在岩石上时，凿去部分裸露岩石，换以沙、土或其他柔性材料，称为褥垫法。褥垫法的作用主要在于减少岩石与建筑物基础相接触部位的集中应力，其次可起到调整建筑物各部分沉降差的作用。

强夯置换法
dynamic compaction replacement

强夯置换法是指对于厚度小于 6m 左右的软弱土层，边夯边填碎石等粗粒料形成深度 3～6m，直径为 2m 左右的碎石柱体，与周围土体形成复合地基。强夯置换可适用于人工填土、软黏土、黄土等不良地基。

石灰桩
lime pile, lime column

石灰桩指在松软地基中用机械成孔后,填入生石灰,或混以其他掺和料加以压实后形成的桩。石灰桩由于对软土具有物理加固(发热、吸水膨胀、排水固结、置换作用)和化学加固(离子交换、硬凝反应、碳酸化)等作用,一般适用于加固多层住宅及轻型厂房地基。

砂石桩
sand-gravel pile

砂石桩适用于挤密松散砂土、素填土和杂填土等地基。对建在饱和黏性土地基上主要不以变形控制的工程也可采用砂石桩置换处理。砂石桩孔位宜采用等边三角形或正方形布置。

砂石桩施工可采用振动成桩法(简称振动法)或锤击成桩法(简称锤击法)。

碎石桩
gravel pile, stone pillar

在地基中制成的以碎石组成的柱体或桩体称为碎石桩。碎石桩与桩间土共同形成复合地基。设置碎石桩的方法很多,主要有振冲法、沉管法、干振法以及强夯置换法等。在砂土和杂填土地基中设置碎石桩的主要效用是挤密作用,在软黏土地基设置碎石桩主要效用是置换作用。碎石桩具有较好透水性能,是良好的排水通道,有利于加速地基固结。

聚苯乙烯发泡材料(EPS)
expanded polystyrene

聚苯乙烯发泡材料是一种经过发泡、挤压或在模具内成型的,可用作轻质填料以减小地基沉降和高速公路引堤和桥面间沉降差,或作为保温材料,减轻土体冻胀的超轻型高分子聚合物材料。

加筋法
reinforced method

加筋法是在地基中设置强度高、模量大的筋材,以达到地基处理的目的。这里也包括在地基中设置混凝土桩形成复合地基。加筋法主要包括：锚固法、加筋土法、树根桩法、低强度混凝土桩复合地基法和钢筋混凝土桩复合地基法等。

加筋土
reinforced earth

在填土中铺设加筋带或土工格栅、土工织物等加筋材料，或混入加筋材料以增加土体的抗拉、抗剪强度和整体稳定性的复合土称为加筋土。拉筋一般使用抗拉强度高、摩擦系数大及耐腐蚀的带状、网状、板状的土工聚合物、铝合金、镀锌片等。加筋土常与墙面板形成加筋土结构物，用作各种道路的挡土墙、路堤等。

锚固法
anchoring, bolting

锚固法为利用锚定在洞室围岩或岩体边坡中的锚杆来加固岩体的工程措施。

树根桩
root pile

树根桩主要用于加固既有建筑物地基，桩径小于250mm，可按不同角度设置的形似树根的灌注桩。

树根桩由意大利的利齐(F. Lizzi)在20世纪30年代首创，施工步骤如下。

(1)在钢套管的导向下用旋转法钻进，钻孔直径一般为75～250mm，穿过原有建筑物进入到地基中去。

(2)当钻进到设计标高，清孔后下放钢筋，钢筋数量从一根到数根，视桩孔径而定。

(3)下注浆管，再用压力灌注水泥砂浆或细石混凝土，应边灌边振边拔管，最后成桩。

制桩时可竖向也可斜向，并在各个方向上可倾斜任意角度，因所成的桩基形状如同“树根”，所以称为树根桩。

灌浆材料
injection material

灌浆工程中所用浆材是由主剂(原材料)、溶剂(水或其他溶剂)及各种外加剂混合而成的。通常所提到的灌浆材料,是指浆液中所用的主剂。

灌浆材料常分为粒状浆材和化学浆材两个系统,其后再按材料的主要特点细分为不稳定粒状浆材、稳定粒状浆材、无机化学浆材和有机化学浆材等四类。

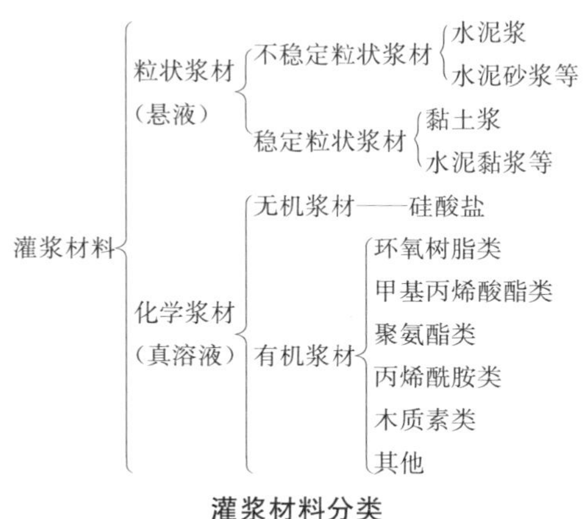

灌浆材料分类

灌浆法
grouting

灌浆是利用灌浆压力或浆液自重,经过钻孔将浆液压到岩石、砂砾石层、混凝土或土体裂隙、接缝或空洞内,以改善地基水文地质和工程地质条件,提高建筑物整体性的工程措施。

灌浆的主要目的如下。

(1) 防渗:降低渗透性、减少渗流量、提高抗渗能力、降低孔隙压力。

(2) 堵漏:截断渗透水流。

(3) 加固:提高岩土的力学强度和变形模量,恢复混凝土结构及圬工建筑物的整体性。

硅化法
silicification

利用以硅酸钢(水玻璃)($Na_2O \cdot mSiO_2$)为主剂的混合溶液进行化学加固的方法称为硅化灌浆,亦称硅化法。

硅化灌浆根据浆液的注入方式,可分为无压硅化、压力硅化和电动硅化三种。压力硅化可分为压力单液硅化和压力双液硅化两种。其加固地基的适用范围可按下列规定选用。

(1) 渗透系数 $K=0.1\sim80$m/d 的砂土和黏性土宜用压力双液硅化法。

(2) 渗透系数 $K<0.1$m/d 的各类土可采用电动双液硅化法,对 $K=0.1\sim2.0$m/d 的地下水位以上的湿陷性黄土可采用无压或压力单液硅化法。

(3) 为避免地基在加固过程中产生大量附加沉降,自重湿陷性黄土宜采用无压单液硅化法。

(4) 地下水位以下的黄土,采用硅化加固时应由试验确定。

需要注意的是,硅化灌浆加固不宜用于沥青、油脂和石油化合物所浸透的土及地下水的 pH 大于 9 的土。

化学灌浆
chemical grouting

化学灌浆是将配制好的化学药剂,通过导管注入岩土体孔隙中,使与裂隙壁发生化学反应,起到连接与堵塞的作用,从而提高岩土体的强度,减小其压缩性和渗透性的地基处理方法。化学灌浆是灌浆法的一种,具体化学浆材的分类参见“灌浆材料”词条。

劈裂灌浆
fracture grouting

劈裂灌浆是在灌浆压力作用下,浆液克服地层的初始应力和抗拉强度,使地层中原有的孔隙或裂缝扩张,或形成新的裂缝或孔隙,从而使低透水性地层的可灌性和浆液扩散距离增大。劈裂灌浆的灌浆压力相对较高。

深层搅拌法
deep mixing method

深层搅拌法是利用水泥、石灰或其他材料作为固化剂,通过特别的深层搅拌机械,将固化剂与地基深层土体强制搅拌,经物理一化学作用形成增强体的浆液搅拌法和粉喷搅拌法。

深层搅拌法适用于处理淤泥、淤泥质土、粉土和含水量较高且地基承载力标准值不大于120kPa的黏性土等地基。当用于处理具有侵蚀性的泥炭土或地下水时,宜通过试验确定其适用性。冬季施工时应注意负温对处理效果的影响。

高压喷射注浆法
jet grouting

高压喷射注浆法是采用注浆管和喷嘴,借高压将水泥浆等从喷嘴射出,直接破坏地基土体并与之混合,硬凝后形成固结体,以加固土体和降低其渗透性的方法。采用旋转喷射时称旋喷法,采用定向喷射时称定喷法。

高压喷射注浆法创始于日本,是在化学注浆法的基础上采用高压水射流切割技术而发展起来的。是利用钻机把带有喷嘴的注浆管钻进至土层的预定深度后,以高压设备使浆液或水加压到20MPa左右的高压流从喷嘴喷射出来,冲击破坏土体。一小部分细小的土粒随着浆液冒出地面,其余土粒在喷射流的冲击力、离心力和重力等作用下,与浆液搅拌混合,并按一定的浆土比例和质量大小有规律地重新排列。浆液凝固后,便在土中形成一个固结体,固结体的形状和喷射移动方向有关。

高压喷射注浆法以水泥为主要材料,加固土体的质量高、可考性好,具有增加地基强度,提高地基承载力,止水防渗,减少支挡结构物土压力,防止砂土液化和降低土的含水量等多种功能。

渗入性灌浆法
seep-in grouting

在灌浆压力作用下,浆液克服各种阻力而射入孔隙和裂隙,称为渗入性灌浆。压力越大,吸浆量及浆液扩散距离越大。这种理论假定,在灌浆过程中地层结构不受扰动和破坏,所用的灌浆压力相对较小。

因为渗入性灌浆是在地层结构不被破坏的条件下渗入地层,所以浆材的颗粒尺寸必须至少小于土的孔隙尺寸，才能实现渗入性灌浆。换言之，满足浆材对地层的可灌性条件，是渗入性灌浆的前提。

挤密灌浆法
compaction grouting

通过钻孔向土层压入浓浆，在压浆周围形成灯泡形空间，使浆液对地基起到挤压和硬化作用形成桩柱的加固方法称为挤密灌浆法。

挤密灌浆是用浓浆置换和压密土的过程。挤密灌浆的主要特点之一，是它在较软弱的土体中具有较好的效果。此法最常用于中砂地基，黏土地基中若有适宜的排水条件也可采用，若因排水不畅可能在土体中引起高孔隙水压力时，就必须采用很低的注浆速率。

电动化学灌浆法
electrochemical grouting

在渗透系数小于 10^{-6} m/min 的黏性土中，由于渗透系数过小，具有压力的水玻璃溶液难以注入土的孔隙中，这时就要借助于电渗作用。施工中先在土中打入两个电极，然后将水玻璃溶液和氯化钙溶液先后由阳极压入土中，再通以直流电。在土中经过电渗电泳和离子交换等作用，通电区域中的含水量显著降低，在土孔隙间形成硅胶，并与土粒胶结成具有一定力学强度的加固体。这种方法称为电动化学灌浆法。

冷热处理法
freezing and heating

冷热处理法包括冻结法和烧结法。

冻结法：在地层中开挖时，以人工制冷方法将软弱黏土或砂土层原地冻结固化，以提高其稳定性和防止水流流入开挖区的施工方法。

烧结法：在软黏土地基或黄土地基中钻孔加热，通过焙烧法使土体烧结，或使周围地基土含水量减少，强度提高，并减少压缩性。该法适用于软黏土、湿陷黄土等。

预浸水法
pre-wetting

利用黄土预浸水后产生自重湿陷性的特性，在建造构筑物前，让地基大面积浸水,使土体预先产生自重湿陷,以消除全部黄土层的自重湿陷性和深层土层的外荷湿陷性的方法称为预浸水法。该法适用于处理厚度大,自重湿陷性强烈的湿陷性黄土地基。预浸水法用水量大,工期长,一般应比正式工程至少提前半年到一年进行,且应有足够的水源保证。

浸水场地的面积根据建筑物尺寸和湿陷性黄土层厚度确定,对于平面为矩形的建筑物,浸水场地尺寸应比建筑物长边长 5～8m,比短边长 2～4m,并不小于湿陷性黄土层厚度。浸水场地与周围已有建筑物应留有足够的安全距离,一般为湿陷性黄土层厚度的 1.5～3.0 倍,视地基中是否存在隔水层而定。浸水过程中防止漏水,如浸水场地面积较大时,可分段浸水,每段长 50m 左右。

通过预浸水法处理后,在荷载作用下,表层(4～5m 内)仍会产生湿陷,还需要进行处理。

容许灌浆压力
allowable grouting pressure

容许灌浆压力值与一系列因素有关,例如地层土的密度、强度和初始应力,钻孔深度、位置及灌浆次序等。这些数据难以准确地预知,因而宜通过现场灌浆试验来确定。

进行灌浆试验时,一般是用逐步提高压力的办法,求得灌浆压力与注浆量关系曲线。当压力升至某一数值(记为 p_f)时注浆量突然增大,表明地层发生破坏或孔隙尺寸已被扩大,因而可把此时的压力值作为确定容许灌浆压力的依据。

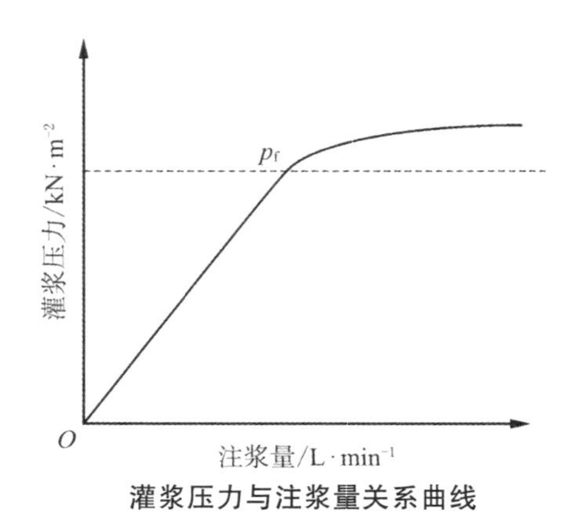

灌浆压力与注浆量关系曲线

当缺乏试验资料时，或在进行现场灌浆试验前需要预定一个试验压力时，可用理论公式或经验数据确定容许压力，然后在灌浆过程中根据具体情况再做适当调整。

基础加宽法
widen foundation

原设计的基础底面积过小，致使基底压应力过大，引起建筑物不均匀或过大沉降，此时常采用基础加宽法，以降低基底应力，减小建筑物的沉降变形。基础加宽法也是常用的防复倾加固措施之一。

托换技术
underpinning

为提高既有建筑物地基的承载力或纠正基础由于严重不均匀沉降导致的建筑物倾斜、开裂而采取的地基、基础补强措施称为托换技术。

托换技术可根据托换的原理、方法、性质和时间进行分类。按托换原理分类，可分为补救性托换、预防性托换和维持性托换；按托换性质分类，可分为既有建筑物地基设计不符合要求、既有建筑物加层或纠偏、建筑物整体迁移、邻近深基坑开挖或地下铁道穿越；按托换的时间分类，可分为临时性托换和永久性托换。按托换方法进行分类，可分为基础加宽和加深托换、桩式托换(坑式静压桩托换、锚杆静压桩托换、灌注桩托换和树根桩托换等)、灌浆托换(水泥灌浆法、硅化法、碱液法)、热加固托换、基础减压和加强刚度托换、纠偏托换(加压纠偏、掏土纠偏、降水掏土纠偏、压桩掏土纠偏、浸水纠偏、顶升纠偏)等。

解决对既有建筑物的地基土因不满足地基承载力和变形要求，而需进行地基处理和基础加固者，称为补救性托换。

解决对既有建筑物基础下需要修建地下工程，其中包括地下铁道要穿越既有建筑物，或解决因邻近需要建造新建工程而影响到既有建筑物的安全时而需进行托换者，称为预防性托换。

在新建的建筑物基础上预先设计好可设置顶升的措施，以适应事后不容许出现的地基差异沉降值而需进行托换者，称为维持性托换。

基础加压纠偏法
pressure correction method for building foundation

基础加压纠偏法人为地改变荷载条件,迫使地基产生不均匀变形,从而调整基础不均匀沉降,使有害变形成为无害变形。其表达式为

$$\frac{\Delta S - S_w}{b} \leqslant \tan\theta$$

式中,ΔS 为计算或实际沉降差,cm;S_w 为纠偏或超纠偏沉降差,cm;b 为基础倾斜方向宽度,cm;$\tan\theta$ 为允许倾斜值。

基础加压的过程就是地基应力重分布、地基变形和基础纠偏的过程。利用锚桩和加荷机具,按工程需要一次或多次加荷,直至达到预期目的,并能长期保持。

坑式托换
pier underpinning

坑式托换也叫墩式托换,它是直接在被托换建筑物的基坑下挖坑,然后浇注混凝土的托换加固方法。

坑式托换的施工步骤如下。

(1) 在贴近被托换的基础前侧开挖一个长×宽为 1.2m×0.9m 的竖坑,竖坑底面比基础底面深 1.5m。

(2) 将竖坑横向扩展到基础底面下,自基底向下开挖到要求的持力层标高。

(3) 采用现浇混凝土浇筑基础下的坑体,在距基础底面 8cm 处停止浇注,养护一天后,用干稠水泥砂浆填入空隙内,并用锤敲击短木,充分挤实填入的砂浆,成为密实的填充层。由于该层厚度较小,实际上可视为不收缩层,因而建筑物不会因此产生附加沉降。如采用早强水泥,则可加快施工进度。

(4) 再分段分批挖坑和浇注混凝土,直到全部托换工作完成为止。

根据被托换加固结构的荷载和墩下地基土的承载力,混凝土壤可以是间断的或连续的。

桩式托换
pile underpinning

桩式托换可分为坑式静压桩托换、锚杆静压桩托换、灌注桩托换和树根桩托换等。桩式托换适用于软弱黏性土、松散砂土、饱和黄土、湿陷性黄土、素填土和杂填土等地基、

锚杆静压桩托换
anchor and static pressure pile underpinning

锚杆静压桩托换是加固软弱地基的一项新托换技术。

该法是锚杆和静压技术二者的结合。它的优点是:施工时无振动、无噪声、设备简单、操作方便、移动灵活,可在场地和空间狭窄条件下施工,可应用于新旧建筑物地基加固和基础托换,并可在不停产和不搬迁的情况下进行工程处理。

锚杆静压桩托换的施工步骤如下。

(1) 先在被托换的基础上标出压桩孔和锚杆位置,并进行开凿,压桩孔呈截头锥形,以利基础承受冲剪。

(2) 压桩可用电动千斤顶,通过反力架,锚杆用建筑物自重把桩压入地基。

(3) 桩截面一般为 20cm×20cm,桩段长 1.5~2.0m,一般用硫黄胶泥接桩。

(4) 当压桩力达到设计单桩承载力的 1.5 倍时,在不卸载条件下将桩与基础锚固。

纠偏技术
rectification

目前国内外的纠偏方法很多,可以概括为迫降法(包括掏土法、水处理法和加压法等)、抬升法(包括顶升法、地基注浆膨胀抬升法和双灰桩法等)、横向加载法(包括顶推法、扶壁式挡墙法和设置横向撑杆法等)、预留法以及综合法共 5 大类 40 多种方法。这些纠偏方法各有其优缺点和适用范围,实际应用时,应根据具体情况选择综合指标最优的纠偏方法。

掏土纠偏法
rectified by digging

掏土纠偏法是在建筑物周围钻孔取土或在建筑物基础下地基中掏土纠偏的总称。

钻孔掏土纠偏法一般做法是在沉降少的一侧,布置钻孔,上段套管保护,在希望侧向挤出一段不下套管,然后定时在孔中取土,把侧向挤出的土取走,同时测量沉降量,当满足纠偏要求时,封闭,回填钻孔。

沉井冲水掏土纠偏法,在沉降较小的一侧布置若干个沉井,在沉井侧壁放射状的留射水孔,用人工向建筑物基础下的地基土中喷射高压水,冲水掏土再回流到沉井后抽走。边冲土边测定沉降,达到纠偏的目的。也可以通过水平钻井取土。如果把沉井冲水掏土纠偏与锚杆静压桩加固结合起来,达到有效纠偏,效果更好。

顶升纠偏法
rectified by successive launching

顶升纠偏是指在倾斜建筑物基础沉降大的部位,采用顶升设备将倾斜一侧整体顶升的纠偏方法,按顶升部位和范围大小可分为一侧顶升纠偏和整体顶升纠偏两类。

山区地基处理
foundation treatment in mountain area

山区地基的地质条件复杂,主要表现在打击的不均匀性和场地的稳定性两个方面。对不均匀的岩土地基,处理方法有两类:(1)处理压缩性较高的地基,使之适应压缩性较低的地基,如采用桩基局部开挖、挖填,或采用梁、板、拱跨越等方法;(2)处理压缩性较低的地基,使之适应压缩性较高的地基,如采用褥垫法。对山区填土地基可采用机器碾压和重锤夯实法,或者强夯法,也可采用加筋土。对岩溶和山洞,在工程实践中对前者常采用清爆换填,梁、板跨越,洞底支撑,调整柱距等方法,对后者除采用挖孔墩或者灌注桩外,还采用挖填夯实,灌填,钢筋混凝土梁板跨越等方法。另外还要做好地表水的截流、防渗和堵漏等工作,杜绝地表水渗入土层。

湿陷性黄土地基处理
collapsible loess foundation treatment

湿陷性黄土地基处理的主要目的是消除黄土的湿陷性，同时也提高了地基承载力，减小地基变形。常用的地基处理方法有土或灰土垫层法、土或灰土桩法、强夯法、重锤夯实法、振冲碎石桩法、桩基础法和预浸水法等。

土和灰土垫层法一般适用于消除1～3m厚土层的湿陷性，是最常用的消除湿陷性的处理措施。土桩和灰土桩法适用于地下水位以上，处理深度为5～15m的湿陷性黄土地基，地下水位以下或土的含水量超过25%时，不宜采用。采用强夯法，当夯击能为1000～2000kJ时，一般能消除夯面下5～8m深度内的黄土湿陷性。重锤夯实法一般能消除1.2～1.75m深度内黄土的湿陷性，如表层土饱和度大于60%时，不宜采用。桩基础法是将一定长度的桩穿透湿陷性黄土层，使上部结构荷载通过桩传至下面坚实的非湿陷性土层，可避免湿陷的危害。预浸水法适用于处理厚度大、自重湿陷性强烈的湿陷性黄土地基。各种处理方法都应因地制宜，通过技术经济比较后合理选用。

冻土地基处理
frozen soil foundation treatment

对标准冻深大于2m，基底以下为强冻胀土上的采暖建筑，及标准冻深大于1.5m，基底以上为冻胀土和强冻胀土上的非采暖建筑，为防止切向冻胀力对基础侧面的作用，可在基础侧面回填粗、中砂，炉渣等非冻胀性散粒材料。当冻深和土冻胀性比较大时，宜采用独立基础、桩基础、冻层下带扩大板基础以及梯形基础等。地表可铺设保温材料，可在冻层内加可溶盐以降低土中水的冻点、减小冻深；可添加化学试剂增强土的憎水性等。

在多年冻土地基上修建房屋，通常采用下述几类地基或基础类型：填土地基，填土高度应使冻胀和融化盘底面处融沉量在许可范围内；通风地基；冷却地基，使多年冻土处于稳定冻结状态；架空通风地基；桩基础和普通基础等。

膨胀土地基处理
expansive soil foundation treatment

膨胀土地基的处理应根据当地气候条件，地基土膨胀等级，场地工程地质及水文地质情况和建筑物结构类型等,结合当地建筑经验和施工条件,因地制宜采取治理措施。当建筑物场地有坎坡时首先要治坡,采用设置排水系统、支挡构筑物稳定边坡。膨胀土地基处理措施很多,主要有下述几种:增大基础埋深,将基础坐落在土层含水量变化不大或趋于稳定的土层上,基础有效埋深的确定应重视当地经验;采用桩基础;换土;采用砂包基础;宽散水,不仅散水宽度要大,且要有保温隔热层及不透水垫层;用地基帷幕作为地基防水保湿屏障,用以截断外界因素对地基水分的影响,保证地基中水分稳定,消除引起胀缩变形的根源;采用保湿暗沟保持地基水分;预浸水法;以及采用灌浆法和电渗法等改良膨胀土的结构等。在选用地基处理措施时应因地制宜,进行技术经济比较,选用合理的地基处理方法进行处理。

旋喷
jet grouting

旋喷是高压喷射注浆中常用的方法。旋喷时,喷嘴一面喷射、一面旋转和提升,固结体呈圆柱状。主要用于提高地基的抗剪强度,改善土的变形性质,使其在上部结构荷载直接作用下,不产生破坏或过大沉降。也可组成闭合的地下帷幕,用以阻截地下水流和治理流沙。

旋喷法的种类有单管法、二重管法、三重管法和多重管法。按喷射的方向可分为水平旋喷和垂直旋喷。

定喷
directional jet grouting

定喷是高压喷射注浆法的一种。它是以钻孔为导孔,将带有特殊喷嘴的定向喷射管插入预计防渗加固的地层深度。喷射管内有水、气、浆三管,其中水管与气管同轴。先以一定的压力将高压水对导孔侧或两侧做定向喷射,破坏地层结构。然后用一定的压力灌注浆液,使之填充水射流造成的空隙,并与地层介质的颗粒搅拌混合,经过凝固形成固结体板墙,起到防渗加固的作用。为使水射流在地层介质中有较大的射程,在其周围以一定的压力喷射一层空气流,使水射流形成一个空气保护筒,故此法称三重管高压定喷注浆法。

为了形成连续壁状固结体,达到控渗目的,相邻孔定喷连接形式有:(1)单喷嘴单墙首尾连接;(2)双喷嘴单墙前后对接;(3)双喷嘴单墙折线连接;(4)双喷嘴双墙折线连接;(5)双喷嘴夹角单墙连接;(6)单喷嘴扇形单墙首尾连接;(7)双喷嘴扇形单墙前后对接;(8)双喷嘴扇形单墙折线连接。

短桩处理
short pile treatment

当地表下不深处(如10m以内)有较好的持力层时,采用短桩进行地基加固。一般常采用预制的钢筋混凝土桩,长度为3~10m,截面边长或直径为0.20~0.45m,也可采用楔形桩。有的地方采用石桩进行加固。

碱液法
soda solution

碱液法是把具有一定浓度的NaOH溶液加热到90~100℃,通过有孔铁管在其自重作用下灌入土中,利用NaOH溶液来加固黏性土的方法。

这是因为氢氧化钠溶液注入土中后,土粒表层会逐渐发生膨胀和软化,进而发生表面的相互融合和胶结(钠铝硅酸盐类胶结),但这种融合胶结是非水稳性的,只有在土粒周围存在有$Ca(OH)_2$和$Mg(OH)_2$的条件下,才能使这种胶结构成为强度高且具有水硬性的钙铝硅酸盐络合物。这些络合物的生成将使土粒牢固胶结,强度大大提高,并且具有充分的水稳性。

粉体喷射深层搅拌法
dry jet mixing method

粉体喷射深层搅拌法是深层搅拌加固技术的一种,主要有两种施工方法:(1)使用颗粒状生石灰的深层石灰搅拌法,即DLM(deep lime mixing)法;(2)喷射搅拌的粉体,且不限于石灰粉末,可使用水泥粉之类干燥的加固材料,称为粉体喷射搅拌法,即DJM(dry jet miximg)法。

由于使用的固化剂为干燥雾状粉体,不再向地基土中注入附加水分,它能充分吸收软土中的水,对含水量高的软土加固效果尤为显著,较其他加固方法输入的固化剂要少得多,不会出现地表隆起现象。同时,水泥粉等粉体加固料是通过专用设备,用压缩空气将粉体喷入地基土中,再通过机械的强制性搅拌将其与软土充分混合,使软土硬结,形成具有整体性较强、水稳性较好、有一定强度的柱体,起到加固地基的作用。这种地基处理方法在施工过程中无振动、无污染,对周围环境无不良影响。

喷粉桩加固软基效果好、速度快,可以最大限度地减少工后沉降,特别是对于减少桥头跳车现象、减少地基不均匀沉降、防止路堤失稳方面有着其他软基处理方法无法比拟的优点。

外掺剂
additive

为改善水泥土的性能和提高其强度,在高压喷射注浆法、灌浆法、深层搅拌法中,除了选用水泥作为主剂外,往往还另外掺加一些化学物质,这些物质统称为外掺剂。

为了改善浆液的流动性,减少水用量,常用的外掺剂有 FDN、木质素磺酸钙等。

为了提高水泥土强度,通常掺加石膏、三乙醇胺等。

为了提高水泥土早期强度,常掺加三乙醇胺、氯化钠、氯化钙、硫酸钠等。

若主剂为矿渣硅酸盐水泥,为提高活性可掺加生石灰粉。

16 浅基础

浅基础
shallow foundation

浅基础又称直接基础，指埋深在 5～6m，采用一般方法与设备施工的基础。根据基础材料的受力特性可分为无筋扩展基础和有筋扩展基础。根据基础形式可分为独立基础、条形基础、筏板基础、箱形基础、壳体基础等。按材料可分为砖基础、毛石基础、灰土基础、三合土基础、混凝土和毛石混凝土基础、钢筋混凝土基础等。天然地基上浅基础的设计包括下列内容。

（1）初步设计基础的结构形式、材料与平面布置。

（2）确定基础的埋置深度 d。

（3）计算地基承载力特征值 f_{ak}，并经过深度和宽度修正，确定修正后的地基承载力特征值 f_a。

（4）根据作用在基础顶面荷载 F 和深宽修正后的地基承载力特征值 f_a，计算基础的底面积。

（5）计算基础高度并确定剖面形状。

（6）若地基持力层下部存在软弱土层时，需验算软弱下卧层的承载力。

（7）地基基础设计等级为甲、乙级建筑物和部分丙级建筑物应计算地基的变形。

（8）验算建筑物的稳定性（有必要时）。

(9) 基础细部结构和构造设计。

(10) 绘制基础施工图。

(11) 编制工程预算书和工程设计说明书。

独立基础
individual footing

独立基础又称单独基础,是支承柱荷载的扩展式基础,柱基础上最常用和最经济的基础形式,可分为柱下无筋扩展基础和柱下钢筋混凝土独立基础。无筋扩展基础所用的材料和构造方法与墙下无筋扩展基础相同。钢筋混凝土独立基础可分为现浇柱基础和杯形基础。现浇阶梯形基础的每阶高度宜为300～500mm,现浇锥形基础的边缘高度不宜小于200mm,基础设计除应满足地基强度和变形要求外,基础高度应按钢筋混凝土的抗剪和抗冲切要求验算,基础受力筋按计算确定,可参考我国《混凝土结构设计规范》(GB 50010—2010)。

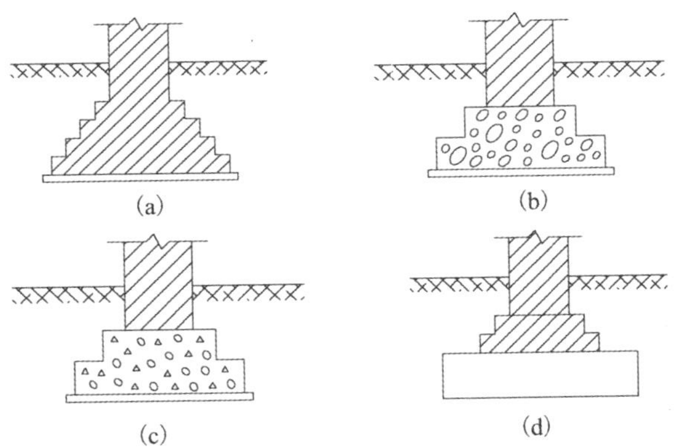

(a) 砖基础;(b) 毛石基础;(c) 混凝土基础或毛石混凝土基础;(d) 灰土基础或三合土基础

柱下无筋扩展基础

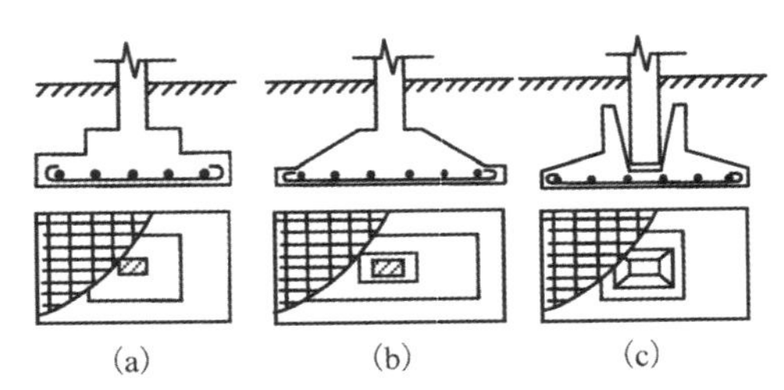

(a) 阶梯形基础;(b) 锥形基础;(c) 杯形基础

柱下钢筋混凝土独立基础

无筋扩展基础
non-reinforced spread foundation

由砖、毛石、素混凝土、毛石混凝土以及灰土等材料修建的墙下条形基础或柱下独立基础称为无筋扩展基础，旧称刚性基础。无筋扩展基础可用于6层和6层以下（三合土基础不宜超过4层）的民用建筑和承重墙的厂房。结构设计时可以通过控制材料强度等级和台阶宽高比（台阶的宽度与其高度之比）来确定基础的截面尺寸，而无须进行内力分析和截面强度计算。无筋扩展基础中，要求基础每个台阶的宽高比（$b_2:h$）都不得超过下表所列的台阶宽高比的允许值（可用角度 α 的正切 $\tan\alpha$ 表示），否则不安全，也不宜比宽高比的允许值小很多，否则不经济。设计时一般先选择适当的基础埋深和基础底面尺寸，设基底宽度为 b，则按上述要求，基础高度应满足下列条件：

$$h \geqslant \frac{b-b_0}{2\tan\alpha}$$

式中，b_0 为基础顶面处的墙体宽度或柱脚宽度；h 为基础高度；α 为基础的刚性角。

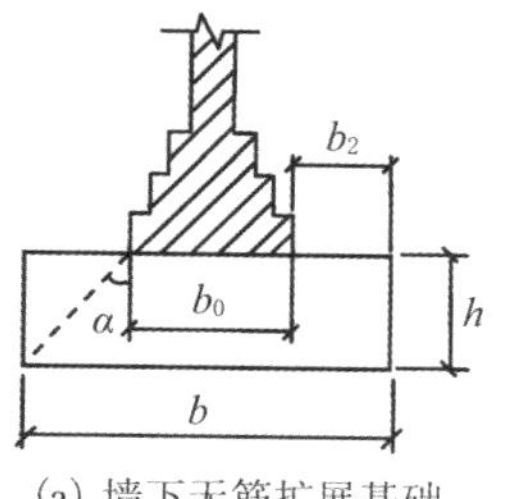

(a) 墙下无筋扩展基础

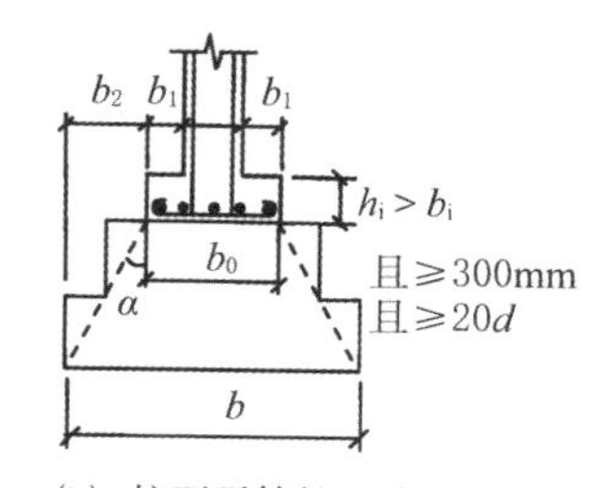

(b) 柱下无筋扩展基础
（d为柱中纵向钢筋直径）

无筋扩展基础构造示意

由于台阶宽高比的限制，无筋扩展基础的高度一般都较大，但不应大于基础埋深，否则，应加大基础埋深或选择刚性角较大的基础类型（如混凝土基础），如仍不满足，可采用钢筋混凝土基础。为节约材料和施工方便，基础常做成阶梯形。分阶时，每一台阶除应满足台阶宽高比的要求外，还需符合有关的构造规定。

无筋扩展基础台阶宽高比的允许值

基础材料	质量要求	台阶款高比的允许值(tanα)		
		$p_k \leqslant 100$	$100 < p_k \leqslant 200$	$200 < p_k \leqslant 300$
混凝土基础	C15 混凝土	1∶1.00	1∶1.00	1∶1.25
毛石混凝土基础	C15 混凝土	1∶1.00	1∶1.25	1∶1.50
砖基础	砖不低于 Mu10,砂浆不低于 M5	1∶1.50	1∶1.50	1∶1.50
毛石基础	砂浆不低于 M5	1∶1.50	1∶1.50	—
灰土基础	体积比为 3∶7 或 2∶8 的灰土,其最小干密度: 粉土 1.55t/m^3 粉质黏土 1.50t/m^3 黏土 1.45t/m^3	1∶1.25	1∶1.50	—
三合土基础	石灰、砂、骨料的体积比 1∶2∶4～1∶3∶6 每层约虚铺 220mm,夯至 150mm	1∶1.50	1∶2.00	—

注:1. p_k 为荷载效应标准组合时基础底面处的平均压力(kPa)。
2. 阶梯形毛石基础的每阶伸出宽度不宜大于 200mm。
3. 当基础由不同材料叠合组成时,应对接触部分做局部受压承载力计算。
4. 对 $p_k > 300$kPa 的混凝土基础,尚应进行抗剪验算。

杯形基础
cup shaped foundation

杯形基础为预制柱下的单独基础。其除应满足单独基础的要求外,预制钢筋混凝土柱插入杯口的深度可参考表 1,并应满足钢筋锚固长度的要求及吊装时柱的稳定性。杯底厚度和杯壁厚度可参考表 2,底板受力钢筋按计算确定,杯壁配筋要求可参考《建筑地基基础设计规范》(GB 50007—2011)。杯形基础常用于装配式单层工业厂房。

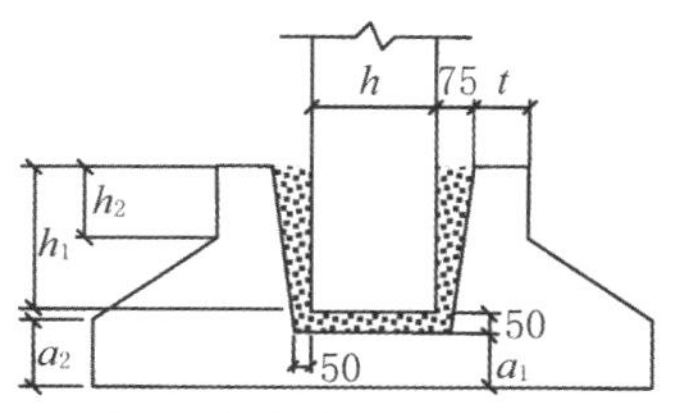

杯形基础示意($a_2 \geqslant a_1$)

表 1　柱的插入深度 h_1

矩形或工字形柱的插入深度/mm				单肢管柱的插入深度/mm	双肢柱的插入深度/mm
$h<500$	$500 \leqslant h<800$	$800 \leqslant h \leqslant 1000$	$h>1000$		
$h \sim 1.2h$	h	$0.9h$ 且$\geqslant 800$	$0.8h$ 且$\geqslant 1000$	$1.5d \geqslant 500$	$(1/3 \sim 2/3)h_a$
					$(1.5 \sim 1.8)h_b$

注:1. h 为柱截面长边尺寸;h_a 为双肢柱全截面长边尺寸;h_b 为双肢柱全截面短边尺寸。

2. 柱轴心受压或小偏心受压时,h_1 可适当减小,偏心距大于 $2h$ 时,h_1 应适当加大。

表 2　杯底厚度和杯壁厚度

柱截面长边尺寸 h/mm	杯底厚度 a_1/mm	杯壁厚度 t/mm
$h<500$	$\geqslant 150$	$150 \sim 200$
$500 \leqslant h<800$	$\geqslant 200$	$\geqslant 200$
$800 \leqslant h<1000$	$\geqslant 200$	$\geqslant 300$
$1000 \leqslant h<1500$	$\geqslant 250$	$\geqslant 350$
$1500 \leqslant h<2000$	$\geqslant 300$	$\geqslant 400$

注:1. 双肢柱的杯底厚度可适当加大。

2. 当有基础梁时,基础梁下的杯壁厚度,应满足其支承宽度的要求。

3. 柱子插入杯口部分的表面应凿毛,柱子与杯口之间的空隙,应用比基础混凝土强度等级高一级的细石混凝土充填密实,当达到材料设计强度的 70%以上时,方能进行上部吊装。

当柱为轴心受压或小偏心受压且 $t/h_2 \geqslant 0.65$ 时,或大偏心受压且 $t/h_2 \geqslant 0.75$ 时,杯壁可不配筋;当柱为轴心受压或小偏心受压且 $0.5 \leqslant t/h_2 < 0.65$ 时,杯壁可按表 3 构造配筋;其他情况下,应按计算配筋。

表 3　杯壁构造配筋

柱截面长边尺寸/mm	$h<1000$	$1000 \leqslant h<1500$	$1500 \leqslant h<2000$
钢筋直径/mm	$8 \sim 10$	$10 \sim 12$	$12 \sim 16$

补偿性基础
compensated foundation

补偿性基础又称浮基础。如果基础有足够埋置深度,使得基底的实际压力等于该处原受的土自重压力,即基坑开挖移去的土重补偿了建筑物(包括基础及覆土)的重量。这样,理论上讲就不会在地基中产生附加应力,亦不会引起基础沉降和地基剪切破坏,按上述概念进行的地基基础设计称为补偿性设计,这样设计的基础称为补偿性基础。但在施工过程中,由于基坑开挖解除了土自重,坑底发生回弹,当修筑上部结构和基础时,土体会因再度受荷而发生沉降,在这一过程中,地基中的应力将发生一系列变化,因此,实际上不存在那种完全不引起沉降和强度问题的理想情况。约 1780 年在英国伦敦,怀亚特(J. Wyatt)首次将部分补偿性基础应用在建筑物中,取得了成功。1827 年,法里(J. Farey)在《论蒸汽机》一书中第一次阐明了补偿性基础的原理。有文献记载的关于浮基础的第一个有根据的实例可能是 1925 年建于美国俄亥俄州克利夫兰市的俄亥俄贝尔电话公司大楼。通常只是当需要在软土地基上建造较重的建筑物时,经过仔细的方案比较之后,才会考虑用补偿性基础,其设计与施工应考虑深基坑开挖,降低地下水位,坑底回弹等问题。

条形基础
strip footing

条形基础指长度远大于(一般在 10 倍以上)宽度的基础。包括墙下条形基础、柱下条形基础和交叉条形基础。

箱形基础
box foundation

箱形基础是由钢筋混凝土底板、顶板和纵横墙体组成的具有很大刚性和整体性的基础。它的地下空间可作为地下室,如人防、设备间和库房等,由于具有很大的刚度,即使在上部结构刚度较差,荷载不均匀的情况下也能满足地基变形的要求。其埋置深度比一般基础要大得多,是一种理想的补偿性基础。此外,它还具有较好的抗震性能,能减少上部结构在地震中的损坏。因此,箱形基础是多层和高层建筑常用的一种基础形式。但由于这种基础造价高、施工期长,故应与其他可能的地基基础方案做技术经济比较后再确定。箱形基础的高度应满足结构强度、结构刚度和使用要求，一般取建筑物高度的1/8～1/12，且不宜小于箱基长度的1/18，顶、底板及墙身厚度应根据受力情况，整体刚度及防水要求确定，底板不宜小于300mm，顶板不宜小于200mm，内墙不宜小于200mm，外墙不宜小于250mm。箱基设计包括地基强度的验算、基础沉降和横向整体倾斜计算、基础内力计算以及顶底板、内外墙的强度与配筋计算等，可参考《高层建筑筏形与箱形基础技术规范》(JGJ 6—2011)进行设计。

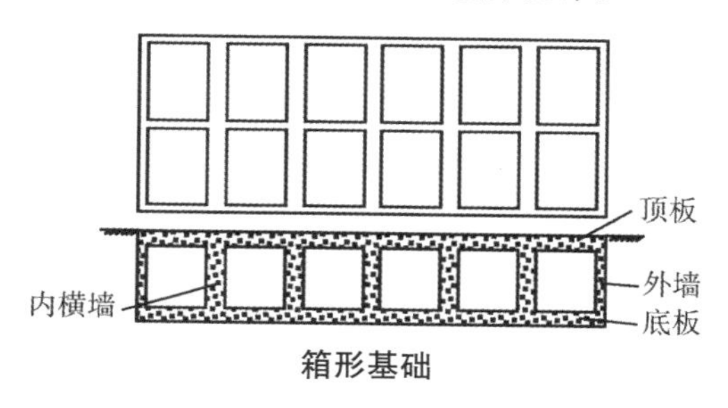

箱形基础

柱下条形基础
strip foundation under column

当单柱荷载较大，地基承载力不是很大，按常规设计的柱下独立基础所需的底面积大，基础之间的净距很小，为施工方便，把各基础之间净距取消，连在一起，形成柱下条形基础。或者对于不均匀沉降或振动敏感的地基，为加强结构整体性，将柱下独立基础连成一体形成柱下条形基础。根据柱子的数量、基础的剖面尺寸、上部荷载大小与分布以及结构刚度等情况，柱下条形基础可分别采用以下两种形式：(1)等截面条形基础，横截面通常呈倒T形，底部挑出部分为翼板，其余部分为肋部；(2)局部扩大条形基础，横截面在与柱交接处局部加高或扩大，以适应柱与基础梁的荷载传递和牢固连接。基础梁高 H 宜为 $(1/4 \sim 1/8)l$（l 为柱距）。翼板厚度 h 不小于200mm，当翼板厚大于250mm时，宜采用变厚度翼板，其坡度 $i \leqslant 1:3$。条形基础的端部宜向外伸出，其长度宜为第一跨距的0.25倍。基础梁顶部和底部的纵向受力钢筋除应力满足计算要求外，顶部钢筋按计算配筋全部贯通，底部通长钢筋的面积不应少于底部受力钢筋截面总面积的1/3。砼强度等级不应低于C20。柱下条形基础是常用于软弱地基上框架或排架结构的一种基础形式。

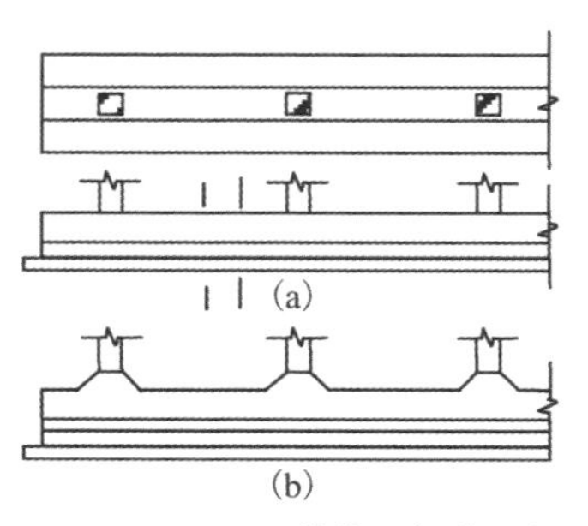

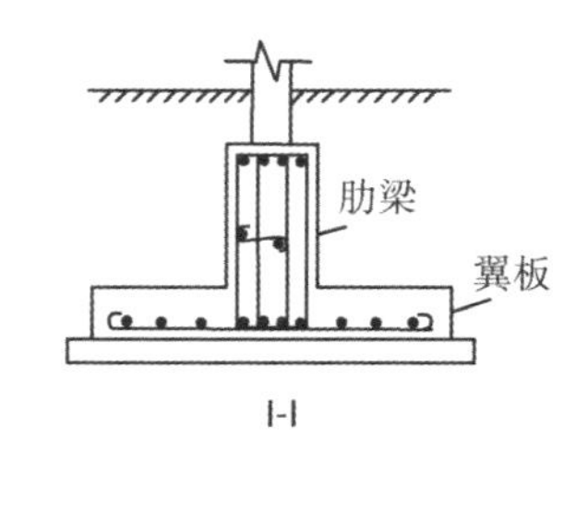

(a) 等截面条形基础,(b) 局部扩大条形基础

柱下条形基础

三合土基础
tabia foundation

三合土基础是无筋扩展基础的一种,三合土是由石灰、砂和骨料(矿渣、碎砖或碎石)加水泥混合而成的。在我国南方常用三合土基础。三合土基础厚度不应小于 300m。

灰土基础
lime-soil footing

灰土基础是无筋扩展基础的一种,宜在比较干燥的土层中使用,多用于我国华北和西北地区。灰土由石灰和土配制而成。石灰以块状为宜,经熟化 1～2d 后过 5mm 筛立即使用;土料用塑性指数较低的粉质黏土,土粒应过 15mm 筛,含水量接近最优含水量。作为基础材料用的灰土一般为三七灰土(体积比),即用三分石灰和七分黏性土拌匀后在基槽内分层夯实(每层虚铺 220～250mm,夯实至 150mm,称为一步灰土)。根据需要可设计成二步灰土或三步灰土,即厚度为 300mm 或 450mm。可以"捏紧成团,落地开花"的为合格灰土,夯实合格的灰土承载力可达 250～300kPa。中小工程可用灰土材料做基础。

砖基础
brick footing

砖基础是无筋扩展基础的一种,俗称大放脚,采用砖砌筑的无筋扩展基础。其各部分尺寸应符合砖的模数。砌筑方式有两皮一收和二一间隔收(又称两皮一收与一皮一收相间)两种。两皮一收是每砌两皮砖,即

120mm，收进 1/4 砖长，即 60mm；二一间隔收是底层开始，先砌两皮砖，收进 1/4 砖长，再砌一皮砖，收进 1/4 砖长，如此反复。砌筑基础时，在地下水位以上可用混合砂浆，在水下或地基土潮湿时则应用水泥砂浆。

毛石基础
rubble foundation

毛石基础是采用毛石砌筑的无筋扩展基础，亦是无筋扩展基础的一种。毛石基础的每阶伸出宽度不宜大于 200mm，每阶高度通常取 400～600mm，并由两层毛石错缝砌成。在地下水位以上可用混合砂浆，在水下或地基土潮湿时则应用水泥砂浆。

毛石混凝土基础
rubble-concrete foundation

当荷载较大，或要减小基础高度时，可采用素混凝土基础，也可以在素混凝土中掺体积占 25%～30%的毛石（石块尺寸不宜超过 300mm），即做成毛石混凝土基础，以节约水泥。毛石混凝土基础每阶高度不应小于 300mm。

有筋扩展基础
reinforced spread foundation

有筋扩展基础的底面向外扩展，基础外伸的宽度大于基础高度，基础材料承受拉应力。有筋扩展基础适用于上部结构荷载较大，有时为偏心荷载或承受弯矩、水平荷载的建筑基础。在地基表层土质较好、下层土质软弱的情况，利用表层好土层设计浅埋基础，最适宜采用扩展基础。

扩展基础分为柱下独立基础和墙下条形基础两类。其构造要求如下。

（1）锥形基础的边缘高度不宜小于 200mm，阶梯形基础的每阶高度宜为 300～500mm。

（2）垫层的厚度不宜小于 70mm，垫层砼等级为 C10。

（3）底板受力钢筋的最小直径不宜小于 10mm，间距不宜大于 200mm，也不宜小于 100mm。钢筋保护层厚度有垫层时不宜小于 40mm，无垫层时不宜小于 70mm。

（4）砼强度等级不应低于 C20。

墙下条形基础
strip foundation under wall

墙下条形基础是沿墙厚方向扩展以支承墙荷载的基础,包括无筋条形基础和钢筋混凝土条形基础。墙下无筋条形基础的设计、构造要求及适用范围等见无筋扩展基础。墙下钢筋混凝土条形基础的计算可取长度为1.0m,基底反力为直线分布,将基础底板看成是挑出的悬臂梁,最大弯矩截面的位置,当为混凝土墙时取 b_1(m),当为砖墙且大放脚不大于1/4砖长时,取 $b_1+0.06$(m)。

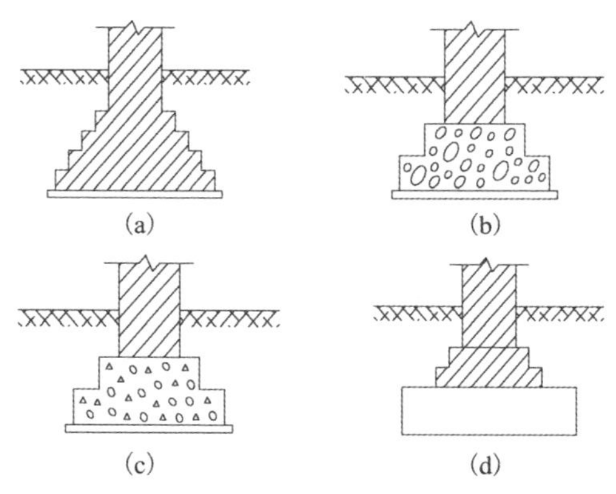

(a) 砖基础,(b) 毛石基础,(c) 混凝土基础或毛石混凝土基础,(d) 灰土基础或三合土基础

墙下无筋条形基础

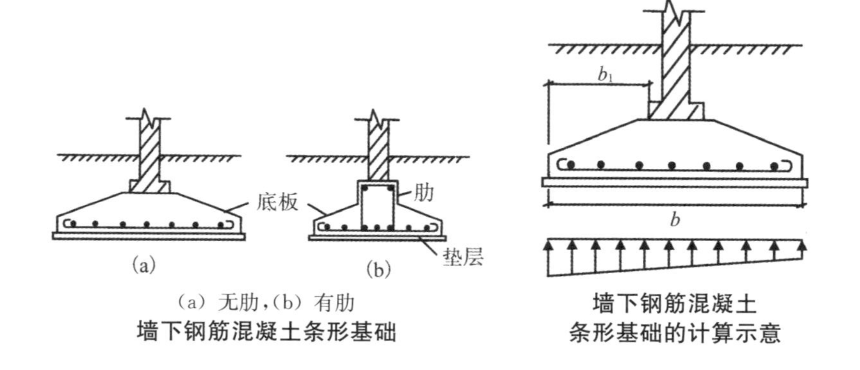

(a) 无肋,(b) 有肋

墙下钢筋混凝土条形基础

墙下钢筋混凝土条形基础的计算示意

联合基础
combined foundation

联合基础主要指同列相邻两柱公共的钢筋混凝土基础,即双柱联合基础,如下图所示,其设计原则可供其他形式的联合基础参考。

在为相邻两柱分别配置独立基础时,常因其中一柱靠近建筑界线,或因两柱间距较小,而出现基底面积不足或荷载偏心过大等情况,此时可考虑采用联合基础。联合基础也可用于调整相邻两柱的沉降差,或防止两者之间的相向倾斜等。

当两柱荷载大小过于悬殊,或受场地条件制约时,可采用矩形联合基础;底面形心不可能与荷载合力作用点靠近时,可采用梯形联合基础;如柱距较大,可在大小两个扩展基础之间加设不着地的刚性联系梁形成联梁式联合基础,使之达到阻止其中两个扩展基础的转动、调整各自底面的压力趋于均匀的目的。梯形和联梁式联合基础的施工比较复杂。

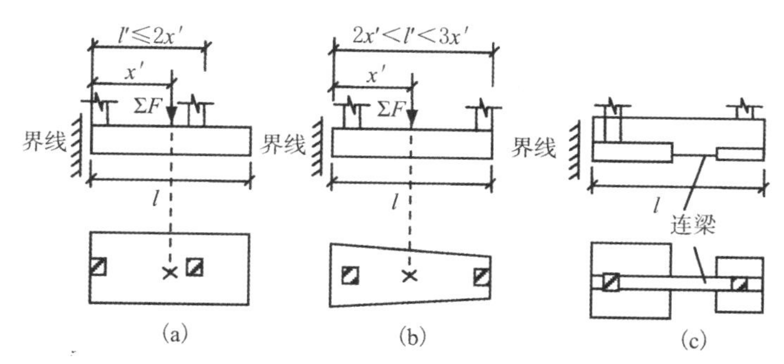

(a) 矩形联合基础,(b) 梯形联合基础,(c) 联梁式联合基础

典型的双柱联合基础

连续基础
continuous foundation

柱下条形基础、交叉条形基础、筏板基础和箱形基础统称为连续基础。连续基础具有如下特点:(1)具有较大的基础底面积,因此能承担较重的建筑物荷载,易于满足地基承载力的要求;(2)连续基础的连续性可加强建筑物的整体刚度,有利于减小不均匀沉降及提高建筑物的抗震性能;(3)对于箱形基础和设置了地下室的筏板基础,可以有效提高地基承载力,并能以挖去土重补偿建筑物的部分重量。

连续基础一般可看成是地基上的受弯构件——板或梁。其挠曲特征、基底反力和截面内力分布都与地基、基础以及上部结构的相对刚度特征有关。从三者相互作用考虑,地基模型选择最重要,常用的有文克尔地基模型、弹性半空间地基模型、有限压缩层地基模型。

钢筋混凝土基础
reinforced concrete foundation

钢筋混凝土基础又称柔性基础(flexible foundation),指能够承受压应力、拉应力和剪应力的基础。其拉应力由基础内配置的钢筋承担,压应力和剪应力主要由混凝土承担。这类基础需进行抗冲切、抗剪和抗弯的计算。

十字交叉基础
cross strip footing

十字交叉基础又称交叉条形基础。当单柱的上部荷载大,地基土较软弱,按条形基础设计无法满足地基承载力要求时,则可在柱下沿纵横两向分别设置钢筋混凝土条形基础,形成柱下交叉条形基础,即十字交叉基础,使基础底面面积和基础整体刚度相应增大,同时可以减小地基的附加应力和不均匀沉降。

如果单向条形基础的底面积已能满足地基承载力的要求,则为了减少基础之间的沉降差,可在另一方向加设连梁,组成连梁式交叉条形基础。为了使基础受力明确,连梁不宜着地。这样,交叉条形基础的设计就可按单向条形基础来考虑。连梁的配置通常是带经验性的,但需要有一定的承载力和刚度,否则作用不大。

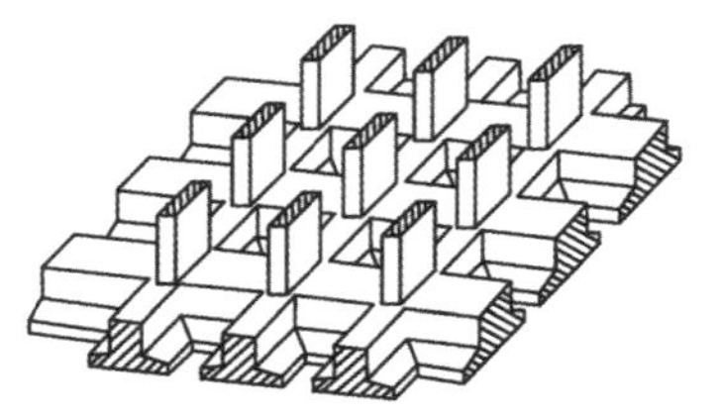

图 1　柱下交叉条形基础

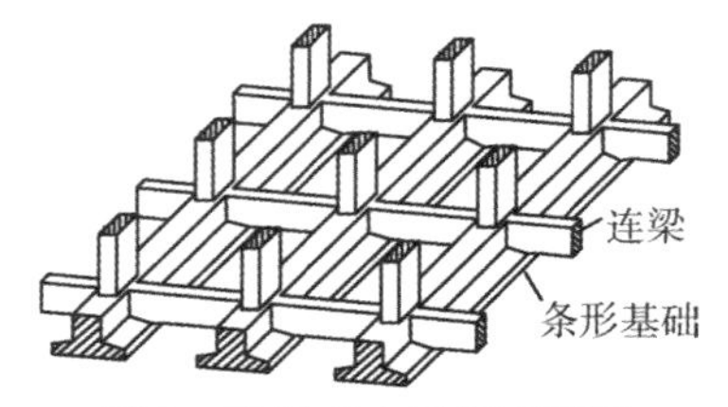

图 2　连梁式交叉条形基础

十字交叉梁为超静定空间结构,用弹性理论精确计算很复杂,通常采用简化计算法。在交叉节点上,将柱荷载在纵横两个方向条形基础上进行分配,同时满足变形协调关系,即分配后的荷载分布作用于纵向和横向基础梁上,纵横双向条形基础在各交叉节点处变形相等。

柱下交叉条形基础常作为多层建筑或地基较好的高层建筑的基础,对于较软弱的地基土，还可与桩基连用。

筏板基础
mat foundation

筏板基础又称片筏基础，简称筏基。当上部结构荷载较大，地基土较软，采用十字交叉基础不能满足地基承载力要求或采用人工地基不经济时，可以在建筑物的柱、墙下方做成一块满堂的基础，即筏形基础。由于其底面积大，埋置深度较大，故可减小基底压力，同时提高了地基土的承载力，比较容易满足地基承载力的要求。筏板把上部结构联成整体，可以充分利用结构物的刚度，调整基底压力分布，减小不均匀沉降。

但是，由于筏板的覆盖面积大而厚度和抗弯刚度有限，不能调整过大的沉降差。当地基有显著的软硬不均或在结构物对差异变形很敏感的情况下，采用筏形基础要慎重，必要时可辅以对地基进行局部处理或使用桩筏基础。另外，由于地基土上的筏板工作条件复杂，内力分析方法难以反映实际情况，设计中往往需要双向配置受力钢筋，提高了工程造价，因此需要经过认真的技术经济比较后确定是否选用筏形基础。

柱下筏形基础按结构特点可分为平板式和梁板式两种类型，如下图所示。平板式筏形基础是一大片钢筋混凝土平板，柱直接连于平板上，其基础的厚度不应小于 0.4m，一般为 0.5～2.5m。其特点是施工方便、建造快，但混凝土用量大。当柱荷载较大时，可将柱位下板厚局部加大或设柱墩，形成平板式筏形基础，以防止基础发生冲切破坏。若柱距较大，为了减小板厚，可在柱轴两个方向设置肋梁，形成梁板式筏形基础。

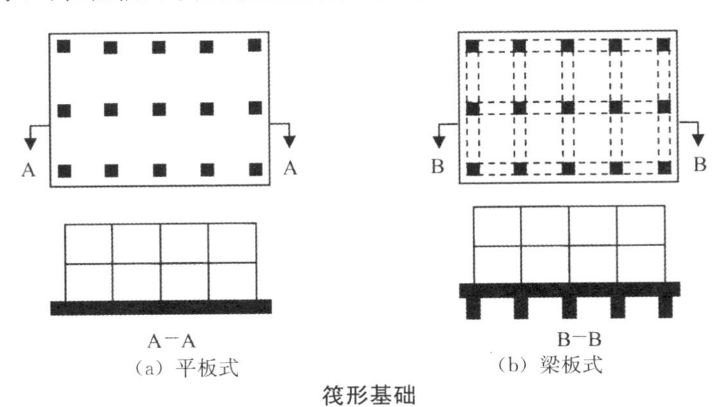

(a) 平板式　　(b) 梁板式

筏形基础

在筏板基础的计算中常用简化方法，即假设基础是绝对刚性，基底反力直线分布,将筏基视为倒置楼盖,或在筏基的纵横方向各截取板条,按条形基础计算。合理的计算方法应该考虑上部结构、基础和地基土共同作用,近几十年来,用有限差分法和有限元法等数值方法计算筏板基础得到迅速发展。

壳体基础
shell foundation

壳体基础是主要靠抗压性能将上部结构荷载传给地基的薄壁锥形基础。基础的形式做成壳体,可以发挥混凝土抗压性能好的特性。常见的壳体基础形式有三种,即正圆锥壳、M形组合壳和内球外锥组合壳。壳体基础可用作柱基础和筒形构筑物(如烟囱、水塔、料仓、中小型高炉等)的基础。

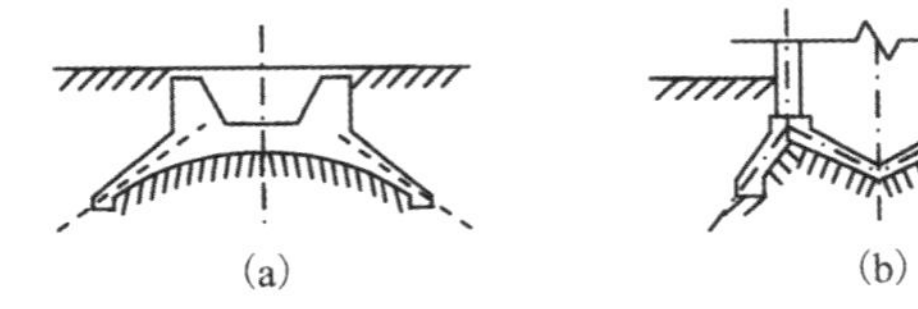

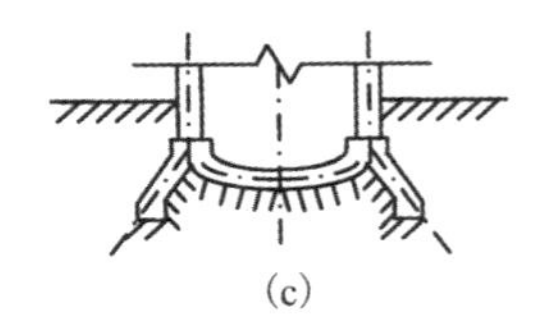

(a) 正圆锥壳,(b) M形组合壳,(c) 内球外锥组合壳

壳体基础的结构形式

壳体基础的优点是材料省、造价低。根据统计,中小型筒形构筑物的壳体基础,可比一般梁、板式的钢筋混凝土基础少用混凝土30%～50%,节约钢筋30%以上。此外,一般情况下施工时不必支模,土方挖运量也较少。不过,由于较难实行机械化施工,因此壳体基础的施工工期长,同时施工工作量大,技术要求高。

基础埋置深度
embeded depth of foundation

基础埋置深度指基础底面离室外地面的深度。基础埋置深度的确定是浅基础设计中的一个重要内容。影响基础埋置深度的因素很多,主要有:(1)上部结构情况,包括建筑物用途、类型、规模、荷载大小与性质、基础的形式和构造等;(2)工程地质条件和水文地质条件;(3)相邻建筑物的基础埋深;(4)地基土的冻胀和融陷的影响;(5)建筑场地的环境条件。在满足地基稳定和变形要求前提下,基础应尽量浅埋,当上层地基的承载力大于下层土且有足够厚度时,宜利用上层土作持力层。除岩石地基外,基础埋深不宜小于0.5m。位于土质地基上的高层建筑，其基础埋深应满足稳定要求。位于岩石地基上的高层建筑，其基础埋深应满足抗滑要求。基础宜埋置在地下水位以上。当必须埋在地下水位以下时，应采取使地基土在施工时不受扰动的措施。对冻土地基的埋深应满足最小埋深的要求。可参考我国《建筑地基基础设计规范》(GB 50007—2011)的有关规定。

在填方整平地区，基础埋置深度自填土地面标高算起，但填土在上部结构施工后完成时，应从天然地面标高算起。对于地下室，如采用箱形基础或筏形基础时，基础埋置深度自室外地面标高算起，在其他情况下，应从室内地面标高算起。

基床系数
coefficient of subgrade reaction

基床系数又称地基反力系数。文克尔假设基底某点的反力 p 与该点的地基沉降 s 成正比，即

$$p = Ks$$

式中，K 为基床系数，单位 MN/m^3；p 为基底某点的反力；s 为相应于该点的沉降。研究表明，在同一压力作用下，K 不是常数，与基础形状、基底面积等因素有关，矩形基底的 K 值比方形小，而圆形基底的 K 值比方形大，基础埋深越大，K 值也越大。K 值的确定方法有静载荷试验、由土的变形模量和泊松比换算、按压缩试验资料和按经验确定等，在无试验资料情况下，可参考下表取值。

基床系数 K 的经验值

土类别	$K/(10^4 kN/m^3)$
弱淤泥质土或有机质土	0.5～1.0
黏土及粉土 ①弱可塑性的 ②可塑性的 ③硬的	 1.0～2.0 2.0～4.0 4.0～10.0
砂土 ①松散的 ②中密的 ③密实的	 1.0～1.5 1.5～2.5 2.5～4.0

16 浅基础

续表

土类别	$K/(10^4 kN/m^3)$
中密的砾石土	2.0～4.0
黄土及黄土状粉土	4.0～5.0

注:本表适用于面积大于 $10m^2$ 的基础。

基底附加应力
net foundation pressure

基底附加应力是建筑物荷载基础底面的接触压力,即基底总压力与基底处土的自重应力之差,可表示为

$$p_0 = p - \gamma D$$

式中,p_0 为基底附加应力,kPa;p 为基底总压力,即接触压力,kPa;γ 为基底标高以上各天然土层的加权平均容重,其中地下水位以下的取浮容重,kN/m^3;D 为基础埋深,一般从天然地面算起,m。

通过将基底附加应力视为作用于弹性半空间表面上的局部荷载,然后依照弹性理论可以计算地基中任一点由它产生的附加应力。

接触压力
contact pressure

接触压力是建筑物基础与地基土接触界面上的压力,又称基底总压力,它既可视为基础施加于地基的压力,又可看作是地基反作用于基础的基底反力。接触压力的大小实际上与基础刚度、埋深、荷载等级、荷载历时、地基土的性质等因素有关。其沿基础底面的真实分布很难确定,通常假定为直线分布,按下面两种情况计算。

(1) 中心荷载下的基底压力

中心荷载下的基础,受通过基底形心的荷载合力。基底压力假定为均匀分布,其大小为

$$p = \frac{F + G}{A}$$

式中,p 为基底平均压力,kPa;A 为基础底面积,m^2;F 为作用在基础上的竖向荷载,kN;G 是基础自重及基础上回填土的总重,kN,$G = \lambda_G \times d \times A$;$d$ 为基础埋深,从设计地面或室内外平均设计地面算起。

（2）偏心荷载下的基底压力

当荷载偏心时，将荷载分解为中心荷载和力矩两部分产生的应力叠加。根据荷载偏心的性质，可分为单轴偏心和双向偏心两种情况。

①单轴偏心

$$\left.\begin{matrix} p_{\max} \\ p_{\min} \end{matrix}\right\} = \frac{F+G}{l \times b} \pm \frac{M}{W} \text{ 或 } \left.\begin{matrix} p_{\max} \\ p_{\min} \end{matrix}\right\} = \frac{F+G}{l \times b}\left(1 \pm \frac{6e}{l}\right)$$

式中，F、G 的意义同前；l、b 分别为基底的长度和宽度，m；M 为作用于基底的力矩，kN・m；W 为基底的抵抗矩，$W=\frac{bl^2}{6}$，m^3；e 为荷载的偏心距，m。

$e<\frac{l}{6}$时，基底压力呈梯形分布；$e=\frac{l}{6}$时，基底压力呈三角形分布；$e>\frac{l}{6}$时，基底压力边缘出现负值，意味着基底与地基局部脱开，使基底压力重新分布。

$$p_{\max} = \frac{2(F+G)}{3b \times \left(\frac{l}{2} - e\right)}$$

式中，符号意义同上。

偏心过大时会出现应力重分布，不安全且不经济。设计时尽量避免大偏心。

②双轴偏心

若荷载对基底两个垂直中心轴都有偏心，且作用点落在基底核心范围内。

$$\left.\begin{matrix} p_{\max} \\ p_{\min} \end{matrix}\right\} = \frac{F+G}{l \times b} \pm \frac{M_x}{W_x} \pm \frac{M_y}{W_y};\quad \left.\begin{matrix} p_1 \\ p_2 \end{matrix}\right\} = \frac{F+G}{l \times b} \mp \frac{M_x}{W_x} \pm \frac{M_y}{W_y}$$

刚性角
pressure distribution angle of masonry foundation

刚性角是保证发生在基础内的拉应力和剪应力不超过相应材料强度设计值的刚性基础压力扩散角，工程上一般通过限制基础台阶宽高比的形式来保证满足刚性角的要求，参见“刚性基础”词条。

持力层
bearing stratum

持力层是直接承受建筑物荷载的土层,即直接支承基础的土层。基础持力层的选择是浅基础设计的重要内容之一,原则上应选择强度高、压缩性小的土层作为基础持力层。根据持力层的承载力特征值确定浅基础的底面积是浅基础设计的主要内容之一。当持力层下卧有软弱土层时,应对软弱下卧层进行强度验算。

次层(台)
substratum

台湾用语,参见“下卧层”词条。

下卧层
substratum

下卧层是地基中基础持力层以下的土层。对受力层范围内软弱下卧层的强度验算是浅基础设计的一个重要内容。根据我国《建筑地基基础设计规范》(GB 50007—2011),应按下式进行软弱下卧层和强度验算:

$$p_z+p_{cz}\leqslant f_{za}$$

式中,f_{za}为软弱下卧层顶面处经深度修正后地基承载力设计值,kPa;p_z为软弱下卧层顶面处的附加压力设计值,kPa;p_{cz}为软弱下卧层顶面处土的自重压力标准值,kPa。其中附加压力p_z,当上层土的侧限压缩模量E_{s1}与下层土的压缩模量E_{s2}的比值大于或等于3,即$E_{s1}/E_{s2}\geqslant 3$时,附加应力p_z可以简化为基础底面处附加压力按θ角向下扩散,至深度z处(即软弱下卧层顶面处)为p_z。

条形基础

$$p_z=\frac{(p_k-p_c)b}{b+2z\tan\theta}$$

矩形基础

$$p_z=\frac{(p_k-p_c)bl}{(b+2z\tan\theta)(l+2z\tan\theta)}$$

式中,b为矩形基础和条形基础底边的宽度;l为矩形基础底边的长度;p_c为基础底面外土的自重压力标准值;z为基础底面至软弱下卧层顶面的距离;θ 为地基压力扩散线与垂下线的夹角,可按下表采用。

地基压力扩散角 θ

E_{s1}/E_{s2}	z/b	
	0.25	0.50
3	6°	23°
5	20°	25°
10	20°	30°

注:1. E_{s1}为上层土压缩模量,E_{s2}为下层土压缩模量。

2. $z/b \leqslant 0.25$ 时,取 $\theta=0°$,必要时,宜由试验确定;$z/b \leqslant 0.50$ 时,θ 值不变。

静定分析法(浅基础)
static analysis (shallow foundation)

静定分析法指按基底反力的直线分布假设和整体静力平衡条件求出基底净反力,并将其与柱荷载一起作用在基础梁上,然后按一般静定梁的内力分析方法计算各截面的弯矩和剪力。

一般适用于上部为柔性结构,本身刚度较大的条形基础或联合基础。因为该方法未考虑基础与上部结构的相互作用,计算所得不利截面上的弯矩绝对值一般较大。

倒梁法
inverted beam method

倒梁法指假定基底反力为直线分布,以柱子为固定铰支座,基底净反力为荷载,将柱下条形基础视为倒置的连续梁计算内力的方法。P_{max}、P_{min}分别为基底最大、最小净反力。当基础和上部结构的刚度较大,柱距较小且接近等间距、相邻柱荷载相差不大时,可按该法计算,但由于这种方法没有考虑地基土与基础以及上部结构的共同作用,假设基底反力为直线分布与事实不符,故对一般情况下的条形基础按共同作用的方法分析。

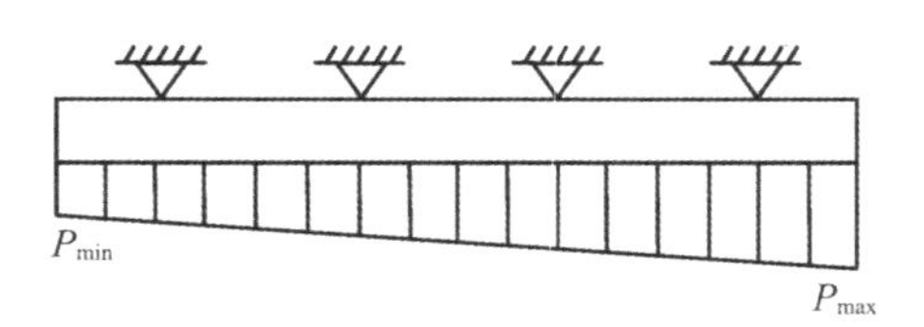

倒梁法计算简图

弹性地基梁(板)分析
analysis of beams and slabs on elastic foundations

弹性地基梁(板)分析指按线性弹性体模型分析梁(板)底反力和内力的方法。其广泛应用于建筑工程的基础(包括柱下条形基础、片筏基础、箱形基础等)、水利工程中的水闸底板以及船舶工程中的船台、滑道等的计算中。

线性弹性地基模型有文克尔地基模型、弹性半空间地基模型和分层地基模型等。分析时,将地基与梁(板)作为一个整体,考虑土与梁(板)接触面处的平衡条件和变形协调条件,即按土与基础共同作用的方法分析。

分析方法有解析解、半解析解和数值方法等,M. Heteyi(1940)在他的专著中比较全面地论述了文克尔地基上各种情况的解答,苏联学者热摩奇金(B.N. Zemochkin,1947)提出用于弹性半空间地基模型的链杆法,20 世纪 60 年代我国学者蔡四维提出有限差分法,随着电子计算技术的发展和有限单元法在土木工程中的应用,数值方法愈来愈受到人们的重视,1965 年 Y. K. Cheung 提出用有限单元法计算弹性半空间地基上的梁和板,使弹性地基梁(板)分析达到较高水平。

上部结构、基础和土的共同作用分析
structure-foundation-soil interaction analysis

上部结构、基础和土的共同作用分析指将上部结构、基础和土作为一个整体进行计算分析的方法。常规设计方法是将上部结构、基础和地基三者分开考虑,视为相互独立的结构单元,进行静力平衡分析计算。以柱下条形基础上的框架结构设计为例:先视框架柱底端为固定支座,将框架分离出来,然后按计算简图计算荷载作用下的框架内力;不考虑上部结构刚度,把求得的柱脚支座反力作为基础荷载反方向作用于条形基础上,并按直线分布假设计算基底反力,这样就可以求得基础的截面内力;进行地基计算时，则将基底压力（与基底反力大小相等、方向相反）施加于地基上，作为柔性荷载（不考虑基础刚度）来验算地基承载力和地基沉降。

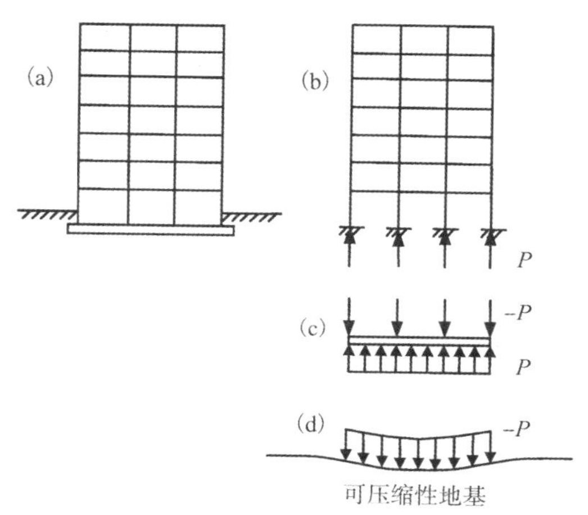

(a) 框架结构，(b) 计算框架内力，(c) 柱脚支座反力，(d) 基底压力

常规设计法计算简图

这种分析方法显然不合理，因为上部结构、基础和土实际上是一个整体，相互制约共同作用，分析方法应满足变形协调条件和静力平衡条件，因此，按共同作用的方法分析将得出比较合理的结果。早在 1947 年。梅耶霍夫（G.G. Meyerhof）首次用共同作用原理分析了建在独立基础上的平面框架，1953 年他又提出了考虑上部结构刚度对基础分析影响的近似法，用等代梁代替上部结构的刚度，按基础与土的共同作用方法分析，以后许多学者提出各种不同方法，如荷载传递系数法、有限单元法等，计算结果比较满意。

17 复合地基

复合地基
composite foundation

复合地基是指天然地基在地基处理过程中部分土体得到增强，或被置换，或在天然地基中设置加筋材料，而加固区是由基体（天然地基土体）和增强体两部分组成的人工地基。

人工地基中的双层地基是指，天然地基经地基处理形成的均质加固区的厚度与荷载作用面积或者与其相应持力层和压缩层厚度相比较均较小时，在荷载作用影响区内，地基由两层性质相差较大的土体组成。

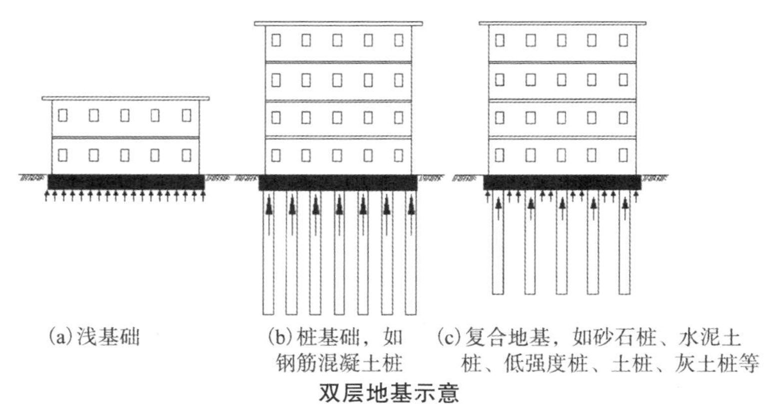

双层地基示意

竖向增强体复合地基
vertical reinforcement

竖向增强体习惯上称为桩，有时也称为柱。竖向增强体复合地基通常称为桩体复合地基。目前在工程中应用的竖向增强体有碎石桩、砂桩、水泥土桩、石灰桩、灰土桩、钢筋混凝土桩等。根据竖向增强体的性质，桩体复合地基又可分为两类：散体材料桩复合地基、黏结材料桩复合地基。

水平向增强体复合地基
horizontal reinforcement

水平向增强体复合地基主要指加筋土地基。随着土工合成材料的发展，加筋土地基应用越来越多。加筋材料主要是土工织物和土工格栅等。

散体材料桩复合地基
composite ground with granular columns

散体材料桩需要桩周土体的围箍作用才能形成桩体，桩体材料本身单独不能形成桩体。散体材料桩在荷载作用下，桩体发生鼓胀变形，依靠桩周土体提供的被动土压力维持桩体平衡，承受上部荷载的作用。散体材料桩桩体破坏模式一般为鼓胀破坏。散体材料桩复合地基如碎石桩复合地基、砂桩复合地基等。

黏结材料桩复合地基
composite ground with cohesive columns

黏结材料桩复合地基又可以分为柔性材料桩复合地基和刚性材料桩复合地基，在荷载作用下依靠桩周摩擦力和桩端阻力把作用在桩体上的荷载传递给地基土体。对应于散体材料桩，如水泥土桩复合地基、灰土桩复合地基、钢筋混凝土桩复合地基、低强度混凝土桩复合地基等。

刚性桩复合地基
rigid piles for composite foundation

桩体刚度大小是相对地基土体的刚度而言的，也与桩体长径比有关。可以采用桩体与地基土体相对刚度的概念来划分柔性桩和刚性桩的界限。段继伟(1993)根据桩土相对刚度 K 与桩的沉降关系研究，建议刚性桩的

判别标准为 $K>1.0$ 的为刚性桩。

刚性桩复合地基如钢筋混凝土复合地基、低强度混凝土桩复合地基等。

柔性桩复合地基
flexible piles for composite foundation

采用桩体与地基土体相对刚度的概念来划分柔性桩和刚性桩的界限，段继伟(1993)根据桩土相对刚度 K 与桩的沉降关系研究，建议柔性桩的判别标准为：$K<1.0$ 为柔性桩。因柔性桩桩身强度很低，荷载作用下，很容易产生侧向变形，且土所能提供的约束作用较小，它是导致柔性桩复合地基变形和沉降的主要原因。

所谓柔性桩复合地基是指以砂、土、灰土、碎石等松散材料为填充料，在地基中成孔—填料过程中挤密桩周土和填充料，从而形成柔性桩体与桩间土共同受力的浅层硬壳式的人工地基。

水泥土桩复合地基
cement-soil pile composite foundation

通过高压喷射注浆和深层搅拌、灌浆和拌和夯实等方法，将水泥和土混合后产生一系列物理化学反应生成水泥土桩，由水泥土桩和桩间土形成的复合地基称为水泥土桩复合地基。水和水泥水化物之间的物理化学反应过程进行得比较缓慢，水泥土硬化需要一定的时间。工程上常取龄期为90d的强度作为设计值。

水泥土搅拌桩复合地基(包括喷水泥浆和喷水泥粉两种工艺)，通过机械搅拌将其与地基土进行搅拌，硬化后构成复合地基。被广泛地应用于处理淤泥、淤泥质土和含水量较高的黏土、粉土、粉质黏土、砂质黏土等软弱土层。

夯实水泥土桩是用人工或机械成孔，选用相对单一的土质材料，与水泥按一定配比，在孔外充分拌和均匀制成水泥土，分层向孔内回填并强力夯实，制成均匀的水泥土桩。通过在基础和桩顶之间设置一定厚度的褥垫层，使桩、桩间土和褥垫层一起构成复合地基。由于夯实中形成的高密度及水泥土本身的强度，与搅拌水泥土桩相比，夯实水泥土桩桩体有较高强度。

桩土应力比
stress ratio of pile to soil

将桩顶平均应力与桩间土平均应力之比称为桩土应力比。桩土应力比 n 值是反映竖向增强体复合地基中桩体与桩间土协同工作的重要指标。桩土相对刚度、荷载水平、复合地基置换率、荷载作用时间、垫层厚度、加固区下卧层的刚度、桩间土的工程性质等因素对桩土应力比的大小都会产生影响。

碎石桩复合地基桩土应力比变化范围不大，在 2.5～3.5 之间。水泥土桩复合地基桩土应力比变化范围比碎石桩复合地基大，微型钢筋混凝土桩复合地基桩土应力比变化范围更大。采用桩土应力比作为设计参数对于黏结材料复合地基，特别对于刚度较大的桩体复合地基是比较困难的。因此，龚晓南建议废弃用桩土应力比表示的有关复合地基的计算式，而只将桩土应力比用于复合地基形状分析。

CFG 桩复合地基
CFG pile composite foundation

水泥粉煤灰碎石桩（简称 CFG 桩）复合地基是由水泥、粉煤灰、碎石、石屑或砂加水拌和形成的高黏结强度桩，通过在基础和桩顶之间设置一定厚度的褥垫层保证桩、土共同承担荷载，使桩、桩间土和褥垫层一起构成复合地基。桩端持力层应选择承载力相对较高的土层。水泥粉煤灰碎石桩复合地基具有承载力提高、幅度大、地基变形小等特点，并具有较大的使用范围。

根据工程实际情况，水泥粉煤灰碎石桩常用的施工工艺包括长螺旋钻孔、管内泵压混合料成桩、振动沉管灌注成桩和长螺旋钻孔灌注成桩。

适用于处理黏性土、粉土、砂土和已自重固结的素填土等地基。对淤泥质土应按当地经验或通过现场试验确定其适用性。就基础形式而言，既可用于条形基础、独立基础，又可用于箱形基础、筏形基础。

复合地基破坏模式
fail pattern of composite foundation

竖向增强体复合地基的破坏形式可以分为两类：(1)桩间土首先破坏进而发生复合地基全面破坏；(2)桩体首先破坏进而发生复合地基全面破

坏。其中,桩体破坏的模式可以分成下述四种形式:刺入破坏、鼓胀破坏、桩体剪切破坏和滑动剪切破坏。水平向增强体复合地基的破坏模式可以分为三类(Jean Binquet,1975):(1)加筋体以上土体剪切破坏;(2)加筋体在剪切过程中被拉出,或与土体产生过大相对滑动而产生破坏;(3)加筋体在剪切过程中被拉断而产生剪切破坏。

鼓胀破坏
swelling failure

在荷载作用下,桩周土不能为桩体提供足够的围压,以防止桩体发生过大的侧向变形,产生桩体鼓胀破坏。桩体发生鼓胀破坏造成复合地基全面破坏,散体材料桩复合地基较易发生鼓胀破坏模式。在刚性基础下和柔性基础下,散体材料桩复合地基均可能发生桩体鼓胀破坏。

刺入破坏
punching failure

桩体刚度较大,地基上承载力较低的情况下较易发生桩体刺入破坏。桩体发生刺入破坏,承担荷载幅度降低,进而引起复合地基桩间土破坏,造成复合地基全面破坏。刚性桩复合地基较易发生刺入破坏模式。特别是柔性基础(填土路堤)下刚性桩复合地基更容易发生刺入破坏模式。若在刚性基础下,则可能产生较大沉降,造成复合地基失效。

桩体剪切破坏
shear failure of the pile

桩体剪切破坏系指在荷载作用下,复合地基中桩体发生剪切破坏,进而引起复合地基全面破坏。低强度的柔性桩较容易产生桩体剪切破坏。刚性基础下和柔性基础下低强度柔性恢复合地基均可产生桩体剪切破坏。与刚性基础相比,柔性基础下发生的可能性更大。

滑动剪切破坏
sliding failure

滑动剪切破坏系指在荷载作用下,复合地基沿某个滑动面产生滑动破坏。在滑动面上,桩体和桩间土均发生剪切破坏。各种复合地基均可能发生滑动破坏模式,柔性基础下发生的可能性比刚性基础下更大。

复合土体压缩模量
composite compression module

复合土体压缩模量通常用下式计算：

$$E_c = mE_p + (1-m)E_s$$

式中，E_c 为复合土体压缩模量；E_p、E_s 为分别为增强体和土体的压缩模量；m 为置换率。

复合地基置换率
replacement ratio of composite foundation

竖向增强体复合地基中，竖向增强体习惯上称为桩体，基体称为桩间土体。若桩体的横断面积为 A_p，该桩体所对应的(或所承担的)复合地基面积为 A，则复合地基置换率 m 定义为 $m=A_p/A$。

荷载分担比
pile efficacy

在荷载作用下，复合地基中桩体承担的荷载与桩间土承担的荷载之比称为桩土荷载分担比，有时也用复合地基加固区的上表面上桩体的竖向应力和桩间土的竖向应力之比来衡量，称为桩土应力比，桩土荷载分担比和桩上应力比是可以相互换算的。

在荷载作用下，复合地基加固区的上表面上桩体的竖向应力记为 σ_p，桩间土的竖向应力记为 σ_s，则桩土应力比 n 为 $n=\sigma_p/\sigma_s$。

在荷载作用下，桩体承担的荷载记为 p_p，桩间土承担的荷载记为 p_s，则桩土荷载分担比 N 为 $N=p_p/p_s$。

改进 Geddes 法
revised Geddes method

改进 Geddes 法是下卧层土层压荷载计算方法的一种。复合地基总荷载为 p，桩体承担的荷载为 p_p，桩间土承担的荷载 $p_s=p-p_p$。桩间土承担的荷载 p_s 在地基中所产生的竖向应力 σ_{Z,p_s}，其计算方法和天然地基中应力计算方法相同，应用布西内斯克解。桩体承担的荷载 p_p 在地基中所产生的竖向应力采用 Geddes 法计算。然后叠加两部分应力得到地基中总的竖向应力。再用分层总和法计算复合地基加固区下卧层土层压缩量 S_2。

17 复合地基

J.D. Geddes 认为,长度为 L 的单桩在荷载 Q 作用下,对地基土产生的作用力,可近似地视作桩端集中力 Q_p、桩侧均匀分布的摩阻力 Q_r 和桩侧随深度线性增长的分布摩阻力 Q_t 等三种形式荷载的组合。Geddes 根据弹性理论半无限体中作用一集中力的明德林应力解积分,导出了单桩的上述三种形式荷载在地基中产生的应力计算公式。地基中的竖向应力 $\sigma_{Z,Q}$ 可按下式计算:

$$\sigma_{Z,Q}=\sigma_{Z,Q_p}+\sigma_{Z,Q_r}+\sigma_{Z,Q_t}=Q_pK_p/L^2+Q_rK_r/L^2+Q_tK_t/L^2$$

式中,K_p,K_r 和 K_t 为竖向应力系数。

由 n 根桩组成的桩群,地基中竖向应力可对这 n 根桩逐根采用上式计算后叠加求得。

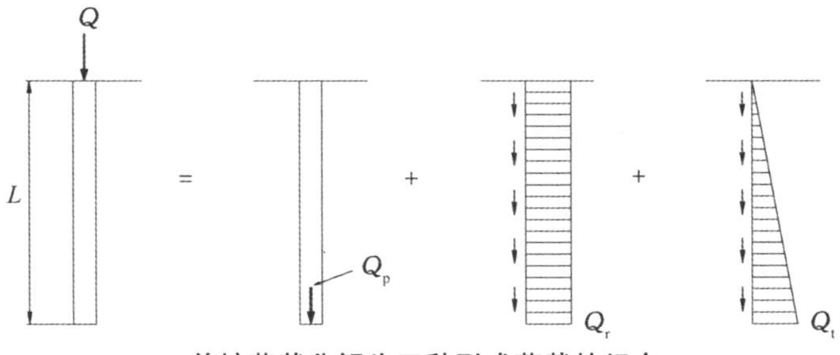

单桩荷载分解为三种形式荷载的组合

压力扩散法
stress dispersion

压力扩散法是下卧层土层压荷载计算方法的一种。若复合地基上作用荷载为 p,复合地基加固区压力扩散角为 β,则作用在下卧层上的荷载 p_b 可用下式计算:

$$p_b=\frac{BDp}{(B+2h\tan\beta)(D+2h\tan\beta)}$$

式中,B 为复合地基上荷载作用宽度;D 为复合地基上荷载作用长度;h 为复合地基加固区厚度。

对平面应变情况,上式可改写为

$$p_b=\frac{Bp}{(B+2h\tan\beta)}$$

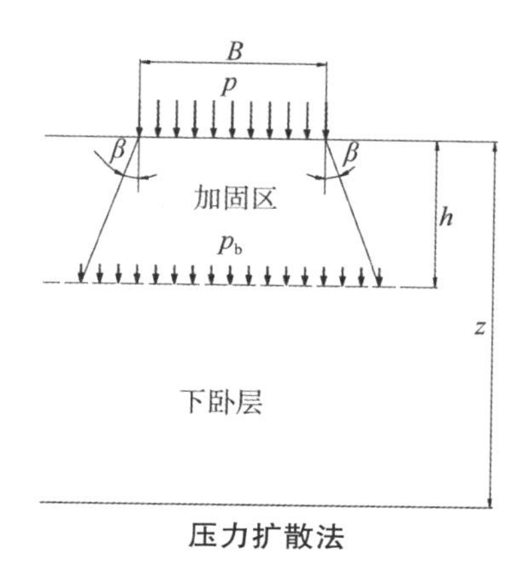

压力扩散法

等效实体法
equivalent entity method

等效实体法是下卧层土层压荷载计算方法的一种。将复合地基加固区视为一等效实体，作用在下卧层上的荷载作用面与作用在复合地基上的相同。在等效实体四周作用有侧摩擦力，设其密度为 f，则复合地基加固区下卧层上荷载密度 p_b 可用下式计算：

$$p_b=\frac{BDp-(2B+2D)hf}{BD}$$

式中，B、D 分别为荷载作用面宽度和长度；h 为加固区厚度。

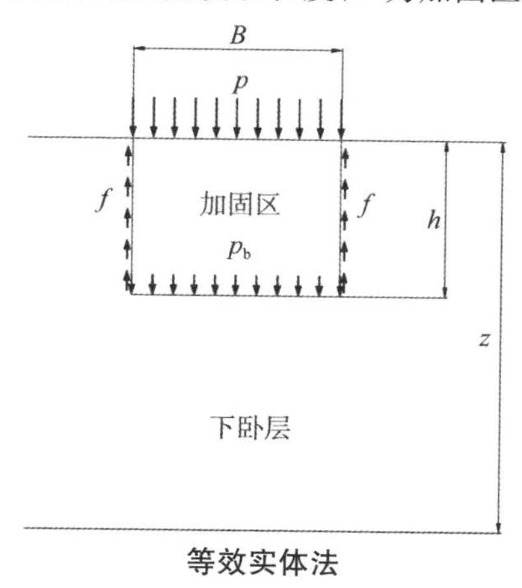

等效实体法

对平面应变情况，上式可改写为

$$p_b = p - \frac{2h}{B}f$$

应用等效实体法计算困难在于侧阻力 f 值的合理选用。当桩土相对刚度较大时,选用误差可能较小,当桩土相对刚度较小时,f 值选用比较困难。桩土相对刚度较小时,侧摩阻力变化大,很难合理估计,选用不合理时误差可能很大。

复合模量法(E_c 法)
composite modulus method

复合模量法(E_c 法)是加固区土层压缩量计算方法的一种。将复合地基加固区中增强体和基体两部分视为一复合土体,采用复合压缩模量 E_{cs} 来评价复合土体的压缩性,并采用分层总和法计算加固区土 H_i 层压缩量。加固区土层压缩量的表达式为

$$S_1 = \sum_1^n \frac{\Delta p_i}{E_{csi}}$$

式中,Δp_i——第 i 层复合土上附加应力增量;

H_i——第 i 层复合土层的厚度。

竖向增强体复合地基复合土压缩模量通常采用面积加权平均法计算,即

$$E_{cs} = mE_{ps} + (1-m)E_{ss}$$

式中,E_{ps}——桩体压缩模量;

E_{ss}——桩间土压缩模量;

m——复合地基置换率。

应力修正法(E_s 法)
stress corrected method

应力修正法(E_s 法)是加固区土层压缩量计算方法的一种。根据桩间土分担的荷载和压缩模量计算加固区土层的压缩量。加固区土层压缩量计算表达式为

$$S_1 = \sum_{i=1}^n \frac{\Delta p_{si}}{E_{si}} H_i = \mu_s \sum_{i=1}^n \frac{\Delta p_i}{E_{si}} H_i = \mu_s S_{1s}$$

式中,Δp_i——天然地基在荷载 p 作用下第 i 层土上的附加应力增量;

Δp_{si}——复合地基中第 i 层土的附加应力增量;

S_{1s}——天然地基在荷载 p 作用下相应厚度内的压缩量;

μ_s——应力修正系数，$\mu_s=1/[1+m(n-1)]$；

n——桩土应力比。

桩身压缩量法(E_p 法)
pile body compressive modulus method

桩身压缩量法(E_p 法)是加固区土层压缩量计算方法的一种。在荷载作用下复合地基加固区的压缩量也可通过计算桩体压缩量得到。设桩底端刺入下卧层的沉降变形量为 Δ，则相应加固区土层的压缩量 S_1 的计算式为

$$S_1=S_p+\Delta$$

式中，S_1——桩身压缩量。

桩体复合地基极限承载力
ultimate bearing capacity of pile composite foundation

桩体复合地基极限承载力 p_{cf}的普遍表达式如下：

$$p_{cf}=K_1\lambda_1 m p_{pf}+K_2\lambda_2(1-m)p_{sf}$$

式中，p_{pf}——单桩极限承载力，kPa；

p_{sf}——天然地基极限承载力，kPa；

K_1——反映复合地基中桩体实际极限承载力与单桩极限承载力不同的修正系数，一般大于 1.0；

K_2——反映复合地基中桩间土实际极限承载力与单桩极限承载力不同的修正系数；其值视具体情况确定，可能大于 1.0，也可能小于 1.0；

λ_1——复合地基破坏时，桩体发挥其极限强度的比例，可称为桩体极限强度发挥度。若桩体先达到极限强度，引起复合地基破坏，则 $\lambda_1=1.0$，若桩间土比桩体先达到极限强度，则 $\lambda_1<1.0$；

λ_2——复合地基破坏时，桩间土发挥其极限强度的比例，可称为桩间土极限强度发挥度。一般情况下，复合地基中往往桩体先达到极限强度，λ_2 通常在 0.4～1.0 之间；

m——复合地基置换率。

复合地基加固区复合土体的抗剪强度
shear strength of composite soil

复合地基加固区复合土体的抗剪强度 τ_c 表达式如下：

$$\tau_c = (1-m)\tau_s + m\tau_p = (1-m)[C+(\mu_s p_c+\gamma_{sz})\cos2\theta\tan\varphi_s] + m(\mu_p p_c + \gamma_p z)\cos2\theta\tan\varphi_p$$

式中,τ_s——桩间土抗剪强度;

τ_p——桩体抗剪强度;

m——复合地基置换率;

C——桩间土内聚力;

p_c——复合地基上作用荷载;

μ_s——应力降低系数,$\mu_s=1/[1+(n-1)m]$;

μ_p——应力集中系数,$\mu_p=n/[1+(n-1)m]$;

n——桩土应力比;

m——复合地基置换率;

γ_s,γ_p——分别为桩间土体和桩体的重度;

φ_s,φ_p——分别为桩间土体和桩体的内摩擦角;

θ——滑弧在地基某深度处剪切面与水平面的夹角。

z——分析中所取单元弧段的深度。

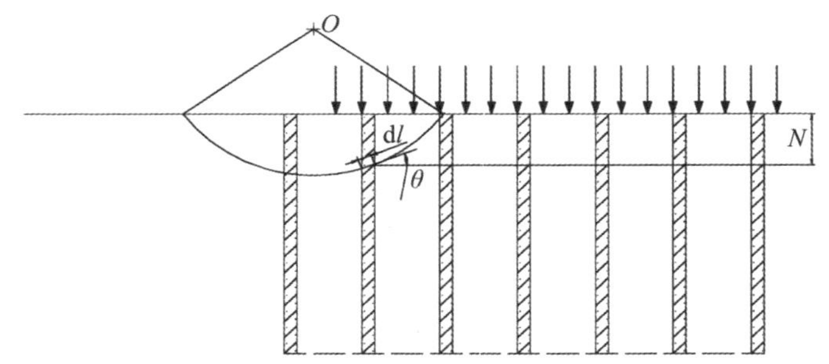

复合地基加固区复合土体的抗剪强度

散体材料桩极限承载力
ultimate bearing capacity of composite foundation on discrete material pile

与柔性桩、刚性桩等黏结材料不同,散体材料桩是依靠周围土体的侧限阻力保持其形状并承受荷载的。散体材料桩的承载能力除与桩身材料的性质及其紧密程度有关外,还主要取决于桩周土体的侧限能力。计算单桩承载力的一般表达式可用下式表示:

$$p_{pf}=\sigma_{ru}K_p$$

式中，σ_{ru}——桩侧土提供的侧向极限应力；

K_p——桩体材料被动土压力系数。

散体材料桩桩侧土所能提供的侧向极限应力 σ_{ru} 计算方法主要有：Brauns(1978)计算式、圆筒形孔扩张理论计算式、H. Y. Wong(1975)计算式、Hughes 和 Withers(1974)计算式，以及被动土压力方法等。这里介绍 Brauns 计算式。

Brauns(1978)计算式是为计算碎石桩承载力提出的，其原理及计算式也适用于一般散体材料桩情况。Brauns 认为，在荷载作用下，桩体产生鼓胀变形。桩体鼓胀变形使桩周围土进入被动极限平衡状态，形成桩周土极限平衡区。在计算中 Brauns 做了如下假设：(1)滑动面成漏斗形；(2)桩周土与桩体间摩擦力、环向应力等于零；(3)不计地基土和桩体的自重。

$$\sigma_{ru}=\left(\sigma_s+\frac{2C_u}{\sin 2\sigma}\right)\left(\frac{\tan\delta_p}{\tan\sigma}+1\right)$$

式中，C_u——桩间土不排水抗剪强度；

δ——滑动面与水平面夹角；

σ_s——桩周土表面荷载；

δ_p——桩体材料内摩擦角。

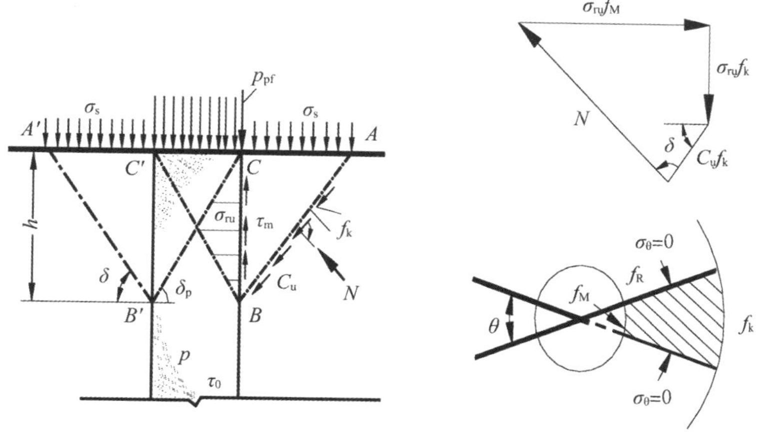

散体材料桩极限承载力

18 桩基础

木桩
timber pile

木桩是用松木、杉木等木材制成的桩。其小头直径一般为160～260mm，桩长为4～6m。木桩适用于地下水位以下的土层。当木桩遭受干、湿交替变化时，很容易腐烂，除非用木材防腐剂进行处理。目前已很少使用。

钢筋混凝土预制桩
precast reinforced concrete pile

钢筋混凝土预制桩包括普通钢筋混凝土预制桩、预应力钢筋混凝土预制桩等。钢筋混凝土预制桩质量较易保证，桩尖可进入坚硬黏性土或强风化岩，承载力较高，耐火性较好。其横截面有方、圆等形状，普通实心方桩的截面边长一般为250～450mm。现场预制桩的长度一般在25～30m以内，工厂预制桩的分节长度一般不超过12m。接桩方法有焊接、法兰接及硫黄胶泥锚接三种，前两种可用于各类土层，硫黄胶泥锚接适用于软土层。

高强度预应力混凝土管桩
pretensioned high strength spun concrete pile

高强度预应力混凝土管桩，即PHC桩，是由专业厂家生产，采用先张法预应力和掺加磨细料、高效减水剂等先进工艺，将混凝土经离心脱水密实成型，经常压、高压两次蒸汽养护而制成的一种细长空心等截面预制混凝土构件。与其他桩型相比，PHC 桩主要有以下特点。

(1) 桩身强度高。PHC 桩均采用 C80 以上的混凝土，采用先张法预应力制作，因而承压力高，能抵抗较大的抗裂弯矩。具有较强的工作性能，桩身能在恶劣的施工环境下保持完好，大大减少裂桩、断桩事故的发生。

(2) PHC 桩由专业厂家大批量自动化生产，桩身质量稳定可靠。

(3) PHC 桩穿透力强，在足够的压力下，可穿越较厚的砂质土层，确保桩端嵌固于较好的持力层。

(4) 静压施工时，施工现场简洁，无污染、无噪声，能保障文明施工。

(5) 由于 PHC 桩的单桩承载力相对较高，其环形截面所耗混凝土量较少，因而单位承载力造价最省。

钢桩
steel pile

早期使用铸铁板桩，现使用的钢桩主要有板桩、型钢桩和钢管桩三大类。

抗拔桩
uplift pile

以抵抗上拔力为主的桩称为抗拔桩。输电塔、高耸构筑物、承受浮托力为主的地下结构、膨胀土地基上建筑物等的桩基都承受上拔力。

抗滑桩
anti-slide pile

抗滑桩是一种横向受荷桩，它是整治边坡滑动、提高边坡稳定性的措施。抗滑桩适用于以下情况：有一个明显的滑动面，滑面以下为较完整的基岩或密实土层，能提供足够的锚固力者。抗滑桩的设计包括确定桩位、间距、尺寸、埋深、配筋、材料和施工要求等。

水平受荷桩
laterally loaded pile

外荷载作用于与桩身轴线垂直的方向，使桩身横向受剪、受弯，处于这种受力状态的桩称为水平受荷桩。作用于桩基上的水平荷载有：挡土结构上的土和水的侧压力;码头结构的靠船和带缆力、往复式动力机器基础的反复荷载;工业与民用建筑的风荷载和吊车荷载;拱结构基础上的水平推力及地震的水平荷载。

复合受荷桩
piles under horizontal and vertical loading

当建筑物传给桩基础的竖向荷载和水平荷载都较大时,桩的设计应同时验算竖向和水平两个方向的承载力,同时应抵抗竖向荷载和水平荷载之间的相互影响。

摩擦桩
friction pile

桩上的竖向荷载主要由桩侧摩阻力承受的桩称为摩擦桩。以下几种情况的桩可视为摩擦桩。

(1) 桩端无坚实持力层且不扩底时。

(2) 桩的长径比很大,传递到桩端的荷载较小时。

(3) 钻孔灌注桩桩底以下残留有较厚的沉渣时。

(4) 预制桩沉桩过程中,地面隆起,使已打入的桩上升,使桩端阻力明显降低时。

端承桩
end bearing pile

桩上的竖向荷载主要由桩端阻力承受的桩称为端承桩,在台湾称为点承桩。以下情况的桩可视为端承桩。

(1) 桩端进入坚实土层或岩体中且桩的长径比很小时。

(2) 桩的长径比较小且扩底时。

嵌岩桩
rock-socketed pile

在基岩埋藏不太深的情况下,将大直径灌注桩穿过覆盖土层嵌入微风化或中等风化岩体形成嵌岩桩,以获得稳定的桩端阻力,并具有良好的抗水平承载能力。与其他类型的桩相比,嵌岩桩具有如下优点。

(1) 嵌岩部分可以充分利用基岩的承载能力,单桩承载力高。

(2) 以压缩性极低的基岩作为桩端持力层，建筑物的沉降很小。

(3) 以嵌岩桩为基础的建筑物在地震过程中所产生的地震效应弱，抗震性能好。

嵌岩桩的嵌岩深度直接影响单桩承载力大小，是设计时必须妥善处理的问题。

现浇大直径混凝土薄壁管桩
large-diameter cast-in-situ thin-wall tubular pile

现浇大直径混凝土薄壁管桩技术是河海大学岩土工程研究所开发研制的用于地基处理的专利技术。它是一种适合于软土地区的新型高效优质桩型，可有效地提高地基承载力、减小沉降。该技术采用振动沉模、自动排土、现场灌注混凝土形成管桩，具体步骤为：依靠沉腔上部锤头的振动力将由内外双层套管组成的环形腔体在活瓣桩靴的保护下打入预定的设计深度，在腔体内浇注混凝土，再振动拔管，这样，环形域中的土体与外部土体之间便形成混凝土管桩。在形成复合地基时，为了保证桩与土共同承担荷载，并调整桩与桩间土之间竖向荷载及水平荷载的分担比例以及减少基础底面的应力集中问题，在桩顶设置褥垫层，从而形成现浇薄壁管桩复合地基。其成桩机理如下。

(1) 模板作用。在振动力的作用下环形腔体模板沉入土中后浇注混凝土；当振动模板提拔时，混凝土从环形腔体模板下端注入环形槽孔内，空腹模板起到了护壁作用，因此不会出现缩壁和塌壁现象，从而成为造槽、扩壁、浇注一次性直接成管桩的新工艺，保证了混凝土在槽孔内良好的充盈性和稳定性。

(2) 振捣作用。环形腔体模板在振动提拔时，对模板内及注入槽孔内的混凝土有连续振捣作用，使桩体充分振动密实。同时又使混凝土向两侧挤压，管桩壁厚增加。

(3) 挤密作用。振动沉模大直径现浇混凝土薄壁管桩在施工过程中由于振动、挤压和排土等原因，可对桩间土起到一定的密实作用。挤压、振密范围与环形腔体模板的厚度及原位土体的性质有关。

振动沉模大直径现浇混凝土薄壁管桩技术适用于各种结构物的大面积地基处理，如：多层及小高层建筑物地基处理；高速公路、市政道路的路基处理；大型油罐及煤气柜地基处理；污水处理厂大型曝气池、沉淀池基础处理；江河堤防的地基加固等。地基处理的土层，应以以下土层为代表：

(1)表层土:有1～2m厚的填土,或可软塑的3～5m厚的素填土;(2)下部土层:以软至流塑状态的粉土、粉质黏土为主体;(3)底部土层:以进入砂层为持力层,稍密的砂1～2m,中密以上的进入该层0.5m;(4)对于砂土的夹层厚度不宜大于4m的土层。根据以上几点的要求,该机械设备制作的管桩应具有一定的承载力及抗水平的推力;该桩型同时也可放置钢筋笼及改进桩尖结构增大筒内土体的挤密作用,以提高其承载效果。

钢板桩
steel sheet pile

钢板桩形式甚多,两侧带不同性状的子母接口槽。第一根板桩就位后,第二根桩顺前一根桩的侧面槽口打入。这样,许多板桩沿河岸或海岸组成一个整体板桩墙。也可将一组钢板桩形成围堰,或作为基坑开挖的临时支挡措施。钢板桩成本较高,但可多次使用,且较易打入各类地层,对底层扰动及邻近建筑物的影响较小,因而常被用作临时工程。但钢板桩只能用于承受水平推力,不能作为基础桩。

型钢桩
shaped steel pile

最常用的型钢桩的截面形状是H型和I型,可用于承受水平和垂直荷载。型钢桩贯入各类地层的能力强,对地层扰动小,属于部分挤土桩。当桩间距较小时,可采用H型钢桩代替其他挤土预制桩。

钢管桩
steel pipe pile

钢管桩由各种直径和壁厚的无缝钢管制成,是深厚软土地区高重建筑物、港口平台、海洋平台等的基础形式之一。其常用截面尺寸φ为400～1000mm,壁厚δ为9～18mm,对于海洋平台等特殊工程,截面积尺寸一般更大一些,在设计截面尺寸时应考虑钢管桩的腐蚀和防腐蚀措施,腐蚀速度可参照《建筑桩基技术规范》(JGJ 94—2008)的建议值确定。钢管桩的桩端构造形式有开口、闭口两种。其中开口型又分不带隔板和带隔板两种,开口型由于涌入土塞高度大、挤土量小,因此适用于持力土层厚、桩距小的情况。闭口型又分平底、锥底两种。闭口型与混凝土实心桩、闭口管桩的适用条件相同。带隔板开口型的贯入性能与挤土效应介于开口型和闭口型之间，经试验带隔板开口型的沉桩锤击数仅为开口型的一半左右，而承载力提高，适用于无厚持力层的软土地区。

灌注桩
bored pile

灌注桩又称就地灌注桩，按成孔方法可以分为机械成孔和人工挖孔两大类，按机械成孔方法分为泥浆护壁成孔灌注桩、干作业成孔灌注桩、套管成孔灌注桩和爆扩成孔灌注桩等四种，其适用范围如下表所示。

灌注桩的适用范围

成孔方法		适用土类
泥浆护壁成孔	冲抓 冲击 回转钻	碎石土、砂土、黏性土及风化岩
	潜水钻	黏性土、淤泥、淤泥质土
干作业成孔	螺旋钻	地下水位以上的黏性土、砂土及人工填土
	钻孔扩底	地下水位以上的坚硬、硬塑的黏性土及中密以上砂土
	机动洛阳铲	地下水位以上的黏性土、黄土及人工填土
套管成孔	锤击振动	可塑、软塑、流塑的黏性土，稍密及松散的砂土
爆扩成孔		地下水位以上的黏性土、黄土、碎石土及风化岩

沉管灌注桩
diving casing cast-in-place pile

沉管灌注桩也称为套管成孔灌注桩，这种方法采用振动、静压或锤击的办法将钢管沉入土层中，然后边浇筑混凝土边拔管而成，分别称为振动沉管灌注桩、静压沉管灌注桩、锤击沉管灌注桩。沉管灌注桩常用直径为300～500mm，桩长通常在25m以内。为了扩大桩径，防止桩身缩颈、断裂等质量事故的发生，可对沉管灌注桩进行“复打”，即在灌注混凝土拔出钢管后，立即在原位重新放置预制钢管混凝土桩尖，再次沉管并再灌注混凝土。

泥浆护壁法
slurry coat method

地下连续墙或钻孔灌注桩施工过程中，为了维护槽壁的稳定，悬浮岩屑、土砂而用特殊材料制成液体进行泥浆护壁。

护壁泥浆从制浆材料上有膨润土泥浆和聚合物泥浆两类。我国多使用膨润土泥浆,其材料和通常配比如下表所示。

膨润土泥浆的材料和通常配比

成分	材料名称	通常用量/%
固体材料	膨润土	6~8
悬溶液	水	100
增黏剂	CMC(甲基纤维素)	0~0.05
分散剂	Na_2CO_3、FeCl(铁氯木质素磺酸盐)	0~0.05
加重剂	重晶石粉	(必要时用)
防漏材料	石、锯末、化纤短料	(必要时用)

控制泥浆性能的应用指标有多种。

(1) 密度。新拌制的泥浆密度取决于泥浆设计配合比中的固体物质(膨润土)的含量。其他掺和剂的用量甚少,故影响不大(除使用作为加重剂、防漏剂等特殊情况外)。我国膨润土拌制的泥浆密度通常为1.03~1.045g/cm³。泥浆的密度采用密度秤测定。

(2) 黏度。泥浆的黏度采用漏斗黏度计测定,我国常用500/700方法,即用700mL容量的漏斗黏度计装满泥浆,然后测定从下口漏出500mL所需的时间(s),作为泥浆的黏度指标。黏度指标控制范围为19~30s,视地质条件而定。沿海软黏土地区常对新鲜泥浆的黏度控制在19~21s。

(3) 失水量和泥皮性质。控制泥浆的失水量和使泥浆具有产生良好泥皮的性质,是影响泥浆护壁作用的重要因素,通常对新制泥浆要求失水量在10mL/30min以下,泥皮要求致密坚韧,厚度不大于1mm。

(4) pH。一般对新浆要求pH为8~9,对使用中的泥浆则控制在11以内。

(5) 稳定性。这是检验泥浆本身悬液结构和稳定性的指标。泥浆应该是长期静置后不产生水泥离析,新浆不应有制浆固体材料的沉淀。

(6) 含砂量。采用含砂量测定器测定。

夯扩桩
rammed expanded pile

夯扩桩是一种用重锤夯击在桩端形成扩大头的灌注桩。其施工工艺一般如下。

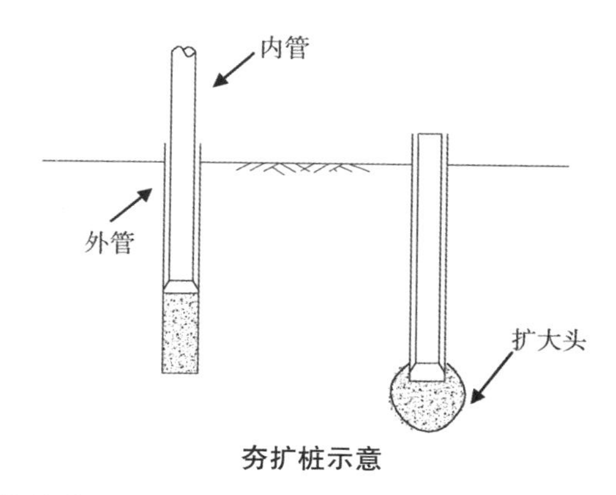

夯扩桩示意

(1) 在桩位处放置干混凝土，套上钢管，利用内芯管夯实干混凝土形成塞头。

(2) 锤击内外管沉入土中，深度达到要求后，锤击内管挤出外管中混凝土形成扩大头，灌注混凝土。

(3) 将重锤与内管重量压在管内混凝土面上，拔起外管，边拔边压，最后振入钢筋笼成桩。

夯扩端扩大率(扩大端底面积与桩身截面面积之比)在中密、稍密粉土持力层中一般为1.6～3.5。夯扩桩适用于下列条件。

(1) 桩端持力层属于可塑—硬塑的粉质黏土、施工时不产生液化的粉土或砂土，且埋藏深度不大于14m，厚度不小于4m。

(2) 桩基所承受的荷载主要是竖向力。

(3) 建筑物属于二级或三级安全等级。

近年来在工程中发展出复合载体夯扩桩。它与普通夯扩桩的区别在于其不采用混凝土作为夯扩体的填充，而是采用碎砖、碎石、块石等价格低廉的建筑材料。这种复合载体夯扩桩的优点在于如下两点。

(1) 在保证单桩承载力的条件下降低了单桩造价。

(2) 在夯扩过程中填充料形成良好的透水通道，使得夯扩体影响范围内土体快速固结，提高了土体强度，相应提高了桩的承载力。

钻孔压浆成桩
high pressure bored pile

钻孔压浆成桩是一种新的成桩工艺，成孔采用长臂螺旋钻机，钻孔至预定深度后在提钻的同时通过设置的钻头的喷嘴向孔内喷注水泥浆，至浆液达到没有塌孔危险的位置为止；起钻后在孔内放置钢筋笼，投放粒料至孔口，然后向孔内二次补浆，直至浆液达到孔口。这种工艺既保留了长臂螺旋钻孔灌注桩的优点，又克服了它的不足，是一种无噪声、无震动、无泥浆壁排污法，也是可以在流砂、塌孔等复杂地质条件下成桩的方法。其适用桩径为 300～1000mm，深度为 50m 左右。钻孔压浆成桩法具有下列特点。

(1) 可以在复杂的水文地质工程条件下施工。

(2) 无压浆护壁、无排污施工，有利于环境保护。

(3) 重复高压灌浆形成了十分致密的桩体，对周围土层具有一定的加固作用，解决了断桩、缩径、夹泥等一般灌注桩的常见问题，提高了桩身质量和单桩承载力。

(4) 提高了施工速度。

(5) 降低造价 10%～15%。

人工挖孔灌注桩
excavated belled piles

人工挖孔灌注桩指用人力挖土形成桩孔，在向下挖进的同时，将孔壁衬砌以保证施工安全。这种方法可形成大尺寸的桩，但一般仅用于地下水位以上的底层，并应特别注意工人在挖孔时的安全问题。

挤扩支盘桩
squeezed branch pile

挤扩支盘桩是在钻(冲)孔后，向孔内放入专用挤扩装置，通过地面液压站控制该装置弓压臂的扩张和收缩，对各支承力盘土体施以三维静压，挤压成支盘空腔，经挤密的周围土体与腔内灌注的混凝土桩身紧密地结合为一体，形成挤扩支盘桩，达到桩土共同承力的目的。挤扩支盘桩承力盘的盘径较大，当桩身直径为 400～1000mm 时，挤扩盘径可达 1500～2000mm，其支盘面积为桩身截面面积的 1.6～2.4 倍，若加上多支盘各分

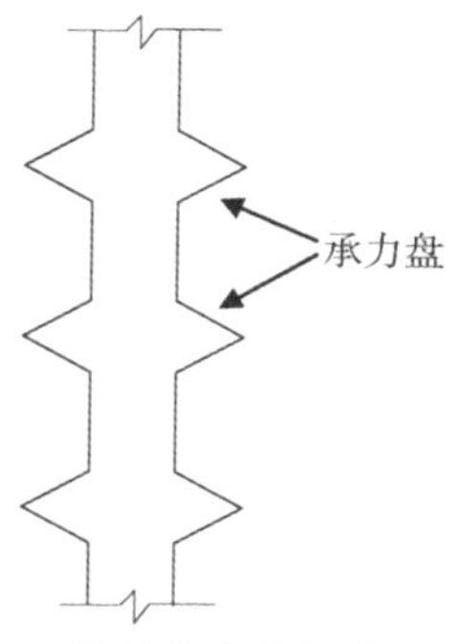

挤扩支盘桩示意

支面积的总和可达5倍以上。其主要特征为如下几点。

(1) 单桩承载力提高,沉降变形减小。承力盘可以根据桩身深度范围内地基土中的硬土层分布来设置承力盘和分支,扩大桩与硬土层的接触面,增加桩的端承面积,发挥支承盘的端承作用,同时可改善建筑物抗震性能。

(2) 综合经济效益显著。支盘桩单方混凝土承载力为相同直径普通灌注桩的两倍以上,即在相同承载力要求下,支盘桩可以比普通灌注桩节约一半以上的材料。

(3) 对不同土层的适应性强。在内陆冲积和洪积平原及沿海、河口部位的海陆交替层及三角洲平原下的硬塑黏性土、密实粉土、粉细砂层等均适合做支盘桩的持力层。

(4) 成桩工艺适用范围广。可用于由泥浆护壁、干作业、水泥注浆或重锤捣扩成桩等各种桩型。

打入桩
driven pile

打入桩指将预制桩用击打或振动法打入地层至设计要求标高。打入的机械有自由落锤、蒸汽锤、柴油锤、压缩空气锤和振动锤等。遇到难于通过的较坚实地层时,可辅之以射水枪。预制桩包括木桩、混凝土桩和钢桩。

静压桩
jacked pile

静压桩指用静压方法将预制桩压入土中形成桩基。这种沉桩方法避免了锤击沉桩的振动影响,且无噪声,但挤土现象仍然存在。如采用静压无桩靴空心桩,可减少挤土效应。

静压桩适用于软弱土层。压桩必须连续进行,如中断时间过长,土体固结,使压入阻力明显增大,增大压桩困难。当桩贯穿的土层中夹有薄层砂土时,确定单桩长度时应避免桩端停在砂土层中进行接桩。

挤土桩
displacement pile

挤土桩也称排土桩,在成桩过程中,桩周围的土被压密或挤开,因而使周围土层受到严重扰动,土的原始结构遭到破坏,土的工程性质有很大改变。这类桩主要有打入或压入的预制木桩和混凝土桩,打入的封底钢管桩和混凝土管桩以及沉管式就地灌注桩。

部分挤土桩
partly soil-displaced pile

部分挤土桩也称微排土桩,在成桩过程中,桩周围的土仅受到轻微的扰动,土的原状结构和工程性质的变化不明显。这类桩包括部分挤土灌注桩、预钻孔打入式预制桩、打入式敞口桩。

非挤土桩
non-displacement pile

非挤土桩也称非排土桩,成桩过程中,将与桩体积相同的土挖出,因而桩周围的土较少受到扰动,但有应力松弛现象。这类桩主要有各种形式的挖孔或钻孔桩、井筒管桩和预钻孔埋桩等。

挤土效应
extrusion effects

挤土桩对周围工程环境的影响通常称为挤土效应,主要表现在以下四个方面。

(1) 桩周土层被压密挤开,从而使土体产生垂直隆起和水平移动,并可能进一步使已压入的邻近桩产生上浮、桩位偏移、桩身翘曲,严重时甚至造成断桩。

(2) 桩周土体中的应力状态发生改变,桩入土过程中桩周土体尤其在靠近桩表面处产生很高的孔隙水压力。

(3) 桩周土体被扰动、重塑,土的原始结构遭到破坏,土的工程性质与沉桩前相比改变很大。

(4) 压桩后桩周土体中孔隙水压力缓慢消散,土体会再固结,可能使桩侧受到负摩阻力的作用。

桩底灌浆工艺
grouting at pile bottom

桩底灌浆方法能有效地提高单桩承载力。在成孔灌注混凝土以前,先向孔底投放碎石,厚度约 0.5m,其作用是在灌浆时作为浆液通道,结硬时和砂浆形成桩头;同时在投放重力的冲击下,将孔底沉积的软土翻起,以利于在灌注混凝土时排出孔外。在桩身混凝土强度达到 75%后,即可实施灌浆。先注入清水冲洗管道并清除碎石间隙中的泥浆杂物,形成灌浆通道,待溢浆管冒水表明通道已经形成,即可注入浆液,随后溢浆管由冒浑水变成冒泥浆,最后溢出新的泥浆时表明孔底沉渣已大部分被置换,即可停止灌浆。

承台
pile cap

承台是浇注于单桩或群桩桩顶的钢筋混凝土板式或梁式构件。其作用为将上部结构荷载传给桩及桩间土。

承台底面高出地面称高桩承台,底面位于地表或地面以下称低桩承台。承台设计包括确定承台的形状、平面尺寸、高度、底面标高以及进行局部受压、受冲切、受剪及受弯承载力计算,并应符合构造要求。

低桩承台
low pile cap

低桩承台指承台底面位于地面或局部冲刷线以下,基桩全部埋入土中,桩的自由长度为零的情况。低桩承台的桩基稳定性好,能使桩、土、承台三者共同作用,低桩承台在工业与民用建筑的桩基工程中得到广泛应用。

高桩承台
high-rise pile cap

高桩承台指承台底面位于地面或局部冲刷线以上的情况。高桩承台常用于桥梁和港口工程中。

群桩
pile group

若干根桩成群排列,其顶部通过承台或者梁的格排相连,构成一个整体,称为群桩。由端承桩组成的群桩称为端承型群桩,由摩擦桩组成的群桩称为摩擦型群桩。端承型群桩的承载力近似地为各单桩承载力之和。摩擦型群桩需要考虑群桩效应。

为便于区别和分析,有时,将承台与地基土接触,既考虑群桩作用又考虑承台底面地基土承载作用的低承台群桩称为"桩基础",而将高承台(承台与地面不接触)群桩以及承台底和地基土在建筑物使用期间有可能脱开的,因而不能考虑地基土的承载作用的群桩称为"群桩"。

群桩效应
effect of pile group

对摩擦型群桩,桩顶荷载主要通过桩侧摩阻力传布到桩周和桩侧土层中,引起应力重叠,群桩中任一根桩的工作性状不同于孤立的单桩,群桩的承载力不等于单桩承载力之和,群桩的沉降也明显大于单桩,此为群桩效应。群桩效应一般可用群桩效应系数 η 和沉降比 R_s 的大小来反映。

群桩效应系数
effect factor of pile group

群桩效应系数 η 为反映群桩效应的一个指标,定义为群桩极限承载力与每根单桩极限承载力之和的比值。对砂土中的摩擦型群桩,一般 $\eta>1$。对黏性土中的摩擦型群桩,群桩效应系数的变化规律大致如下。

(1) η 随桩距增大而提高,在桩距相同的条件下,随桩数增加而降低。

(2) 高承台群桩的群桩效应系数 η 不大于 1,当桩距足够大时,η 可接近于 1。

(3) 桩基础的群桩效应系数有的小于 1,当桩距足够大时,η 值一般大于1。

单桩竖向抗压极限承载力
vertical ultimate carrying capacity of single pile

单桩竖向抗压极限承载力是指单桩所具有的承受竖向荷载的能力，其最大的承载能力称为单桩极限承载力，可由单桩竖向静载荷试验测定，也可用其他方法（如规范经验参数法、静力触探法等）估算。单桩竖向承载力包括地基土对桩的支承力和桩的结构强度所允许的最大轴向荷载两个方面的含义，以两者中的较小值控制桩的承载性能。当地基土对桩的支承能力小于桩的结构强度所允许的最大轴向荷载时，由地基土对桩的支承起控制作用，即在桩的结构强度尚未达到极限强度时，地基土的承载能力已经达到极限状态；反之，如果结构强度先于地基土的支承载力达到极限状态，则桩的结构强度对桩的承载力起控制作用。

单桩竖向抗拔极限承载力
vertical ultimate uplift resistance of single pile

单桩竖向抗拔极限承载力由桩侧极限抗拔阻力、桩重以及桩底部受到上拔荷载作用时形成的真空吸力三部分所组成。真空吸力在总抗拔承载力中所占比例不大，且在受荷后期可能会消失，设计时主要考虑桩侧极限抗拔阻力的大小，一般需要通过抗拔试验确定。

单桩横向极限承载力
lateral ultimate resistance of single pile

单桩横向极限承载力指单桩在横向承载作用下，桩和桩侧土处于某一极限状态时对应的横向荷载，它包括以下两方面内容。

（1）在该横向荷载作用下沿桩长范围的桩侧土发生破坏（桩身不破坏，桩的轴向承载力由桩侧土阻力控制）。

（2）该横向荷载所引起桩身的最大力矩等于桩截面的屈服弯矩（即桩的横向承载力由桩身强度所控制）。

桩侧阻力
skin friction

桩顶受竖向荷载以后，桩身压缩向下位移，桩侧表面受到土向上的摩阻力,桩身荷载通过侧阻力传递到周围土中,从而使桩身荷载和压缩变形随深度递减。一般说来,靠近桩身上部土层的侧阻力先于下部土层发挥出来,侧阻力先于端阻力发挥出来。侧阻力的发挥性状随桩径、土性、土层相对位置等变化,并与成桩工艺有关。常规直径桩的测试表明,发挥侧阻力的相对位移一般不超过 20mm。

桩端阻力
tip resistance

随着桩顶荷载的增加,桩端土受到挤压,产生竖向位移和桩端反力。

负摩阻力
negative skin friction of piles

负摩阻力指土层相对于桩向下位移而产生于桩侧面的向下的摩阻力。以下情况会使桩侧产生负摩阻力。

(1) 大面积地面堆载,使桩周土层压密。

(2) 正常固结或稍超固结的软黏土地区,由于地下水位降低,土体有效应力增加引起土层压缩。

(3) 桩周土为欠固结土或新填土,在其自重作用下压密。

(4) 挤土桩施工时使桩周软黏土中产生很高的超静孔隙水压力,其后超静孔隙水压力逐渐消散引起土层再固结变形。

(5) 灵敏黏土打桩受扰动,膨胀土收缩,自重湿陷性黄土浸水后产生湿陷等。

土塞效应
plugging effect

开口管桩在被打(压)入土层的过程中,桩端土一部分被挤向四周,一部分涌入管内,形成土塞,阻止桩的继续贯入和土的涌入。由土塞引起的桩端土闭塞程度直接影响桩的承载力性状,因而称为土塞效应。土塞在沉桩过程受到管内摩阻力作用产生一定压缩,土塞高度及土塞效应随土性、管径、壁厚、桩入土深度及进入持力层的深度等诸多因素变化而变化,但也有一定规律,一般随着进入持力层深度的增加,土塞高度增加,桩端闭塞效果变好。

桩靴
pile shoe

桩靴一般指用于预应力混凝土管桩施工的一种桩帽，直径比管桩稍大，沉桩时安装在管桩桩底，犹如管桩之鞋，起引导和封堵作用。

19 特种基础

沉井基础
open-end caisson foundation

沉井是一种井筒状结构物，一般由刃脚、井壁、内隔墙等部分组成。在沉井内挖土使其下沉，借助井体自重及其他辅助措施而逐步下沉，达到设计标高后，进行混凝土封底、填心、修建顶盖，构成沉井基础。

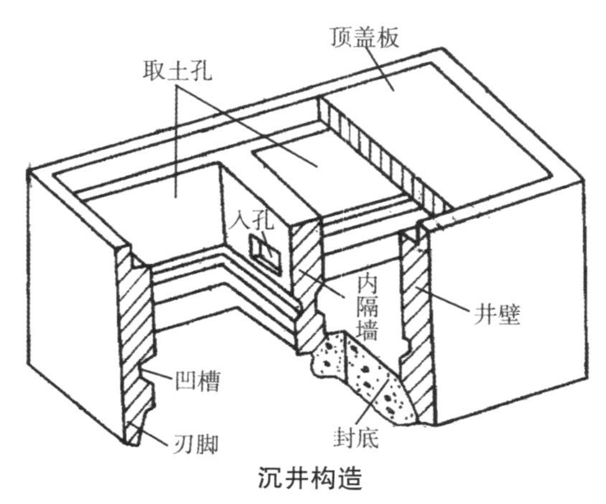

沉井构造

沉井基础的使用范围：(1)上部荷载较大，而表层地基土的容许承载力不足，扩大基础开挖工作量大，以及支撑困难，但在一定深度下有好的持力层，与其他深基础相比较，采用沉井基础在经济上较为合理时；(2)在山区河流中，虽然土质较好，但冲刷大或河中有较大卵石不便桩基础施工时；

(3)岩层表面较平坦且覆盖层薄，但河水较深，采用扩大基础施工围堰有困难时。

沉井按使用材料分类，可分为木、砖、石、混凝土、钢筋混凝土、钢沉井等。木沉井用木材较多，现很少采用；砖、石沉井过去多用于中小桥梁；现在常用的是钢筋混凝土沉井，或底节为钢筋混凝土、上节为混凝土的沉井；钢沉井多用于大型浮运的沉井。

沉井按平面形状分类，可分为圆形、方形、矩形、椭圆形等。

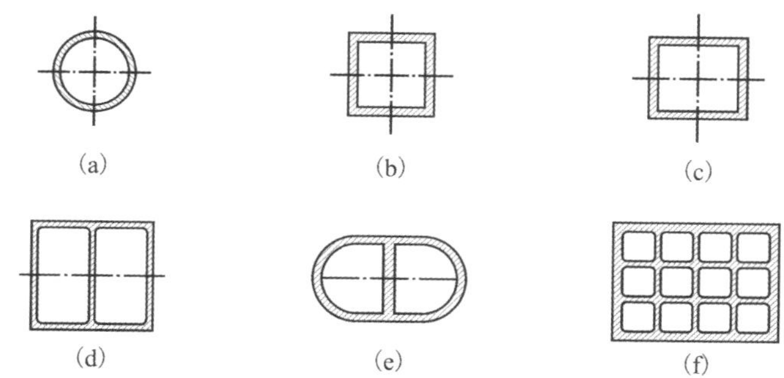

(a) 圆形单孔沉井，(b) 方形单孔沉井，(c) 矩形单孔沉井，(d) 矩形双孔沉井，(e) 椭圆形双孔沉井，(f) 矩形多孔沉井

沉井按平面形状分类

沉井按竖向剖面形状分类，可分为圆柱形、阶梯形等。

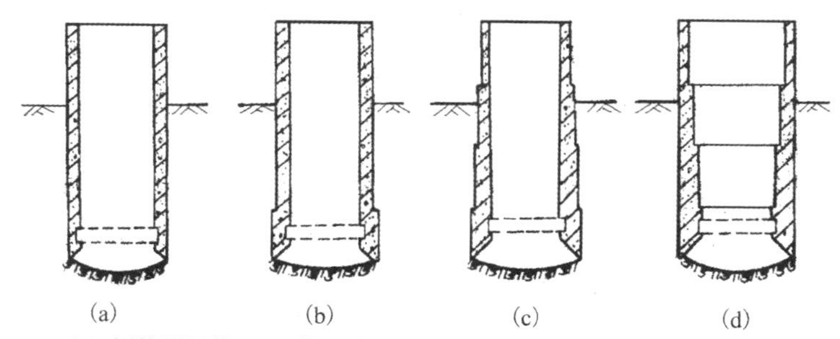

(a) 圆柱形沉井，(b) 外壁单阶形沉井，(c) 外壁多阶梯形沉井，(d) 内壁多阶梯形沉井

沉井按竖向剖面形状分类

沉井按施工方式分类，一般可分为旱地施工、水中筑岛施工及浮运沉井施工三种。在陆地下沉井均采用就地制造。在浅水中下沉井需先做围堰，填土筑岛出水面，再就地制造。在深水处下沉井，一般均采用在岸边陆地制造，浮运就位下沉。

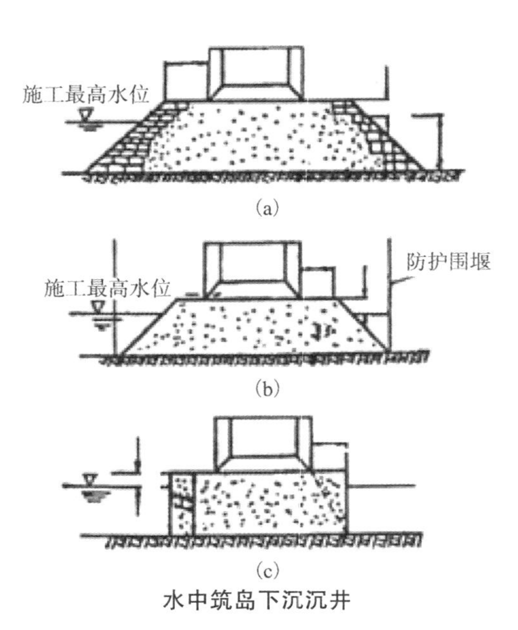

(a)

(b)

(c)

水中筑岛下沉沉井

浮运沉井
floating caisson

在深水地区,筑岛有困难或不经济,或有碍通航,或河流流速大,可在岸边制筑沉井拖运到设计位置下沉,这类沉井叫浮运沉井。

浮运的沉井,在陆地先做底节,以减轻重量,在浮运到位后再接筑上部。为增加沉井的浮力便于浮运,常采取以下三种方法:(1)在钢沉井内加装气筒,浮运到位后,在沉井内部空间填充混凝土并接高沉井,为控制吃水深度,可在气筒内充压缩空气,待沉入河底预定位置后,再除去气筒顶盖,挖泥(或吸泥)下沉。此法用钢量大,制造安装都较复杂,宜用于深水大型沉井;(2)将沉井做成双壁式使其能自浮,到位后在壁内灌水或灌筑混凝土下沉。这种沉井可用钢、木或钢筋混凝土制造;(3)在沉井底部加临时底板以增加浮力,待到位沉入河底后,再拆除底板,挖泥下沉。

射水法
water jetting

在沉井下部的井壁外面,预埋射水管嘴,在下沉过程中射水以减小周边阻力的方法称射水法。

在较坚硬的土层中利用抓土斗或吸泥机在水下除土时，一般需辅以高压射水松动及冲散土层，以便抓(吸)出。射水一般以从井孔直接放入射水管进行射水为主。为冲射隔墙及刃脚斜面处难于冲射的土层，也可在井壁及隔墙适当的位置预设孔道(此孔可兼作探测孔道，从孔道内插入射水管射水)。为减少沉井外壁侧面摩阻力，亦可沿井壁四周对称布置射水管路及装设射水嘴。射水管应预埋在沉井砼周围，横向均布，也可牢牢固定在沉井外壁上，与平面中心线对称，布设成各自单独的管组和水泵。

泥浆套法
sludge lubricating sleeve

泥浆套法指在沉井井壁和土层之间灌满触变泥浆以减少摩擦力，触变泥浆是用黏性土、水、化学处理剂等按一定配合比搅拌而制成的，当静置时它处于“凝胶”状态，沉井下沉时它受到搅动，又恢复“溶胶”状态并大大减少摩擦力，在实验室测出其静剪应力为50～200Pa。泥浆套法施工下沉倾斜量小，且易纠正，附近地表几乎无沉陷。沉井下沉到设计标高后，为了恢复沉井周边和土层的摩擦力，以增加沉井基础的承载能力，需要压入水泥浆，以破坏及代替泥浆套。此外，此法施工要求严格，井内外水压要相近，防止流砂、涌水破坏泥浆套。因此，它不适于不稳定土层、漏浆土层以及河床易受冲刷的水中沉井。

空气幕法
air curtain

壁后压气法，习惯上称“空气幕法”。在井壁内预埋管路，并沿井壁外侧水平方向每隔一定高度设一排气龛，在下沉过程中，沿管路输送的压缩空气从气龛内喷出，再沿井壁上升，从而减少摩擦力。

初步资料表明，在粉细砂层及含水量较大的黏性土层中，空气幕法可以减少30%以上摩擦力，下沉速度加快(与气龛数和喷气量有关)，且无泥浆套法的缺点，可在水中施工，不受冲刷的影响。但在卵石层及硬黏土层内效果较差。

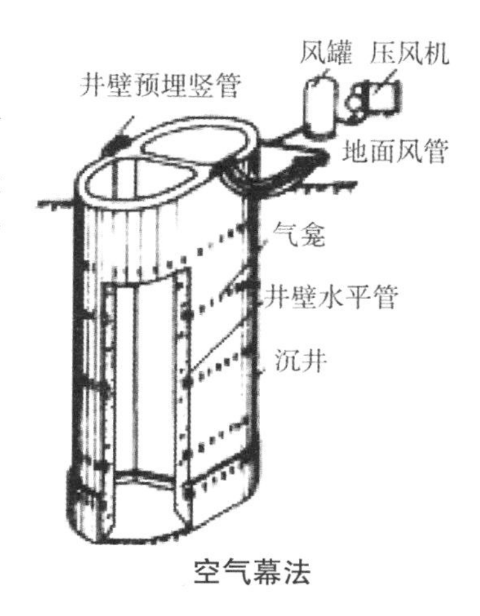

空气幕法

高低刃脚沉井基础
open-end caisson foundation with high and low cutting edge

沉井基础需建于倾斜较大的基岩上,若采用一般的平刃脚沉井,则将对清岩工作带来很大的困难。针对这一情况,采用高低刃脚沉井基础。沉井刃脚的高低是随岩面高低的变化而变化的,这就需要探明沉井周边的基面高低变化情况,并绘出墩位处岩面等高线及岩面圆周展开图,以便确定刃脚高低的变化。为使沉井刃脚制作方便,其刃脚尖可设计成台阶状,而外井壁板可随岩面变化,做成吻合状。

沉井下沉
sinking of the drilled caisson

沉井下沉分排水下沉和不排水下沉两种。在软弱土层中须采用不排水下沉,以防涌砂和外周边土坍陷,造成沉井倾斜及位移,必要时采取井内水位略高于井外水位的施工方法。出土机械可使用抓土斗、空气吸泥机、水力吸泥机等。近代各国发展采用锚桩及千斤顶将沉井压下的方法。此外,还有采用大直径钻机在井底钻挖的方法。

封底
bottom covering

当沉井下沉到设计标高,经过技术检验并对井底清理整平后,即可封底,以防止地下水渗入井内。为了使封底混凝土和底板与井壁间更好地联结,以传递基底反力,使沉井成为空间结构受力体系,常于刃脚上方井壁内侧预留凹槽,以便在该处浇筑钢筋混凝土底板和楼板及井内结构。凹槽的高度应根据底板厚度决定,主要为传递底板反力而采取的构造措施。凹槽底面一般距刃脚踏面 2.5m 左右。槽高约 1.0m,接近于封底混凝土的厚度,以保证封底工作顺利进行。凹入深度 c 为 150～250mm。

井壁
well wall

井壁是沉井的主要部分,应有足够的厚度与强度,以承受在下沉过程中各种最不利荷载组合(水土压力)所产生的内力,同时要有足够的重量,使沉井能在自重作用下顺利下沉到设计标高。

对于薄壁沉井，应采用触变泥浆润滑套、壁外喷射高压空气等措施，以降低沉井下沉时的摩阻力，达到减薄井壁厚度的目的。但对于这种薄壁沉井的抗浮问题，应谨慎核算，并采取适当、有效的措施。

刃脚
cutting edge

刃脚是沉井壁板下端带有斜面的部分，用于支承沉井重量和切土下沉。

井壁最下端一般都做成刀刃状的刃脚，其主要功用是减少下沉阻力。刃脚还应具有一定的强度，以免在下沉过程中损坏。刃脚的式样应根据沉井下沉时所穿越土层的软硬程度和刃脚单位长度上的反力大小决定，沉井重、土质软时，踏面应稍宽。相反，沉井轻，又要穿过硬土层时，踏面应稍窄，有时甚至要用角钢加固的钢刃脚。

井孔
well hole

沉井内设置的内隔墙或纵横隔墙或纵横框架形成的格子称作井孔，井孔尺寸应满足工艺要求。

内隔墙
inner partition

根据使用和结构上的需要，在沉井井筒内设置内隔墙。内隔墙的主要作用是增加沉井在下沉过程中的刚度，减小井壁受力计算跨度。同时，又把整个沉井分隔成多个施工井孔(取土井)，使挖土和下沉可以较均衡地进行，也便于沉井偏斜时的纠偏。内隔墙因不承受水土压力，所以，其厚度较沉井外壁薄一些。

排水下沉
sinking by drainage

排水下沉指沉井下沉过程中，在取土作业时排除井内积水。

强迫下沉法
enforced settlement

强迫下沉法指通过施加外荷载的方式使沉井下沉。

干封底
dry bottom sealing

沉井的干封底应符合下列规定。

(1) 地下水位应降至底板底高程500mm以下,降水作业应在底板混凝土达到设计强度,且沉井内部结构完成并满足抗浮要求后,方可停止。

(2) 封底前井壁与底板连接部位应凿毛并清洗干净。

(3) 待垫层混凝土达到50%设计强度后,浇筑混凝土底板,应一次浇筑,分格连续对称进行。

(4) 降水用的集水井应用微膨胀混凝土填筑密实。

水下封底
underwater bottom sealing

沉井的水下封底应符合下列规定。

(1) 封底混凝土水泥用量宜为350~400kg/m^3,砂率为45%~50%,砂宜采用中、粗砂,水灰比不宜大于0.6,骨料粒径以5~40mm为宜。水下封底也可采用水下不分散混凝土。

(2) 封底混凝土应在沉井全部底面积上连续均匀浇筑,浇筑时导管插入混凝土深度不宜小于1.5m。

(3) 封底混凝土达到设计强度后,方可从井内抽水,并检查封底质量,对渗漏水部位进行堵漏处理。

(4) 防水混凝土底板应连续浇筑,不得留施工缝,底板与井壁接缝处应进行防水处理。

(5) 当沉井与位于不透水层内的地下工程连接时,应先封住井壁外侧含水层的渗水通道。

沉井采用水下混凝土封底时,应符合浇筑水下混凝土的有关规定。水下浇筑混凝土的方法有袋装法、振捣法、导管法(泵压法、吊罐法)(水深1.5m以上)。

地下连续墙
diaphragm wall

地下连续墙的优点是刚度大，既挡土又挡水，施工时无振动、噪声低，可用于任何土质。施工过程：利用专用的挖槽机械在泥浆护壁下开挖一定长度（一个单元槽段）—挖至设计深度并清除沉渣—插入接头管—吊入钢筋笼—导管浇注混凝土—待混凝土初凝后拔出接头管—逐段施工。

地下连续墙在成槽之前先要沿设计轴线施工导墙，导墙的作用是挖槽导向、防止槽段上口塌方、存蓄泥浆和作为测量的基准。

按成墙方式可分为：(1)桩排式；(2)槽板式；(3)组合式。

按墙的用途可分为：(1)防渗墙；(2)临时挡土墙；(3)永久挡土（承重）墙；(4)作为基础用的地下连续墙。

按墙体材料可分为：(1)钢筋混凝土墙；(2)塑性混凝土墙；(3)固化灰浆墙；(4)自硬泥浆墙；(5)预制墙；(6)泥浆槽墙（回填砾石、黏土和水泥三合土）；(7)后张预应力地下连续墙；(8)钢制地下连续墙。

按开挖情况可分为：(1)地下连续墙（开挖）；(2)地下防渗墙（不开挖）。

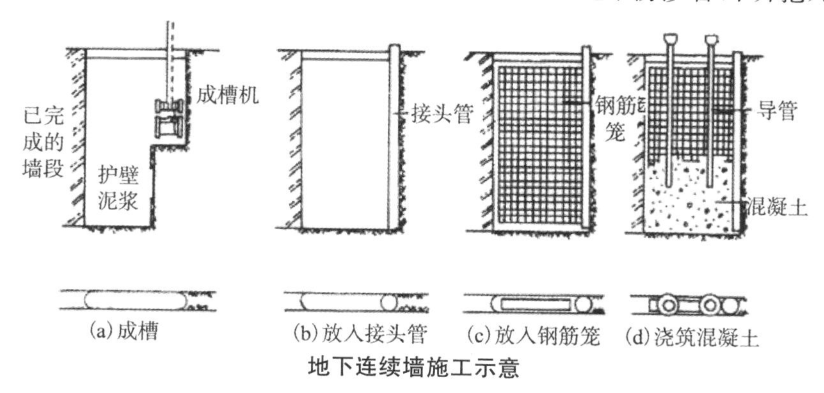

地下连续墙施工示意

导墙
guide wall

导墙是用于地下连续墙施工导向，积蓄泥浆并维持表面高度，支撑挖墙机械设备，维护槽顶上层的稳定和阻止地面水流入沟槽的板型、Π型、倒L型构造物。

导墙一般用钢筋混凝土浇筑而成，厚度一般为 200mm，深度 1.5～

2.0m,顶面高出自然地面100～200mm。它是地下连续墙施工的第一步,其作用是挡土墙,建造地下连续墙施工测量的基准、储存泥浆,对挖槽起重大作用。

沉箱基础
caisson foundation

将沉井的底节做成有顶板的工作室,在其顶板上装有气筒及气闸,这种结构称为沉箱基础,也称气压沉箱。当桥梁深水基础需修建在透水性很大的土层中且土层中含有难于处理的障碍物时,或在基底需要经过特殊处理的情况下,沉井无法下沉时,可采用沉箱基础。

先将气压沉箱的气闸打开,在气压沉箱沉入水中达到覆盖层后,再将闸门关闭,并将压缩空气输送到工作室中,将工作室中的水排出。施工人员就可以通过换压用的气闸及气筒到达工作室内进行挖土工作。挖出的土向上通过气筒及气闸运出沉箱,这样,沉箱就可以利用其自重下沉到设计标高。然后用混凝土填实工作室做成基础的底节。

管柱基础
tube column foundation

管柱基础是主要用于桥梁的一种深基础,管柱外形类似管桩,其区别在于:管柱一般直径较大,最下端一节制成开口状,在一般情况下,靠专门设备强迫振动或扭动,并辅以管内排土而下沉,如落于基岩,可以通过凿岩使其锚固于岩盘;而管桩直径一般较小,桩尖制成闭合端,常用打桩机具打入土中,一般较难通过硬层或障碍,更不能锚固于基岩。大型管柱的外形又类似圆形沉井,但沉井主要是靠自重下沉,其壁较厚,而管柱是靠外力强迫下沉,其壁较薄。管柱基础适用于较复杂的水文地质条件。

20 土坡稳定

土坡
slope

土坡又称边坡，为具有倾斜坡面的土体，可分为两大类：天然土坡和人工土坡。天然土坡是自然形成的，又称自然土坡。人工土坡是由挖方或填方形成的。土坡稳定性分析是土力学的重要课题之一。

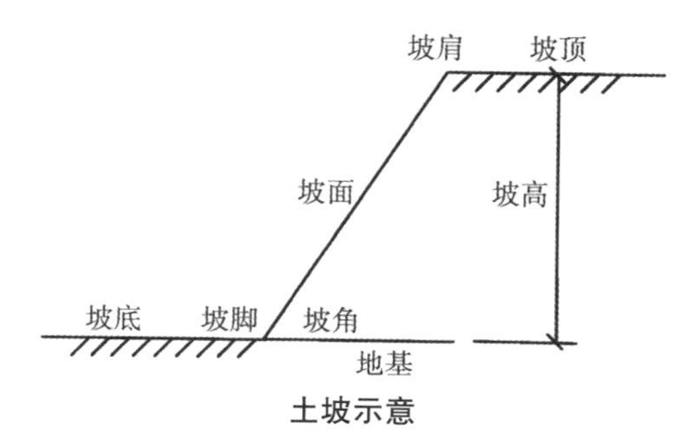

土坡示意

土坡稳定分析
slope stability analysis

土坡稳定分析指对土坡的稳定性进行研究分析。土坡失稳是指土坡中一定范围内的土体沿某一滑动面向下或向外移动而丧失其稳定性。土坡失稳常常是在外界的不利因素影响下发生的，引致土坡失稳通常有下述几个方面的原因：(1)土坡所受的作用力发生变化；(2)土的抗剪强度降低；

(3)动水力的作用。土坡稳定分析是土力学的一个重要课题。土坡稳定分析方法主要有极限平衡法、极限分析法,近年来对有限单元法、概率统计法在土坡稳定分析中的应用研究也在开展。

土坡稳定极限分析法
limit analysis method of slope stability

土坡稳定极限分析法指应用极限分析原理进行土坡稳定分析的方法。极限分析法主要建立在下限定理和上限定理的基础上。下限定理表明在所有与静力容许的应力场相适应的荷载中,极限荷载最大。上限定理表明在所有的与机动容许的塑性变形位移速率场相对应的荷载中,极限荷载最小。与极限平衡法相比,它是一种比较新的方法。在分析中应用了土的屈服准则和流动法则。

土坡稳定极限平衡法
limit equilibrium method of slope stability

土坡稳定极限平衡法指应用极限平衡法分析土坡稳定性的方法。假定一个破坏面,或称滑动面,从土坡中分出一隔离土体,通过考虑土体的静力平衡来进行土坡稳定分析。库尔曼法、摩擦圆法、各种条分法等都属于土坡稳定极限平衡法。

毕肖普法
Bishop method

毕肖普(1955)在瑞典圆弧滑动法的基础上考虑了条间力的作用,提出了另一个稳定分析安全系数公式,称为毕肖普法。

边坡稳定安全系数
safety factor of slope

在土坡稳定分析中,边坡稳定安全系数可定义为抗滑力矩 M_r 和滑动力矩 M_s 之比,即

$$K=\frac{M_r}{M_s}$$

也可定义为土的抗剪强度 τ_f 和潜在滑动面上保持平衡所需的剪应力 τ 之比,即

$$K=\frac{\tau_f}{\tau}$$

不同的土坡稳定分析方法中，稳定安全系数的定义及其表达式具有不同的形式。在工程设计中，稳定安全系数应根据具体规范选用。

不平衡推力传递法
unbalanced thrust transmission method

不平衡推力传递法是土坡稳定分析条分法的一种。它假定条间力的合力方向与上一条土条底面相平行，根据力的平衡条件，由上向下逐条推求，直至最后一条土体的推力为零。该法可适用于任意形状的滑动面。

费伦纽斯条分法
Fellenius method of slices

条分法最早由瑞典工程师费伦纽斯(W. Fellenius，1922)提出，费伦纽斯条分法又称瑞典圆弧滑动法，参见“瑞典圆弧滑动法”词条。

库尔曼法
Culmann method

库尔曼(C. Culmann，1866)提出的土坡稳定分析方法称为库尔曼法。它通过考虑作用在由滑动面(拟设为平面并通过坡趾)形成的隔离体上的静力平衡进行土坡稳定性分析。记 W 为隔离体土重，R 和 C 分别为作用于滑动面上的法向力和剪切力。库尔曼法对较陡的土坡比较适用。

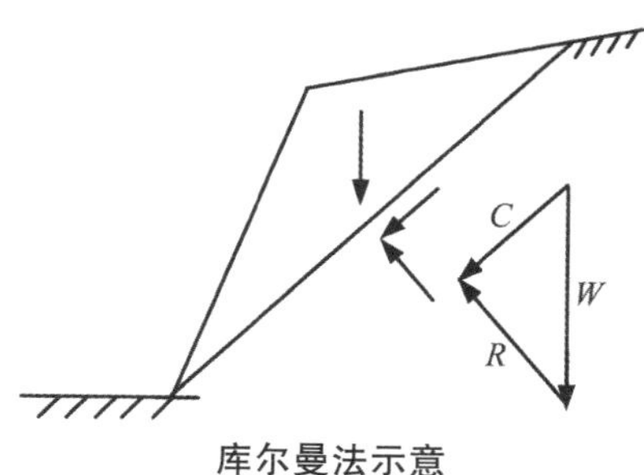

库尔曼法示意

库尔曼图解法
Culmann graphic method

库尔曼图解法是库仑土压力理论的一种图解方法。根据库仑的基本理论,假定多个不同的滑动面,可得相应的W、C和R,并绘出多个力的平衡三角形,按相似关系进行计算。此法可用于计算粉土和黏性土的主动土压力。其具体步骤如下。

(1) 按比例绘出挡土墙与填土面的剖面图。

(2) 过B点作自然坡面BD,使BD与水平线的交角为φ。

(3) 过B点作基线BL,使BL与BD的夹角为$\psi=90-\alpha-\delta$。

(4) 在AB与BD面之间任意选定破坏面BC_1,BC_2,…,分别求土楔ABC_1,ABC_2,…的自重W_1,W_2,…,按某一适当的比例尺作过$Bn_1=W_1$,$Bn_2=W_2$,…,过n_1,n_2,…分别作平行于BL的平行线与BC_1,BC_2,…交于点m_1,m_2,…。

(5) 将m_1,m_2,…各点连成曲线。

(6) 平行于BD作曲线的切线,切点为m,过m点作一直线与BL平行,它与BD相交于n点,则按力矢的比例关系求得mn的大小即为主动土压力E_a。

(7) 连接Bm并延长交土面于C点,则BC面即为所求的真正破坏面。

如果填土面上有荷载作用,则只需在土楔体自重中加上所假定的滑动土楔上的地面荷载,然后按照上述方法作图。

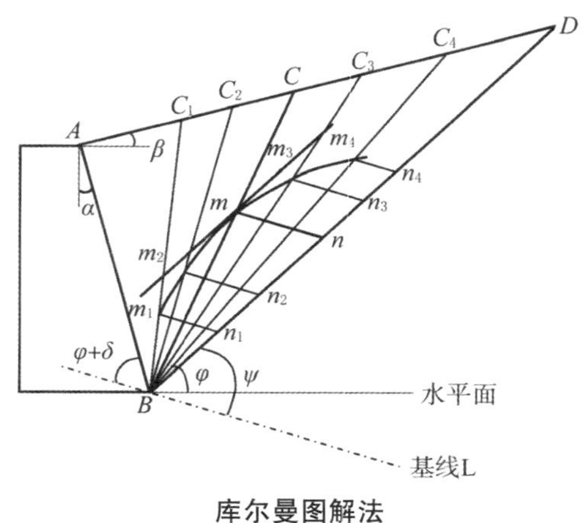

库尔曼图解法

摩擦圆法
friction circle method

摩擦圆法中，假定滑动面为圆弧。安全系数 F_c 和 F_φ 由下式定义：

$$\tau=\tau_f/F=c/F_c+\sigma_n\tan\varphi/F_\varphi$$

式中，c 和 φ 为土的黏聚力和内摩擦角，σ_n 为滑弧面法向应力。首先假设 $F_\varphi=1.0$，于是有

$$\tau=\tau_f/F=c/F_c+\sigma_n\tan\varphi$$

作用在滑弧微段 $\mathrm{d}l$ 上的力为剪切力 $\left(\frac{c}{F_c}\right)\mathrm{d}l$，沿 ABD 弧的合力平行于 AD 弦，合力等于 $\left(\frac{c}{F_c}\right)$ 乘 AD 弦长；剪切力为 $\sigma_n\tan\varphi\mathrm{d}l$，法向力为 $\sigma_n\mathrm{d}l$。后两个力的合力与滑弧线方向成 φ 角，而和以 O 为圆心，以 $\gamma\sin\varphi$ 为半径的圆相切，这个圆称为摩擦圆。并假定这两个力沿滑弧 ABD 的合力 R 也和此圆相切。反力 R 必须通过 C 和 W 合力的交点，因此 R 的方向确定。于是可求出 C，则若 $\varphi=0$ 或 $F_c=F_\varphi$。若 $\varphi\neq0$，F 可以通过逐次近似法确定。先取 F_φ 为任意值，摩擦圆半径为 $\gamma\sin\varphi$，此时 $\tan\psi=\tan\varphi/F_\varphi$，用上述方法确定 F_c，再逐步调整 F_φ，直至 $F=F_c=F_\varphi$。

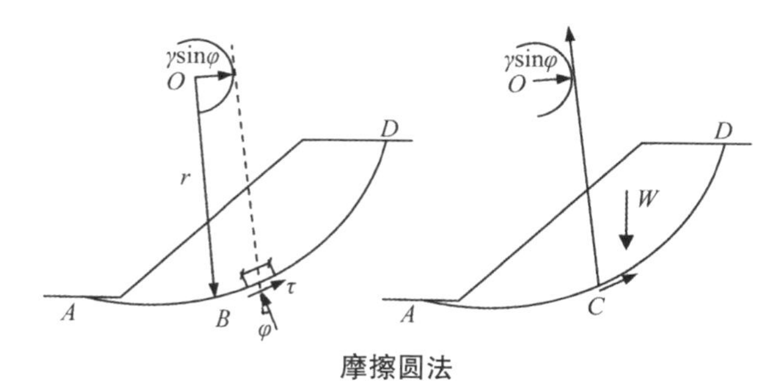

摩擦圆法

摩根斯坦—普拉斯法
Morgenstern-Price method

摩根斯坦—普拉斯法是摩根斯坦（N.R. Morgenstern）和普拉斯（V.E. Price）提出的一种土坡稳定分析方法。它可适用于任意形状的滑动面。对一任意形状的土坡，其坡面线、地下水线、推力线及滑移面分别以函数 $y=z(x)$、$y=h(x)$、$y=y_t'(x)$、$y=y(x)$表示。对一微分土条，其上作用有重

力 dW,土条底面的有效法向应力 dN' 及切向阻力 dT,土条两侧的有效法向条间力 E'、$E'+dE'$ 及切向条间力 X、$X+dX$。u 及 $u+du$ 为作用于土条两侧的孔隙水压力,du_s 则为作用于土条底部的孔隙水压力。假定各土条间的切向条间力 X 与法向条间力 $E(E=E'+U)$ 之比为坐标 x 的函数,即 $X=\lambda f(x)E$,式中 λ 为常数,选定 $f(x)$ 后,即可根据整个滑动土体的静力平衡求出问题的解答。当 $f(x)=$ 常数,则退化为斯宾塞法;若 $f(x)=0$,则退化为简化毕肖普法。本法是一种较一般的土坡稳定分析方法。

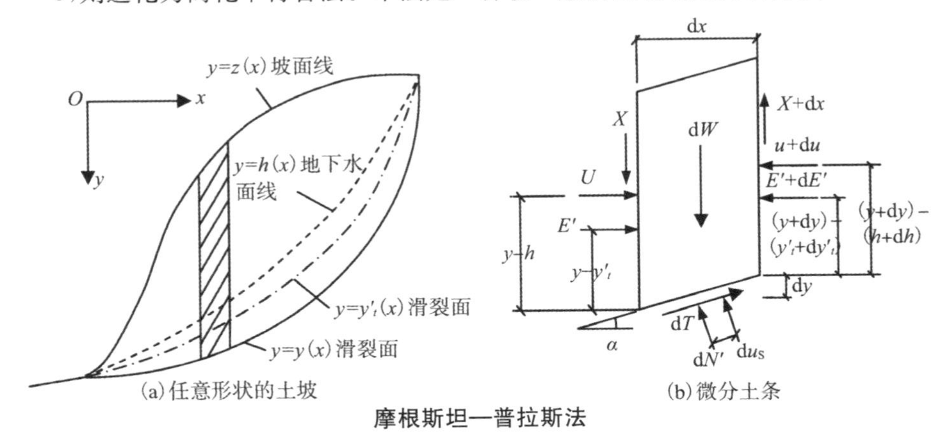

(a)任意形状的土坡　　(b)微分土条

摩根斯坦—普拉斯法

瑞典圆弧滑动法
Swedish circle method

瑞典圆弧滑动法又称 Fellenius 法,该法假定土体滑动面呈圆弧形。在静力平衡分析中不考虑土条两侧面间力的作用,即令 $P_i=P_{i+1}$。瑞典圆弧滑动法可采用总应力计算也可采用有效应力计算。采用有效应力计算安全系数 F 的表达式为

$$F=\frac{\sum[c'_i l_i+(W_i\cos\alpha_i-u_i l_i)\tan\varphi'_i]}{\sum W_i\sin\alpha_i}$$

式中,c'_i 和 φ'_i 为第 i 条土底部土的有效应力强度指标;u_i 为土条底部土中孔隙水压力;W_i 为土条自重;l_i 为土条在圆弧面上的长度;α_i 为土条底面与水平面倾角。通过试算可得到最危险的滑动面与相应的安全系数。

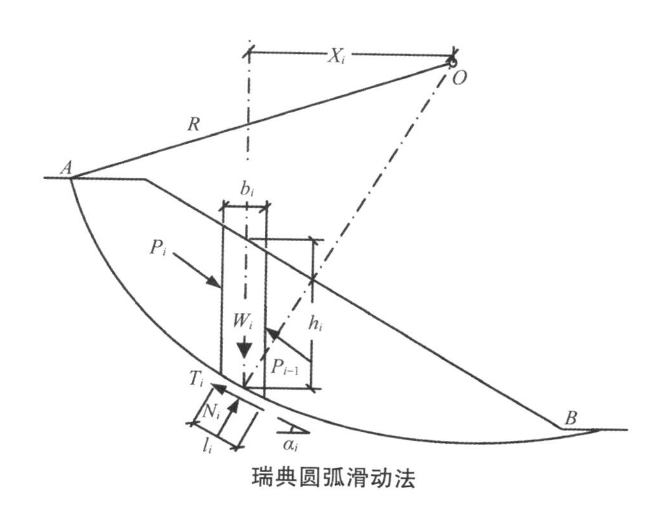

瑞典圆弧滑动法

斯宾塞法
Spencer method

斯宾塞法是斯宾塞(E. Spencer,1967)提出的一种土坡稳定分析方法，是条分法的一种。斯宾塞假定相邻土条之间的法向条间力 E 与切向条间力之间有一固定的常数关系：

$$\frac{X_i}{E_i}=\frac{X_{i+1}}{E_{i+1}}=\tan\theta$$

因此各条间力合力 P 的方向是相互平行的。考虑滑动土体的静力平衡即可得到问题的解答。

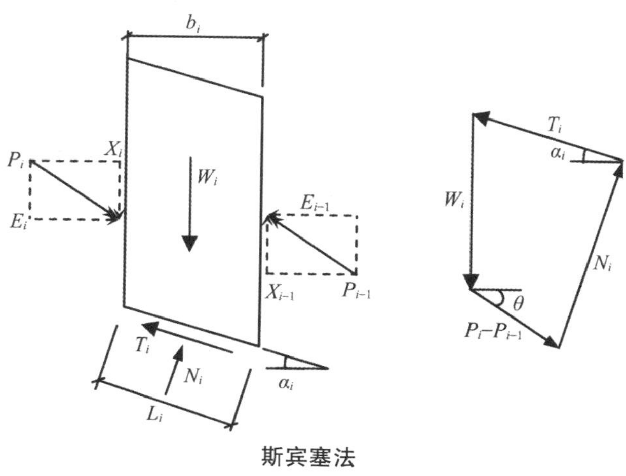

斯宾塞法

泰勒法
Taylor method

泰勒法又称稳定数法,是泰勒(D. Taylor,1937)在摩擦圆法基础上提出的稳定分析方法,适用于总应力法分析。稳定数的表达式为

$$N_s=\frac{c}{\gamma H}$$

式中,c 为黏聚力,H 为坡高,γ 为土的容重。稳定数值与土的内摩擦角 φ 和土坡形状有关。泰勒根据理论计算制成图表。应用泰勒稳定数表可以很简便地分析简单土坡的稳定性。

条分法
slices method

条分法是土坡稳定分析方法中应用最普遍的一类方法。此法首先假定一潜在的滑动面,将滑动面以上的土体分成 n 条铅直土条,再对作用在土条上的力进行静力平衡分析,通过静力平衡分析求出该假设滑动面所对应的土坡稳定安全系数,然后通过试算找出最危险滑动面及相应的安全系数。

每一土条上的作用力有如下几种:W 为土条重;E_i 和 E_{i+1} 为土条侧向法向力;X_i 和 X_{i+1} 为土条侧面剪切力;N_i 和 T_i 分别为土条底面上的法向力和剪切力。

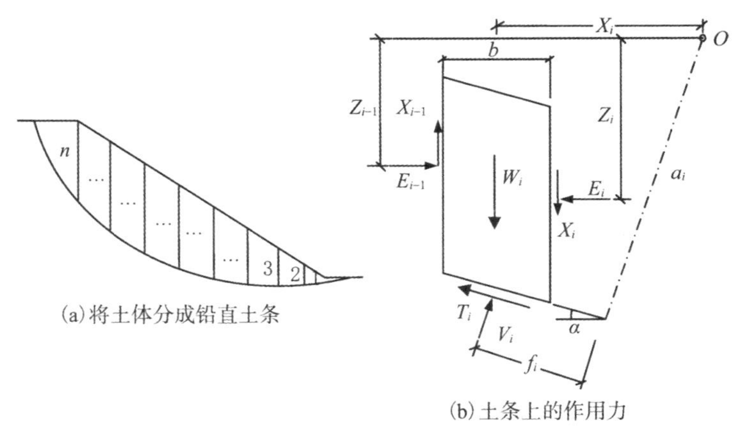

(a)将土体分成铅直土条

(b)土条上的作用力

条分法

土条刚要滑动时，滑动面上满足破坏条件

$$\tau_f = c' + (\sigma_n - u)\tan\varphi'$$

式中，c' 和 φ' 为土体有效应力强度指标，即有效黏聚力和有效内摩擦角；σ_n 为法向应力；u 为孔隙水压力。由下式定义安全系数 F：

$$\tau = \tau_f / F = \frac{c'}{F} + (\sigma_n - u)\frac{\tan\varphi'}{F}$$

式中，τ 为 σ_n 对应的剪应力。对每一土条得到下述方程式，共 n 个：

$$T_i = \frac{1}{F}[c'b\sec\alpha + (N - ub\sec\alpha)\tan\varphi']$$

式中，α 为土条底面与水平线的夹角。

考虑作用在土条上作用力的平衡和力矩平衡，又可得到 $3n$ 个方程式。对第 i 条的方程式有

$$[T\sin\alpha + N\cos\alpha]_i = [W - \Delta X]_i$$

$$[T\cos\alpha - N\sin\alpha]_i = \Delta E_i$$

$$W_i x_i + X_i\left(x_i - \frac{b_i}{2}\right) - X_{i+1}\left(x_i + \frac{b}{2}\right) - E_i z_i + E_{i+1} z_{i+1} = T_i \alpha_i + N_i f_i$$

式中，$\Delta X_i = X_{i+1} - X_i$；$\Delta E_i = E_{i+1} - E_i$；$b_i$ 为土条宽度；x_i、z_i、z_{i+1}、α_i 和 f_i 分别为作用力 W_i、E_i、E_{i+1}、T_i 和 N_i 对 O 点的力矩。

在上述 $4n$ 个方程中，有 $6n-2$ 个未知数，包括 $n-1$ 个条间法向力 E_i，$n-1$ 个条间剪切力 X_i，以及 $n-1$ 个条间力 E_i 的作用点位置，n 个条底面法向力 N_i 和 n 个条底面剪切力 T_i，以及 n 个法向力的作用点位置，还有安全系数 F 值。$4n$ 个方程中有 $6n-2$ 个未知数，属超静定问题。通常要做一些假设，才能使问题有解。如土条底面法向力作用点一般可假设作用在中点，则可减少 n 个未知数。要使问题静定，还需做出 $(n-2)$ 个假设。根据不同的简化假定，条分法可分为瑞典圆弧滑动法、毕肖普法、摩根斯坦法、杨布普遍条分法、斯宾塞法和不平衡推力传递法等。

杨布普遍条分法
Janbu general slice method

杨布(N. Janbu，1954)普遍条分法与瑞典圆弧滑动法不同，它适用于分析任意形状的滑动面。它还考虑了条间力的作用，但对条间力作用点位置做了假设，通常假定推力线位于土条两侧的 1/3 高处。根据整个滑动土体的静力平衡分析，得安全系数

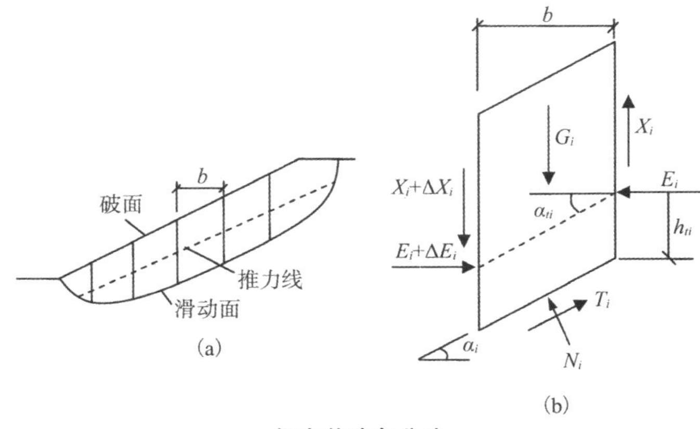

杨布普遍条分法

$$K=\frac{\sum\frac{1}{m_{\alpha i}}[cb+(G_i+\Delta X_i)\tan\varphi]}{\sum(G_i+\Delta X_i)\sin\alpha_i}$$

式中 $m_{\alpha i}=\cos\alpha_i\left(1+\frac{\tan\varphi\tan\alpha_i}{K}\right)$,上式计算求解需用迭代法,可按以下步骤进行。

(1) 先设 $\Delta X_i=0$,并假定 $K=1$,算出 $m_{\alpha i}$,代入上式求得,若计算 K 值与假定值相差较大,则由新的 K 值再求 $m_{\alpha i}$ 和 K,反复逼近至满足精度要求,求出 K 的第一次近似值。

(2) 由 $T_{fi}=\frac{1}{K}[cb+(G_i+\Delta X_i)\tan\varphi]\frac{1}{m_{\alpha i}}$、$\Delta E_i=(G_i+\Delta X_i)\tan\varphi-T_{fi}\sec\alpha_i$、$X_i=-E_i\tan\alpha_{ti}+h_{ti}\frac{\Delta E_i}{b}$ 分别求出 T_{fi}、ΔE_i 及 X_i,并计算出 ΔX_i。

(3) 用新求出的 ΔX_i 重复步骤(1),求出 K 的第二次近似值,并以此值重复上述计算每一土条的 T_{fi}、ΔE_i 及 X_i,直至前后计算的 K 值达到某一要求的计算精度。

圆弧分析法
circular arc analysis

假设滑动面为圆弧形状的土坡稳定分析方法称为圆弧分析法。沿假设圆弧滑动面滑动的稳定安全系数K为

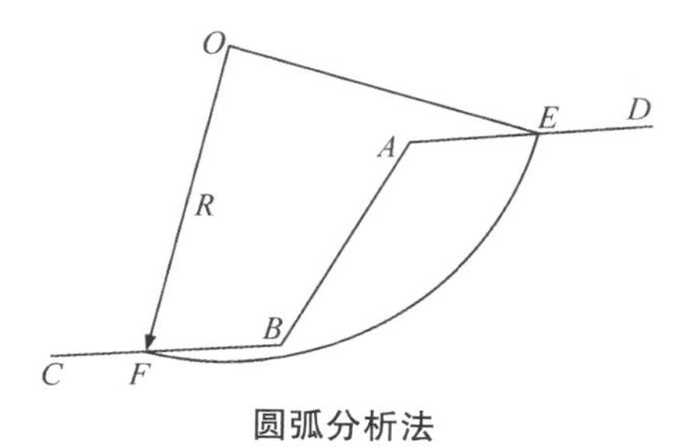

圆弧分析法

$$K=\frac{\text{对圆心}O\text{的抗滑力矩}}{\text{对圆心}O\text{的滑动力矩}}$$

通过变化圆心位置和半径大小可得到一最小的 K 值，即土坡稳定安全系数。

铅直边坡的临界高度
critical height of vertical slope

采用极限平衡法分析，可得铅直边坡临界高度上限解

$$H_c=\frac{4c}{\gamma(1+n)}\tan\left(\frac{\pi}{4}+\frac{\varphi}{2}\right)$$

式中，c 为土体的黏聚力；φ 为土体的内摩擦角；γ 为土的容重，nH_c 为开裂深度。

如考虑土体不能承受拉应力，则 $n=1.0$，上式可改写为

$$H_c=\frac{2c}{\gamma}\tan\left(\frac{\pi}{4}+\frac{\varphi}{2}\right)$$

采用极限分析法证明该式也是不能承受拉应力铅直边坡临界高度的下限解，因此是精确解。

在实际工程中，刚刚开挖后铅直边坡几乎没有裂缝存在，并且由于负的孔隙水压力的影响，土体暂时能够承受一定拉应力。因此，太沙基(1942)曾建议采用下式计算临界高度，

$$H_c=\frac{2.67c}{\gamma}\tan\left(\frac{\pi}{4}+\frac{\varphi}{2}\right)$$

此时，$n=0.5$，即认为裂缝的深度通常不超过 H_c 值的一半。

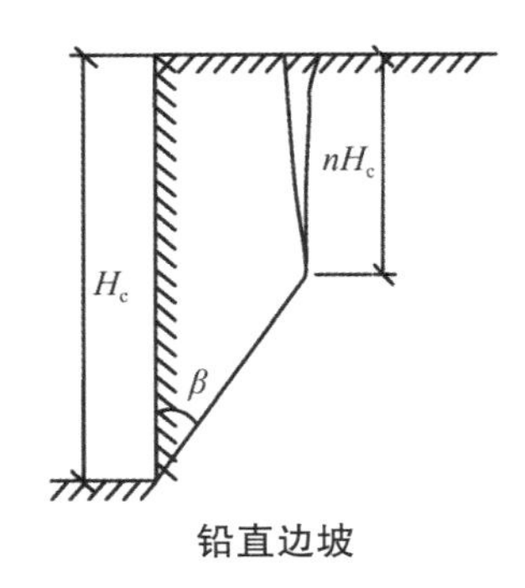

铅直边坡

安息角(台)
angle of repose

台湾用语,参见“休止角”词条。

休止角
angle of repose

休止角是无黏性土自然堆积所形成的土坡的极限坡角,又称自然休止角,其值等于土在松散状态下的内摩擦角,在台湾称为安息角。无黏性土土坡的坡角等于休止角时,稳定安全系数等于1.0,抗滑力等于滑动力,土坡处于极限平衡状态。无黏性土土坡稳定性与坡高无关,仅取决于坡角。只要土坡坡角小于休止角,土坡就是稳定的。

边坡支护
slope retaining

边坡支护指为保证边坡及其周围环境的安全,对边坡采取的支挡、加固与防护措施,如采用重力式挡墙、扶壁式挡墙、锚杆、岩石锚喷等支护形式,以确保边坡处于安全稳定的状态。

边坡环境
slope environment

边坡环境是边坡影响范围内的岩土体、水系、建筑物、道路及管网等的统称。边坡稳定分析和边坡支挡结构设计计算等均需要详尽地了解边坡环境。

滑坡裂缝
slope crack

滑坡体不同部分在滑动过程中因受力性质、移动速度的不同，而产生不同力学性质的裂缝系统，如拉张裂缝、剪切裂缝、鼓胀裂缝、扇形张裂缝等，称为滑坡裂缝。

崩塌
collapse

崩塌是指块状岩体与岩坡分离而向前翻滚而下。在崩塌过程中，岩体无明显滑移面，同时下落岩块或未经阻挡而直接坠落于坡脚；或在斜坡上滚落、滑移、碰撞，最后堆积于坡脚处。其规模相差悬殊，大至山崩，小至块体坠落。

岩坡的崩塌常发生于既高又陡的边坡前缘地段。崩塌，从力学机理分析，可认为是岩体在重力与其他外力共同作用下超过岩体强度而引起的破坏现象。所谓其他外力是指由裂隙水的冻结导致的楔开效应，裂隙水的静水压力，植物根须的膨胀压力以及地震、雷击等的动力荷载等，都会诱发岩坡产生崩塌现象。

平面破坏
plane failure

平面破坏是岩石边坡破坏类型之一。当岩石边坡的主要结构面的走向、倾向与坡面基本一致，结构面的倾角小于坡角且大于其摩擦角时，极易发生平面破坏，其特征有一个滑动平面和一个滑动块体、一个滑动平面和一条张裂缝、若干滑动平面和横节理或一个主要滑动平面和主动、被动两滑动块体。

楔形破坏
wedge-shaped failure

楔形破坏是岩石边坡破坏类型之一。当两组结构面的交线倾向坡面，交线的倾角小于坡角且大于其摩擦角时，岩质边坡容易产生楔形破坏。

倾倒破坏
tip failure

岩体被陡倾结构面分割成一系列岩柱，当岩体为软岩时，岩柱产生坡面弯曲，当岩体为硬岩时，岩柱可再被正交节理切割成岩块，向坡面翻倒，这种现象称为倾倒破坏。

曲线形破坏
curvilinear failure

曲线形破坏是岩石边坡破坏类型之一。当岩质边坡节理很发育的破碎岩体发生旋转破坏时，产生的破坏面是圆弧或非圆弧曲线。

软弱结构面
weak structural plane

软弱结构面指断层破碎带、软弱夹层、含泥或岩屑等结合程度很差、抗剪强度极低的结构面。边坡失稳破坏时破坏面易发生在软弱结构面上。

岩坡稳定分析
analysis of rock slope stability

岩坡稳定分析指对岩石边坡的稳定性进行研究分析。在进行岩坡稳定分析时，首先应当查明岩坡可能的滑动类型，然后对不同类型采用相应的分析方法。目前，用于分析岩坡稳定性的方法有刚体极限平衡法、赤平投影法、有限元法以及模拟式研发等，比较成熟且在目前应用得较多的仍然是刚体极限平衡法。

岩坡圆弧破坏分析
circle failure analysis

岩体沿弧形滑面滑移，在均质的岩体中，特别是均质泥岩或页岩中易产生近圆弧形滑面。当岩土非常软弱或岩体节理异常发育或已破碎时，破坏也常表现为圆弧状滑动。此时，边坡稳定性系数可按下式计算：

$$K_{s}=\frac{\sum R_{i}}{\sum T_{i}}$$

$$N_{i}=(G_{i}+G_{bi})\cos\theta_{i}+P_{wi}\sin(\alpha_{i}-\theta_{i})$$

$$T_i=(G_i+G_{bi})\sin\theta_i+P_{wi}\cos(\alpha_i-\theta_i)$$
$$R_i=N_i\tan\theta_i+c_il_i$$

式中，K_s 为边坡稳定性系数；c_i 为第 i 计算条块滑动面上岩土体的黏结强度标准值，kPa；φ_i 为第 i 计算条块滑动面上岩土体的内摩擦角标准值；l_i 为第 i 计算条块滑动面长度，m；θ_i，α_i 分别为第 i 计算条块底面倾角和地下水位面倾角；G_i 为第 i 计算条块单位宽度岩土体自重，kN/m；G_{bi} 为第 i 计算条块滑体地表建筑物的单位宽度自重，kN/m；P_{wi} 为第 i 计算条块单位宽度的动水压力，kN/m；N_i 为第 i 计算条块滑体在滑动面法线上的反力，kN/m；T_i 为第 i 计算条块滑体滑动面切线上的反力，kN/m；R_i 为第 i 计算条块滑动面上的抗滑力，kN/m。

岩坡楔体破坏分析
wedge-shaped failure analysis

楔形体法主要用于岩体受结构面控制的楔体，沿两个相交的不连续面上滑动时边坡的稳定性分析。楔体由两相交结构面、坡面和坡顶面构成，滑体沿两滑面的交线下滑，根据抗滑力和下滑力的比值可以得到滑坡稳定系数。该法主要用于评价岩质边坡及沿两结构面的交线滑动的楔形体模式的边坡稳定性。

岩坡球面投影法
spheric projection method

Peck、Goodman、Hoek 等人通过赤平投影，研究出一种图解法，即赤平投影法，也称球面投影法。根据这种图解法可以做出力的三相图解，利用这种投影原理，用圆弧代表边坡上不连续节理的平面，表示力的矢量则用

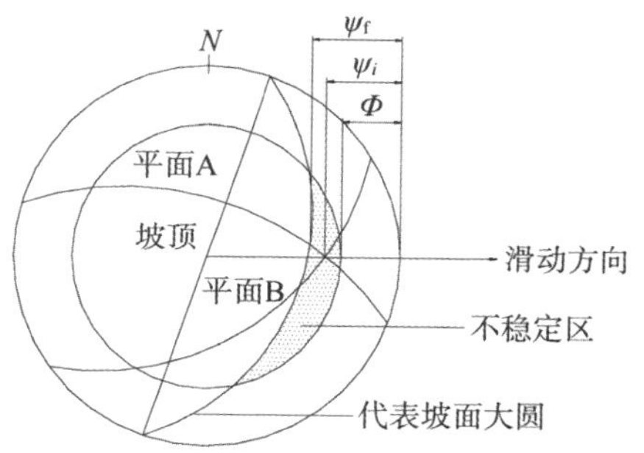

用赤平投影图进行边坡稳定性分析示意

通过半球中心的直线。剪切面摩擦角用半径与 φ 成比例的圆周表示。在标出各种参数之后,容易看出,当剪切面圆周的相交点落在受边坡面和摩擦角 φ 的圆周所限定的阴影区时,则楔形岩块是不稳定的。这种方法可使许多较为复杂的稳定性问题得到解决。

边坡反分析
back analysis of slope

岩土工程中的反分析是指以现场量测到的反映系统力学行为的某些物理信息量(如位移、应变或荷载等)为基础,通过反演模型(系统的物理性质模型及其数学描述,如应力与应变关系式等)推算得到该系统的各项或某些初始参数(如本构模型参数和几何参数等)的方法。准确确定边坡岩体力学参数是进行边坡稳定性分析的关键环节,可以构建边坡岩体力学参数反分析模型,确定边坡岩体力学参数如黏聚力 c、内摩擦角 φ 及弹性模量 E,进而分析边坡稳定性。

边坡坡率允许值
allowable value of ratio of slope

边坡坡率允许值指采用坡率法时所采用的边坡坡度允许的范围。土质边坡坡率允许值应根据经验,按工程类比的原则并结合已有稳定边坡的坡率值分析确定;当无经验,且土质均匀良好、地下水贫乏、无不良地质现象和地质环境条件简单时,可按下表确定。

土质边坡坡率允许值

边坡土体类别	状态	坡率允许值(高宽比)	
		坡高小于5m	坡高5～10m
碎石土	密实	1∶0.35～1∶0.50	1∶0.50～1∶0.75
	中密	1∶0.50～1∶0.75	1∶0.75～1∶1.00
	稍密	1∶0.75～1∶1.00	1∶1.00～1∶1.25
黏性土	坚硬	1∶0.75～1∶1.00	1∶1.00～1∶1.25
	硬塑	1∶1.00～1∶1.25	1∶1.25～1∶1.50

注:1. 表中碎石土的充填物为坚硬或硬塑状的黏性土。
2. 对于砂土或充填物为砂土的碎石土,其边坡坡率允许值应按自然休止角确定。

在边坡保持整体稳定的条件下,岩质边坡坡率允许值应根据经验,按工程类比的原则并结合已有稳定边坡的坡率值分析确定。对无外倾软弱结构面的边坡,坡率允许值可按下表确定。

岩质边坡坡率允许值

边坡岩体类别	风化程度	坡率允许值(高宽比)		
		$H<8m$	$8m\leqslant H<15m$	$15m\leqslant H<20m$
Ⅰ类	微风化	1∶0.00～1∶0.10	1∶0.10～1∶0.15	1∶0.15～1∶0.25
	中等风化	1∶0.10～1∶0.15	1∶0.15～1∶0.25	1∶0.25～1∶0.35
Ⅱ类	微风化	1∶0.10～1∶0.15	1∶0.15～1∶0.25	1∶0.25～1∶0.35
	中等风化	1∶0.15～1∶0.25	1∶0.25～1∶0.35	1∶0.35～1∶0.50
Ⅲ类	微风化	1∶0.25～1∶0.35	1∶0.35～1∶0.50	
	中等风化	1∶0.35～1∶0.50	1∶0.50～1∶0.75	
Ⅳ类	中等风化	1∶0.50～1∶0.75	1∶0.75～1∶1.00	
	强风化	1∶0.75～1∶1.00		

注：1. 表中 H 为边坡高度。

2. Ⅳ类强风化包括各类风化程度的极软岩。

当有外倾软弱结构面的岩质边坡、土质较软的边坡、坡顶边缘附近有较大荷载的边坡，以及坡高超过上述两表范围的边坡，坡率允许值应通过稳定性分析计算确定。

坡率法
slope ratio method

坡率法是指通过调整、控制边坡坡率采取构造措施保证边坡稳定的边坡治理方法。它是通过控制边坡高度和坡度，无需对边坡整体进行加固而自身稳定的一种人工边坡设计方法。坡率法是一种比较经济，施工方便的方法，对有条件的场地宜优先考虑选用，它适用于整体稳定条件下的岩层和土层，在地下水位低且放坡开挖时不会对拟建或相邻建筑物产生不利影响的条件下使用。有条件时可结合坡顶刷坡卸载，坡脚回填压脚的方法。采用坡率法时应进行边坡环境整治，因势利导保持水系畅通。

草皮护坡
turfed slope

草皮护坡指采用铺设草皮或种草的方式对边坡的坡面进行防护，适用于坡度缓于 1∶1.25 土质或严重风化了的基岩风化层边坡。若土质不宜种草，可铺一层种植土(厚 5～10cm)。种草成活后可抵御流速为 0.4～

0.6m/s 的冲刷作用。铺草皮可抵御 1.8m/s 的冲刷作用。铺设方法主要有方格草皮和满铺草皮两种,草皮以根系发达、盘根错节为好。

植树护坡
planting slope

植树护坡指采用在坡面植树的方法对坡面进行防护。植树以灌木为好,应选择根系发达、易于成活的树种栽种,如紫穗槐,除保护边坡外,还有很大的经济价值。植树与种草可配合进行。

砌石护坡
stone pitching

对于坡度缓于 1∶1 的各种土质、土夹石及岩质边坡,若坡面受地表水冲蚀产生冲沟、泥流、小型地表溜坍,均可采用砌石护坡法进行防护。

干砌石护坡
dry stone pitching

干砌石护坡是砌石护坡的一种,是指将片石整齐地摆放在边坡的表面,缝隙之间不填筑砂浆的护坡形式。片石与片石之间是存在缝隙的,坡面片石没有整体强度,不能阻止坡面水进入片石下土体。适用于坡度缓于 1∶1.25 的各种土质、土夹石及岩质边坡并经常有少量地下水渗出的情况,干砌石厚度一般为 0.3m。当边坡土质为粉土、松散砂和砂黏土等易被冲蚀的土时,干砌石下应设不少于 0.2m 厚的碎石或砂砾垫层。

浆砌石护坡
slurry stone pitching

浆砌石护坡是指用片石通过砂浆铺缝砌筑而成的护坡形式。由于片石缝间铺设了砂浆,各块片石连成了整体,且具有防止护坡坡面雨水进入片石下土体的作用,较干砌片石护坡具有更好的整体性,能更好地防止坡面的局部破坏。适用于当地石料来源丰富,坡度缓于 1∶1 的土质或岩质边坡。浆砌片石的厚度一般为 0.3～0.4m。边坡高度大于 20m 时,应在中部设置不小于 1m 的平台。当护坡的面积较大时,可在护坡中增设肋以增强其刚度。浆砌石护坡应设置泄水孔及伸缩缝,并在合适的位置设台阶踏步以利维修。

抛石护坡
rock revetment

抛石护坡指采用抛石对坡面进行防护，选用抗风化和抗冲刷能力强的新鲜岩石作为浆砌片石贴在岸坡上，以保护岸坡不被冲刷。石块的尺寸根据流速、波浪大小计算，一般为 0.3～0.5m，容许冲刷流速为 3m/s，抛石厚度不应小于石块尺寸的两倍。

喷浆护坡
gunite revetment

喷浆护坡指采用喷射混凝土对坡面进行防护。该法适用于风化严重的岩质边坡；深路堑经预裂光面爆破后，尚需锚喷加固的多台阶高边坡；成岩作用较好的黏土岩边坡；亦可用在风化剥落十分严重的碎裂岩体。施工前清理坡面，喷水冲洗浮土。裂缝中间如需喷射，可先刮除数厘米深的泥土，使砂浆挤进缝内。水泥采用 425 硅酸盐水泥，混凝土配合比可为 1∶2∶2，有减水剂时配比可为 1∶2∶3，水灰比为 0.40～0.55，砂率为 45%～60%，为使喷射的混凝土早强快凝，提高黏结力，减小回弹量，避免脱落和不密贴，需加减水剂 0.5%～1.0%，速凝剂 2.0%～3.0%或其他增加塑性和稠度的外加剂。喷浆时应减少喷头至喷面之间的距离，并调整喷射角度，使整个坡面都能塞满混凝土，以保证喷射混凝土的整体性。

混凝土护坡
concrete slab revetment

混凝土护坡指采用混凝土板进行护坡。一般混凝土板厚不小于 6cm，边长不小于 1m，内设钢筋，板下铺设砂砾垫层。适用于坡度缓于 1∶1 的土质或岩质边坡，容许冲刷流速为 4～8m/s。缺乏石料的地区尤为适宜，但其造价高并需防止坡面下沉。

喷锚网防护
shotcrete bolt mesh protection

喷锚网防护是指在坡面上打锚杆挂钢筋网后，再喷混凝土，兼有加固与防护作用。适用于坡度大且风化严重的岩石边坡。挂网喷射用 $\varphi 6$ 钢筋做成边长为 200mm 或 250mm 的正方形边框，用 $\varphi 2$ 铁丝捆扎成网，挂在

φ16 断锚杆元钉上,按一定的排列方式将框架连在一起,然后喷射混凝土。近年来有用土工格栅代替钢筋挂网的方法,施工方便,造价较低,效果亦佳。

钢纤维喷射
steel fiber reinforced sprayed concrete

钢纤维喷射指将直径为0.3～0.4mm、长20～25mm的钢纤维加入混凝土中,掺量为混凝土干质量的1%～2%,组成一种复合材料,弥补了喷射混凝土脆裂的缺陷,改善了其力学性能,使其抗弯强度提高40%～70%,抗拉强度提高50%～80%。

21 挡土结构和喷锚结构

挡土墙
retaining wall

为保持结构物两侧的土体、物料有一定高差的结构称为支挡结构，如以刚性较大的墙体支承填土和物料并保证其稳定性的为挡土墙；而对于具有一定柔性的结构，如板桩墙、开挖支撑称为柔性挡土墙或支挡结构。按断面的几何形状及受力特点，常见的挡土墙形式可分为重力式、半重力式、衡重式、悬臂式、扶壁式、锚杆式、锚定板式、加筋土挡土墙、板桩式及地下连续墙等。挡土墙应有良好的排水措施，以减少墙背的侧压力并应选择透水性较好的土作为填料，当选用黏性土填料时，宜掺入适量的砂石。在季节性冻土地区，应选用非冻胀性填料，如炉渣、碎石、粗砂等。

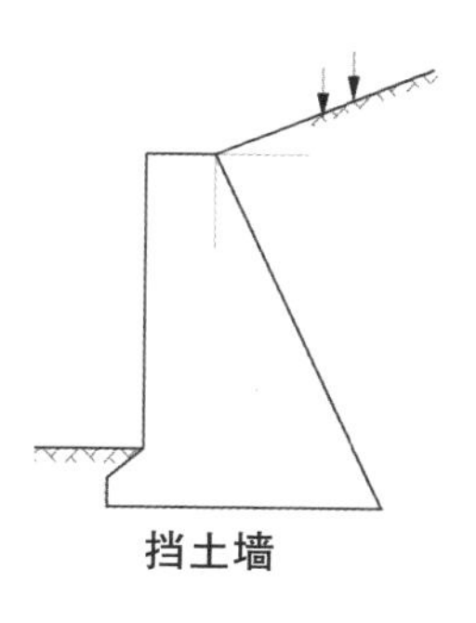
挡土墙

重力式挡土墙
gravity retaining wall

重力式挡土墙以墙体自重来维持挡土墙在土压力作用下的稳定，常用块石或素混凝土砌筑而成，一般做成简单的梯形。其优点是结构简单，施工方便，能够就地取材，经济效果好。但该类型挡土墙体积重量都较大，因而在软弱地基上修建受到承载力的限制。如果墙太高，耗费材料过多，也不经济。《建筑边坡工程技术规范》(GB 50330—2013)中指出，采用重力式挡土墙时，土质边坡高度不宜大于8m，岩质边坡高度不宜大于10m。所以当地基较好且挡土墙高度不大时，首选重力式挡土墙。

根据墙背的坡度，重力式挡土墙可分为仰斜、直立和俯斜三种。

(1) 按土压力理论，仰斜式的主动土压力最小，俯斜式的主动土压力最大，直立式介于两者之间。

(2) 如挡土墙修建时需要开挖，因仰斜墙背可与开挖的临时边坡相结合，而俯斜墙背后需要回填土，因此对于支挡挖方工程的边坡，以仰斜式为好。反之，如果是填方工程，则宜采用俯斜或直立式。

(3) 当墙前原有地形比较平坦时，用仰斜式较合理；若原有地形较陡，宜采用直立或俯斜式。

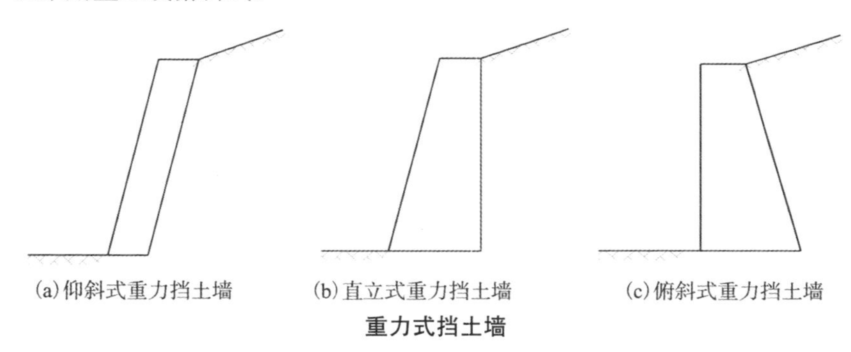

重力式挡土墙

悬臂式挡土墙
cantilever retaining wall

悬臂式和扶壁式挡土墙是钢筋混凝土挡土墙的主要形式，属于轻型支挡结构物，依靠墙身及底板以上填土(含表面超载)的重量来抵抗土压力保持稳定。其主要特点是厚度小，自重轻，挡土高度可以很高，经济指标较好。适用于缺乏石料、地基承载力低、易发生地震地区。挡土高度为6m左右时用悬臂式，6m以上多用扶壁式。悬臂式挡土墙由立板和底板两部分组成。

衡重式挡土墙
balance weight retaining wall

衡重式挡土墙是以填土重力和墙体自重共同抵抗土压力的挡土结构。

扶壁式挡土墙
counterfort retaining wall

扶壁式挡土墙一般高9～10m，由立板、底板及扶壁三部分组成。立板和底板的墙踵板均以扶壁为支座而成为多跨连续板，扶壁间距一般为墙高的1/3～1/2，厚度可取为30～40cm。

锚杆挡土墙
retaining wall with anchors

锚杆挡土墙是由钢筋混凝土面板及锚杆组成的支挡结构物，依靠锚固在稳定土层中的锚杆所提供的拉力来保证挡土墙的稳定，可作为山边的支挡结构物，也可用于地下工程的临时支撑。根据挡墙的形式，可以分为板肋式、格构式和排桩式锚杆挡土墙；根据锚杆的类型，可分为非预应力和预应力锚杆(索)挡土墙。《建筑边坡工程技术规范》(GB 50330－2013)建议，在施工期稳定性较好的边坡可采用板肋式或格构式锚杆挡土墙，而下列边坡宜采用排桩式锚杆挡土墙。

(1) 位于滑坡区或切坡后可能引发滑坡的边坡。

(2) 切坡后可能沿外倾软弱结构面滑动，造成严重后果的边坡。

(3) 高度较大、稳定性较差的土质边坡。

(4) 边坡塌滑区内有重要建筑物基础的Ⅳ类岩质边坡和土质边坡。

锚杆(索)
anchored bar (rope)

锚杆是将拉力传至稳定岩土层中的构件，当采用钢绞线或高强钢丝束作杆体材料时，也称为锚索。根据锚固的长度可划分为端头锚固和全长锚固；按其锚固方式可分为机械锚固、黏结锚固、摩擦式锚固等；还可按其材质不同分为钢筋、玻璃纤维、木、竹锚杆等。

土层锚杆
anchored bar in soil

土层锚杆是一种埋入土层深处的受拉杆件，它一端与工程构筑物相连，另一端锚固在土层中，通常对其施加预应力，以承受由土压力、水压力或风荷载等所产生的拉力，用以维护构筑物的稳定。一般由锚头、自由段和锚固段三部分组成,其中锚固段用水泥浆或水泥砂浆将杆体与土体黏结在一起形成锚杆的锚固体。锚杆的锈蚀是影响锚杆挡土墙耐久性的关键因素,对锚头、自由段和锚固段三部分应分别对待,具体要求及方法可参照《岩土锚杆(索)技术规程》(CECS 22:2005)。

岩石锚杆
anchored bar in rock

岩石锚杆是锚固于岩层内的锚杆。

树脂锚杆
resin bolt

树脂锚杆由药包式高分子合成树脂为黏结的锚固剂和内端具有反麻花头的杆体以及垫板、螺母组成。其工作原理为当锚固剂被杆体端搅破后,其中的不饱和聚酯树脂、加速剂和固化剂在高速旋转的杆体搅拌下,立即起化学反应,很快固化,把锚杆麻花状内端和岩体钻孔孔壁紧密黏结在一起,形成高锚固力的内锚头。通过安装垫板和拧紧螺母对围岩起到支护作用。

胀壳式锚杆
shell-expanding bolt

胀壳式锚杆由胀壳、锥形螺帽、杆体、垫板和螺母组成。其工作原理为靠螺旋杆体使锥形螺帽下滑,迫使胀壳向左右张开,楔嵌入钻孔岩壁,随着杆体的继续转动,越楔越牢,锚杆穿越的围岩受到挤压,自稳能力增加,变形受到控制。

砂浆锚杆
mortar bolt

水泥砂浆锚杆是全长锚固的锚杆,利用水泥砂浆和锚杆的黏结力和砂浆与岩层的黏结力达到锚固岩层的效果。钢筋、钢丝绳砂浆锚杆的设计锚固力为50kN,当钢筋直径小于10mm时,可用一眼双筋,如果黏结锚杆的水泥砂浆采用早强水泥拌制,则砂浆锚杆的性能同树脂锚杆接近,其成本比树脂锚杆低。

水胀式锚杆
Swellex bolt

水胀式锚杆即 Swellex 锚杆，是瑞典阿特拉斯·科普柯公司于 1982 年投放于市场的一种岩石锚杆。水胀锚杆是将用薄壁钢管加工成的异形空腔杆体送入钻孔中，借助钢管对孔壁的径向压力而起到摩擦锚固作用的锚杆。锚杆系统由钢质管桩锚杆、安装臂、气动式高压水泵组成。其施工过程如下。

（1）钻孔，孔径小于钢管。

（2）在水胀锚杆下端套上夹头并将锚杆插入孔中，将高压水充入锚杆内，使凹形断面钢管充填膨胀。

（3）当水压达到规定压力时，水泵自动停止工作，锚杆和岩体间形成良好锁定。

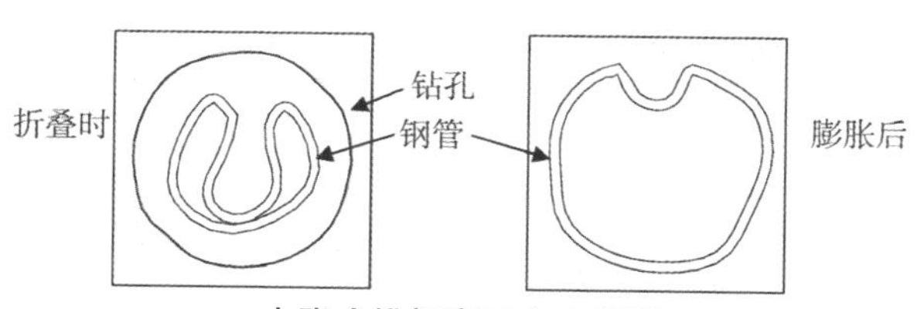

水胀式锚杆高压充水膨胀

自钻式锚杆
self drilling anchor

自钻式锚杆也称自进式锚杆，它是一种将钻孔、锚杆的安装、注浆、锚固合而为一，并将中空钻杆作为杆体的锚杆。

缝管式锚杆
slotted bolt

缝管式锚杆由前端冠部制成锥体的开缝钢管杆体、挡环及垫板组成。其工作原理为：缝管式锚杆外径一般比围岩钻孔直径大 1～3mm，当锚杆被强行推入钻孔后，管体受到挤压，对钻孔壁产生弹性抗力，从而使钻孔岩壁与锚杆杆体之间产生轴向静摩擦力，阻止围岩松动变形，围岩稳定性增加；另外，由于推进锚杆时，垫板紧压孔口岩石，锚杆下端围岩区域的梨形应力体使围岩在一定范围内产生“三向压力区”，提高了围岩自承能力。

可拆型锚杆
removable anchor rod

可拆型锚杆也称可回收锚杆,是用于临时性加固的锚杆,在工程完成后可回收。可回收锚杆施工与普通锚杆并无很大差异,只不过使用了经过特殊加工的张拉材料、注浆材料和承载体。一般有以下三种。

(1) 机械式可回收锚杆:将锚杆体与机械的联结器联结起来,在回收时施加与紧固方向相反的力矩,使锚杆与机械的联结器脱离后取出。

(2) 化学式可回收锚杆:在锚杆锚固段安装发热装置或爆破装置,回收时使用点火装置把锚杆从锚固段与自由段处切断,然后将其收回。

(3) 力学式可回收锚杆:使用特殊被覆的钢丝作为锚杆体,使钢丝与注浆体隔离,回收时对每一根钢丝进行张拉,直至所有钢丝被抽出。

砂固结内锚头预应力锚杆
sand consolidated anchorage prestressed bolt

砂固结内锚头预应力锚杆技术是由俄罗斯学者首先提出的,后来德国卡尔斯鲁厄大学岩土力学研究所的 Gudehus 教授访问俄罗斯时将此项新技术带回德国,随后进行了一些室内试验工作。德国的砂锚杆技术由于具有结构复杂、施工操作工艺不理想等缺点,没有被很好地运用到工程实际中。葛修润将此项技术引入国内并进行改进,获得了国家专利局授权的实用新型专利。

砂固结内锚头预应力锚杆由锚杆体、砂柱体、圆荷载板、木制封口、小铁夹等组成。其工作原理如下:采用天然砂、水泥、水按一定配比制作黏稠水泥砂浆,装入模具预制空心砂柱体;在锚杆体内锚头端焊接一个圆荷载板;用压缩木制成空心圆柱体作封口;将空心砂柱体套入锚杆体锚固端,待封口浸水膨胀到一定程度后,也套入杆体中,再将铁夹固定在锚杆上;最后将装配好的锚杆体推入锚孔中,等待封口充分膨胀;经空心千斤顶施加拉拔力,空心砂柱体被压碎成散砂并受压密,利用砂体与孔壁之间的摩擦力提供锚固力。

压力分散型抗浮锚杆
pressure-dispersive anti-float anchor

压力分散型抗浮锚杆是一种新型锚杆体系,属于单孔复合锚杆,与普通拉力型锚杆不同，它是通过在锚杆的不同位置设置多个承载体，并采用无黏结预应力钢绞线将总的锚杆力分散传递到各个承载体上，将集中拉力转化为几个较小的压力，分散地作用于几个较短的锚固段上，分别自下而上传递岩土阻力，大幅度降低了锚杆锚固段的应力峰值，使黏结应力较均匀地分布于整个锚固长度上，显著地提高了锚杆的承载力。锚杆杆体采用无黏结预应力钢绞线，有油脂、聚乙烯护套保护，加上锚杆浆体受压，不易开裂，形成多层防腐保护，解决了锚杆的耐久性差问题。

玻璃纤维增强体螺纹筋材
glass fiber reinforced plastic(GFRP) rebar

玻璃纤维增强螺纹筋材是一种复合增强材料新产品，它采用纤维纱浸渍含有固化剂、促进剂等多种辅助剂的不饱和聚酯树脂等树脂胶液后，在拉挤机的牵引下，通过预成型模进入加热模具，在高温高压下固化成型。经表面处理后缠绕螺旋状的浸渍，含有多种助剂的树脂胶液的玻璃纤维束，固化成型为全螺纹纤维增强塑料筋材。玻璃纤维增强塑料具有良好的抗腐蚀性、耐久性好、抗拉强度高，等于甚至优于预应力钢筋；自重轻，只有预应力钢筋重量的15%～20%；低松弛性，荷载损失小；优良的抗疲劳特性等优点。目前已应用于桥梁、公路、混凝土加固中。纤维增强塑料筋材的抗拉强度高，抗腐蚀，可以将GFRP筋材作为岩土锚杆，在岩土工程加固中使用。目前，国内已有厂家生产GFRP锚杆，并用于煤巷临时加固中。但是还没有用于永久边坡加固工程的相关报道。

可重复高压灌浆土层锚杆
repeatable high pressure grouting soil anchor

与普通土层锚杆相同，可重复高压灌浆锚杆主要由锚头、杆体和锚固体三部分组成，另有密封袋和注浆套管部件。其施工工艺如下。首先，采用常规的注浆方法完成锚固段的一次注浆，形成圆柱形锚固体。然后，通过注浆套管将密封袋灌注密实，在自由段和锚固段交界处形成可靠的堵浆装置，使得重复高压劈裂灌浆成为可能。其次，采用独特的注浆枪和注浆套管，在一次注浆形成的圆柱形锚固体的基础上，将注浆枪插入注浆套管，进行二次劈裂注浆。注浆枪为一根小直径的注浆钢管，在注浆钢管上有限定注浆区段的两个密封圈，当其位于必要深度的橡胶环圈处，在压力作用下，浆液从注浆套管开孔处注入钻孔，并冲破和劈裂一次注浆形成的锚固体,并向土体扩散、渗透和挤压,从而形成直径较大的扩体。当完成被密封圈限定部段的注浆后,再移至下一个侧向孔处注浆,依次完成分段高压注浆。这样分段高压注浆使锚固段形成一连串大小不等、形状各异的扩体,形似一串“糖葫芦”。完成二次注浆后,将注浆套管用清水全部洗净,并根据需要采用注浆枪再在锚固段或锚固段指定部位重复高压灌浆。

土钉墙
soil nailing wall

土钉墙是在新奥法基础上发展起来的一门边坡支挡技术。它是由在原位土中自上而下设置的细长、密集的金属杆件(土钉)及土坡表面构筑的钢筋网喷射混凝土面层与被加固土体共同作用,形成的一个自稳的、能支挡墙后土体的支挡结构。

土钉
soil nail

土钉是指同时用来加固和锚固原位土体的细长杆件,通常采取在岩土介质中钻孔、置入变形钢筋(带肋钢筋)并沿孔全长注浆的方法做成,主要可分为钻孔注浆钉和击入钉两种。土钉依靠与土体之间的界面黏结力和摩擦力,在土体发生变形的条件下被动受力,并主要承受拉力作用。在用于须严格控制变形的工程中时,可视情况设计预应力,其值不宜超过土钉极限抗拔力的 30%;用作临时性工程时,土钉也可用钢管、角钢等杆件,采用直接击入的方法置入岩土体中。

复合土钉墙是 20 世纪 90 年代研究开发成功的一项深基坑支护新技术。它是由普通土钉墙与一种或若干种单项轻型支护技术(如预应力锚杆、竖向钢管、微型桩等)或截水技术(深层搅拌桩、旋喷桩等)有机组合成的支护截水体系,分为加强型土钉墙、截水型土钉墙、截水加强型土钉墙三大类。复合土钉墙具有支护能力强,适用范围广,可作超前支护,并兼备支护、截水等性能。

面层
soil layer

土钉墙的混凝土面层一般由 80～150mm 厚的网状加筋混凝土组成,钢筋网钢筋直径一般为 6～10mm,网格间距一般为 150～300mm。土钉墙与面层的连接可采用螺母、承载垫板方法，也可采用土钉钢筋与局部设加强筋的钢筋网焊接。一般采用干喷或湿喷工艺，直接将混凝土混合料喷射在钢筋网上，形成强度等级不低于C20的混凝土面层。对于永久性土钉支护，面层厚度一般为150～250mm，可分几次喷成。为了美观，也可在第一层施工面层的基础上，现浇一层面层或贴上一层预制钢筋混凝土板。

三维植被网
three dimension vegetation network

三维植被网护坡是指利用活性植物并结合土工合成材料等工程材料，在坡面构建一个具有自身生长能力的防护系统，通过植物的生长对边坡进行加固的一门新技术。根据边坡地形地貌、土质和区域气候的特点，在边坡表面覆盖一层土工合成材料并按一定的组合和间距种植多种植物，通过植物的生长活动达到根系加筋、茎叶防冲蚀的目的。经过生态护坡技术处理，可在破面形成茂密的植被覆盖，在表土层形成盘根错节的根系，有效抑制暴雨径流对边坡的侵蚀，增加土体的抗剪强度，减小孔隙水压力和土体自重力，从而大幅度提高边坡的稳定性和抗冲刷能力。

喷锚支护
anchor-plate retaining

喷锚支护是由锚杆和喷射混凝土面板组成的支护。其主要存在以下局限性。

(1) 无插入深度，不能解决基坑抗隆起、渗流等稳定性问题。

(2) 受土体性质影响大，土层软弱时不能提供有效抗拔力。

复合喷锚支护
composite bolt-grouting support

为解决喷锚支护的局限性，工程技术人员提出复合支护概念，即竖向花管注浆加固、搅拌桩等超前支护与喷锚支护联合应用，并逐渐发展成为搅拌桩—喷锚、花管—喷锚等复合支护技术。以搅拌桩—喷锚复合支护为例，在基坑开挖前设置竖向搅拌桩，形成一道帷幕桩墙，在基坑开挖形成的坑壁中，采用一定长度的锚钉，锚钉与喷射混凝土面层结构形成柔性支挡体系。挡土体系与坑壁土体牢固结合共同工作，形成重力挡土墙式的支挡结构，从而提高基坑壁土体的整体刚度和稳定性。

新奥法
new Austrian tunneling method(NATM)

新奥法是新奥地利隧道施工方法的简称,由奥地利学者拉布西维兹(L.V. Rabcewicz)教授于20世纪50年代提出。它以隧道工程经验和岩体力学理论为基础,将锚杆和喷射混凝土组合在一起作为主要支护手段的一种施工方法。新奥法几乎成为在软弱破碎围岩地段修筑隧道的一种基本方法。

新奥法与传统施工方法的理论区别在于:传统方法认为巷道围岩是一种荷载,应用厚壁混凝土加以支护松动围岩;新奥法认为围岩是一种承载机构,构筑薄壁、柔性、与围岩紧贴的支护结构(以喷射混凝土、锚杆为主要手段),并使围岩与支护结构共同形成支撑环,来承受压力,并最大限度地保持围岩稳定,而不致松动破坏。新奥法将围岩视为巷道承载构件的一部分,因此,施工时应尽可能全断面掘进,以减少巷道周边围岩应力的扰动,并采用光面爆破、微差爆破等措施,减少对围岩的震动,以保全其整体性。同时注意巷道表面尽可能平滑,避免局部应力集中。新奥法将锚杆、喷射混凝土适当进行组合,形成比较薄的衬砌层,即用锚杆和喷射混凝土来支护围岩,使喷射层与围岩紧密结合,形成围岩—支护系统,保持两者的共同变形,故而可以最大限度地利用围岩本身的承载力。

新奥法施工的基本原则可归纳为"少扰动、早喷锚、勤测量、紧封闭"。

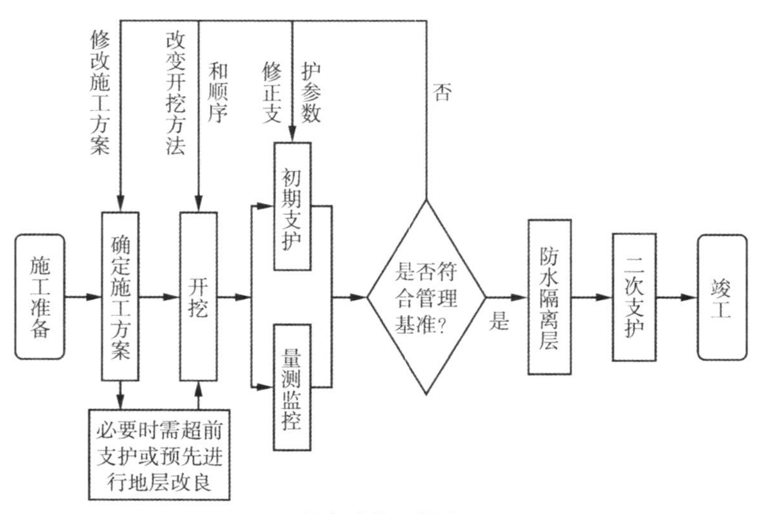

新奥法施工顺序

钢筋网
reinforcing steel bar mesh

为提高喷射混凝土的整体性、受力均匀性、抵抗震动和冲切破坏的能力，防止围岩局部快体的掉落，通常在喷射混凝土中沿地下工程的横向和纵向布置钢筋网。也有单纯为了防止喷射混凝土收缩开裂而布置的钢筋网。

喷射混凝土
shot concrete

根据《岩土锚杆与喷射混凝土支护工程技术规范》(GB 50303—2015)中的定义，喷射混凝土是利用压缩空气或其他动力，将按一定配比拌制的混凝土混合物沿管路输送至喷头处，以较高速度垂直喷射于受喷面，依靠喷射过程中水泥与骨料的连续撞击、压密而形成的一种混凝土。混凝土拌和料由喷嘴喷出的速度高达 60～80m/s，喷射混凝土具有较高的力学性能，并且能与岩石、钢材及旧混凝土结构产生较高的黏结强度。

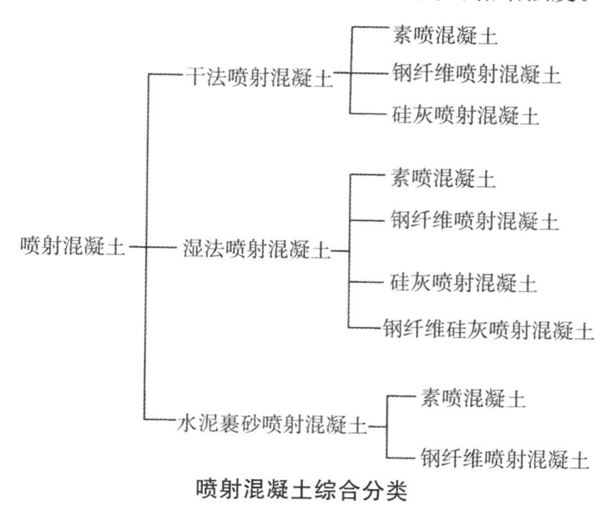

喷射混凝土综合分类

排水系统
drainage system

土钉墙的排水系统包括土工织物面层排水、浅层聚氯乙烯排水管盒排水孔、表面集水和截水明沟,以及表面防水。其他方法还有:(1)控制流水和当遇到以外水位时为降低地下水设置深层不平排水沟;(2)运用阶梯形的绿地植被和矮墙以限制水的渗透;(3)通过蒸发降低土体含水量等。

单孔复合锚固
single bore multiple anchor

单孔复合锚固体系是在同一钻孔中安装几个单元锚杆,每个单元锚杆均有自己的杆体、自由长度和固定长度。单元锚杆由无黏结钢绞线承载体弯曲成U型构成,而承载体则作为单元锚杆的传力装置。采用单孔复合锚固体系,能将集中力分散为若干个较小的力分别作用于长度较小的固定段上,因此整个锚固段的轴力和黏结力减小,且分布均匀,能最大限度调用整个锚固段范围的地层强度;钢绞线与承载体的特殊结构设计,使得承载体钢绞线一侧岩土材料和灌浆体的受力特征由传统锚杆在锚固体部位的拉剪应力状态转变为以受压为主的应力状态;在锚杆作用和服务期限完成后,根据需要可以对单孔复合型锚杆的传力钢绞线进行回收。基于单孔复合型锚杆的上述特点,该种结构形式的锚杆除具有传统锚杆的加固机理外,对被锚固介质力学特性的要求可以更灵活,特别适用于强度特性不高或复杂地质条件下岩土工程的锚固支护。

锚定板挡土墙
anchor slab retaining wall

锚定板挡土墙是一种适用于填土的轻型支挡结构,由墙面板、钢拉杆及锚定板和填料组成,通过钢拉杆、依靠埋置在填料中的锚定板所提供的抗拔力来维持挡土墙的稳定。它与锚杆挡土墙的区别在于它不是靠钢杆与填料的摩擦力来提供抗拔力,而是由锚定板提供。

加筋土挡土墙
reinforced soil wall

加筋土挡土墙是由墙面系、拉筋和填土共同组成的挡土结构,依靠填料与拉筋之间的摩擦力作用,平衡填料作用于墙面上的水平土压力,使之形成整体,抵抗其后部填料产生的土压力。加筋土挡土墙对地基承载力要求低,适合在软弱地基土上建造。与重力式挡土墙相比,可节省工程造价25%～50%。面板的主要作用是防止拉筋间的填土从侧向挤出,并保证拉筋、填料、墙面板构成一个具有一定形状的整体，一般采用预制钢筋混凝土、金属等材料。拉筋一般采用土工格栅、复合加筋带、钢筋混凝土板条、扁钢等。拉筋材料表面的粗糙花纹使筋—土之间产生足够的摩擦力，并有足够的强度和弹性模量保证筋土之间在产生错动前不被拉出。填料应选择有一定级配渗水的砂类土、砾石类土，随铺设拉筋，逐层压实。

板桩式挡土墙
sheet-piled retaining wall

板桩式挡土墙由板桩、锚栓及墙面板三部分组成。它的稳定一靠桩底端一定的入土深度；二靠板桩顶附近的锚栓。板桩是设置于土中彼此连接的墙状连续体，多为钢板桩、钢筋混凝土板桩；锚栓一般可用锚杆或带有锚定板的钢拉杆。此类挡土墙中，锚栓承受大部分土压力。

板桩
sheet pile

板桩是设置于地基中彼此相互连接而形成连续墙的板状桩体。按其材料不同，板桩有钢板桩、钢筋混凝土板桩和木板桩三种。目前，在工程上应用最多的是钢板桩，其次是钢筋混凝土板桩，木板桩则已很少采用。

板桩结构
sheet pile structure

板桩结构是由打入土中相继排列的一系列板桩连接而成的墙状连续体（又称板桩墙）及其拉结部件（如锚座、拉杆）或支撑构成的结构。它通常用来抵抗土和水所产生的水平压力，并依靠板桩埋入段土的水平阻力，以及可能设在较高位置的锚座、拉杆或支撑所形成的水平向支承而保持其稳定。它可作为临时性结构物用于深基开挖的围护或围堰等，也可作为永久性结构物用于码头和船坞坞墙、堤岸、防波堤等结构或用于截流止水、防治冲刷危害等。按板桩墙有无拉结或支撑，可将其分为悬臂式板桩墙和锚定式板桩墙两种基本形式。

悬臂式板桩墙
cantilever sheet pile wall

悬臂式板桩墙指无拉结部件，为仅依靠板桩插入深度范围内地基土的水平阻力维持其平衡的板桩结构。悬臂式板桩墙仅在墙高不高时才较经济,因为随着墙高的增加需要的截面模量急剧增大,弯矩随墙的悬臂长度成三次方增加。这类墙因悬臂作用其侧向挠度较大。其设计计算的主要内容为确定足以维持板桩墙稳定的插入深度以及计算足以抵抗弯矩及打桩时冲击力所需的截面尺寸。

锚定式板桩墙
anchored sheet pile wall

锚定式板桩墙指依靠板桩插入深度范围内地基土的水平阻力和拉结部件所提供的拉力维持平衡的板桩结构。其墙高(自基坑底面算起)一般为6~15m。拉结部件主要由拉杆和锚座组成。锚定式板桩墙常用作永久性结构物。根据板桩在开挖线以下的插入深度的相对大小,其常用设计假设可以分为两大类,即自由端支承和固定端支承。设计内容包括确定板桩的插入深度、截面尺寸以及拉结部件的材料、尺寸、布置方式等。

拉杆
tie rod

拉杆指锚定式板桩墙的拉结部件中,联结板桩墙横梁与锚座的杆件。它用来将荷载从横梁传至锚座,通常为圆钢。拉杆是锚定式板桩墙中特别重要的部分,因为任何一根拉杆破坏都可能导致其余拉杆相继破坏,从而导致板桩墙的破坏。设计时最好以最小屈服点的0.45或0.5左右作为拉杆的工作应力,并且避免采用屈服点很高的钢材,因为屈服强度低的钢材,在屈服时延伸率较大,当某一根拉杆受到特别大的荷载时,它能被拉伸而不至于被破坏,然后它所受的荷载可通过横梁在一定程度上由相邻的拉杆分担。

锚座
anchorage

锚座指锚定式板桩墙拉结部件中连接拉杆并将其所受的力直接传给地基土的部件。锚座的形式多种多样,可以是一些独立的混凝土块、群桩、混凝土连续墙或板桩连续墙等。

地下连续墙(二墙合一)
diaphragm wall used as two walls

地下连续墙既用作地下主体结构或承重基础结构的一部分，又单独作为地下（围护）结构的外墙，常称为二墙合一。

地下连续墙的设计厚度一般为 450～800mm，利用专用的成槽机械开挖一条狭长的深槽，用膨润土泥浆护壁；当一定长度的深槽开挖结束形成一个单元槽段后，在槽内放入钢筋笼，用导管法浇筑混凝土，完成一个单元的墙段；各单元墙段之间以各种特定的接头方式相互连接，即形成一道现浇地下连续墙。其优点是结构刚度大，适于在各种地质条件下施工，以及可用作二墙合一等；其缺点是施工技术复杂，造价高等。

内撑式围护结构
braced retaining structure

内撑式围护结构的含义可用"外护内支"表述，"外护"指的是用围护构件对外挡住边坡土体、防止地下水渗漏，"内支"是指利用内支承系统为围护结构的稳定提供足够的支承力。因此内撑式围护结构一般包括竖向围护结构体系和内支承体系两部分，有时还包括止水帷幕。

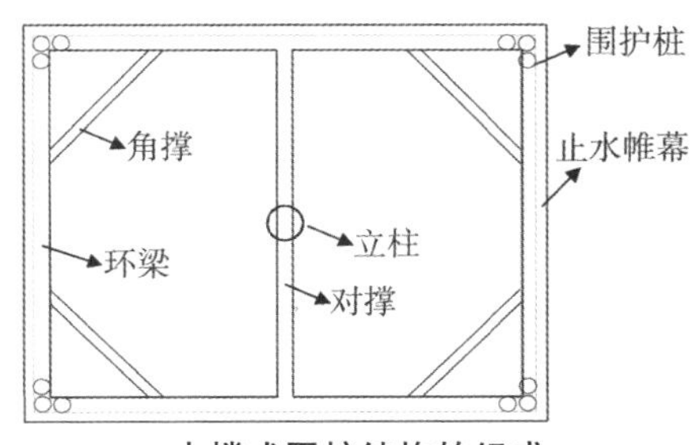

内撑式围护结构的组成

逆作法
top-down method, inverse method

逆作法是建筑基坑支护的一种施工技术，它通过合理利用建（构）筑物地下结构自身的抗力，达到支护基坑的目的。传统意义上的逆作法是将地下结构的外墙作为基坑支护的挡墙（地下连续墙）、将结构的梁板作为挡墙的水平支撑、将结构的框架柱作为挡墙支撑立柱的自上而下作业的基坑支护施工方法。逆作法设计施工的关键是节点问题,即墙与梁板的连接,柱与梁板的连接,它关系到结构体系能否协调工作,建筑功能能否实现。

逆作法适用于建筑群密集,相邻建筑物较近,地下水位较高,地下室埋深大和施工场地狭小的高(多)层地上、地下建筑工程,如地铁站、地下车库、地下厂房、地下贮库、地下变电站等。

(1) 全逆作法:利用地下各层钢筋混凝土肋形楼板对四周围护结构形成水平支撑。楼盖混凝土为整体浇筑,然后在其下掏土,通过楼盖中的预留孔洞向外运土并向下运入建筑材料。

(2) 半逆作法:利用地下各层钢筋混凝土肋形楼板中先期浇筑的交叉格形肋梁,对围护结构形成框格式水平支撑,待土方开挖完成后再二次浇筑肋形楼板。

(3) 部分逆作法:用基坑内四周暂时保留的局部土方对四周围护结构形成水平抵挡,抵消侧向压力所产生的一部分位移。

(4) 分层逆作法:此方法主要针对四周围护结构,采用分层逆作,而不是先一次整体施工完成。分层逆作四周的围护结构是采用土钉墙。

半逆作法
semi-top-down method

半逆作法是先由上而下对地下结构施工,再开始地上结构的施工技术。半逆作法主要适用于单建式的地下结构的施工,在该方法中,支护结构的整体刚度较临时支撑大,可以减少基坑的变形以及相邻建筑物的沉降,由于对周围建筑物的变形影响较小,可以最大限度地利用城市规划红线内的地下空间,与全逆作法相比,极大地简化了挖土过程,降低了施工难度。

部分逆作法
partial top-down method

部分逆作法如下:先逆作周边地下结构的梁板,以提供较大的水平支撑刚度,减小周围土体对基坑的挤压;基坑中部按放坡形式盆式开挖至坑底,坡体处于顶部封闭的状态,减小了围护体外侧对边坡的影响,辅以边坡加固和降水措施,保证了基坑的安全;然后顺作中间结构,并与周边逆作结构连接封闭,后暗挖周边留土。

排桩支护结构
soldier pile retaining structure

排桩支护结构主要用钻孔灌注桩、人工挖孔桩、钢板桩及预制钢筋混凝土板桩为主要受力构件。可以是桩与桩连接起来，也可以在钻孔灌注桩间加一根素混凝土树根桩把钻孔灌注桩连接起来，或用挡土板至于钢板桩及钢筋混凝土板桩之间形成围护结构。为保证结构的稳定和一定刚度，可设置内支撑或锚杆。排桩式支护结构可分为如下几种。

（1）柱列式排桩支护：当边坡土质较好、地下水位较低，可利用土拱作用，以稀疏灌注桩或挖孔桩支挡土体。

（2）连续排桩支护：在软土中不能形成土拱时，支挡桩应该连续密排。密排的钻孔桩可以互相搭接，或在桩身强度尚未形成时，在相邻桩之间做一根素混凝土树根桩把钻孔桩连起来。

（3）组合式排桩支护：在地下水位较高的软土地区，可采用钻孔灌注桩排桩与水泥土桩防渗墙组合的形式。

按基坑开挖深度及支挡结构支撑情况，排桩支护可分为如下几种。

（1）悬臂支护结构：用于开挖深度不大的基坑。

（2）单支撑支护结构：当开挖深度较大时，为支护结构安全和减小变形，在支护结构顶部附近设置一道支撑或拉锚。

（3）多支撑支护结构：用于开挖深度较大的基坑，可设置多道支撑或拉锚。

水泥土挡墙
cement-soil retaining wall

利用水泥材料作固化剂，采用特殊拌和机械（如深层搅拌和高压旋喷机）在地基土中就地将原状土和固化剂强制拌和，经过一系列物理化学反应，形成具有一定强度的加固土圆柱体，将各圆柱体相互搭接，连续成桩，即形成一整体结构的水泥土挡墙，用以保证基坑边坡的稳定。水泥土墙的材料强度较低，主要靠墙体的自重平衡墙后土压力，一般视作重力式挡土支护。由于水泥土加固体渗透系数小，墙体有良好的隔水性能。但水泥土墙体的材料强度低，不适于支撑作用，所以位移量较大，且墙体材料强度受施工因素影响导致墙体质量离散性较大。

高压旋喷桩
high-pressure chemical churning pile

高压旋喷桩是利用高压喷射注浆技术成桩,达到加固土体、止水防渗、减小支挡结构土压力、防止砂土液化等目的。其施工工艺为在钻机成孔后下入旋喷管,按技术参数中制定的提升速度和旋转转速,自下而上旋转喷射水泥浆。使高压水泥浆液切刈、破坏土体,从而扩大孔径;从土体中冲射下来的土颗粒,一部分随水泥浆液流出孔口,孔内剩余的土颗粒在水泥浆液的喷射作用下进行拌合,最终形成具有一定直径和抗压强度的桩体。

SMW 工法
soil mixing wall method

SMW 工法也称为劲性水泥土地下连续墙技术,是采用特殊多轴搅拌钻机在原地层中切碎土体,由钻机前端低压注入水泥类悬浊液,压缩空气将浆液及碎土体充分搅拌混合,形成均质、强度较高的水泥土柱列式挡墙,并在墙体中插入加强芯材的一种地下施工技术。水泥土搅拌桩与 H 型钢组成复合承载结构,水泥土搅拌桩搭接形成的地下连续墙起到了隔水幕墙和重力式挡土墙的作用,而 H 型钢主要是承受水、土压力及其他荷载对挡土墙形成的弯矩和剪力。

冠梁
top beam

冠梁是设置在支护顶部的钢筋混凝土连梁。

腰梁
middle beam

腰梁是设置在支护结构顶部以下传递支护结构与锚杆或内支撑支点力的钢筋混凝土梁或钢梁。

双排桩支护结构
bracing structure with double-row piles

双排桩支护结构是一种新型支护结构,是由两排平行的钢筋混凝土桩以及在桩顶的压顶梁和联系梁形成的空间门架式围护结构。前后排桩可布置成梅花形和矩形排列。这种结构具有较大的侧向刚度，可以有效地限制围护结构的侧向变形，因而其围护深度比一般悬臂式围护结构深。

22 堤与坝

堤
levee

堤是沿河、渠、湖、海岸或行洪区、分洪区、围垦区的边缘修筑的挡水建筑物，是世界上最早广为采用的一种重要防洪工程，筑堤的目的是防御洪水泛滥，保护居民和工农业生产安全。

坝
dam

坝是截断河流或溪谷，用以拦蓄水流或壅高水位的挡水建筑物。抬高水位形成水库，调节径流，以满足防洪、灌溉、发电、航运、给水等需要的称为蓄水坝；所形成的蓄水容积很小，无调节径流功能仅用来壅高上游水位，以改善引水或航运条件的称为壅水坝；习惯上，人们把由修建工程形成，用以储存矿渣的称为尾矿坝；把储存火电厂煤灰的称为储灰坝；另外，中国把某些起挡水或调整水势作用的河道整治建筑物，如丁坝、顺坝、锁坝、格坝、潜坝等，也称为坝，但它们与蓄水坝、壅水坝的性质不同。

坝基抗滑稳定评价
appraisal of sliding stability of dam foundation

坝基抗滑稳定评价研究坝基岩土体的地质结构、强度及其在各种荷载组合作用下抵抗滑移或剪切破坏的能力。坝基抗滑稳定性是关系到大坝安全和造价的关键问题之一，设计时需对坝基在各种运用条件下的抗滑稳定性进行验算，以确保大坝的稳定。

坝基滑移的形式有：(1)表面滑移，即沿坝基接触面滑动；(2)深层滑移，即沿岩体中的软弱结构面，包括软弱夹层、缓倾角断层和其他不连续面发生剪切破坏；(3)混合型滑移，即一部分沿接触面，另一部分沿浅部的软弱结构面发生滑移。这主要取决于坝基岩土体的强度、地质结构和坝趾附近基岩的切割、刷深情况，以及坝的结构等。其中软弱结构面的产状、延续性、填充物的抗剪强度以及与断裂的相互切割情况，对坝基深层滑动往往起控制性作用，即构成滑移的边界。

坝基渗漏
seepage through dam foundation

水库水体沿坝基和坝肩透水岩土带渗流而漏失水量的现象称为坝基渗漏。是否产生渗漏及其程度取决于河谷地貌、透水岩土带和地质构造等条件。

渗漏危害主要有：(1)大量漏水将影响水库库容和效益；(2)降低软弱结构面强度，使某些岩土或断裂带充填物产生渗透变形，严重时可能影响坝基稳定；(3)使扬压力增加；(4)引起坝肩、下游的滑坡或塌滑体复活；(5)使地下洞室围岩不稳定；(6)造成下游农田的淹没和盐渍化等。这些危害经常是逐渐发生、不断扩大的，有些水库蓄水不久即渗漏，较多的是运行数年或十余年后才明显暴露出来。

渗漏的防治需通过工程处理，将渗漏量、扬压力和渗透比降控制在允许范围内，使坝基稳定、水库能安全运行，达到预期效益。常用的措施如下：对松散岩层有垂直截渗、水平和斜坡铺盖、排水减压等；对裂隙岩体有灌浆帷幕，排水孔洞；对岩溶区还有堵塞和隔离。这些措施可归纳为上堵下排，"堵"可以减小渗漏量和渗透比降，"排"可降低扬压力，堵与排一般联合使用。

波压力
wave pressure

波压力是水体波动时产生的压力。广义的波压力包括静水压力和由于波压作用增加的动水压力(净波压力)。对工程技术而言，波压力一般指波压作用于建筑物上的净波压力。波压力是防浪水工建筑物和其他受到波压作用的海岸及海洋工程的主要荷载之一,对这些水工建筑物的设计尺度和稳定性等有重要的影响。

波压与建筑物相互作用的现象十分复杂,影响因素很多,波压的理论也各异。各种常用的波压力公式都对波压与建筑物相互作用的模式做了一些假定和简化。其中一些系数又多是根据一定条件的模型试验或特定条件下现场观测的资料而确定的,具有一定的局限性和经验性。因此,对于重要和复杂的建筑物需要通过大比尺的模型试验来确定波压力。常见的波压力有立波波压力、破波波压力、斜坡上波压力和桩柱上波压力等。

堤防设计水位
design water level for levee

堤防设计水位指堤防工程设计采用的防洪最高水位。其是堤防设计的一项基本依据。在现代堤防工程设计中,根据确定的防洪标准拟定设计洪水,再按防洪系统的调度运用规划,推算河道的设计洪水水面线,河道沿程各代表断面的水面线高程,即为该断面的堤防设计水位。在实际工作中,堤防设计水位多采用历史最高水位,或在此基础上考虑上下游的关系,通过分析做调整。在多沙河流上,由于河床淤积抬高,堤防设计水位需进一步提高。堤防保证水位与堤防设计水位密切相关,一般两者相同,但又不完全一致,如在堤防修建或加高、加固过程中,当堤身尚未达到设计水位要求时,堤防保证水位低于堤防设计水位。

地震荷载
earthquake load

地震荷载指地震引起的作用于建筑物上的动荷载。水工建筑物的地震荷载主要包括地震惯性力和地震动水压力,其次为地震动土压力,一般不考虑地震对坝前淤沙压力和扬压力的影响。地震荷载是水工建筑物抗震设计的基本依据之一,它的大小取决于地震时地面运动的加速度和建筑物的动力特性。确定地震荷载时,首先要确定建筑物的设防标准。

防渗墙
diaphragm wall

在软基中造孔或挖槽,然后灌注混凝土或填筑黏土等防渗材料,建成的地下连续式建筑物称为防渗墙。在水利工程中,防渗墙常用于闸坝基础防渗，也可用于土石坝的防渗心墙，或加固土石坝。防渗墙的顶部与闸坝的防渗体相连接，两端直接与岸边或与岸边的防渗设施相连接，底部嵌入基岩或不透水地层中一定深度，以截断地下渗流，减少渗透流量，提高地基的渗透稳定性。防渗墙具有工期短、造价低、能与闸坝同时施工等优点，特别适合于对狭窄河谷的深厚覆盖层进行的防渗处理。

防渗铺盖
impervious blanket

防渗铺盖是将不透水土料或混凝土，水平铺设在透水地基上的闸、坝上游，以增加渗流的渗径长度，减小渗透坡降，防止地基渗透变形并减小渗透流量的防渗设施。铺盖是水工建筑物普遍采用的防渗结构。在土石坝中，都用土料铺设，混凝土坝和水闸中，也有用混凝土的。一些大型的水电站的坝，采用锚杆加固混凝土板式的防渗铺盖。防渗铺盖要与土石坝中的黏土心墙或黏土斜墙连成整体，与混凝土闸、坝衔接处要设止水。

铺盖不能完全截断渗透水流，其长度、厚度要根据水头的大小、透水层的深度、铺盖和透水层的渗透系数等合理采用，使地基内的渗透坡降不超过地基土层的允许渗透坡降。根据一些资料统计，其长度均在 4 倍水头以上。其厚度由上游到下游逐渐增加，前端厚度不小于 0.5m，一般采用 1m；各处厚度要满足铺盖自身允许坡降的要求，可用下式计算：

$$\delta=\frac{\Delta h}{J_{\alpha}}$$

式中，δ 为任意计算点的铺盖厚度；Δh 为相应计算点铺盖顶、底面的水头差；J_{α} 为铺盖土料的允许水力坡降。求得的厚度，需同时满足构造和施工要求，与岸坡等接触处要适当加厚。

拱坝
arch dam

拱坝是通过拱的作用将大部分横向荷载传递至两岸岩体的坝。拱坝修建在岩基上，用混凝土或浆砌石筑成，其水平剖面拱向上游，竖向剖面可以直立，或有一定的弯曲。拱坝主要依靠两岸岩体作用于拱端的反力来抵抗水压力、地震荷载等横向荷载，以保持坝身的稳定，而不是依靠自重来保持稳定。同时，拱坝是一种拱形结构，材料强度能够得到充分发挥。因而，拱坝的体积一般只有重力坝的 30％～80％。只要坝基，特别是两岸坝肩地质条件良好,拱坝的安全性也比重力坝高。

地形条件是决定拱坝结构形式、工程布置以及经济性的主要因素。理想的地形是左右两岸对称的 V 形峡谷,拱两端下游有足够的支撑岩体,以保证坝体稳定。

拱坝要求地基岩石坚固完整,质地均匀,有足够的强度、不透水性和耐久性,没有不利的断裂构造和软弱夹层。特别是坝肩岩体,在拱端力系和绕坝渗流等作用下要能保持稳定,不产生过大的变形。拱坝地基一般均需经过处理。对坝基和坝肩需做帷幕灌浆、固结灌浆、设置排水孔幕,如有断层破碎带或软弱夹层等地质构造,需做加固处理。

拱坝坝肩稳定
stability of arch dam abutment

对拱坝两岸坝肩岩体在拱端力系和绕坝渗流等作用下,不发生滑移、保持稳定的分析验算方法和工程措施称为拱坝坝肩稳定。拱坝荷载主要传递给拱端岩体,故拱坝的坝基稳定,通常反映在坝肩稳定上。特别当坝趾两岸岩石风化,断层裂隙较多,或下游岩体单薄时,必须十分重视坝肩的稳定问题,力求通过慎重地选择坝址、详细的地质勘探和岩石试验、合理的轮廓布置和必要的地基处理,使坝肩的稳定条件得到满足。

坝肩稳定条件包含变形和强度两个方面。变形条件控制软弱岩体的塑性变形和蠕变,使其不超出正常工作允许的范围;强度条件保证坝肩岩体不会沿某些软弱面滑动。抗剪强度参数常在有代表性的层理面和断层裂隙面处由现场抗剪试验确定。不同的稳定分析方法和抗剪强度参数的取值,规定不同的安全系数。世界各国多以极限平衡法和残余强度来规定抗滑稳定安全系数。因坝肩受空间力系作用,安全系数通常以三维稳定分析方法(如刚体极限平衡法、分块法、有限单元法、结构模型试验及赤平投影法等)为主,在可行性研究或初步设计阶段,也可采用平面分析方法,即沿高程每隔一段距离,切取单位厚度来计算。

渗透稳定评价
appraisal of seepage stability

渗透稳定评价研究岩土体内松散物质抵抗渗透变形的能力和判定其破坏形式。在坝(闸)壅水造成的渗流作用下,砂砾石层、软弱夹层和胶结不良的断层破碎带易产生渗透变形。其主要变形形式有:(1)管涌,多发生在粗细混杂、颗粒级配不连续的松散堆积物中，细粒被带动流走的现象；(2)流土，多发生在颗粒较细、级配均匀的砂性土中，但某些黏性土也有发生；(3)冲刷，发生在两种不同岩土带的接触处，又称接触冲刷。此外，劈裂也是一种渗透变形形式，多属软弱岩层在高压渗透水流作用下，产生裂缝或使其扩展的现象。地基的渗透变形可导致坝基失稳，在闸、堤、坝事故中占有很大比例，是威胁水利工程安全运行的关键问题之一。渗透变形的形式主要取决于地层结构、土的颗粒组成和密实程度。渗透稳定性评价常以抗渗比降(临界比降)或破坏比降为依据，采用容许比降与实际渗流比降大小关系来判断，即当实际渗流比降小于容许比降时为稳定，反之为不稳定。

水工建筑物抗震设计
seismic design of hydraulic structure

为使水工建筑物在遭遇设防烈度地震时，仍能安全工作所采取的结构和工程措施的设计称为水工建筑物抗震设计。在设计前必须掌握所在地的地震基本烈度，场地的地形、工程地质和水文地质条件，地震时地面运动规律和水工建筑物的级别等基本资料。抗震设计的主要内容有：(1)抗震分析；(2)选择有利的工程场地和建筑物地基；(3)选择安全、经济、可靠的抗震结构和抗震工程措施；(4)提出保证施工质量和加强运行管理的要求；(5)考虑地震后对受到震害的建筑物进行检修的措施等。

土坝坝坡稳定分析
slope stability analysis of earth dam

对土坝的坝坡或坝体连同地基，在荷载作用下发生失稳破坏的可能性所做的计算和分析称为土坝坝坡稳定分析。失稳破坏有滑动、液化和塑流三种形式。坝坡稳定分析一般指滑动稳定分析，对可能发生液化或塑流的土坝，要进行液化或塑流分析。滑动分析一般是依据刚体极限平衡理论，根据经验假定坝坡可能出现的滑裂面形状，如圆柱面、平面或其他曲面等，并认为滑裂面上各点的剪应力同时达到抗剪强度。按一定的数学方法搜寻可能的滑裂面，找到其中最小的安全系数并满足规范，否则重新拟定土坝剖面直到找到经济、安全、合理的为止。土坝从施工到蓄水运用的各个时期所承受的荷载不同，土体所具有的抗剪强度也要变化，应该分别校核稳定性。一般分施工期(含竣工期)、稳定渗流期和库水位降落期。按设计条件分为正常运用条件和非正常运用条件计算各时期荷载下的稳定性。

土坝地基处理
foundation treatment of earth dam

土坝可以建在岩基上,也可以建在河床冲积层上。作为土坝的地基,应满足渗流控制、抗滑稳定、沉降量及不均匀沉降等方面的要求,否则需进行处理,主要是防渗。对于岩石地基,一般大、中型工程采用水泥帷幕灌浆,帷幕顶部设置混凝土齿墙或心墙垫座;对于砂砾石地基,主要措施有设置截水槽、混凝土防渗墙、防渗板桩和防渗铺盖,下游设排水垫层、减压井、盖重或进行灌浆处理等;对于细砂地基,除做好防渗处理外,为防止在地震动力作用下产生液化现象,可采用爆炸压密、表面振动、强力夯击、振冲法等人工加密措施。对于软黏土地基,主要是进行加固处理,可设置砂井加速排水固结,采用挤密砂桩提高承载能力,在坝的上下游设置盖重防止发生塑流等。

土坝分析计算
computation and analysis of earth dam

土坝分析计算一般需进行渗流计算、抗渗稳定分析、坝坡稳定分析、坝体沉降计算以及应力和变形分析。渗流计算的目的是:(1)定出坝体浸润线位置,为坝坡稳定性分析提供依据;(2)估算坝体和坝基渗透流量;(3)求出局部渗透坡降,进行抗渗稳定分析,验算发生管涌与流土、接触冲刷、接触流土等渗透变形的可能性。坝坡稳定分析的目的是验算坝体在自重、各种运行情况下的渗透力及其他荷载作用下坝坡的稳定性,验算发生坝体本身或连同地基剪切破坏的可能性。坝体沉降计算的目的,在于确定竣工时坝顶需要预留的超高值,以及根据各部位的不均匀沉降,判断发生裂缝的可能性。对于重要的工程或较高的土坝,还需采用非线性有限单元法进行应力和变形分析,判断土坝在各种工作条件下是否发生剪切破坏、过量变形和裂缝,以及在渗流作用下防渗土体内导致水力劈裂的可能性。

岩基处理
treatment of rock foundation

岩基处理指为满足水工建筑物对基岩的整体性、稳定安全和防渗等要求,对天然地基存在的各种缺陷进行处理所采取的工程措施。天然基岩总存在一些缺陷,不能满足各种水工建筑物的要求,此时,需采取相应的处理措施。基岩处理后,一般要求达到:具有足够的整体性和稳定性,保证水工建筑物的抗滑安全;具有足够的承载能力;不致产生过大变形、位移和不均匀沉降;具有足够的抗渗能力和满足基岩渗透稳定要求等。

岩基排水
drainage of rock foundation

岩基排水是为降低水工建筑物岩石地基及岸坡的扬压力或渗透力,排除渗水,增加稳定安全性而采取的导排水措施。扬压力是水工建筑物承受的主要荷载之一,设置防渗帷幕和岩基排水是降低扬压力、提高建筑物及岩基稳定性的最通用而有效的措施。岩基排水对降低作用于岸坡掩体的渗透力、提高岸坡的稳定性也有显著的作用。岩基排水需要形成良好的排水系统,包括岩基渗水的导引、汇集和排出。进行布置时要根据具体地质条件、岩体渗透特性以及水工建筑物、岸坡对岩基排水降压的要求等因素进行综合考虑。

岩基稳定分析
stability analysis of rock foundation

岩基稳定分析是用力学原理对岩基的稳定性进行定量分析,以验算建筑物(堤、坝等)的安全性和经济性,保证建筑物不产生滑动和倾覆。岩基稳定分析不同于土基稳定分析,由于岩体结构复杂,又常受软弱结构面(断层、节理、裂隙等)切割,可能的滑动面各种各样。大坝失稳分浅层滑动和深层滑动,前者是指坝体沿着岩基接触面的滑动,后者是岩基内存在着不利于稳定的软弱结构面,大坝连同岩基沿着该面发生的深部滑动。对重要的工程,除进行稳定性计算外,尚需进行模型试验,且常以计算分析为主,模型试验为辅,综合评价。

扬压力
uplift pressure

扬压力是渗入建筑物及其地基内的水作用于基底或计算截面上的向上的水压力。扬压力是假定混凝土和基岩均不透水,由于水渗入建筑物和地基内的水平或接近水平的裂缝(含建基面的接触缝和坝体的水平施工缝)而产生的作用在缝面上的面力。一般把渗水作用在缓倾角裂隙或夹层面上的面力也叫扬压力。实际上,混凝土和基岩都是透水材料,渗透水通过材料孔隙形成对材料骨架的作用力,是一种体积力。只有当缝隙的透水性远大于坝体和岩体的透水性时,上述假定才接近实际。实践表明,在抗滑移稳定计算的刚体极限平衡法和应力分析的材料力学法中,把渗流水对建筑物的作用按面力来处理是一种近似但能基本满足要求的方法。

重力坝
gravity dam

用混凝土或砌石等材料修筑的,主要依靠坝体自重保持稳定的坝称为重力坝。在平面上,重力坝的坝轴线通常呈直线,有时为了避开不利的地形、地质条件,或因布置上的要求,也有布置成折线或曲率不大的拱形的,混凝土重力坝的优点有:(1)安全可靠;(2)通过坝身泄水、取水和施工导流的条件较其他坝型好;(3)对地形、地质条件的适应性较其他坝型强;(4)设计简单、施工方便、可以机械化施工、工期短。其主要缺点是:(1)水泥用量多;(2)需要较多的混凝土温度控制措施和设施。

23 土压力

土压力
earth pressure

土因自重或外荷载的作用对挡土结构物产生的侧向压力称为土压力，是作用于挡土结构物上的主要荷载。工程上的挡土墙、地下室侧墙以及桥台等都受到土压力的作用。其值与挡土结构物相对于土的移动方向和移动量、填土的性质以及挡土结构物的形式、刚度等因素有关。根据挡土结构物的偏移方向可分为主动土压力、被动土压力和静止土压力。经典的土压力理论主要有朗肯土压力理论和库仑土压力理论。

主动土压力
active earth pressure

当挡土结构物向离开土体方向偏移至土体达到极限平衡状态时的土压力称为主动土压力，是三种土压力中的最小值。工程上常用的计算理论主要有朗肯土压力理论和库仑土压力理论。

主动土压力系数
coefficient of active earth pressure

参见“朗肯土压力理论”与“库仑土压力理论”词条。

被动土压力
passive earth pressure

当挡土结构物向土体方向偏移至土体达到极限平衡状态时的土压力称为被动土压力,是三种土压力中的最大值,工程上常用的计算理论主要有朗肯土压力理论和库仑土压力理论。

被动土压力系数
coefficient of passive earth pressure

参见“朗肯土压力理论”与“库仑土压力理论”词条。

静止土压力
earth pressure at rest

当挡土结构物静止不动,土体处于弹性平衡状态时的土压力称为静止土压力,其值介于主动土压力与被动土压力之间,可按下式计算:

$$\sigma_0 = K_0 \gamma z$$

式中,σ_0 为静止土压力强度;K_0 为静止土压力系数;γ 为填土的重度;z 为计算点离填土面的深度。

静止土压力系数
coefficient of earth pressure at rest

静止土压力系数又称静止侧压力系数,为单元土体不发生任何侧向变形时,小主应力与大主应力之比。对正常固结黏土,一般以 $K_0 = 1 - \sin\varphi'$ 估算,其中 φ' 为土的有效内摩擦角。砂土的 K_0 值约为 0.4,黏土的 K_0 值为 0.4~0.8,超固结土的 K_0 值可能大于 1,甚至达到 2 以上。

库仑土压力理论
Coulomb's earth pressure theory

库仑土压力理论是由库仑(C.A. Coulomb)于 1776 年根据挡土结构物后滑动土楔的受力平衡条件得出的经典土压力公式。

该理论假设挡土墙后土体处于极限平衡状态时形成一滑动土楔,滑动面是一平面,墙后填土是理想散体。对于任意一与水平面的倾角为 θ 的滑动面 BC,作用在滑动土楔 ABC 上的力有土楔自重 W、BC 面上的土反力

R、墙背对土楔的反力 E，根据静力平衡条件求得 E 并求其极值，得如下土压力公式：

$$E_a=\frac{1}{2}\gamma H^2 K_a$$

$$E_p=\frac{1}{2}\gamma H^2 K_p$$

式中，E_a、E_p 分别为主动土压力和被动土压力；γ 为土的重度；H 为挡土墙高度；K_a、K_p 分别为库仑主动土压力系数和被动土压力系数，与土的内摩擦角 φ、填土面与水平面的倾角 β、挡土墙背的倾角 α 以及墙背材料与填土之间的摩擦角 δ 有关，可按有关公式计算或由图表查得。对于无黏性填土用该理论计算主动土压力较符合实际，但计算被动土压力误差较大，以后推广到应用于黏性填土。

朗肯土压力理论
Rankine's earth pressure theory

朗肯土压力理论是由朗肯(W. J. M. Rankine)于1857年根据土的极限平衡理论提出的经典土压力理论。该理论假设，当弹性半无限体由于在水平方向伸长或压缩并达到极限平衡状态时，设想用一垂直光滑的挡土墙面代替弹性半无限体一侧的土体而不改变原来的应力状态，根据土的极限平衡理论，得出无黏性土的主动和被动土压力强度 σ_a 和 σ_p 分别为

$$\sigma_a=\gamma z K_a,\sigma_p=\gamma z K_p$$

主动和被动土压力的合力分别为

$$E_a=\frac{1}{2}\gamma H^2 K_a,E_p=\frac{1}{2}\gamma H^2 K_p$$

式中，$K_a=\tan^2\left(45^\circ-\frac{\varphi}{2}\right)$ 为主动土压力系数；$K_p=\tan^2\left(45^\circ+\frac{\varphi}{2}\right)$ 为被动土压力系数；φ 为土的内摩擦角；γ 为土的重度；z 为计算点离土面的深度；H 为挡土墙高度。公式可用于墙背垂直、光滑、填土面为水平的情况，以后推广到用于黏性填土。朗肯土压力理论概念明确，方法简单，广泛应用于实际工程。

朗肯状态
Rankine state

朗肯状态为半无限土体由于受到水平方向拉伸或压缩而使土体达到

极限平衡的应力状态。由于拉伸而达到的为主动朗肯状态,由压缩引起的为被动朗肯状态。

水土压力分算和合算
water and earth pressure calculating separately and together

水土压力合算,即用饱和重度计算土压力,不再另外考虑水压力的作用。水土压力分算,实际上是考虑了静水压力的水土分算法,它考虑了土粒本身的重力,还考虑了孔隙水对土粒的浮力。水土合算对应的强度指标是按总应力法求得,水土分算是用有效重度算的,故其强度指标采用有效强度指标。现行的相关规范都规定,对于地下水位以下的黏性土采用水土合算,对于地下水位以下的砂土、碎石土采用水土分算。要注意的是水土合算存在较严重的理论缺陷,用的时候要加以注意,而水土分算的根据比较充分但实际操作困难较大,因此,可用总应力指标代替有效强度指标,加上一定的经验修正。

一般说来,采用水土分算偏安全和保守,但水土分算要用有效强度指标计算,而目前试验室要准确提供三轴的有效强度指标是很困难的,实际的勘察报告中极少提供 C'、φ',所以实际操作困难大。

而实际的情况是这样,由于基坑开挖过程中,两侧存在比较大的水头差,这就有可能产生渗流效应,在渗流效应的作用下水土压力就不再是简单的水土合算和分算,而必须考虑由于渗流作用引起的水压力和土压力的变化。在计算方法和水土相互作用机理方面,对于水土“分算”和“合算”这一有争论的问题值得进一步分析和讨论,提出更加合理的水土压力的计算方法。这是一个有待于深入研究和探讨的课题。

24 基坑工程与降水

基坑降水
dewatering

基坑降水指在基坑开挖工程中，为防止渗透力过大引起流砂、管涌等失稳以及保证施工过程中坑底的疏干条件而采取的降水措施。一般需将水位降低到坑底以下，可采用表面排水法和土中降水法。表面排水法通常在基坑坡脚做成集水沟，使沟中的水流向集水坑，再用泵将水抽去。这种方法适用于边坡较平缓，开挖深度不大或渗流水不多的情况。另一种表面排水法是板桩围护基坑明排水法。这种开挖方法，地下水经由板桩底进入基坑内形成渗透力。设计时，板桩应有足够的插入深度，防止因渗透力过高而使土体失稳。土中降水法（或称降水法）主要是将带有滤管的降水设备设置于基坑四周的土中，并利用各种抽水机具，将地下水抽去。该法可分为井点系统、喷射井点、深井点、真空井点、电渗等。

基坑失稳
failure of foundation pit

基坑开挖工程中发生的土从板桩底下涌进基坑（黏性土地基）或因“管涌”“流砂”（砂性土地基）所造成的基坑破坏称为基坑失稳。

基坑围护
bracing of foundation pit

基坑围护是为保证基坑开挖顺利进行而设置的挡土(水)围护系统。围护方法根据地质、地下水位、基坑宽度和深度以及对邻近建筑物(设施)的影响等因素而定,一般有支撑围护、板桩围护、排桩墙围护以及地下连续墙围护等。进行条形基础等基坑宽度不大的开挖工程,大多采用支撑围护。在大面积、深度较深的开挖中一般采用板桩围护或排桩墙围护。对开挖深度很大、土质条件较差、周围环境受到限制的重要工程可采用地下连续墙围护。为经济起见,通常将地下连续墙设计成地下结构的一部分。对于某些深开挖工程可采用"逆作法"施工。参见"逆作法"词条。

基底隆起
heave of base

基底隆起是基坑开挖工程中发生的由于土的流动引起的坑底标高的升高,通常发生在黏土地基开挖中。其主要原因在于围护墙背后的土柱重量超过基底以下的地基承载力,致使地基的塑性平衡状态受到破坏,发生墙后土向基坑的流动。坑顶下陷,基坑底上降。实际开挖工程设计中,必须对此进行基坑稳定性验算。

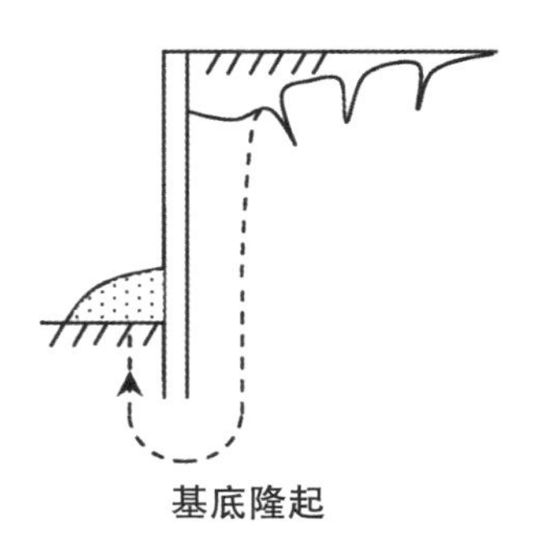
基底隆起

由于开挖减除压力而引起的基底的膨胀变形可称为"回弹",也可表现为基底隆起但上升高度不大。

减压井
relief well

在对下部为不透水层或弱透水层,而其下又存在承压水层的基坑的开挖工程中,由于开挖后上覆压力减小,下伏的承压水将会使基坑底隆起或产生流砂现象,为保证基坑的稳定性而需布设深井来减轻承压水的压力,起这种作用的深井称为减压井。

降低地下水位法
dewatering method, groundwater lowing

降低地下水位法通过降低地下水位改善地基土的物理力学性质，可用于提高土坡的稳定性，防止坡面和基底土的流失，减少基坑板桩和支撑的压力，减少隧道内的空气压力，防止基坑底的破坏和隆起等。也可用于促进地基固结，提高地基承载力和减少地基工后沉降量。降低地下水位方法应根据地质情况和工程要求合理采用。降低地下水位方法主要有轻型井点降水、喷射井点降水、深井点降水、真空井点降水和电渗降水等。

井点系统
well point system

井点系统又称“轻型井点”。它是通过设置于土中的一系列井管（直径一般为 50mm），井与总管（直径一般为 125mm）用弯联管或铠装塑料管连接，总管与带有离心泵的真空泵或水射泵等抽水设备相连，这样所构成的排水系统即为井点系统。井点的滤管直径为 50mm，长约 1m，滤网可用铜、不锈钢网或土工织物制成，末端可以是封闭式的，也可以是自射式的。井点排列成线状或环状，视基坑的形状而定，其间距一般为 0.8～2.4m。

井点系统是国内外应用最广泛的降水方法。对小基坑，降低水位不深时尤为适用和经济。它能降低的地下水位有效深度为 4.5m 左右。井点系统也可布置多级，每级井点降水深度不超过 4.5m。

喷射井点
eductor well point

喷射井点是土中降水法之一。工作水流自高压泵经输水导管达到喷嘴，由于喷嘴处截面缩小，水流会以极大流速冲入混合室中。与此同时，由于喷嘴处工作水流流速骤增，压力相应减低至某真空度（约 250mm 汞柱），大气压力即将欲提升的地下水经吸入管压入混合室中。该部分水流与工作水流混合而产生直接的能量交换，同时混合室截面积逐渐增加，流速渐减，最后以正常的速度流出井点。此法的有效降水深度较大（可达 30m），但因能量消耗过大，其工作效率较低，且主要部件如喷嘴易磨损，限制了其在工程上的广泛应用。

板桩围护
sheet pile-braced cuts

板桩围护指采用板桩结构作为基坑开挖工程中的围护结构。参见“板桩结构”词条。

电渗法
electroosmotic drainage, electroosmotic method

在地基中插入金属电极并通以直流电,在电场作用下,土中水会从阳极流向阴极,这种现象称为电渗。如果将水从阴极排除(通常采用井点作为阴极,并由井点进行真空抽水),而不让水在阳极附近补充,借助电渗作用可逐渐排除土中水。在工程上有时利用它降低黏性土中的含水量或地下水位来提高土坡或基坑边坡的稳定性,也可利用它来加速堆载预压饱和黏性土地基的固结。

深井点
deep well point

深井点是土中降水法之一,即在土层深处设置上连深井泵下带滤管的井管(较轻型井点所用的井管粗且长),将地下水抽出。适用于土粒较粗、渗透系数很大、透水层厚度大、水量大、降水深的工程。其优点是降水的深度大,范围也大,故可布置在基坑施工范围外,使其排水时的降落曲线达到基坑之下。它可单独使用,也可和轻型井点联合使用。此外,轻型井点通常布置在基坑的坡脚处,以吸取由于深井点间距较大而流来的少量地下水。

真空井点
vacuum well point

真空井点是土中降水法之一。用厚1.0～1.5m的黏土或膨润土封住井点的顶部,以保持滤管和其填料内的真空度,从而使井点的水力坡降增加、地下水易于抽取。该法适用于渗透系数较小($k<0.1\times10^{-2}\sim1.0\times10^{-1}$m/s)的粉土($D_{10}\leqslant0.5$mm)中降水,这是因为此时土中有部分水由于毛细管力的作用而不能用重力的方法抽出。为了保证降水效果,其井点间距通常较小。

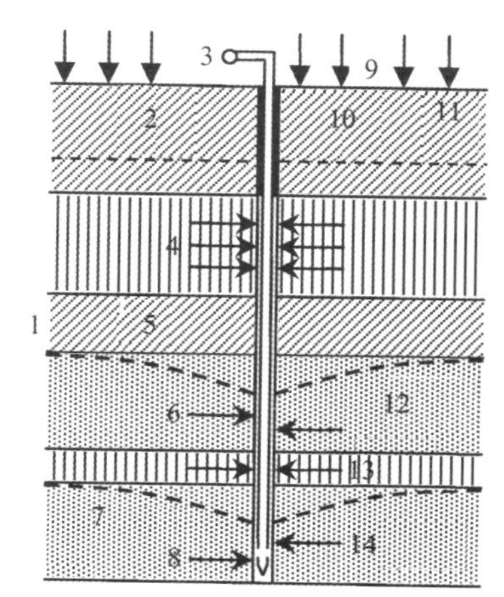

1—注在部分真空下，邻近井点的土；2—初始地下水位；3—总管；4—粉土；5—黏土；6—砂质粉土；7—粉质砂土；8—井点；9—大气压力；10—封口；11—粉质黏土；12—中到粗砂填料；13—粉土；14—填料中水位

真空井点示意

25 地下工程

地下工程
underground engineering

所有地层表面以下的建筑物和构筑物统称为地下工程。地下工程分类方法众多,一般按其使用功能可分为交通工程、市政管道工程、地下工业建筑、地下民用建筑、地下军事工程、地下仓储工程等;按施工方法可分为浅埋明挖法地下工程、盖挖逆作法地下工程、矿山法隧道、盾构法隧道、顶管法隧道、沉管法隧道、沉井(箱)基础工程等。

围岩压力
surrounding rock pressure

围岩压力也称地层压力,是地下结构所承受的主要荷载。洞室开挖前,地层中的岩体处于原始应力状态,洞室开挖后,围岩中原始应力平衡遭到破坏,应力重新分布,使围岩产生变形。围岩压力作用在衬砌或支护结构上,可分为垂直压力、水平压力和底部压力。其大小主要与岩体的结构、强度、地下水的作用、洞室的形状与尺寸、洞室的埋置深度、支护的类型和刚度、支护时间及施工方法等因素有关。

衬砌
lining

衬砌是承受地层压力、维持岩体稳定、阻止坑道周围地层变形的永久性支撑物。它由拱圈、边墙、托梁和仰拱组成。衬砌结构一般由临时或初期支护和二次衬砌所组成。衬砌又称为永久支撑,其材料主要有砖、石、砌块混凝土、钢筋混凝土、钢轨、锚杆、喷射混凝土、铸铁、钢纤维混凝土、聚合物钢纤维混凝土等。根据现场浇筑施工方法不同,衬砌构造形式又分为模筑式衬砌、离壁式衬砌、装配式衬砌和锚杆支护衬砌。

装配式衬砌
prefabricated lining

最典型的装配式衬砌是盾构隧道,其圆形隧道由若干预制好的高精度钢筋混凝土管片在盾壳保护下由拼装机装配而成。管片之间和相邻环面之间均有接缝,接缝用螺栓连接。根据隧道防水、地基稳定性、抗震方面要求,有的为单层钢筋混凝土管片衬砌,有的在内部施加防水层和模筑混凝土,构成复合衬砌。在地下水位低、抗震设防要求不高的地区,也有用在工厂预制顶板、边墙,在现场现浇钢筋混凝土底板上,借助焊接、榫槽、插筋现场装配,可以快速地建造地铁区间隧道和车站。另外,在大型船坞内,分节制作隧道的管段,用驳船浮运道水域现场,沉放到预先开挖好的基槽内,从而形成大型沉管隧道。

半衬砌
half-lining

当地下岩石坚固性系数大于等于 8,侧壁无坍塌危险,仅顶部岩石可能有局部脱落时,可只在顶部衬砌,称为半衬砌。为保护岩石不受风化,在侧壁表面喷 2～3cm 厚的水泥砂浆。

直墙拱衬砌
dome vertical wall lining

直墙拱衬砌结构形式为顶拱和边墙整浇相连,形成一个整体结构。当岩石坚固性系数在 3～7 时,可采用这种结构。在铁路隧道、地下厂房、地下仓库、军事坑道、水工隧洞等地下建筑中,广泛使用该结构。直墙拱除了在坚硬地层中常被应用外,在软土中的小跨度人防通道亦常被采用。

曲墙拱衬砌
horseshoe-shaped lining

曲墙拱衬砌又称马蹄形衬砌。当岩石的坚固性系数小于等于 2，松散破碎、易于坍塌时，可采用曲墙拱。

超前支护
advance support

隧道开挖后，若围岩完全不能自稳，表现为随挖随坍甚至不挖即坍，则须先支护后开挖，称为超前支护。必要时还须先进行注浆加固围岩和堵水，然后才能开挖。

初期支护
primary support

隧道开挖后，在围岩稳定能力不足时，须加以支护才能使其进入稳定状态，称为初期支护。初期支护是为了解决隧道在施工期间稳定和安全的工程措施，主要采用锚杆和喷射混凝土来支护围岩。支护施作后即成为永久性承载结构的一部分，与围岩共同构成永久的隧道结构承载体系。

二次支护
secondary support

为保证隧道在服务过程中的稳定、耐久、减少阻力和美观等，采用模筑混凝土作为内层衬砌，称为二次支护。二次支护是为了保证隧道的永久稳定和安全，作为安全储备的工程措施。多采用顺作法，即由上到下，先墙后拱的顺序连续浇筑。

明挖法
open surface excavation

明挖法施工先将地表土层挖开一定深度，形成基坑，然后在基坑内浇筑结构，结构施工完成后进行土方回填，最终完成地下工程的施工。一般来说，在开挖深度小于 7m、施工场地比较开阔的情况下，优先采用明挖法施工。

浅埋暗挖法
subsurface excavation

浅埋暗挖法是按照“新奥法”原理进行设计、施工，采用多种辅助措施加固围岩，充分调动围岩自承能力，开挖后及时支护，封闭成环，使其与围岩共同作用形成联合支护体系，有效地抑制围岩过大变形的一种综合施工技术。其施工原则可概括为“管超前，严注浆，短开挖，强支护，快封闭，勤量测”。

盖挖法
concealed excavation

盖挖法施工技术是先用连续墙、钻孔桩等作围护结构和中间桩，然后做钢筋混凝土盖板。在盖板、围护墙、中间桩的保护下进行土方开挖和结构施工。盖挖法有顺作与逆作两种方法。其主要优点是安全、占地少、对居民生活干扰小，采取措施后甚至可做到基本上不影响交通，但施工速度比明挖法要慢。

沉管法
immersed tube tunneling

沉管法也称沉埋法或预制管段沉放法，是修筑水底隧道的主要方法。沉管法施工时，先在隧址附近的临时干坞或船台上预制大型预制管段，并用临时隔墙封闭起来，然后将此管段运到隧址上已预先浚挖好的基槽中。待管段定位后，箱管段内灌水压载，使其下沉到设计位置，将此管段与相邻管段在水下连接起来，并经基础处理，最后回填覆土，成为水底隧道。

沉井
open caisson

沉井在施工期间是一个上无盖、下无底的筒状结构，通常用钢筋混凝土制成，在其井壁的挡土和防水的围护作用下，从井内取土，依靠其自重使之下沉至设计标高。沉井多用作桥梁墩台或重型工业建筑物的深基础，后来逐渐发展成为利用其内部空间供生产使用或其他用途的地下建筑物。如各种泵房、地下沉淀池、水池、储存槽、各种地下厂房或车间和仓库(包括地下热电站、地下油库)、地下人防工程以及地下铁道或水底隧道的通风井、盾构拼装和拆卸井等。沉井一般由井壁、刃脚、隔墙、凹槽、封底(包括底板)和顶盖等部分组成。

沉井施工可分为制作和下沉两个过程。根据沉井高度、地基承载力、施工机械设备等,沉井可采取一次制作,一次下沉;分段制作、接高,一次下沉;或制作与下沉交替进行。也有在陆上制作,浮运至水中沉放地点后下沉和接高的浮式沉井施工。沉井的下沉方法视沉井所穿过的土层和水文地质条件而定。包括排水下沉和不排水下沉两种。当土质透水性很小或涌水量不大时,可采用排水下沉;在沉井穿过涌水量较大的亚砂土或砂层时,为了防止砂子涌入井中影响施工,则采用不排水下沉。下沉时常采用抓斗或水力机械等方法取土。

管片衬砌
segments lining

管片衬砌采用预制管片,随着盾构的推进在盾尾依次拼装衬砌环,由无数个衬砌环纵向依次连接而成衬砌结构。预制管片按材料分为铸铁管片、钢管片、钢筋混凝土管片等;按结构形式分为平板形管片、箱形管片。管片接头一般可用螺栓连接,也可用榫槽式接头或球铰式接头。

盾构法
shield method

盾构法是采用盾构为施工机具,在地层中修建隧道和大型管道的一种暗挖式施工方法。施工时,在盾构前端切口环的掩护下开挖土体,在盾尾的掩护下拼装衬砌(管片或砌块)。在挖去盾构前面土体后,用盾构千斤顶顶住拼装好的衬砌,将盾构推进到挖去土体空间内,在盾构推进距离达到一环衬砌宽度后,缩回盾构千斤顶活塞杆,然后进行衬砌拼装,再将开挖面挖至新的进程。如此循环交替,逐步延伸而建成隧道。盾构法施工工序主要有土层开挖、盾构推进操纵与纠偏、衬砌拼装、衬砌背后压注等。盾构法得到广泛使用,因其具有明显的优越性。

(1) 在盾构的掩护下进行开挖和衬砌作业,有足够的施工安全性。

(2) 地下施工不影响地面交通,在河底下施工不影响河道通航。

(3) 施工操作不受气候条件的影响。

(4) 产生的振动、噪声等对环境危害较小。

(5) 对地面建筑物及地下管线的影响较小。

盾构
shield

盾构是用盾构法进行开挖和衬砌拼装的专用机械设备。其外壳通常为圆筒形的装配式或焊接式金属结构，也有配合隧道使用要求而做成矩形、马蹄形或半圆形等外形的。盾构的种类较多，但其基本构造均由壳体、推进设备、衬砌拼装机等组成。

按盾构的构造和开挖地层的方法，盾构可分为手掘式、挤压式、半挤压式和机械式。

盾构壳体
shield shell

盾构壳体沿盾构长度方向分为切口环、支承环和盾尾三部分。

前面是切口环，设有刃口，施工时切入土层，具有开挖和支撑土体的功能。在手掘式盾构中，应考虑掩护工人开挖地层的安全和方便，其长度一般为 1.2～2.5m。在机械化盾构中，只考虑容纳开挖机具。

中部为支承环，是盾构的主要受力结构，盾壳的外荷载均由其承受。在小型盾构中是一个刚度较大的圆环结构，在大中型盾构中则是一个钢制构架。推动盾构前进的千斤顶均设置在支承环的内周。在大中型盾构中通常把液压动力设备、配电盘、盾构操纵台等均安装在支承环的空间内。支承环的长度决定于盾构千斤顶的长度，它又与衬砌环的宽度有关，一般比最大衬砌环宽度长 0.2～0.3m，为 1.8～2.2m。

后部为盾尾，由盾构外壳钢板延长构成，在盾尾的掩护下拼装隧道衬砌。盾尾末端设有盾尾密封装置，以防止泥水和注浆材料从盾尾与衬砌之间的空隙内流入。

推进系统
thrust hydraulic system

盾构机的推进系统主要由千斤顶和液压设备组成。千斤顶沿支承环圆周均匀分布，千斤顶的台数和每个千斤顶推力根据盾构外径、总推力大小、衬砌构造、隧道断面形状等条件而定。液压设备主要由液压泵、驱动马达、操作控制装置、油冷却装置和输油管路组成。

拼装系统
assembly system

拼装系统即为衬砌拼装机,其形式由盾构直径的大小、衬砌构件的材料和形式、出土方式等因素决定。拼装机要具有抓住衬砌构件后能在盾构内做环向转动、径向伸缩和纵向前后移动的功能,以便使衬砌构件就位,其动力有液压、电动和手动。

通缝拼装
sequence-jointed assembling

每环管片的纵向缝环环对齐称为通缝拼装。其优点是拼装较为方便,容易定位,衬砌圆环的施工应力较小,缺点是环面不平整的误差容易积累。

错缝拼装
stagger-jointed assembling

错缝拼装指每环管片的纵向缝环环错开 1/3～1/2 宽度。错缝拼装的衬砌整体性好,但当环面不平整时,容易引起较大的施工应力。

双圆盾构隧道
DOT(double O tube)shield tunnel

双圆盾构施工法是在同一平面上配置两个刀盘的双圆形加泥式土压平衡盾构机,在圆形断面连接部的相切部分的相对位置上设有"Y"形接头管片来构筑双圆形隧道的施工方法的总称。

泥水加压式盾构
slurry shield

泥水加压式盾构又称泥水平衡式盾构机,主要针对无黏聚力的滞水砂层,软塑性、流动性等特别松软地层中进行隧洞开挖而研制,目前被广泛应用于各种软弱地层的施工。其基本工作原理为:将按一定要求配置的膨润土或黏土浆,通过泥浆泵、输浆管以一定的压力从密封舱上部送往开挖工作面,有压泥浆可以在开挖面快速形成一定张力的泥皮,起到护壁效果。刀盘从工作面上切削下来的渣土与泥浆混为一体,再由密封舱下部的吸泥管吸出送往泥浆分离场,分离后的废渣运出工地,工作泥浆重复循环使用。

土压平衡式盾构
EPB (earth pressure balance)shield

土压平衡式盾构机将土料作为稳定开挖面的介质，刀盘后隔板与开挖面之间形成泥土室，刀盘旋转开挖使泥土料增加，再由螺旋输料器旋转将土料运出，泥土室内土压可由刀盘旋转开挖速度和螺旋输出料器出土量进行调节。土压平衡式盾构机能适应在软弱黏土、粉质土、砂砾土等各种土层隧道施工，且较泥水平衡式盾构机经济。

钢拱架
steel arch frame

钢拱架是采用L、U、I字型钢和钢轨、钢管等，加工成所需要的形状，用整榀安装或杆件拼装方法，使用于地下工程的一种支护结构。近年来有应用钢筋组焊成格构式钢筋桁架的钢拱架。同时，这些钢拱架可与喷射混凝土、锚杆、钢筋网联合成钢拱架锚喷网联合支护。

超前锚杆
forepoling bolt

超前锚杆又称斜锚杆，是沿隧道纵向在拱上部开挖轮廓线外一定范围内向前上方倾斜5°～10°，或者沿隧道横向在拱脚附近向下方倾斜一定角度的密排砂浆锚杆。前者称拱部超前锚杆，后者称边墙超前锚杆。拱部超前锚杆用以支托顶拱上部临空的围岩，起插板作用。边墙超前锚杆用在先拱后墙法开挖边墙的过程中，将起拱线附近岩体所承受的较大拱部荷载传递至深部围岩，从而提高施工中的围岩稳定性。超前锚杆法一般适用于软弱岩层段，开挖临空后的数小时内可能出现剥落或者局部坍塌的情况。

管棚
pipe roof

管棚是利用钢拱架与沿开挖轮廓线，以较小的外插角、向开挖面前方打入钢管或钢插板构成的棚架来形成对开挖面前方围岩的预支护。采用长度小于10m的小钢管的称为短管棚，采用长度为10～45m且较粗的钢管的称为长管棚，采用钢插板的称为板棚。管棚整体刚度较大，对围岩变形限制能力较强，且能提前承受早期围岩压力，因此管棚主要适用于围岩压力来得快、来得大,对围岩变形及地表沉降有较严格限制的软弱破碎围岩隧道工程中。

超前小导管注浆
ahead ductile grouting method

超前小导管注浆,是在开挖前先用喷射混凝土将开挖面和5m范围内的坑道封闭,然后沿坑道周边向前方围岩内打入带孔小导管,并通过小导管向围岩压注起胶结作用的浆液,待浆液硬化后,坑道周围岩体就形成了有一定厚度的加固圈,在此加固圈的保护下即可进行作业。浆液被压注到岩体裂隙中并硬化后,不仅将岩块或颗粒胶结为整体起到了加固作用,而且填塞了裂隙,阻隔了地下水向坑道渗流的通道,起到了堵水作用,因此超前小导管注浆不仅适用于一般软弱破碎围岩,也适用于地下水丰富的软弱破碎围岩。

矿山法
mining method

矿山法是采用钻爆开挖加钢木构件作为临时支撑的施工方法,因最早应用于采矿坑道而得名。其开挖过程包括钻孔、装药、起爆、出渣。按衬砌的施作顺序可分为先墙后拱法和先拱后墙法。

先墙后拱法亦称顺作法,是在隧道开挖成形后,由下至上施作模筑混凝土衬砌。这种方法常用于较为稳定的围岩条件。当围岩稳定性较差或隧道断面较大时,可以先将墙部开挖成形并施作边墙衬砌后,再将拱部开挖成形并完成拱部衬砌。先墙后拱法的施工速度较快,各工序及各工作面之间的相互干扰较小,衬砌的整体性好,受力状态较好。

先拱后墙法亦称逆作法,它是先将隧道上部开挖成形并施作拱部衬砌,再开挖下部并施作边墙衬砌。此方法施工速度较慢,上部施工较困难,衬砌整体性较差,受力状态不好。

全断面开挖法
whole section excavation method

全断面开挖法是按设计开挖断面一次开挖成型。全断面开挖法主要有以下优缺点:首先,需要较大的工作空间,适用于大型配套机械化施工,施工速度较快,且便于施工组织和管理,因此一般应尽量采用全断面开挖法，但由于开挖面大，围岩相对稳定性降低，且每次循环工作量相对较大，所以要求具有较强的开挖、出渣能力和相应的支护能力；其次，采用全断面开挖法具有较大的断面进尺比，可获得较好的爆破效果，且爆破对围岩的震动次数较少，有利于围岩的稳定，但由于每次爆破震动强度较大，故要求进行严格的控制爆破设计。

台阶开挖法
face step excavation

台阶开挖法是将设计断面分上半断面和下半断面两次开挖成型的方法。其优缺点如下：首先，该法具有足够的工作空间和相当的施工进度，但上下部作业有干扰；其次，台阶开挖法虽增加对围岩的扰动次数，但台阶有利于开挖面的稳定。

分部开挖法
partial excavation method

分部开挖法是将隧道面分部开挖逐步成型的方法，一般将某部超前开挖，也称导坑超前开挖法。常用的有下导坑超前开挖法、上导坑超前开挖法、单(双)侧壁导坑超前开挖法等。其优缺点为：首先，减少了每个坑道的跨度，能显著增强坑道围岩的相对稳定性，易于进行局部支护，因而适用于围岩软弱破碎严重的隧道或设计断面较大的隧道；其次，分部开挖由于作业面较多，各工序相互干扰较大，增加了对围岩的扰动次数，施工组织和管理难度较大；再次，采用导坑超前开挖，有利于提前探明地质情况，予以及时处理。

导坑
pilot tunnel

导坑也称导洞，指分部开挖隧道时，最先开挖的一个小断面坑道。它的作用有如下几点。

(1) 既能作为进行扩大开挖时开展工作面的基地，又能为扩大开挖工序创造临空面，以提高其爆破效果。

(2) 进一步查明前方的地质变化和地下水情况，以便预先制定相应的措施。

(3) 利用导坑空间，可敷设出碴和进料的运输线路，布设供给压缩空气和通风、供水、供电的管线和排水沟。

(4) 便于进行施工测量,以便向前测定隧道中线方向和高程,并可控制贯通误差。

按照矿山法中不同的施工方法,其导坑的部位也有所不同,常用的有下导坑、上导坑和侧导坑三种。下导坑位于隧道断面中线的底部,它是开挖前进的主要工作面,运输线和管线等都布设在这里,且有利于排水;上导坑位于隧道断面中线的顶部,它是扩大开挖拱部的基地;侧导坑位于隧道断面的两侧,由它开挖出隧道的边墙部分,多用于大断面的隧道施工。在高大的洞室断面上可布置成多层导坑;在大跨度洞室的拱部断面上,可自拱顶至拱脚布置 3～5 个导坑。导坑的断面形状多采用梯形,以承受两侧地层的水平推力。在较坚硬和整体的地层中,可用矩形或弧形断面。导坑是独头的坑道,施工较困难,费用较贵。因此它的断面尺寸应尽可能小;但高度应满足装碴机翻斗的净空要求,也要考虑工人操作方便;宽度应满足单线或双线运输的要求,包括斗车间必要的间隙和行人所需的宽度及设置风管和排水沟的空间。

结构排水
structural drainage

结构排水应结合混凝土衬砌来施作。其排水过程是水从围岩裂隙进入衬砌背后的盲沟,盲沟下接泄水孔,水从泄水孔泄出后,进入隧道内的纵向排水沟,经排水沟排出洞外。

盲沟
blind drainage

盲沟又称暗沟、暗渠等,其作用是在衬砌和围岩之间提供过水通道,并使之汇入泄水孔。我国较为传统的盲沟有灌砂木盒、灌砂竹筒,现已被新型柔性盲沟所替代。柔性盲沟通常由工厂加工制造,主要有弹簧软管盲沟和化学纤维渗滤布盲沟。

辅助坑道
access adit

隧道施工时,为开辟工作面以缩短工期和改善施工条件而增设的坑道称为辅助坑道。常用的辅助坑道有横洞、斜井、竖井和平行导坑。

竖井
circular shaft

在隧道上方有低洼地形时,可在隧道的一侧或顶部设置竖井。它本身的掘进是垂直向下进行的,开挖爆破效率较低。竖井中的运输采用吊桶或罐笼提升,地面需要安装井架和天轮等庞大的设备,地下需布置井底车场,运输能力有限而能源消耗较大。为了安装地面提升设备,井口需要修建加固结构,且需有较宽阔的场地。竖井本身的施工期较长,造价较高。在隧道建成后,竖井可作为通风之用。

斜井
inclined well

当长隧道埋深不大,或深埋隧道地表旁侧有低洼地形时,可采用斜井。斜井倾角不宜大于25°,斜井中线与隧道中线平面交角不宜小于40°,斜井运输可用皮带运输机或卷扬机轨道运输。

横洞
transverse hole

横洞多用于一侧覆盖层较薄的傍山隧道,用以增辟工作面和缩短出渣进料距离。若洞口有其他工程干扰,无法从正面开挖正洞,或洞口路堑挖方量大而洞口侧面覆盖层较薄,均可利用横洞提前开挖正洞。横洞与隧道中线的平面夹角最好为90°,不宜小于40°,应设向外的不小于3‰的纵坡,以利排水和运输。

平行导坑
parallel heading ventilation

平行导坑简称平导。其一般平行于正洞,适用于长大的越岭隧道。无法采用其他辅助坑道时,能同时增辟几个工作面以加快正洞施工速度,并解决施工中的运输、通风、排水、测量、探明地质及施工安全等问题。由于开挖量增加,隧道造价增加了15%~25%,如超前正洞的长度不够,就不能增辟工作面以缩短工期。随着钻爆技术及施工机械化的发展,正洞采用了全断面开挖而加快施工进度;通风机和风管也向大型化发展,无须平行导坑作通风巷道,故平行导坑已很少采用。当地质不良,有大量地下水或瓦斯排出,或平行导坑可用作修建第二线隧道的导坑时,则采用平行导坑较为有利。平行导坑每隔120～180m设一横通道和正洞相连,其间的交角以40°～45°为宜。

底鼓
floor heave

由于掘进或受回采影响,巷道围岩应力状态发生变化以及在维护过程中围岩性质发生变化,使顶底板和两帮岩体变形并向巷道内移动,底板向上隆起,这种现象称为底鼓。一般而言,少量的底鼓对巷道的稳定性并不构成危害,通常当巷道底鼓量小于200mm时,不需要采取专门的防治措施,因为在这种量级范围内的底鼓对井下运输和通风的影响不大。但当底鼓量较大时就会妨碍生产,而且由于底板是巷道的基础,剧烈的底鼓会导致整个巷道失稳。

拱圈
arch ring

拱圈位于坑道顶部,呈半圆形,为承受地层压力的主要部分。

仰拱
invert

仰拱位于坑底,形状与一般拱圈相似,但弯曲方向与拱圈相反,用来抵抗土体滑动和防止底部土体隆起。

非开挖施工技术
trenchless technology

非开挖施工技术是指利用各种岩土钻进技术手段,在地表不开挖沟槽或只开挖少量作业坑(井)的条件下铺设、更换或修复各种地下管线的施工技术。即改传统的"挖槽铺管修复"施工方式为"钻孔铺管修复"。非开挖技术按施工工艺可分为导向钻进铺管技术、遁地穿梭矛铺管技术、顶管掘进机铺管技术、顶管铺管技术。

顶管法
pipe jacking method

顶管法是隧道或地下管道穿越铁路、道路、河流或建筑物等各种障碍物时采用的一种暗挖式施工方法。施工时，先以准备好的顶压工作井为出发点，将管卸入工作井后，通过传力顶铁和导向轨道，用支承于基坑后座上的液压千斤顶将管压入土层中，同时挖除并运走管正面的泥土。当第一节管全部顶入土层后，将第二节管接在后面继续顶进，只要千斤顶的顶力足以克服顶管时产生的阻力，整个顶进过程就可循环重复进行。顶管法中的管既是在土中掘进时的空间支护，又是最后的建筑构件，故具有双重作用的优点；而且施工时无须挖槽支撑，因而可以加快进度，降低造价；特别是采取加气压等辅助措施后，能解决穿越江河和各种构筑物等特殊环境下的管道施工，为世界许多国家所采用。

工作井
working shaft

工作井是安放所有顶进设备的竖井，也是顶管掘进机始发场所，包括后靠背、导轨和基础等。

接受井
receiving shaft

在终点接受掘进机的竖井称为接受井。

管幕法
pipe-curtain method

管幕法是在始发井与接受井之间，利用微型顶管技术在拟建的地下建筑物四周顶入钢管或其他材质的圆管，钢管之间采用锁口连接并注入防水材料而形成水密性地下空间，在此空间内采用开挖或箱涵顶进方案，修建地下建筑物的一种新型暗挖技术。

冻结法
artificial freezing method

冻结法是利用人工制冷的方法，将低温冷媒送入地层，把要开挖土体周围的地层冻结成封闭的连续冻土墙的一种特殊地层加固法。用以抵抗地压并隔绝地下水和开挖体之间的联系。然后在封闭的连续冻土墙的保护下,进行开挖和永久支护。

中隔壁法
CRD excavating method

中隔壁法又叫 CRD 法,即在隧道断面中部设置中隔墙,将断面分块,达到降低开挖跨度和开挖高度的效果,进行分部开挖,分块成环,化大为小,步步封闭,环环相扣形成全断面初期支护封闭结构的施工方法。同时在施工中加强监控量测,依靠量测数据进行支护施工。

26 动力机器基础

等效集总参数法
equivalent lumped parameter method

等效集总参数法是利用基础振动半空间理论的基本解答，确定基础振动（质量—弹簧—阻尼器体系）的弹簧刚度和阻尼的方法。这里的弹簧刚度和阻尼统称为集总参数。一般情况下，集总参数是振动频率的函数。

动基床反力法
dynamic subgrade reaction method

动基床反力法是利用文克尔地基模型和块体共振试验确定基础振动（质量—弹簧—阻尼器体系）的弹簧刚度和阻尼的方法。刚度系数或动基床系数和阻尼系数采用块体共振试验测定。

隔振
isolation

隔振指将振源的振动能量控制在某一适当范围内。影响构筑物的振动能量大多数由瑞利波传递。瑞利波在深度方向主要在约一个波长范围内传播，利用沟、板桩墙和桩等屏障将瑞利波拦截、发散和绕射，使其屏蔽在一定范围内，隔振有两种方法：主动隔振和被动隔振。主动隔振在振源周围地基上设置屏障，将振动能量屏蔽在振源附近，减少其往外传播。被动隔振在欲保护的结构物附近设置屏障，减少振源产生的振动能量传入。

积极隔振
positive vibrating isolation

积极隔振又称主动隔振或动力隔振，是减小振动传出以求得隔振效果的措施，即为减少动力设备所产生的振动对支承结构、仪器仪表及生产操作人员的有害影响，而对动力设备所采取必要的隔振措施。一般当动力设备较少，而被影响的精密设备较多时，对动力设备采取积极隔振比较经济合理。其隔振装置是将隔振器直接安装在设备的机脚下或安装在支承动力设备的刚性台座下。隔振效果用隔振系数衡量。

基础振动
foundation vibration

在机器扰力作用下基础发生的各种振动有六个自由度。沿着和绕着通过基础重心的竖轴的振动分别称为竖向振动和扭转振动，沿着和绕着通过基础重心的水平轴的振动分别称为滑移振动和摇摆振动(有两个方向)。当基底形心和基础重心在同一垂线上时，竖向振动和扭转振动各自独立，不与其他自由度上的运动相耦合。滑移振动和摇摆振动两者发生耦合，通常称为滑移和摇摆耦合振动。基础在各自由度上的振动通常用质量一弹簧一阻尼器系统模拟。

基础振动弹性半空间理论
elastic half-space theory of foundation vibration

基础振动弹性半空间理论是研究基础振动和半空间内弹性波传播的关系的理论，它以动力布西内斯克解为理论基础，主要用于动力机器基础振动和土与结构动力相互作用分析。

基础振动容许振幅
allowable amplitude of foundation vibration

基础振动容许振幅是以不使工厂工人感到烦躁，不使其他精密机器受损为原则的基础振动振幅上限值。基础振动容许振幅和振动频率有关。设计时，除了使基础的自振频率避开机器工作频率外，还应使工作频率时的振幅小于基础容许振幅。

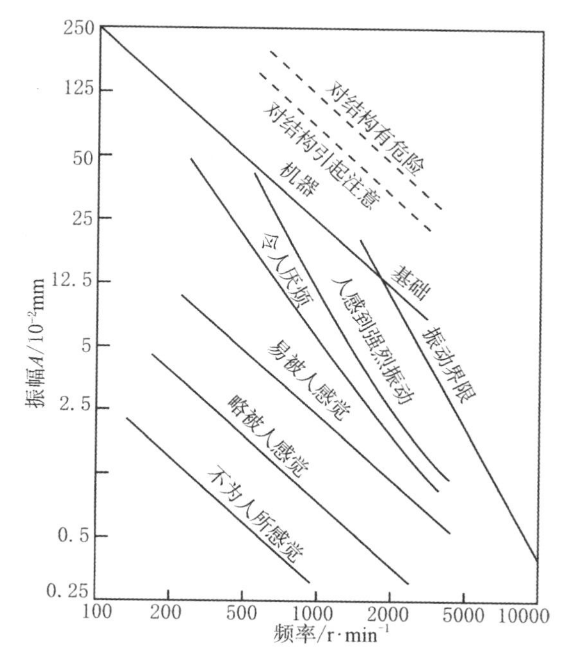

振动对人(站立)和结构的容许振幅参考(理查德,1962)

基础自振频率
natural frequency of foundation

基础自振频率有六个:竖向、扭转和两个滑移与摇摆(两个方向)耦合振动自振频率。设计动力机器基础时,基础的自振频率应避开机器运转的工作频率,以防共振发生。提高基础自振频率主要有以下几个措施:(1)提高地基的剪切模量(如用灌浆或其他地基处理方法);(2)增大基础面积;(3)减轻基础重量。

集总参数法
lumped parameter method

参见“等效集总参数法”词条。

确定性振动分析
deterministic vibration

对振动特性为确定性的体系(不论是常参数体系或是变参数体系)在

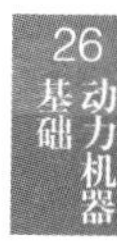

受到外界确定性的激励作用时所进行的振动分析称为确定性振动分析。一般可分为实验研究和理论分析两种手段,实验研究又可分为模型试验与现场实测,而理论分析则有精确的及各种近似法,包括按振动的时间过程分析(时域分析)和按振动的频率组合分析(频域分析)等。对一些重要而较复杂的结构,应同时进行实验研究和理论分析,以便相互检验和补充。

随机振动分析
analysis based on random vibration theory

随机振动分析又称概率统计分析,是在荷载和结构或其中之一具有随机性时的结构振动分析。随机荷载不但随时间不断变化,而且在不同时间出现的两次荷载不会重现同一波形,如风荷载、地震作用等。结构某些力学特性也可以是随机的,如阻尼、弹性模量等。由于各次振动都不相同,不可能预测在任何时刻结构响应的统计值。因此,随机振动分析除必须应用结构动力学基本知识外,还必须运用概率统计法则来计算各种统计值,来定量评价结构的安全度。

吸收系数
absorption coefficient

吸收系数又称衰减系数,用来描述单位距离内因材料阻尼而使质点振幅衰减的程度。其值与土类型有关,并且随频率的增大而增大,但随质点在土层中深度的增大而减小。对瑞利波,土的吸收系数为 $0.04\sim0.12\mathrm{m}^{-1}$。

消极隔振
passive vibrating isolation

消极隔振又称被动隔振,是减小振动传入以求得隔振效果的措施。即为减少经支承结构传递来的外界干扰振动对精密设备、精密仪器、仪表的影响,而对精密设备、精密仪器、仪表所采取的必要隔振措施。一般当动力设备较多,而精密设备较少时,采取消极隔振比较经济合理。其隔振装置是将隔振器设置在精密设备,精密仪器、仪表的底座或台座下。隔振效果用隔振系数衡量。

质量—弹簧—阻尼器系统
mass-spring-dashpot system

质量—弹簧—阻尼器系统是一种单自由度体系的振动模型，常用来分析机器基础振动。系统的质量或惯性矩即为基础和机器的质量或惯性矩。基础和地基之间的相互作用用弹簧和阻尼器反映。弹簧的刚度和阻尼器的阻尼大小有两种确定方法：等效集总参数法和动基床反力法。

组合式隔振器
combined vibrating isolation

组合式隔振器是将橡胶隔振器和弹簧隔振器组合在一起，以并联或串联方式组成的隔振器。它由橡胶隔振器使隔振系统具有较大的阻尼，由弹簧隔振器使隔振系统组成较低的频率。其刚度和阻尼为：

$$\text{并联：} K=K_1+K_2;D=\frac{K_1D_1+K_2D_2}{K}$$

$$\text{串联：} \frac{1}{K}=\frac{1}{K_1}+\frac{1}{K_2};D=\frac{D_1K_2+D_2K_1}{K}$$

式中，K、K_1、K_2 分别为组合式隔振器、橡胶隔振器和弹簧隔振器刚度，D、D_1、D_2 分别为组合式隔振器、橡胶隔振器和弹簧隔振器的阻尼比。

27 地基基础抗震

地基基础抗震
earthquake resistance of foundation

地基基础抗震指通过验算和采取各种措施保证地基和基础抗御地震作用的能力。一般包括以下诸方面工作：(1)选择对抗震有利的场地和地基；(2)对地基土发生液化和震陷等震动失效现象的可能性及危害性进行预估，必要时采用桩基础和进行地基处理；(3)场地地震反应分析和结构物—地基整体地震反应分析；(4)合理选择基础类型和埋置深度，加强基础和上部结构的整体性；(5)天然地基或桩基础竖向和水平承载力验算，基础结构抗震验算和采取必要的构造措施。

地震
earthquake, seism, temblor

当地球做自转运动时，由于地球自转速度的变化，惯性力和离心力的作用使物质成分和其他性质差异很大的地壳内各层间发生摩擦，各部分因受到挤压、拖拽和旋扭而出现相应的变形。随着这种变形的积累，塑性较低的岩层将因弯曲而产生断裂。这种断裂将原先储存下来的弹性应变能以波动的形式向四周传播，引起相当范围内的岩层发生振动，称为地震。岩层断裂的地方称为震源。震源在地表面的投影点称为震中。震中与某一给定位置间的水平距离称为震中距离。地震震源深度小于 70km 时称为浅源地震，70～300km 之间称为中源地震，大于 300km 时称为深源地震。

全世界有记录的地震中约75%为浅源地震。

地震波
seismic wave

地震波是地震发生时震源辐射的弹性波，根据波动位置和形式可分为体波和面波。体波是在地球体内传播的纵波和横波的总称。纵波（P波）也称压缩波，质点振动方向与震波前进方向一致，靠介质的扩张与收缩传递，其传播速度为5～6km/s，振动摧毁力较小。横波（S波）也称剪切波，质点振动方向垂直于波的传播方向，为各质点间发生的周期性的剪切振动，其传播速度为3～4 km/s，振动摧毁力较强。面波是沿地表或地表附近传播的地震波，面波的传播速度较小，但振幅较大，对地面的破坏大，常见面波有瑞利（Rayleigh）波、勒夫（Love）波。瑞利波（R波）在传播时质点在波的传播方向和地表面法向组成的平面内做椭圆运动，如在地面上呈滚动形式。勒夫波（Q波）在传播时，质点在传播方向相垂直的水平平面内运动，即地面水平运动或在地面上呈蛇行运动形式。

地震持续时间
duration of earthquake

地震持续时间与地震时岩层断裂的持续时间差不多，震级越高，岩层断裂长度越长，地震持续时间越长。豪斯纳（G.W. Housner）根据岩层断裂传播速度估算得到的震级和地震持续时间的关系见下表。

地震震级和持续时间的关系

指标	5.0	5.5	6.0	6.5	7.0	7.5	8.0	8.5
地震持续时间/s	2	6	12	18	24	30	34	37

地震等效均匀剪应力
equivalent even shear stress of earthquake

地震剪应力是不规则的应力—时间过程，为试验研究地震作用下土的动力特性，按作用效果相同，将最大幅值为τ_{max}的地震剪应力转化为幅值为$\beta\tau_{max}$的随时间等幅变化（如简谐变化）的剪应力。一般取β为0.65。Seed等人在液化试验基础上，得到了地震剪应力和等效均匀剪应力往复次数间的关系。它表示幅值为τ的地震剪应力作用一次相当于幅值为$0.65\tau_{max}$的等幅剪应力作用 N 次。

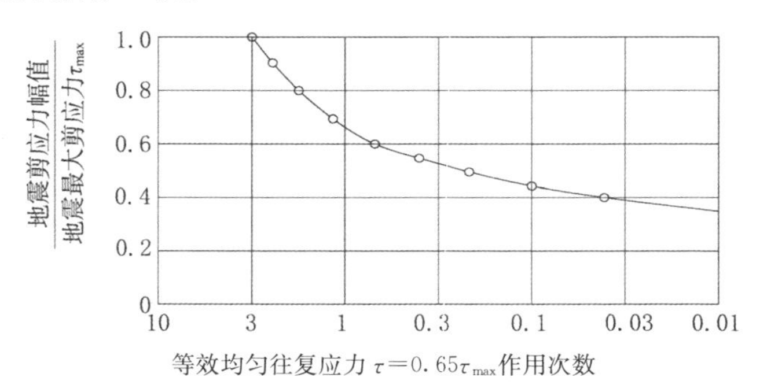

Seed 等人得到的地震剪应力和等效均匀剪应力往复次数间的关系

地震反应谱
earthquake response spectrum

阻尼比为 λ(λ 一般取 0.05)、自振频率为 ω 的单自由度质量—弹簧—阻尼体系，在地震作用下，响应的最大值随体系自振频率或周期的变化关系图称为地震反应谱。它表示该地震作用下任何单自由度体系(不同自振频率)的最大响应。当响应采用位移、速度和加速度表示时，相应的谱图分别称为地震位移反应谱、速度反应谱和加速度反应谱。

地震烈度
earthquake intensity

地震烈度是衡量地震破坏程度的尺度，通常按地震时地表面和建筑物遭受破坏的程度来划分，取决于地震的震源深度和震中距离，岩层介质的地形、地貌和水文地质、工程地质条件以及建筑物的形式和质量等。下表是根据我国情况制定的地震烈度简表。目前地震烈度尚未统一定量化，但地震最大加速度、加速度卓越周期和持续时间是三个主要衡量因素。工程上常将烈度分为地震烈度、基本烈度和设计烈度。地震烈度是对过去地震破坏程度的评价。地震基本烈度指今后一个时期内(一般取 100 年)，在一定地区的一般场地条件下，可能遭遇的最大烈度，也称为区域烈度。地震设计烈度是根据地震基本烈度，考虑建筑物和建筑场地工程地质和水文地质重大程度的变化，在抗震设计中所采用的烈度。

地震烈度简表

烈度	地震现象
1～2 度	人们一般没感觉，只有地震仪才能记录到
3 度	室内少数人感觉到轻微震动
4～5 度	人们有不同程度的震感
6 度	人行不稳，器皿倾斜，房屋出现裂缝，少数受到破坏
7～8 度	人立不住，大部分房屋遭到破坏，高大烟囱可以断裂，有时有喷砂冒水现象
9～10 度	房屋严重破坏，地表裂缝很多，湖泊水库中有大浪，部分铁轨弯曲、变形
11～12 度	房屋普遍倒塌，地面变形严重，造成巨大的自然灾害。

地震震级
earthquake magnitude

地震震级是反映地震时震源释放能量多少的尺度。目前一般采用里克特（C.F. Richter）提出的里氏震级，见下表。

里氏震级与震源释放能量的关系

指标	1	2	3	4	5	6	7	8	8.9
能量/尔格	1.0×10^{13}	6.3×10^{14}	2.0×10^{16}	6.3×10^{17}	2.0×10^{19}	6.3×10^{20}	2.0×10^{22}	6.3×10^{23}	1.4×10^{25}

地震卓越周期
seismic predominant period

地震卓越周期通常是指对应于地震反应谱谱值最大的周期。工程地质条件对地震加速度记录的卓越周期影响较大，但岩层地震加速度卓越周期主要取决于震级和与震中的距离，并随它们的增大而增大。

地震最大加速度
maximum acceleration of earthquake

地震最大加速度为地震加速度记录的最大幅值，是反映地震烈度大小的主要指标。我国《水工建筑物抗震设计规范》（DL 5073－2000）规定，对于 7、8 及 9 度地震，地面水平最大加速度的统计平均值分别为 $0.1g$（g 为重力加速度）、$0.2g$ 和 $0.4g$。岩层的水平最大加速度取决于震级和与震中的距离，随震级的增加而增大，随与震中距离的增大而减小。

动力法
dynamic analysis method

动力法是确定地震惯性力的一种方法,根据选定的地震波,用计算分析或动力模型试验的方法,直接求出建筑物在地震时的受力和变形值。设计地震波一般参照类似的场地和震源特性条件的强震记录选用。在计算中,常根据动态(振型)分析原理,将建筑物的动力反应用若干振型组合来表达。

对数递减率
logarithmic decrement

对数递减率是材料阻尼的一种量度。若质点振动曲线上相邻两个振幅为 A_1 和 A_2,或与 A_1 相隔 n 个周次的振幅为 A_{n+1},则对数递减率 $\delta=\ln(A_1/A_2)$ 或 $\delta=\frac{1}{n}\ln(A_1/A_N)$。土的对数递减率可由共振柱试验测定。

静力法
static analysis method

静力法是确定地震惯性力的一种方法,其假设建筑物为绝对刚体,地震时建筑物各部分的加速度都与地面加速度一样。若以 W 表示建筑物某一部分的重量,则地震作用使这一部分重力产生的水平向地震惯性力为 $Q=(W/g)a$,其中,a 为地震时地面最大水平加速度;g 为重力加速度。这种早期算法没有考虑建筑物的动力特性,计算结果与实际差别较大。但因计算简单,实践中积累了一定的经验,至今仍为少数国家采用。将建筑物作为弹性振动体系进行动力计算,把求得的加速度沿建筑物高度的分布概括为简化的图形,据以求得地震惯性力,这种方法称为拟静力法,此法在不少国家得到应用。

抗震设防原则
principle of earthquake resistance

在小震作用下,结构物一般不受损坏或不需修理,仍可继续使用;在中震作用下,结构物可能损坏,经一般修理或不需修理可继续使用;在大震作用下,结构物不致倒塌或不发生危及生命的严重破坏。这就是通常所说的"小震不坏,中震可修,大震不倒"的抗震设防原则。

28 土工合成材料

土工聚合物
geopolymer

土工聚合物是岩土工程用的合成纤维总称。土工聚合物根据制作方法的不同大致可分为下述几类：编型土工纤维、织型土工纤维、无纺型土工纤维、组合型土工纤维，以及其他新的品种，如土工网、土工垫、土工格栅以及各种土工膜。土工聚合物的优点是重量轻、整体连续性好、施工方便、抗拉强度高、耐腐蚀性和抗微生物侵蚀性好。缺点是如暴露受到紫外线（日光）直接照射，容易老化，但如不直接暴露，抗老化及耐久性能仍是较高的。土工聚合物主要用作反滤、平面排水、隔离、加固补强四种。土工聚合物在不同工程应用中的作用如下表所示，其是一种具有广泛应用前景的土工材料。

土工聚合物在不同工程应用中的作用

应用	反滤	平面排水	加固	隔离
路堤路基	△	○	△	✓
排水	✓	○	×	△
湿填路堤	✓	✓	△	△
海岸、河岸、护岸	✓	○	△	✓
土堤开拓	✓	×	△	△
沥青强化	×	○	✓	
加筋土	×	○	✓	○

注：✓表示重要作用；△表示次要作用；○表示被动作用；×表示不重要。

土工织物
geotextile, geofabric

土工织物在台湾称为地工织物,为岩土工程中应用的合成纤维产品的总称,是土工聚合物的俗称,参见“土工聚合物”词条。

机织物
woven fabric

机织布是我国使用最早的一种土工布。目前我国使用较多的机织布材料有长丝机织布和扁丝机织布两种,材料以聚丙烯为主,单位重量一般为 $100 \sim 300g/m^2$。它的应用多为制作反滤布的土工模袋。机织土工布具有强度高、延伸率低的特点,广泛使用在水利工程中,用来做防汛抢险、土坡地基加固、坝体加筋、各种防冲工程及堤坝的软基处理等。其缺点是过滤性和水平渗透性差,孔隙易变形,孔隙率低,最小孔径在 0.05~0.08mm,难以阻隔 0.05mm 以下的微细土壤颗粒;当机织布局部破损或纤维断裂时,易造成纱线绽开或脱落,出现的孔洞难以补救,因而其应用受到一定的限制。

有纺织物
woven geotextile

有纺织物是土工织物的一种,由单丝或多股丝织成,或由薄膜切成的扁丝编织而成。

无纺织物
nonwoven geotextile

无纺织物是由短纤维或喷丝长纤维随机铺成絮垫,再经机械缠合(针刺)或热粘,或化学黏合而成的。

土工膜
geomembrane

土工膜是土工合成材料的主要产品之一,是具有极低渗透性的膜状材料,渗透系数为 $1\times10^{-11} \sim 1\times10^{-13}$ cm/s,实际上几乎不透水,是理想的防渗材料。与传统的防水材料相比，土工膜具有渗透系数低、抗低温性好、形变适应性强、重量轻、强度高、整体连接性好、施工方便等优点。其由于透水性极低，主要功能是防渗和隔离。土工膜主要应用于液体或垃圾填埋设施的覆盖层或衬垫，作为液体或气体的一种隔离屏障，在水利上主要用于水库和堤坝的防渗。它用于屋顶防漏，克服了沥青低温脆裂、高温流淌、抗拉强度低、适应变形能力差、易老化及施工环境恶劣等弊病。另外，它也能有效防止污水渗入土壤和河流中，还可用于山区丘陵地区节水灌溉。

土工网
geonet

土工网由连续的聚合物肋条以一定角度的连续网孔平行挤出而成。较大的孔径使其形成了像网一样的结构，同时承受一定的法向压力而不显著减小孔径。其设计功能主要应用在排水领域，即需要输导各种液体的地方，在土中需和外包无纺织物反滤层构成土工复合材料使用。

土工网垫
geomat

土工网垫是一种以聚烯烃为主要原料，经挤出菱形网与双向拉伸网复合、点焊、热收缩成形的三维多开孔结构，由于其强度高，易于和植被根系结合促进植物生长，故对控制坡面水土流失有独特效果，同时满足环保要求，是公认的绿色土工合成材料，又称为三维植被网（three-dimensional mattress）。

土工格栅
geogrid

我国以聚乙烯材料为主的塑料土工格栅居多，它是将高聚物薄膜经有规律的刺孔、加热，然后在一个方向拉伸，使高聚物中大分子链沿拉伸方向取向，并获得的单轴向格栅。也可继续在另一方向拉伸，得到双轴向土工格栅，使两个方向都有较高强度。土工格栅主要应用于软土基础加固及护坡、护堤等工程中。

土工泡沫塑料
geoform

泡沫塑料的原料是聚苯乙烯,格室法生产的是 EPS,挤出法生产的是 XPS。因泡沫塑料具有无数小孔,故质量很轻,压缩性高,除用作隔声、隔热材料外,还可用于挡土墙后或上埋式管道上面的填料,减小土压力。

土工模袋
fabric form

土工模袋指将双层土工织物按一定间隔用定长的绳索相连,铺在坡面上起模版的作用,在其间充填混凝土或水泥砂浆,凝固后形成板状护块。

土工格室
geocell

土工格室是一种呈菱形或蜂窝网格状结构的土工合成材料,铺设厚度为 50～200mm,中间空格尺寸为 80～400mm。格中填土、砂、碎石或混凝土,起侵蚀控制作用,亦可用于加筋地基、加筋土挡土墙。

土工条带
geostrip

土工条带是用高强度合成材料或玻璃纤维作抗拉筋材,外面裹以塑料套制成的,一般在套的表面具有防滑花纹,增大与土的摩擦力。土工条带多用于加筋土挡墙。

土工包容系统
geocontainer

土工包容系统简称土工系统,泛指用土工合成材料(土工织物、土工膜、土工格栅和土工网等)包裹土、石块或水的包容体,包括土工管袋(geotube)、土工包(geobag)、土工篚笼(geogabion)等,分别用于护岸、筑堤、挡土墙面板或储水容器等。

土工管
geopipe

土工管又称埋俗管，管上有很多开孔，用于土中排水时，需外包无纺织物反滤层使用。土工管可能是土工合成材料中使用最早且至今仍在沿用的一个品种。穿孔刚性管和波纹管在土木工程中应用很广，如高速公路、铁路及机场的边缘排水，隧道的渗漏排水，挡土墙后的排水，地下渗流的截水沟，用于排水和排污工程以及化学液传输管道、填埋场的沥滤液排放系统、填埋场气体收集和排放的多支管系统、填埋场覆盖层的表层水排放系统。

土工复合材料
geocomposite

土工复合材料的基本原理是将不同材料的最好特性组合起来，使特定的某个问题能以最优的方式解决。其提供的主要功能为排水反滤、防渗、加筋、隔离、防护和减载等。常用的土工复合材料如塑料排水带、土工复合排水网、复合土工膜、土工合成材料黏土垫(GCL)等。

合成纤维
synthetic fiber

合成纤维是以天然气、煤、石油和石灰石等为原料，通过化学方法合成的高分子聚合物，并利用模拟缫丝设备(喷射、压延)抽成的各种纤维。纤维是合成材料的最主要存在形式之一，可根据需要制成不同的线密度，也可制成长丝或切成不同长度的短纤维。

锦纶
polyamide(PA)

锦纶的化学成分是聚酰胺，它由石油的衍生物氨基酸与内酰胺聚合生成，主要成分是尼龙66和尼龙6，占聚酰胺产品的80%。其显著特点是强度高(比钢丝绳强度大)、质量轻(比棉花轻35%)、耐磨且耐腐蚀、不怕虫蛀等。它的缺点是拉伸模量较低，尺寸稳定性差，加荷后会产生蠕变，且价格较高。常用于制作混凝土、水泥砂浆的模袋布。

涤纶
polyethylene terephthalate(PETP)

涤纶的化学成分是聚酯(polyester),由石油的衍生物乙二醇与对苯二甲酸酯聚合而成。特点是干湿强度均高,初始模量高,变形恢复能力好。它的耐冲击性能好,比锦纶高 4 倍;耐磨性仅次于锦纶;而抗皱性、保型性为其他纤维所不及。缺点是吸湿、透气性、染色性差,不耐曝晒。

丙纶
polypropylene(PP)

丙纶的化学成分是聚丙烯,由丙烯分子在催化剂作用下发生聚合反应生成。它比涤纶轻得多,能浮于水面,强度也较高。另外,它的熔点低,常用作纤维型热黏合剂。缺点是吸湿性差,蠕变现象明显,日光下易老化;但目前已研究出多种添加剂,可提高其抗老化能力。

聚乙烯
polyethylene(PE)

聚乙烯由乙烯聚合而成,也是合成纤维的重要原料。根据聚合反应时不同的压力、温度和催化剂,可分别生成低密度聚乙烯(LDPE)、线性低密度聚乙烯(LLDPE)和高密度聚乙烯(HDPE),其中 HDPE 的重度为 9.4~9.6kN/m^3,具有较好的化学稳定性,其强度、韧性更好,常用于制作丝和条带(扁丝),生产土工织物和土工格栅。

氧化作用
oxidation

各种材料的氧化性能通常采用自然氧化试验和人工氧化试验两种试验验证,试验结果可以用老化系数 K 来表示

$$K=\frac{f}{f_0}$$

式中,f_0 为老化前的性能指标(如抗拉强度和伸长率);f 为老化后的性能指标。

自然氧化试验主要有大气氧化试验、埋地试验、海水浸渍试验等,其中以大气氧化试验最为普遍。人工氧化试验有多种,主要的一种是利用气候

箱进行加速氧化的试验。气候箱可模拟光、温度、湿度、降雨等多种气候条件。人工氧化速度一般比大气氧化速度快 5～6 倍。它可研究某种气候条件单独作用的影响，需要周期短，但气候箱所模拟的条件与自然条件有一定差距，不如大气氧化试验直接可靠。

各种聚合物材料暴露在阳光中，以聚丙烯、聚乙烯氧化速度最快，聚酰胺、聚乙烯醇(维尼纶)和聚氯乙烯次之，聚酯和聚丙烯腈(腈纶)最慢。白色和浅色的氧化快，深色和黑色的氧化慢。细纤维的薄型织物、扁丝织物表面积大，老化快；粗纤维或厚的织物老化慢。

抗磨损能力
wear-resistant ability

磨损是指土工合成材料与其他材料接触摩擦时，部分纤维被剥离，有强度下降的现象。土工合成材料在装卸、铺设过程中会发生磨损；施工继续碾压、运行中荷载左右都会产生磨损。不同聚合物抗磨损能力不同。抗磨损的室内试验主要有摆动滚筒均匀摩擦和旋转式平台双摩擦头法两种，磨损对土工合成材料强度的影响用铺设磨损强度折减系数对抗拉强度折减。

抗化学侵蚀能力
chemical corrosion-resistant ability

某些特殊的化学材料或废液对聚合物有侵蚀作用。抗化学侵蚀能力系指土工合成材料对这类化学侵蚀所具有的抵抗能力。一般需通过实验测定。

抗生物侵蚀能力
bioerosion-resistant ability

土工合成材料一般都能抵御各种微生物的侵蚀，但在土工织物或土工膜下，如有昆虫或兽类藏匿和建巢，或者是树根的穿透，也会产生局部的破坏作用，但对整体性能的影响很小，有时细菌繁衍或水草、海藻等可能堵塞一部分土工织物的孔隙，对其透水性能产生一定影响。

搭接
lap joint

搭接是土工织物连接的一种方法,特别适合铺设于水下部位的织物。织物间的搭接量由结构的要求和铺设的误差而定。水上部分可采用较小的搭接量,如25～30cm;水下部分应加大搭接量,如50cm或更大。

缝接
sewing joint

缝接是一种线的构造单元,将线以一定间隔反复穿过织物的接头。接头的方式有肘接、蝴蝶接、叠接和帽接等,接头强度与针脚间距和缝线强度有关。缝线的材料主要有聚酰胺(PA)、聚酯(PET)和芳族聚酰胺(aramide,AR),它们的强度比约为1∶2∶3。

黏接
cementation

土工织物可以采用黏合剂黏接,常用的有机黏合剂有环氧树脂、酚醛树脂、聚酯酸乙烯酯、聚酰胺、丁苯橡胶、氧丁橡胶、环氧—聚酰胺、沥青等,合成树脂黏合剂是目前运用最广的黏合剂。用黏合剂黏合一般可得到较高强度,但成本也高,应谨慎地通过试验选用。

土工合成材料的老化
aging of geosynthetics

土工合成材料的老化是指在加固贮存和使用过程中,受环境影响,材料性能逐渐劣化的过程。老化的现象表现在外观手感的变化、物理化学性能的变化、力学性能的变化、电性能的变化。老化的内因是高分子聚合物都具有碳氢链式结构,受外界因素的影响会产生降解反应和交联反应,另外还与材料的组成、配方、颜色、成形加工工艺以及内部所含添加剂有关。老化的外因主要有太阳光、氧气、热、水分、工业有害气体和废物、微生物等。

单位面积质量
mass per unit area

单位面积质量能反映土工合成材料的均匀程度，还能反映材料的抗拉强度和顶破强度以及渗透系数等多个特性，不同产品的单位面积质量差别较大，一般在 50～1200g/m²。测定方法采用称量法。

等效孔径
equivalent opening size

等效孔径又称表观孔径，以土工织物为筛布对颗粒料进行筛析，当一种颗粒料的过筛率（通过织物的颗粒料重量与颗粒料总重量之比）为 5%时，则将该颗粒粒径尺寸定为土工织物的等效孔径。测定土工合成材料孔径的方法有直接法和间接法。直接法包括显微镜测读和投影放大测读法，间接法包括干筛法、湿筛法、动力水筛法、水银压入法和渗透法等。

单位面积重量测定试验
weight per unit area test

单位面积重量测定试验用于测定土工合成材料单位面积重量，适用于各类土工织物、土工膜和土工复合品，对裁剪试样进行称重，得出试样单位面积重量。

孔径试验（干筛法）
aperture test

孔径试验用干筛法测定土工织物的等效孔径 EOS（或称表观孔径 AOS）和孔径分布曲线。它适用于有孔隙的各类土工织物和土工复合品。其中，以土工织物为筛布对颗粒料进行筛析，当一种颗粒料的过筛率（通过织物的颗粒料重量与颗粒料总重量之比）为 5%时，则将该颗粒粒径尺寸定为土工织物的等效孔径（或称表观孔径）。

条样法拉伸试验
tensile test for strip sample

条样法拉伸试验用于测定条带试样的拉伸强度和延伸率，适用于各类土工织物、土工膜和土工复合品。其引用标准为《用宽条法测定土工织物的拉伸特性》(ASTM D4595－86)和《土工织物·宽条拉伸试验》(ISO 10319－93)。准备好干湿试样,将两夹具的初始间距调至100mm。选择拉力机的负荷满量程范围,使试样的最大断裂力在满量程的10%～90%范围内,设定拉伸速率为20mm/min。将试样对中放人夹具内。开动拉力机并启动记录装置,记录拉力—伸长量曲线,连续运转直至试样破坏停机。

按下式计算抗拉伸强度 T_s:

$$T_s=\frac{P_f}{B}$$

式中,T_s 为抗拉强度,kN/m;P_f 为实测最大拉力,kN;B 为试样宽度,m。

按下式计算延伸率 ε_p:

$$\varepsilon_p=\frac{L_f-L_0}{L_0}\times 100\%$$

式中,ε_p 为延伸率,%;L_0 为试样计量长度,mm;L_f 为最大拉力时的试样长度,mm。

由试样的拉力—伸长量曲线计算模量。

(1) 初始拉伸模量 E_i:如果应力—应变曲线在初始阶段是线性的,取初始切线斜率为初始拉伸模量。

(2) 偏移拉伸模量 E_o:当应力—应变曲线开始段坡度小,中间部分接近线性,取中间直线的斜率为偏移模量。

(3) 割线拉伸模量 E_s:当应力—应变曲线始终呈非线性,可采用割线法。从原点到曲线上某一点连一直线,该线斜率即为割线模量。

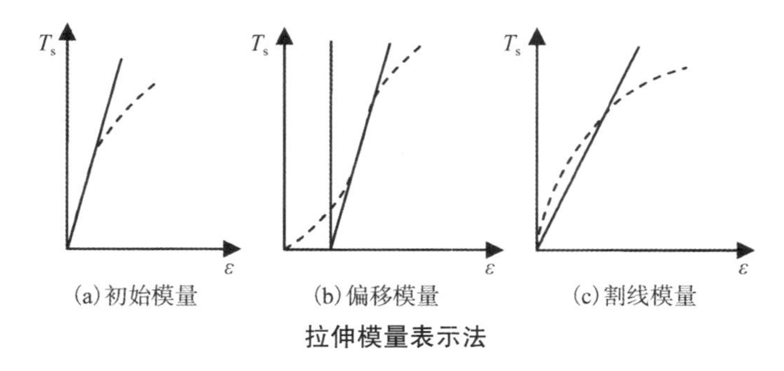

拉伸模量表示法

握持拉伸试验
grab tensile test

握持拉伸试验用于测定土工织物的握持力,适用于各类土工织物。其引用标准为《织物断裂荷载与伸长量的试验方法》(ASTM D1682－64)。准备好干湿试样,将拉力机两夹具的初始间距调至75mm。选择拉力机的负荷满量程范围,使试样的最大断裂力在满量程的10%～90%范围内,设定拉伸速率为100mm/min。将试样对中放人夹具内,并使试样两端伸出的长度大致相等,开动试验机,连续运转直至破坏,读出最大拉力。

握持强度
grab tensile strength

握持强度又称抓拉强度,反映土工合成材料分散集中荷载的能力。握持拉伸试验得到的强度为握持强度,即在试样宽度范围内,试样在局部被夹持的条件下进行拉伸的过程中出现的最大拉力。

撕裂试验
tearing test

测定纵向撕裂力时,试样切缝应剪断纵向纱线;测定横向撕裂力时,切缝应剪断横向纱线。纵向和横向试样分别应取10块。准备好干湿试样,将拉力机夹具的初始距离调整为25mm,设定拉力机负荷满量程范围,使最大撕裂力在满量程的10%～90%范围内,设定拉伸速率为100mm/min。将试样放入夹具内,开动拉力机,并记录撕裂力,取最大值作为撕裂强度,单位为N。

梯形撕裂强度
trapezoidal tearing strength

由撕裂试验得到的强度为梯形撕裂强度,即试样沿规定的切缝逐渐扩展裂口至整个试样的过程中出现的最大撕裂力。它反映了试样抵抗裂口扩大的能力,用以估计撕裂土工合成材料的相对难易程度。

胀破试验
burst test

胀破试验用于测定土工织物胀破强度。引用标准为《纺织品胀破强度和胀破扩张度的测定弹性膜片法》(AB 7742－87)、《纺织品液压胀破强力试验方法》(ASTM D3786－2001)。首先将试样覆盖在膜片上,呈平坦无张力状态,用环形夹具将试样夹紧。设定液体压入速率为170mL/min,开动机器使膜片与试样同时凸起变形,直至试样破裂。读出试样破裂瞬间的最大压力,此即试样破裂所需的总压力值 P_{bt}。测定用同样的试验时间使薄膜扩张到与试样破裂时相同形状所需的压力,此即校正压 P_{bm}。胀破试验用以模拟凹凸不平的地基对土工织物的挤压作用。

胀破强度
burst strength

在进行胀破试验时,在试样的垂直方向上施加液压,使试样扩张直至破坏,破坏时的液压称为胀破强度 P_{bi},即 $P_{bi}=P_{bt}-P_{bm}$,单位为 kPa。

圆球顶破强度
ball burst strength

圆球顶破强度是描述织物抵抗法向荷载能力的指标,用以模拟凹凸不平地基的作用和上部块石压入的影响。圆球胀破试验中钢球顶破织物需要的最大压力即为圆球顶破强度。

CBR 顶破试验
CBR puncture test

CBR 顶破试验用于测定土工织物 CBR 顶破强度,适用于各类型土工织物、土工膜及土工复合品。其引用标准为《冲压断裂试验》(DIN 54307)。

将试样放入环形夹具内,试样呈自然绷紧状态时拧紧夹具;将夹具放在加压系统的底座上,调整高度,使试样与顶杆刚好接触;将顶压速率设定为 60mm/min,开动机器,并记录顶压过程中顶力—变形曲线,直至试样破坏,读出最大顶力。

CBR 顶破强度
CBR puncture strength

CBR 顶破强度与胀破强度和圆球顶破强度的基本意义相同,只不过后面两种沿用的是纺织品试验方法,而 CBR 试验源于土工试验,即加州承载比试验(California bearing ratio test)。在进行 CBR 顶破试验时,计算出全部试样最大顶力的平均值即为 CBR 顶破强度 T_c,单位为 N。

刺破试验
puncture test

刺破试验用于测试土工织物的刺破强度，适用于各类土工织物、土工膜及土工复合品。将试样放入环形夹具内自然放平，拧紧夹具；将夹具放在加压装置上并对中，将顶刺速率设定为 100mm/min；开机并记录顶刺过程中的最大压力值。刺破试验模拟土工合成材料受到尖锐棱角的石子或树根的压入而刺破的情况。

刺破强度
puncture strength

刺破强度是织物在小面积上受到的法向集中荷载，为织物直到刺破所能承受的最大力。在刺破试验中，计算出全部试样最大顶刺力的平均值即为刺破强度 T_p，单位为 N。

土工膜抗渗试验
geomembrane impermeability test

土工膜抗渗试验用于测定土工膜在水压作用下的渗透系数，适用于具有防水性能的各类土工膜。采用下式计算全部试样渗透系数，取平均值作为其渗透系数。

$$k_{20}=\frac{\Delta W\delta\eta_T}{tA\Delta h\eta_{20}}$$

式中，k_{20} 为 20℃时的渗透系数，cm/s；ΔW 为渗透水量，cm^3；A 为试样过水面积，cm^2；δ 为试样厚度，cm；Δh 为土工膜两侧水位差，cm；t 为通过水量 ΔW 的历时，s；η_T/η_{20} 为水的动力黏滞系数比；η_T 为试样水温 T(℃)时水的动力黏滞系数，kPa・s；η_{20} 为 20℃时水的动力黏滞系数，kPa・s；

直剪摩擦试验
direct shear test

直剪摩擦试验用土工直剪试验技术测定土与土工织物或土工膜之间的界面摩擦阻力，适用于各种土性和状态的土与各种类型的土工织物和土工膜。引用标准为《土工织物及相关产品摩擦特性测定》(ISO/DIS 12957－1－98)。

抗剪力按下式计算：

$$\tau_f=\frac{F}{A}$$

式中，τ_f 为抗剪力，kPa；F 为实测的峰值水平推力，kN；A 为试样面积，m^2。

计算各级法向压力下的抗剪力，并绘出 τ_f-p 曲线，近似为一直线。按下式计算土一土工织物的界面摩擦系数 f：

$$f=\frac{\tau_f}{p}$$

式中，p 为法向压力，kPa；τ_f 为对应于 p 的抗剪力，kPa。

拉拔摩擦试验
drawing friction test

拉拔摩擦试验用于测定土工合成材料与土的拉拔摩擦阻力，适用于各种土性和状态的土与各种类型的土工织物、土工膜、土工带和土工格栅。根据设计要求的密度和状态将试验箱下半部的土体填实并平整土面。其上铺放试样，拉伸端自缝口引出，将试样端部用拉力夹具夹紧，施加法向压力，调整水平加荷装置，当拉力夹具开始受力时即为拉拔开始点。开动电机，测读并记录位移量和水平拉力。当拉拔力出现峰值后，应继续拉拔直至拉拔力稳定后停止试验。

按下式计算界面拉拔摩擦强度：

$$\tau_p=\frac{T_p}{2LB}$$

式中，τ_p 为拉拔摩擦强度，kPa；T_p 为实测的峰值水平总拉力，kN；L、B 为试样埋在土内部的长度和宽度，m。

计算各级法向应力下的抗拔摩擦强度，绘制 τ_p-p 曲线，计算土一土工织物的抗拔摩擦系数 f：

$$f=\frac{\tau_p}{p}$$

式中，p 为法向压力，kPa；τ_p 为对应于 p 的抗剪力，kPa。

塑料排水带芯带压屈强度
crippling strength of core strip drain

塑料排水带的芯带在外力作用下抵抗压裂、倾倒破坏的能力称为塑料排水带芯带压屈强度。试样为圆形，面积为 $30cm^2$（直径为 6.18cm）或面积

为 $50cm^2$(直径为 7.98cm)且数量应不少于 3 块。试样放在加压仪上,上下各垫刚性板,施加 1kPa 预压力,将百分表调零。施加第一级压力 50kPa,随即计时,每 10min 测读一次压缩量,当相邻两次读数差小于试样厚的 1%(约 0.04mm)时,即以此读数作为该级压力下的压缩量。分别对试样施加 150kPa、250kPa、350kPa 及 450kPa 的压力,测记各级压力下的压缩量。按下式计算试样在各级压力下的压缩应变 ε_i:

$$\varepsilon_i=\frac{\Delta h_i}{h_0}\times 100\%$$

式中,ε_i 为第 i 级压力下的压缩应变,%;Δh_i 为第 i 级压力下的压缩变形量,mm;h_0 为试样初始厚度,mm。绘制试样的应力—应变曲线,取初始线性段的最大压力值作为芯板的压屈强度。计算 3 块试样压屈强度的平均值即为芯带压屈强度。

塑料排水带通水量试验
water test of strip drain

沿排水带长度方向随机剪取两块约 43cm 长的试样装入通水仪内,密封好两端接头,安装好连接部分。对压力室施加侧压力,通用的侧压为 350kPa,在整个试验过程中保持恒压。调节上、下游水位,使排水带在水力梯度 $i=0.5$ 条件下进行渗流。在恒压及恒定水力梯度下渗流 0.5h 后测量渗水量,并记录测量时间,以后每隔 2h 测量一次,直到前后两次通水量差小于前次通水量的 5%为止,以此作为排水带的通水量。按下式计算排水带 Q:

$$Q=\frac{W}{ti}$$

式中,Q 为通水量,cm^3/s;W 为在 t 时段内通过排水带的水量,cm^3;t 为通过水量 W 所经历的时间,s;i 为水力梯度,设定 i 为 0.5。

计算两块排水带通水量的平均值即为塑料排水带纵向通水量。

蠕变试验
creep test

常规蠕变试验一般依据规范进行。在无侧限条件下,施加荷载精度为 ±1%,试验温度为(20±2)℃,试样宽度为 200mm 进行拉伸蠕变试验,其成果可整理成蠕变应变与时间的曲线和蠕变荷载与破坏时间的曲线,也可得出蠕变强度折减系数,即抗拉强度与长期蠕变强度之比。

蠕变特性
creep property

材料的蠕变是指在大小不变的力的作用下,变形仍随时间增长而逐渐加大的现象。蠕变的大小主要取决于材料的性质和结构情况,还与荷载水平、温度以及侧限压力等因素有关。蠕变特性可用蠕变曲线和近似公式来描述。一般的聚合物材料是黏弹性的,具有很强的蠕变性,而织物的纤维之间没有刚性连接,因此蠕变更明显。土工合成材料的蠕变性的大小是决定它能否应用于永久性工程的关键因素。

淤堵试验
clogging test

淤堵试验又称梯度比试验,即测量土和土工织物系统中的水头损失的变化,它可用较短的时间判断织物滤层的工作情况。将常水头的脱气水接通装有织物和被保护土的渗透仪,待渗流稳定后,以一定的时间间隔测读各测压管水位,并计算不同部位的水力梯度,取渗流稳定 24h 后的水力梯度,按下式计算梯度比 GR:

$$GR=i_1/i_2$$

式中,i_1 为土工织物及其上方 25mm 土样的水力梯度;i_2 为上方相邻(从织物上方 25mm 到 75mm)的水力梯度。

淤堵
clogging

土工织物用作滤层时,水从被保护的土流过织物,水中的土颗粒可能封闭织物表面的孔口或堵塞在织物内部,产生淤堵现象,使得织物的渗透流量逐渐减小。同时,在织物上产生过大的渗透力,严重的淤堵会使滤层失去作用。

织物是否淤堵主要取决于织物的孔径和土颗粒的级配。如果土颗粒均匀且大于织物的等效孔径,或者虽不均匀,但在水流作用下能形成稳定的反滤拱架结构,则一般不会产生较明显的淤堵。此外,水流的条件对淤堵有影响,如单一方向水流比流向反复变化的水流易形成淤堵。

落锥穿透试验
drop cone test

落锥穿透试验是模拟工程施工中具有尖角的石块或其他锐利之物掉落在土工合成材料上并穿透的情况，穿透孔眼的大小反映了土工合成材料抗冲击刺破的能力。试验中采用直径为 50mm 的落锥，尖锥角 45°，自由下落 500mm 后穿透试样，试验结果以刺破孔的直径表示，单位为 mm。

29 环境岩土工程

环境岩土工程
environmental geotechnical engineering

环境岩土工程是岩土工程与环境科学密切结合的一门新学科，主要应用岩土工程的观点、技术和方法为治理和保护环境服务。

沙漠化
desertification

沙漠化指在干旱、半干旱地区（包括一部分半湿润地区），生态平衡遭到破坏，原有植物覆盖的土地变成不毛之地的自然灾害现象。沙漠化的结果主要是破坏土地资源，使可供农牧的土地面积减少，土地滋生能力退化，造成农牧生产能力降低和生物生产量下降。

泥石流
mud flow, debris flow

泥石流是山区突然爆发、历时短暂并且含有大量固体物质（泥、砂、石）的特殊洪流，为高浓度的液相、固相混合流。丰富的松散固体物质、充足的水源和陡峭的地形是泥石流形成的三个必要条件。根据泥石流沟的地貌特征，泥石流区一般可划分为三个区段：上游形成区，

泥石流

为三面陡峻的高山环绕的汇水盆地；中游通过区，多为狭窄的河谷；下游堆积区，为形成的大小不等的扇形地（泥石流扇）。有时还可以分出一个清水动力区。泥石流经常突然爆发，来势凶猛，可携带巨大的石块，并以高速前进，具有强大的能量，因而破坏性极大。泥石流所到之处，一切尽被摧毁。

崩塌
rockfall，collapse

崩塌又称崩落、垮塌或塌方，是指陡坡上的岩、土体在重力作用下突然脱离山体向下崩落的现象。而堆积在坡脚的大小不等、零乱无序的锥状堆积物称崩积物，也可称为岩堆或倒石堆。崩塌发生的速度很快，崩塌体的运动不沿固定的面或带，其垂直位移大于水平位移。在崩塌发生之后，岩土体的整体性遭到完全破坏。

滑坡
landslide，slide

由于河流冲刷、地下水活动、地震、人工开挖等因素的影响，斜坡上的岩体或土体在重力作用下沿一定的软弱面（或软弱带）整体或局部向下滑动的现象叫滑坡。俗称“走山”“垮山”“地滑”“土溜”等。一般说来，滑坡的速度较为缓慢（有时先缓后急），且以水平位移为主。滑坡形态的判别是识别滑坡和研究滑坡发展的重要标志。滑坡壁与滑坡体规模大小决定滑坡规模的大小。

地面塌陷
surface collapse

地面塌陷是石灰岩（岩溶）地区和矿山开发地区经常发生的一种地面陷落形成塌陷坑（洞）的破坏灾害，是我国最重要的地质灾害类型之一。地面塌陷在我国可分为岩溶塌陷、采空塌陷及黄土湿陷三种，其中以岩溶地面塌陷的分布最广、危害最重。地面塌陷的前兆有井、泉水位的突然升降，水色突然浑浊或翻砂、冒气；地面出现环状裂缝并不断扩展，产生局部的地鼓或下沉现象。

流滑
flow slide

流滑是指以无黏性物质为主的松散堆积体发生的快速并且具有灾难性后果的失稳。这些堆积体通常接近于饱和。失稳的机理是荷载突然从岩土体颗粒接触面转移到孔隙流体上,孔隙压力升高,岩土体丧失强度,类似于液化。

岩溶
karst

岩溶即喀斯特,指发生在碳酸盐类岩石分布地区的由于地表水和地下水活动引起的可溶岩石的溶蚀,以及由于这种作用形成的各种地表和地下溶蚀现象的总称。喀斯特一词取自南斯拉夫西北部喀尔斯高原地名,19世纪中叶被引进作为喀斯特区一系列作用与现象的总称。

垃圾填埋场
landfill

垃圾填埋场是建在坑洼地用来填埋城市垃圾的场地,是最终处理城市固体废物的一种方法。它是将固体废物铺成一定厚度的薄层,加以压实,并覆盖土壤。填埋场地除严格控制水文地质条件外,还需采用防渗漏人工垫衬,浸出液要有收集、处理和集排气系统。填埋场地关闭后还要进行长期监测和管理。对液体废物要求采用物理、化学和生物等综合方法处理。

水土流失
water and soil loss

水土流失是指在水力、重力、风力等外营力作用下,水土资源和土地生产力的破坏和损失,包括土地表层侵蚀和水土损失,亦称水土损失。水土流失使得土地退化,无法耕种,植物死亡,地表裸露;还会使得泥沙淤积,河床抬高,引起水流不畅,水质混浊,甚至导致洪水泛滥,河流改道,如中国的黄河。

水土流失是指在水力、重力、风力等外营力作用下,水土资源和土地生产力的破坏和损失,包括

台风
typhoon

台风是产生于热带洋面上的一种强烈的热带气旋。台风经过时常伴随着大风和暴雨天气。风向呈逆时针方向旋转。等压线和等温线近似为一组同心圆。中心气压最低而气温最高。

海啸
tsunami

海啸是由水下地震、火山爆发或水下塌陷和滑坡所激起的巨浪。它是一种频率介于潮波和涌浪之间的重力长波,其波长为几十至几百千米,周期为 2～200min,最常见的是 2～40min。海啸通常由震源在海底下 50km 以内、里氏地震规模 6.5 以上的海底地震引起。

火山
volcano

火山指由地下深处的高温岩浆及其有关的气体、碎屑从地壳中喷出而形成,并具有特殊形态和机构的地质体。火山活动常有地震或气体逸出作为先兆。正在喷发的或在人类史上经常作周期性喷发的火山叫活火山;历史上无喷发记载,而且火山构造已遭严重破坏的火山叫死火山;年轻而形态完好,虽然不活动,但可能处于宁静期的火山叫休眠火山。火山喷发可带来地壳深部的物质的重要信息,但强烈的火山喷发带有灾害性。全球 60%以上的活火山集中在环太平洋火山带上。

应急避难所
emergency shelter

应急避难所(疏散基地)是政府应对突发重大灾害以及战争可能对人民生命财产安全带来严重威胁时临时安置(疏散)人员的场所。

岩爆
rock burst

岩体中聚积的弹性变形能在一定的条件下突然释放,使岩体发生急剧脆性破坏的现象称为岩爆。轻微的岩爆仅剥落岩片,无弹射现象。严重的可测到 4.6 级的震级 ,一般持续几天或几个月。发生岩爆的原因是岩体中有较高的地应力,并且超过了岩石本身的强度,同时岩石具有较高的脆性度和弹性 。预防岩爆的方法是应力解除法、注水软化法和使用锚栓—钢丝网—混凝土支护。

危岩
overhanging rock, hanging rock

危岩是山丘地区陡高边坡上孤立的或者稳定性较差的岩体。危岩的失稳运动即为崩塌落石。预防的措施是人为提前清除或者在危岩下面设置拦挡物。

山崩
avalanche

山崩是指岩石或土体在重力作用下发生的快速坍塌现象,它经常发生在山区较陡的地方。山崩常常发生在连续的大雨之后。而山坡上的树林可以起到防止山崩的作用。

断裂
fracture

岩体受到的作用力的强度超过了本身的强度时,其连续性受到破坏而发生裂缝或错断。断裂形成的构造叫作断裂构造。

地裂
ground fracturing ,ground fissuration

地裂是指在一定地质自然环境下,由于自然的或人为的原因,地表岩土体开裂并且在地面形成一定长度和宽度的裂缝的现象或过程。大部分地裂是由地震、火山喷发、构造蠕变活动引起的,部分地裂是由崩塌、滑坡、地面沉降、岩土膨缩、黄土湿陷以及水的渗蚀、冻融等原因引起的。地裂主要危害房屋与工程设施的安全。我国的地裂在渭河盆地、华北平原分布较多,西安市的最典型。

地面沉陷
land subsidence

地面沉陷是指过量抽取地下水或者地下被采空后，地下静力失去平衡，上覆地层下沉而引起的局部地表的缓慢降低。其涉及范围常为数平方千米至数千平方千米，宏观形态呈碟形。

开采沉陷
mining subsidence

开采沉陷指矿山地区矿藏被采空而引起的地面沉陷。

海水入侵
marine invasion

在沿海地区，由于大量开采地下水，地下水位大幅度下降，海水侵入沿岸含水层并逐渐向内陆渗透，这种现象被称为海水入侵。海水入侵的直接后果是地下淡水受到海水的污染、沿岸土地盐碱化、水源受到破坏。

盐水入侵
saltwater invasion

盐水入侵也称咸水入侵，指由于地下水位下降或盐水侵入地下淡水层，地下淡水咸化。它通常包括陆地淡水层和咸水层的串层，以及海水入侵两种现象。

衬垫系统
liner system

衬垫系统是垃圾填埋场所有系统中最重要的，位于填埋场底部和四周，是一种水力隔离措施。它的作用是将固体废弃物同周围环境隔开，防止填埋场有害的淋滤液下渗污染地下水和周围的土壤。衬垫系统大体可以分成压实黏土衬垫系统和复合衬垫系统两大类。

渗滤液
leachate

垃圾在堆放和填埋过程中由于压实、发酵等作用，同时在降水和地下水的渗流作用下产生一种高浓度的含有有机或无机成分的液体，称为垃圾渗滤液，也叫渗沥液。垃圾渗滤液水质复杂，含有多种有毒有害的无机物和有机物，所以不经过严格的处理、处置是不可以直接排入城市污水处理管道的。

城市固体废弃物
municipal solid waste(MSW)

固体废弃物又称垃圾，是指人类在生产过程和社会生活中丢弃的固体或半固体物质，例如城市居民的生活垃圾、商业垃圾、市政维护和管理中产生的垃圾，以及工业生产排出的固体废弃物等。“废弃物”只是相对而言的概念，在某种条件下为废物的，在另一种条件下却可能成为宝贵的原材料或另一种产品。因此，固体废弃物的资源化，正为许多国家所重视。

人工回灌
artificial recharge

地下水人工回灌（又称地下水回补）是借助某些工程措施，人为地将地表水注入地下含水层中，以增加地下水的补给量，调节和控制地下水位，解决过量开采地下水导致的各种问题。它一般可分为两类：(1)直接补给法，即把补给水源直接输送到地下水含水层中；(2)诱导补给法，即除了达到自身的主要目的以外，还能对地下水起到诱发补给效果。

粉煤灰
flyash, fly ash

粉煤灰是工业固体废物的一种，为煤燃烧所产生的烟气中的细灰，一般是指燃煤电厂从烟道气体中收集的细灰，又称飞灰、烟灰。粉煤灰工程应用潜力大。它可用作混凝土的掺合剂，也可用来填筑路堤。在我国它是尚待充分利用的建筑材料。

高放废物
high-level radioactive waste

高放废物是高放射性废物的简称。它是核电生产中的必然产物。由于它具有长期而特殊的危害性，必须对它进行适当的处置，一般采用深地质处理的方法。

重金属
heavy mental

重金属指比重大于 4 或 5 的金属，约有 45 种，如铜、铅、锌、铁、钴、镍、钒、铌、钽、钛、锰、镉、汞、钨、钼、金、银等。所有重金属超过一定浓度都对人体有毒。重金属一般以天然浓度广泛存在于自然界中，但人类对重金属的开采、冶炼、加工及商业制造活动日益增多，造成不少重金属如铅、汞、镉、钴等进入大气、水、土壤中，引起严重的环境污染。以各种化学状态或化学形态存在的重金属，在进入环境或生态系统后就会存留、积累和迁移，造成危害。

采空区
abandoned stope

采空区是指由于矿体开采形成的地下空洞。采空区通常面积很大，会导致地表陷落，需采用各种措施处理(如充填或放顶封闭等)。

30 其　他

极限分析法
limit analysis

极限分析法是应用理想弹塑性体(或刚塑性体)处于极限状态的普遍定律——上限定理和下限定理求解极限荷载的一种分析方法。

极限分析法中引进了静力场和机动场两个概念。应用上限定理可以计算极限荷载的上限。在分析中通常需要建立一机动场,然后根据虚功原理求出相应的破坏荷载,即得到极限荷载的一个上限解。应用上限定理极限分析法通常称为机动法;应用下限定理可以计算极限荷载的下限。在分析中通常需要建立一静力场,然后求出相应的荷载,即为极限荷载的下限。应用下限定理极限分析法通常称为静力法。

摩擦材料
frictional materials

满足莫尔—库仑(Mohr-Coulomb)破坏准则的材料都属于摩擦材料,对于大多数的土,特别是砂土都满足莫尔—库仑破坏准则。这种材料的屈服通常可以由应力σ_{xx}、σ_{yy}和$\sigma_{xy}=\sigma_{yx}$来判定,其满足破坏极限状态时的表达式可以写为

$$\frac{(\sigma_1-\sigma_3)}{2}=\left(c\cdot\cot\varphi+\frac{(\sigma_1+\sigma_3)}{2}\right)\sin\varphi$$

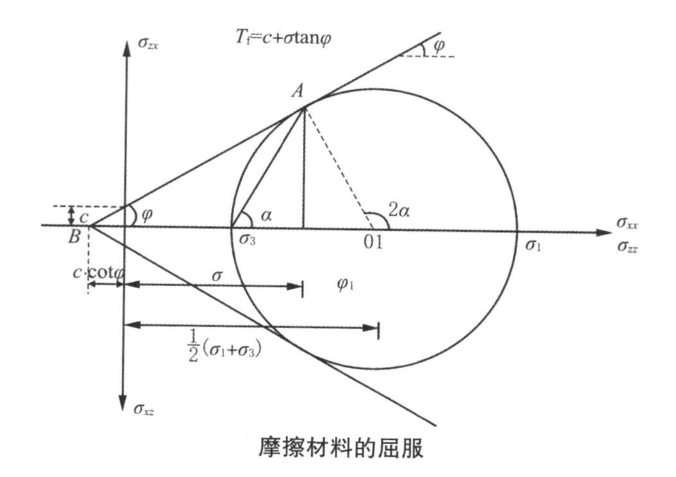

摩擦材料的屈服

莫尔圆
Mohr's circle

材料中一点不同方向的应力可以表示在一个圆上，这个圆称为莫尔圆。

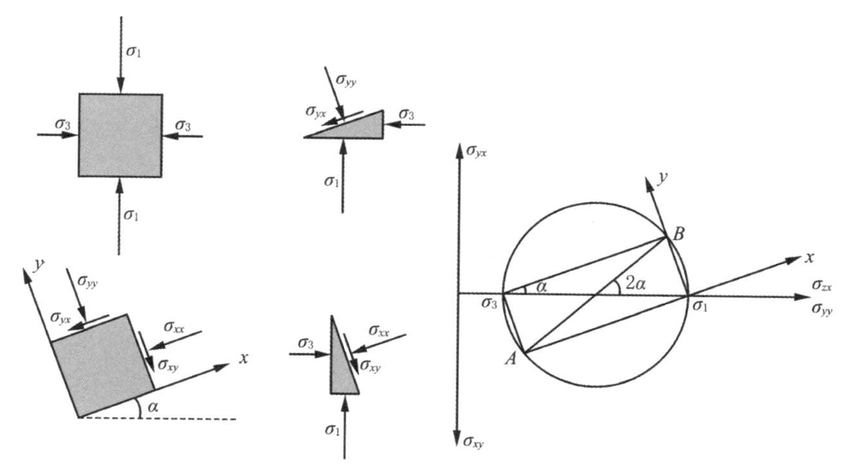

莫尔圆示意

材料中一点的应力在 x 方向上的平衡关系写为

$$\sigma_{xx}=\sigma_1\sin^2\alpha+\sigma_3\cos^2\alpha$$

$$\sigma_{xy}=\sigma_1\sin\alpha\cos\alpha-\sigma_3\sin\alpha\cos\alpha$$

应力在 y 方向上的平衡关系写为

$$\sigma_{yy}=\sigma_1\cos^2\alpha+\sigma_3\sin^2\alpha$$

$$\sigma_{yx}=\sigma_1\sin\alpha\cos\alpha+\sigma_3\sin\alpha\cos\alpha$$

利用三角函数关系

$$\sin2\alpha=2\sin\alpha\cos\alpha$$

$$\cos2\alpha=\cos^2\alpha-\sin^2\alpha=2\cos^2\alpha-1=1-2\sin^2\alpha$$

最终可以改写如下:

$$\sigma_{xx}=\frac{1}{2}(\sigma_1+\sigma_3)-\frac{1}{2}(\sigma_1-\sigma_3)\cos2\alpha$$

$$\sigma_{yy}=\frac{1}{2}(\sigma_1+\sigma_3)+\frac{1}{2}(\sigma_1-\sigma_3)\cos2\alpha$$

$$\sigma_{xy}=\sigma_{yx}=\frac{1}{2}(\sigma_1-\sigma_3)\sin2\alpha$$

这样,一点在 x 和 y 方向的应力就可以表示在莫尔圆上。

弗拉曼解
Flamant's solution

弗拉曼解是弗拉曼(Flamant)于 1892 年给出的各向同性线弹性平面半空间体内一点受竖向线荷载作用时,该弹性体内任一点应力和位移的解析解。弗拉曼解实际是布西内斯克解(Boussinesq's solution)二维特殊情况下的解。它被认为是无限多点荷载的叠加求解得到的解析解。在该解的基础上,运用叠加原理,推出了其他的荷载作用下的解析解,比如说条形荷载。

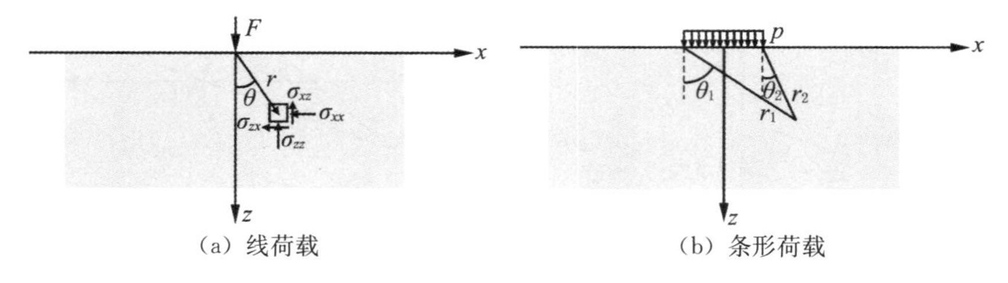

(a) 线荷载　　(b) 条形荷载

弗拉曼解

线荷载作用下的解析解为

$$\sigma_{zz}=\frac{2F}{\pi}\frac{z^3}{r^4}=\frac{2F}{\pi r}\cos^3\theta$$

$$\sigma_{xx}=\frac{2F}{\pi}\frac{x^2z}{r^4}=\frac{2F}{\pi r}\sin^2\theta\cos\theta$$

$$\sigma_{xz}=\frac{2F}{\pi}\frac{xz^2}{r^4}=\frac{2F}{\pi r}\sin\theta\cos^2\theta$$

$$r=\sqrt{x^2+z^2}$$

式中,F 是线荷载集度,N/m。

条形荷载作用下的解析解为

$$\sigma_{zz}=\frac{p}{\pi}[(\theta_1-\theta_2)+\sin\theta_1\cos\theta_1-\sin\theta_2\cos\theta_2]$$

$$\sigma_{xx}=\frac{p}{\pi}[(\theta_1-\theta_2)-\sin\theta_1\cos\theta_1+\sin_2\theta_2\cos\theta_2]$$

$$\sigma_{xz}=\frac{p}{\pi}(\cos^2\theta_2-\cos^2\theta_1)$$

在中心线下,即当 $x=0,\theta_1=-\theta_2$ 时,

$$\sigma_{zz}=\frac{2p}{\pi}(\theta_1+\sin\theta_1\cos\theta_1)$$

$$\sigma_{xx}=\frac{2p}{\pi}(\theta_1-\sin\theta_1\cos\theta_1)$$

$$\sigma_{xz}=0$$

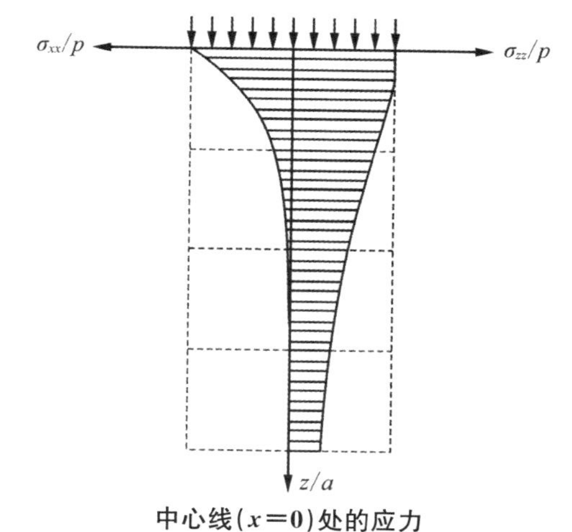

中心线($x=0$)处的应力

图书在版编目(CIP)数据

土力学及基础工程实用名词词典 / 龚晓南主编. — 2版. — 杭州:浙江大学出版社,2019.5
ISBN 978-7-308-18828-9

Ⅰ. ①土… Ⅱ. ①龚… Ⅲ. ①土力学 - 名词术语 - 词典 ②基础(工程) - 名词术语 - 词典 Ⅳ. ①TU4-61

中国版本图书馆CIP数据核字(2018)第296138号

土力学及基础工程实用名词词典(第二版)
龚晓南 主 编 谢康和 副主编

责任编辑 侯鉴峰
责任校对 梁 容
封面设计 周 灵
排 版 杭州兴邦电子印务有限公司
出版发行 浙江大学出版社
(杭州市天目山路148号 邮政编码310007)
(网址: http://www.zjupress.com)
印 刷 浙江省邮电印刷股份有限公司
开 本 880mm×1230mm 1/32
印 张 16.75
字 数 548千
版 印 次 2019年5月第2版 2019年5月第1次印刷
书 号 ISBN 978-7-308-18828-9
定 价 99.00元